地球动力学新理论

刘全稳 著

科学出版社

北 京

内 容 简 介

地球运动动力一定来自地球之外，否则，它应该呈滚动或跳动或平移状态，地球构造运动的本质问题是动力起源问题，动力属性是地球动力学的本质属性。周期性、全球性、方向性、宇宙观，是蕴藏在地球构造运动中的基因密码。针对地球构造运动所包含的周期性、方向性、全球性等特殊性，建立起太阳、地球、球面板块三者的运动分析体系，研究地壳板块的运动学特征、动力学特征，获得了导致地球整体发生体积改变的地球的胀缩力、球面板块产生水平位移的强中纬力；研究胀缩力的做功问题、突破机理；研究基于数学物理演绎推理，研究结论具有普遍性。

本书对地质、地球物理、冶金、矿产、大气科学等学科、行业的科研院所研究人员、大学教职员工、学生具有参考价值和指导作用。

审图号：GS 川(2023)30 号

图书在版编目(CIP)数据

地球动力学新理论 / 刘全稳著. —北京：科学出版社，2023.3
ISBN 978-7-03-075157-7

Ⅰ.①地… Ⅱ.①刘… Ⅲ.①地球动力学 Ⅳ.①P541

中国国家版本馆 CIP 数据核字 (2023) 第 044917 号

责任编辑：罗 莉 / 责任校对：彭 映
责任印制：罗 科 / 封面设计：墨创文化

科 学 出 版 社 出版
北京东黄城根北街16 号
邮政编码：100717
http://www.sciencep.com

四川煤田地质制图印务有限责任公司印刷
科学出版社发行 各地新华书店经销

*

2023 年 3 月第 一 版 开本：787×1092 1/16
2023 年 3 月第一次印刷 印张：22 1/4
字数：534 000

定价：249.00 元
(如有印装质量问题，我社负责调换)

序

地球动力学究竟是以验证板块构造理论、发展大地构造学说为出发点，还是以探索地球运动变化的动力本质为驱动目标？关乎地质学发展的方向与途径。

地球动力力源究竟是来自地幔、地核物质的圈层耦合、能量交换、结构变异的地球之内，还是来自地球与太阳、银核之间轨道运动关系的地球之外？则关乎地球动力学的认识论与方法论。

对传统地质学与板块构造学来说，传统地质学的局限性在于不能很好地表达出研究对象的发生、发展、运动、变化、联系、制约等抽象理论。板块构造学说虽然获得了地震学的大力支持，对"百家争鸣"的大地构造说产生了强烈的创新性变革，使地质学由固定论走向活动论、由陆地放眼海洋、由垂直运动兼容水平运动，但在动力方面仍然存在着致命缺陷。板块构造学对传统地质学的最大冲击在于两点：一是板块间构造运动的"水平特性"对以往构造运动的"垂直特性"成见上的冲击，二是海底扩张与板缘造山对以往单一大陆造山偏见上的冲击。两者的形成与发展对地学的贡献在于证实了构造运动具有全球性，肯定了构造运动具有方向性。

如何采用正确的认识论和方法论，来处理构造地质学中存在的复杂性、差异性与歧见性问题，需要科学的态度与严密的逻辑，在这方面，刘全稳博士迈出了开创性的第一步，他避开纷繁的地质现象，首先把地球作为一个整体进行研究，通过研究地球的轨道运动学变化特征，探索出地球运动的动力学特征，然后再把地球板块作为研究对象，通过研究地球板块在定轴转动背景下的定点转动运动学变化特征，探索出地球板块的动力学特征。其研究成果认为，地球构造运动是地球板块综合汇聚上述两种运动动力学特征的体现，如果只有定点轨道运动，地球的构造运动的结果表现将会是无序的，如果板块只存在定轴转动，则构造运动结果表现将不具备全球性。

该书认为地球的椭圆轨道运动是形成地球胀缩力的根本，胀缩力是产生地球整体改变的本质原因，是导致构造运动存在全球性、周期性、方向性的密钥；地球公转运动背景下的自转运动是产生地球强中纬力的根本，地球的强中纬力是形成地球球面物质产生规律性偏转运动与分布的动力；没有强中纬力的地球胀缩力作用，构造运动将会表现得杂乱无章。该书基于数学物理演绎推理，因而研究结论具有普遍性。

总之，这是一本理论基础扎实、逻辑推理严密，具有开拓性、启迪性和奠基性，内容新颖，资料翔实，图件精美，语言、文字功底深厚的地球动力学专著，我相信，这些与作者8年的学报执行主编生涯密切相关。我相信，《地球动力学新理论》的出版与发行，将会为地学研究摒弃局限、排除假说、注重数理、崇尚严密逻辑带来一股清风，为地学领域专业名词的重新组合与应用解释，开辟一条新途径。

彼得·刘

2021-10-16

前　　言

　　地球动力学新理论的中心词是"力"，因而它具有物理学的属性，而动力学明显是有别于静力学的，"动"是它的灵魂，限定词"地球"表明了学科属性的具体化、局限性，形容词"新"用以区别于既往。我希望能够撰写出一部全新的自成理论体系的地球动力学专著。

　　以往地球动力学著作可谓汗牛充栋，综观其内容，大都偏重于地球动力现象和结果，对于动力成因及动力方程的探讨则有所缺失。

　　美国地球物理学家古登堡(Gutenberg.B)利用地震波探索地球内部的物理性质，开创了地球深部研究，分析了地球内部的作用力，推断了地球内部介质的力学性质。20 世纪 70 年代，世界上各国学者组织实施了地球动力学计划，限定"地球动力学"一词是专指对地球内部的力和变化过程的研究，其主要内容是验证板块构造学说，后来，因为板块构造学说存在驱动力的问题，不能解释各自板块的运动方式，不能解释大陆动力学的旋回性和方向性，制约了地球动力学的发展。致使当今出现了各种类型、各种内涵、各种定义和不同属性的地球动力学名目，如构造动力学、沉积动力学、地球化学动力学、地震动力学等。我国地球物理学家滕吉文 2009 年在分析了地球动力学在科学研究中的地位和作用后认为，地球动力学研究目标快可以以分秒计，慢可以以亿万年计，既有先存构造的继承和改造，又有新生构造的发育和扩展，必须多学科交叉、综合。

　　科学的发展总是先从大量的实践积累开始，通过分析整理资料，归纳出一般规律，形成经验性认识，用以解释各种已经发现的事实，再逐步上升形成理论认识。当新的现象不断涌现，以往经验不能圆满解释事实时，旧的理论需要扬弃，新的认识逐步发掘，在此过程中，一些新的定义、语言、概念、公式、逻辑、推理、(甚至)假说，便会如雨后春笋般产生，一方面形成新的发展，另一方面有可能对旧认识形成革命性冲击，从而推动社会进步。

　　希腊人通过航海取得并流传了几个世纪的关于大地是圆球形的认识，被 15、16 世纪欧洲天文学家通过南北旅行观察同一星空位置的高低，发现存在着变化，而加以证实，再经过麦哲伦成功完成环球航海，形成经验性的认识，地球的概念才得到公认。

　　为了建立力学体系，牛顿定义了时间；为了认识相对论，爱因斯坦定义了光速不变，他们都是在对形而上的某个概念做出自己的解读，为建立自身的认识体系做铺垫。时间、速度、力等概念自诞生以来一直广受争议。这种先设置一个概念，再提出一个认识的思路，跟科学假说没什么差别。

　　地质学的发展所经历的过程，似乎反复证实一个道理：概念应该来自经验，如构造运动的周期性，来自黄汲清(1983)大地构造多旋回性认识。

人们探索大自然，很多情形类似于挖掘考古，从自然界遗存的"只言片瓦"，逐步考证出一曲历史名剧、构建出一幅文化画卷。

在我撰写本专著过程中，曾经几次遇到认识上的瓶颈，如：地球围绕太阳转，太阳系围绕银核转，银核、太阳分别传导给太阳、地球进行定点转动的指令是什么？再如：如果宇宙起源于一个奇点的一次大爆炸，其结果一定是随机性的，怎么会存在运动规律这么好的星系运动？

牛顿流数法的发明，无疑推动了认识论的发展，为人们采用演绎分析法认识自然，提供了重要工具。我个人认为牛顿对人类社会的最大贡献在于他提出的包含了流数法的牛顿第二定律，它完美地将物质世界的运动学与动力学结合起来了，使二者之间可以相互转化，使动力学研究可以从运动学研究开始。流数法为人们提供了解法，牛顿第二定律为人们提供了途径。

马赫认为牛顿另有一个很大的成就——想象的成就（从重力到引力）。他认为牛顿习惯于尽可能紧密地依据曾经形成的概念，来维护自己的概念，使概念具有一致性。

我们应该像马赫、爱因斯坦质疑牛顿的绝对时间、绝对空间那样，看待爱因斯坦的光速最快、光速不变。既然宇宙起源于大爆炸，那爆炸形成的宇宙物质运行速度一定大于光速，既然质量大的物体会使光线发生弯曲，那受到影响的光速一定会改变速度。没有思想的开放，就没有科学的繁荣。

我时常坐在电脑屏前遥想：按照角动量守恒定律，摩天大楼的建立、三北防护林的茂盛，将会使地球自转的速率降低，可地球依然如故地转动，这是为什么？看到地球的历史海平面变化曲线图、地史时期中形成的巨厚的碳酸盐岩层系，我设想了地史上的 CO_2 弥漫、温室效应、自然界碳中和，"造物主"会形成一个怎样的地球环境？

时易星移，地球具有圈层结构的认知已广泛被人们接受，所以，地球动力学新理论应该研究的是包括地球各圈层物质的动力学问题，任何仅针对某一圈层物质的研究，都是不完整的，甚至是盲目的。

地球动力学新理论属于交叉科学，不能因为"地"，把它等同于"地质作用"，把它归属于地壳或岩石圈。虽然物理学绝大多数重要的基本原理已被确立，但是，地球科学的发展，也许会成为推动未来物理学发展的一个重要途径。

本书得以顺利出版发行，凝聚了我团队成员的共同努力，也离不开我所在的学校和科学出版社的大力支持，没有他们的智慧贡献，就不会有今天面貌的书籍呈现。为此，我要特别感谢：秦大伟、陈琦、王威、罗莉、张清华、李华、程丽华、刘军、陈荣基、陈国民、刘大伟、叶宇军、黄燊、杜增利、谭军、冯一、文江波等。

敬请读者批评指正！

刘全稳
2023-03-10 于广东茂名
liu005777@hotmail.com

目　　录

无生有，有生非，无本真空

第一章　认　识　地　球

地球从诞生到现在，经历了 46 亿—50 亿年。最早的人类是大约 350 万年前从东非开始演进的。人类认识地球的过程是一个逆演的过程，按照人类学研究成果之观点，也就是地史新近纪晚期，人类的祖先是一种早期猿属 "*Australopithecus*"（南方古猿）。随着足迹遍及北非、欧洲、亚洲，他们为适应不同环境的气候条件，发展形成了几个不同的种属，既有身材魁梧、肌肉发达的尼安德特人（Homo neanderthalensis），也有身材矮小，四肢细短的弗洛勒斯人（Homo floresiensis）。从这些人种的生活遗迹看，他们都曾经历了地史更迭中的第四纪构造运动。也就是说，从地学与人类社会学学科交叉发展角度讲，经过了第四纪构造运动及一些伴生和次生的巨大地质灾害性事件，如火山喷发、地震、地表张裂、熔岩涌流等活动后，与智人科同属的其他兄弟姐妹人科的人种都分别绝迹了，地球上只留下了智人一种。

智人从对植物、动物的采集，狩猎、蓄养、驯化，到农业革命，所针对的只是对自然界动植物的利用，意识上以能避免环境变恶劣、能轻松平稳地延续生命为目的。有学者声称，人类的农业革命是人类凭脑力所推动的认知世界的一次大跃进，为人类提升脑力、解开大自然秘密完成了最初的铺垫。而对于自然界在人身上能否达到"自我意识"——为什么会是这样的？自然界怎么会是这样的？自然界原来是这么回事——等形而上学问题，他们的脑力明显是不够的。

尼安德特人从东非迁徙到欧洲，与弗洛勒斯人从东非迁徙到印尼的弗洛勒斯岛，可能分别具有不同的驱动原因，但更多的可能在于受地质灾害频发的影响。无论怎样，早期人类首先考虑的一定是生存问题，不可能去思考大地与海洋、星空的关系。在 10 万—20 万年以前，智人也不可能思考所依托的大地原来只是被后人称为宇宙中的一粒尘埃这类问题的。

第一节　地球认识的形成

地球上物质的运动形式既存在着随机性运动，也存在着规律性运动。无论是随机性，还是规律性，在早期人类看来，都是混沌一片。在认识逐步分异过程中，人们认识到，随机性运动是不可捉摸的运动，规律性运动则是可以研究确定机理的。地球的轨道运动具有高度的规律性，因而通过研究地球运动是可以得到其控制机理的。

在地学工作者看来，人类认识地球的着眼点应该选在人类对地球的改造和科学地利用地球上，确切地说，关注的应该是人类有意识地利用地壳和岩石圈，如修建陷阱、战壕、堡垒、居穴、城池和开垦农田(改变地表属性)等，并根据这些史实来划分地球科学的发展阶段，但是，这显然有些离题。

从太阳系诞生起，地球每天就是这样公转与自转延续着。按照宇宙大爆炸理论，我们的宇宙处在持续膨胀过程中，只有暴胀与滞胀的区别，即加快膨胀与膨胀减缓之别，不存在收缩的可能。所以，地球本身是处在持续膨胀中的，按照角动量守恒定律分析，体积不断变大的地球，其自转转速应该不断地变慢。

地球在绕日旋转过程中，随着宇宙膨胀，这一年比上一年经过的距离实际上是增加了，所以，如果没有其他因素影响，地球公转一圈的时间应该是在逐渐地增长。

地球自诞生以来，除了发生星际碰撞能改变运行轨道与自转速度，公转周期增加与自转速度变慢应该会在地史古生物方面有所体现。

珊瑚古生物研究的成果表明：地球公转周期在晚奥陶世为412d，中志留世为400d，中泥盆世为398d，晚石炭世为385d，白垩纪为376d，现在是365.25d。地球公转的不断加快似乎证明宇宙大爆炸理论存在值得商榷之处，可能还存在其他原因。但是，公转周期由大变小，似乎又在验证地球自转逐渐变慢这一点。

现代天体物理学的计算结果，证明了地球自转速度正在变慢。南京大学天文学系教授萧耐园等表示，大约100年后，地球每自转一圈就要增加1.8ms。

缺少现代技术条件的原始人是无法感受到地球一天的时间发生长短变化的。

地震引起岩石圈断块或地壳板块位置的错动，如果形成了高纬度地区的分配质量多于低纬度地区的质量，则地震使得地球自转加快，反之则减慢；如果形成同一区域地块凸出，地块转动半径增大，则地震引起地球自转变慢，反之则加快。这是由角动量守恒定律决定的。

【2011年3月11日，日本本州岛附近海域发生8.9级地震(后修正为9.0级)，这次日本地震是1900年以来第五大强震。在果壳网的一篇关于这次地震的文章中指出，根据美国国家航空航天局(National Aeronautics and Space Administration，NASA)地球物理学家理查德·葛罗斯(Richard Gross)的计算，它导致地球每天的自转时间减少了1.6μs。有心的读者应该还记得，类似的情况在2010年智利地震之后也出现了，当时的计算结果是地球自转时间减少1.26μs。而2004年发生在苏门答腊的地震，则使得地球自转快了6.8μs。】

层序地层学研究成果表明，地史上海平面升高的总时间长过海平面下降的总时间(图1-1)。有人据此认为，如果地球H_2O总质量不变，地史上无冰或少冰时期比有冰时期长得多，矮小的弗洛勒斯人一定是在有冰期海水大量退却时进入印度尼西亚弗洛勒斯岛的。

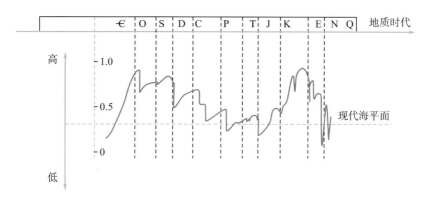

图 1-1　全球海平面变化图（Vail et al.，1977）

利用冰期和间冰期判断地球自转速度快慢变化问题，显然存在着不确定性，如果冰期形成的质量重新分配，低纬度带高寒地区多于高纬度带，则地球自转相对变慢，相反，则变快。

人类诞生以后，地球冰与非冰情况是怎样的？是否与人类生存演化有关？

影响地球上结冰的因素，一是大气的温度，二是受地温梯度影响的地表温度。

大气的温度受透射阳光多寡的影响，也就是大气透明度决定了冰期与间冰期的存在。大气的透明度受制于大气中粉尘的含量及其化学成分。所以火山喷发、CO_2 含量增加，会使冰盖加厚或融化。

受构造运动影响的地表温度是这样推理的，构造运动导致地壳板块移动，形成地壳岩石圈的厚与薄改变，影响地温梯度的减与增，从而影响冰盖的厚度。当然，地球在不同季节，地表温度也会不同，但影响不大。

作为地球一部分的东非大裂谷与东非高原，在地质历史时期的火山活动和生物活动，使大气圈中 CO_2 含量及火山尘埃含量经常发生变化，形成遮天蔽日的火山尘云，使地球大气温度减小，而较高的 CO_2 含量又会形成温室效应，火山尘云与 CO_2 在改变全球大气温度的同时，严重影响原始人类的生存条件。

已有研究成果表明，地球第四纪大冰期曾经出现过几次亚冰期和亚间冰期，时间短则几千年，长则数万年或十几万年，改变了地表水体分布，大量的沧海变桑田或曾经的桑田变沧海，如晚新生代大冰期，全球海平面大约下降了 100m，完全改变了全球气候带的分布，大量喜暖性动植物种灭绝。

原始人类正是在第四纪冰期和间冰期的气候变化中，发展成为现代人。

与人类起源于东非地域一致，人类文明起源地之一——埃及，也属于东非。古埃及文明在公元前约 5450 年形成于埃及的法尤姆地区，他们对地球物产的利用、再利用，体现在对生活地域的扩张、神庙的修建及对永生的追求上。这些历史遗迹显示，他们的精神世界对于"神"的认识深厚，对"地与天"的认识较匮乏一些。

相对于其他古老文明，出现在殷周时期的我国古人的"天命论"，也许能够算得上人类最早的关于宇宙的"意识"成果，这些从已发掘的古器物铭文与甲骨卜辞中，不止一次出现"受命于天"刻辞可见。

三皇五帝、鸿蒙沆茫、大禹治水的传说中所展现的中华远古、上古时期，洪水滔滔于天地之间的情形，恐怕与地史上的间冰期能够对应挂钩，也就是说这些起源于无文字时期的神话故事，应该可以找到相应地质依据，可算是中华古人对认识地球做出的贡献之一。

如果说 1869 年苏伊士运河的建成通航与 1914 年巴拿马运河的建成通航，是人类进行生物地质作用所完成的巨大工程，那么始于春秋(公元前 770—公元前 476 年)的京杭大运河的开凿(公元前 486 年)、长城的修造、秦始皇对灵渠的修建、汉武帝时期的吐鲁番坎儿井工程，就是中国先辈代表人类完成的伟大壮举。

这些生物地质作用仅仅属于人类对大地感性认识的作用发挥。对大地上各种物体间的结构及其属性特征的认识，很多并不明了。例如，水为什么总是向下游流去？火为什么总是向上飘动？植物为什么总是向阳生长？等等，先哲们首先想到的是，它们是事物存在的固有特性，所表现出的是接受而不是质疑，并将其中所蕴含的机理统称为"道"。这种"道"不可"名"，只能学习、模仿。老子(李耳，公元前 571—公元前 471 年)观察地上事物，看到水"处众人之所恶，利万物而不争"的现象，思考的是人应该像水一样，不要与别人相争。

《道德经》是春秋时期老子所著的一部哲学著作，其对自然界的推究和洞察，对传统哲学、科学、政治、宗教等产生了深刻影响，比欧洲人亚里士多德(Aristotle，公元前 384—公元前 322 年)早约百年，为世界所公认。

老子说："道者，万物之奥"。显然，他认为世间一切事物是有道的，万物间所隐藏的奥秘就是所谓的道。他又说"有物混成，先天地生。寂兮寥兮，独立而不改，周行而不殆，可以为天地母。吾不知其名，强字之曰道，强为之名曰大。大曰逝，逝曰远，远曰反。故道大，天大，地大，人亦大。域中有四大，而人居其一焉。人法地，地法天，天法道，道法自然"。可是，当函谷关关令尹喜求而问书时，他却说"道可道，非常道，名可名，非常名"，意思是说，隐藏于万物间的奥秘是不可以用文字描述的，也是不可以用一般名称来表述的。这也许是中华文明最早对地球的认识。

然而，2000 多年后，艾萨克•牛顿(Isaac Newton，1643—1727 年)起名为"引力"的"万物之奥"，采用一套罗伯特•胡克(Robert Hooke，1635—1703 年)等绝大多数人读不懂的数学语言写出了《自然哲学之数学原理》(以下简称《原理》)。这是否表明，"要想名状万物之奥，必须采用新的语言"是"道可道，非常道，名可名，非常名"的科学本质之解。

笔者并不是说先贤老子曾经思考过地球的引力问题，而是说地球与万物间的奥秘，一定被包含在老子所思所称的"道"中。同样是大地上物体向下掉落的现象，受时间、空间及社会进步、科技发展程度等不同条件限制，有些是可名、可道的，有些是不可名、不可道的。地学中的"风化作用""剥蚀作用""搬运作用""沉积作用"等彼时无法用文字、词组强行表述的、又普遍存在于大自然中的物理现象、数学法则、运动定律，也许都属于老子所言之"道"。这是中华文明中流传下来的千人万解的《道德经》的地学贡献。

现在看来，老子所称之"道"，也许像"宇宙""时间""空间""重力"的概念一样，是那种看起来好像明白，说起来并不清晰的大概念、大道理。

中国古人关于大地的认识,以"天圆地方"感性传说大行其道,最早出处在《礼记》,《礼记》为西汉礼学家戴圣(生卒年不详)所编,南宋理学家朱熹(1130—1200 年)在《周易本义》中也描述了这一说法。按"天圆地方"的古时说法,人类赖以生存的大地是圆盾,由三头大象驮着,并且站在乌龟背上(印度教认为大地被 6 头大象驮在背上),四面环绕着海水,有个浑圆的巨大天罩盖在上面。

"天圆地方"的传说不断演化、充实,逐步形成了古中国人的一种宇宙结构学说——盖天说。

盖天说提出天和地都是球穹状的,两者间距 4 万千米,北极位于天穹的中央,日月星辰绕之旋转不息。日月星辰之所以循环出没,是因为它们运行时远近距离变化所致,离远了就看不见,离近了就看得见。东汉学者王充解释为:"今试使一人把大炬火,夜行于平地,去人十里,火光灭矣;非灭也,远使然耳。今,日西转不复见,是火灭之类也"。比较老子"大曰逝,逝曰远,远曰反",可以发现,其道理一脉相承。

盖天说中的"球穹状"恐怕是中国古人关于地是球状的最早认识。

大地是圆球的认识不仅体现在古希腊哲学家亚里士多德的《论天》中,还体现在古希腊人的航海认识中。

地球的本真面貌被费尔南多·德·麦哲伦(Fernando de Magallanes,1480—1521 年)的环球探险所证实,是人类认识地球的伟大壮举。

第二节　地球重力认识

以成吉思汗(孛儿只斤·铁木真,1162—1227 年)为首的蒙古军队的三次西征,带给人类的地学贡献在于:其广袤的疆域与大量的"站赤"(驿站),这些驿站使信使在遥远的通途上,体验向西行驶时一日时间较长可多跑几站,向东归还时一日时间较短当少跑几站,经年反复,生成潜意识——大地是圆球形的。

蒙古军队西征打开了欧洲人的封闭视野,促成了马可·波罗(Marco Polo,1254—1324 年,其中 1275—1292 年在中国)的东行,从而激发了欧洲人的探险精神。

克里斯托弗·哥伦布(Cristoforo Colombo,1451—1506 年)西行探险跨越大西洋,发现了美洲大陆。

1519 年,麦哲伦参考哥伦布路线方向,越过大西洋,绕行南美洲,横渡并定名太平洋,完成环球航行,为人类历史建立大地的球状认识掀开了门帘。

当大地原来本是一个球体的"道"识成为公知后,大地稳恒不动的地心说开始受到动摇。以尼古拉·哥白尼(Copprnicus,1473—1543 年)、焦尔达诺·布鲁诺(Giordano Bruno,1548—1600 年)、伽利略·伽利雷(Galileo Galilei,1564—1642 年)等为代表的欧洲贤哲们,宁愿丧失自由和付出生命,也要力推地球科学的发展。

伟大的天文学家哥白尼在 18 岁时就读于克拉科夫大学医学系,23 岁时到意大利博洛尼亚大学和帕多瓦大学攻读法律、医学和神学。在天文学家德·诺瓦拉(de Novara,1454—1540 年)的影响和培育下,较系统学到了天文观测技术以及希腊的天文学理论,这位虔诚的神父居然在 40 岁时依据自己的天文观察结果提出了当时的异端邪说——日心说。

日心说彻底推翻了托勒密(公元 90—168 年)的宇宙观,揭示了天体运行新学说,促成了天文学的彻底变革。为正确认识太阳系的星体间运行及引力分析打下了良好基础,为以后的每一项讨论都建立起了公共平台,为正确认识地球运动提供了基础。

地球为什么是圆球形的?人们认为是因为物体重力作用和转动的结果——重力使万物趋向于中心,使物体颗粒紧密地结合在一起,转动使物体趋于平稳,重力加转动形成地球。

谁最先提出重力概念?

考察历史资料发现,是哥白尼。哥白尼不仅建立了日心说,还为我们最先提出了物体具有重力效应。

在《天体运行论》(2006 版中文译本)第一卷中,哥白尼多次提出了物体的重量概念。在第九章中:"我个人相信,重力不是别的,而是神圣的造物主在各个部分中所注入的一种自然意志,要使它们结合成统一的球体"。紧接着,哥白尼又说:"我们可以假定,太阳、月亮和其他明亮的行星都有这种动力,而在其作用下它们都保持球形。可是它们以各种不同的方式在轨道上运转。"

看来,"重量",是由比牛顿早一百多年的哥白尼为了纠正地心说而提出的认识,它是地球所具有的本质特征之一。而且,凭这段文字可知,把重量作为物体运动的动力也是哥白尼最先提出的。很难说,牛顿的引力概念不是受激发于哥白尼宇宙认识的这段文字。因为当时哥白尼极力想向人们推出的是日心说,日心说可是引领人类认知大跨越的重大成果,肩负着自然科学向神学挑战而崛起的使命。

继哥白尼之后,开普勒与伽利略都做过早期引力的探索。他们都认识到了重力的动力属性。开普勒把重力看作是类似磁引力的东西。伽利略在谈到卫星要保持轨道运行而不沿直线飞离的原因时指出"在于其间存在力作用",明确提出了卫星与行星间的引力问题。

牛顿的引力概念产生于对地球重力的认识。

牛顿通过眼前掉落到地面上的一地苹果,联想到欧洲与美洲一样存在着落地的苹果,再联想到深坑中石头与高山上的石头,都具有同样的特性,再推及至遥远的月球。在伽利略关于引力认识的促进下,提出了重力即引力的观点和概念。

现在所谓的重力测量,其实测量的是各地所具有的重力加速度值,不是重力,重力等于物体质量与重力加速度的乘积。重力测量是使用重力测量仪对物体在某一点所具有的重力加速度进行测量。

受万有引力概念影响,人们认为,日食时,月亮运行到了地球和太阳之间,月球的质量叠加到太阳上,地球与太阳之间的引力增大,地球阴影部分的重力值应该发生变大的现象,于是就有人追着日食点进行重力观测,以期获得万有引力的实际效应。然而,综观这些观测报告,却没有一次得到期望的结果。有的甚至获得了相反的结果。

日食观测发现了重力变小、深井观测发现了重力变大,这些严重违背万有引力定义的实际观测现象,是否表明人类对地球所具有的重力即引力认识,可能存在着偏见?

第三节　引力中的平方反比认识

在《原理》中，除了"力"这个概念，"力的大小与距离的平方成反比"出现的次数最多，因为在牛顿心里，"平方反比律"是引力的核心内容，更因为它是撰写《原理》期间一直存在着的与胡克间的争议主题问题，胡克认为，他是在 1679 年先于牛顿发现平方反比律的，并表示有双方通信为证。

在 1686 年 6 月 20 日致埃德蒙多·哈雷(Edmond Halley，1656—1742 年)的信中，牛顿抗议胡克将平方反比律说成是由胡克教给牛顿的。

事实上，在胡克与牛顿间私人通信的第三封信中，胡克的确说出了这点。考察《牛顿书信集》[*The Correspondence of Isaac Newton* (I -Ⅶ)]，在 1680 年 1 月 6 日，胡克给牛顿的信中写道："但我的假设是，引力总是与到中心的距离的平方成反比的"。这时，牛顿与胡克尚处在两人约定的私信交流学术问题的和约期。

关于这点，牛顿在 1686 年 5 月 27 日就发现平方反比律优先权问题的回复中，承认胡克与他联系信件中出现过这个说法。但是牛顿不认为平方反比律是《原理》有关引力认识的全部。

其实，对这一问题看法的厘清，应该包括这样几点：

(1)平方反比究竟是不是胡克首先想到的；

(2)牛顿还有没有其他渠道获得这一认识；

(3)这一认识的科学性怎样；

(4)开普勒第三定律与平方反比关系怎样；

(5)平方反比是不是牛顿引力的核心内容。

由开普勒第三定律和离心力定律可以得到平方反比律，已由克里斯蒂安·惠更斯(Christiaan Huygens，1629—1695 年)在 1673 年发表。牛顿在 1686 年 6 月 20 日给哈雷书信的附注中说：从开普勒第三定律发现平方反比律很简单，任何数学家都可能做得到。牛顿还告诉哈雷，他在 5 年前就已经告诉过胡克："因为当惠更斯说怎样从各种圆周运动中找到这种力时，他也说了怎样在其他情形中做到这一点。"但是查 1680 年 1 月 6 日胡克给牛顿的信，其中不仅提到了引力与到中心距离的平方总是成反比，而且提到了开普勒假设速度与距离成反比。

惠更斯的证明如下。

(1)半径为 r 的向心加速度 a：

$$a = \frac{v^2}{r} \qquad\qquad (1\text{-}1)$$

(2)开普勒第三定律：轨道长半轴的立方跟它的公转周期的平方的比值等于一个常量。

$$\frac{r^3}{T^2} = \mathrm{C}, \quad T = \frac{2\pi r}{v} \qquad \text{（轨道长度近似圆周长）} \qquad (1\text{-}2)$$

（3）这样，可以求出 v^2 随 $\frac{1}{r}$ 变化，也就是，力随 $\frac{1}{r^2}$ 变化（因为当时尚无物体质量概念，而且许多讨论可以抛开具体实物进行，当物体一定，向心力的大小只与速度的平方成正比，与距离成反比）。

显然，平方反比不是通过实验得到的。开普勒第三定律是开普勒根据第谷•布拉赫（Tycho Brahe，1546—1601 年）的观测数据进行数学分析计算归纳出来的，属于经验公式。

所以，牛顿认为，用切向运动和垂向受力运动复合，将导致一种椭圆运动，这种运动隐含了与距离的平方成反比的关系，且指向椭圆轨道的一个焦点。这种产生椭圆运动的引力才是牛顿自认的伟大发现，而不是平方反比律（牛顿很可能就是基于具有椭圆轨道关系的天体间一定存在引力作用这一认识，并不能涵盖不存在椭圆轨道关系的行星间也存在引力作用，因而，一直将引力与重力等同，只认为在重力范围内，引力具有万有性，在他的有生之年，也一直没有给出引力方程）。

在牛顿看来，平方反比律是一个早就被惠更斯或者更早期的威廉•吉尔伯特（William Gilbert，1544—1603 年）、弗朗西斯•培根（Francis Bacon，1561—1626 年）、约翰尼斯•开普勒（Johannes Kepler，1571—1630 年）等论述过的东西，并不是胡克最早发现的，也不是牛顿发现的，胡克只是借用了一下而已。

为什么这么多的贤哲都如此钟爱"与距离的平方成反比"这个物理表述？因为它所描述的物理意义是一种光强减弱现象（图1-2）。

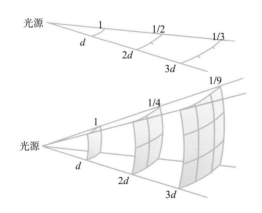

图 1-2　光强减弱规律

当光线从光源发出后，光向着各个方向辐射是依据简单的几何学规律减弱的，如果将光源的辐射距离加倍，距离扩充后所在位置的光线分布的平面面积，变为原来的 4 倍，这样，单位面积的光强变小为原来的 1/4，如果将距离变为原来的 3 倍，面积就变为原来的 9 倍，单位面积的光强变小为原来的 1/9。这种"与距离的平方成反比"即所谓的面积比等于相似比的平方。

牛顿在《原理》第二版第三篇的规则 II 中用欧洲与美洲的石头下落，炊事火光与阳光的类比，说明地球重力具有与光一致的性质，总释中他又专门说引力可向所有方向传递到极远距离，总是以反比于距离的平方法则减弱，而且科茨在这一版序言里也明确地进行了表述：太阳的吸引力向所有方向传播到遥远距离，并弥漫在其周围广大空间的每一个角落中，这在彗星的运动中得到了有力的证明，表明彼时贤哲们完全知道平方反比律的物理含义。科茨也将欧洲的石头与美洲的石头与地球间的相互吸引做比较，形象而准确地描述了地球吸引力的这种平方反比关系。

将引力与光相联系这一思路是由开普勒首先提出来的，但开普勒只是把太阳动力看作与光类似，提出的观点是太阳动力与距离成反比，而不是与距离的平方成反比。开普勒的这一假设在 1645 年即受到法国天文学家布里阿德(I. Bulliadus，1605—1694 年)的批评，布里阿德在他所发表的小册子 *Astronomia Philolacia* 中明确指出，太阳的动力或引力在性质上"应与粒子的力相似，像光的亮度与距离的关系那样，应当与距离的平方成反比"。

很显然，无论是胡克还是牛顿，都读到了同时代布里阿德的作品，也都接受了平方反比律的认识。这可以从 1680 年 1 月 6 日胡克给牛顿的信和 1686 年 6 月 20 日牛顿给哈雷的信中都提到过布里阿德得以验证。

处在同一世纪的欧洲的先哲们，其研究领域是一致的，大家都在研究天文学、光学、数学、物理学等。当"光强与距离的平方成反比"这一说法出现后，科学界无疑会立刻传遍。而将"与距离的平方成反比"引入引力，一定是认为引力的大小与距离的关系具有光强与距离关系同样的特性。尤其是见过树上不同位置的苹果掉得满地都是的牛顿，会更加坚信这一比例关系的存在。只是不明白为什么同是太阳系成员的几大行星几乎都处在同一平面内，而不是像光一样散开呈球状随机分布？当然，可能是他们不愿意涉及这一点而更愿意把它交给上帝，也许，日心说统治下的学界，将宇宙中的其他天体都算作是围绕太阳运行的星星。还有，处于同一平面内的行星，为什么与太阳间存在"平方反比"关系这一球状发散特性问题，牛顿时代的科学家们没有考虑或者考虑了但没有得到结果。再者，查遍所能收集到的资料，没有见到讨论没有椭圆轨道关系的行星之间的引力问题。

笔者曾经猜想，牛顿是否是这样思考引力的呢：月球作为地球的一部分，可适用重力为引力，而比月球更远的物体，地球的引力必须适用开普勒定律，因而必须适用平方反比律。

或许有人要这样问，用球状发散特性的平方反比关系来表述圆盘状或平面状物体间引力问题是否存在错误？牛顿那个时代的人没有讨论这一点，现代也没有人敢这样想——以圆盘或平面分布的太阳系主要成员，不同于地球中心与美洲和欧洲的石头分布关系形态，太阳引力也是球状辐射的？

现代的关于奥尔特星云的认识，是一个处于太阳系边缘包裹着太阳系的球体云团假设，认为在距离太阳约 50000—100000 个天文单位，最大半径差不多为 1 光年，即太阳与比邻星距离的四分之一的地方，布满了不少不活跃的彗星，形成了奥尔特星云。天文学家普遍认为它是由 50 亿年前形成太阳及其行星的残余星云物质组成的。

奥尔特星云模型是由荷兰天文学家简·亨德里克·奥尔特(Jan Hendrick Oort)在对彗星多年观察的基础上建立的。模型从原理和形式上更加契合"与距离的平方成反比"，这一太阳引力大小呈光强减弱规律理论，也许是一种对太阳引力表现的弥补？抑或是一种基于平方反比律的科学预见？也许是一种"引力"思想受困于"与距离的平方成反比"的科学短视？

"与距离的平方成反比"作为牛顿引力的主要核心内容之一，它起源于光源与光强的分布特质的发现，旁证于开普勒定律与彗星的回归，兴盛于日心说的蔓延，迄今仍然具有学术市场，然而，它可能是一个美丽的科学错误。

第四节　地球的脉动认识

学者们最先认为，地球是由一团热质经过不断冷却固结而形成的，在热质体不断冷却的过程中，首先形成了较薄的外壳层，接着内部热通过薄壳传导逐步冷却，使地球体积越来越缩小，引起外壳发生褶皱，形成了造山运动。但是，这样形成的褶皱和断裂应该具有杂乱无章性和连续作用特征，与地球表层表现出来的构造运动间断性、脉动性等具体现象具有差异。而且，地球内部的放射性元素不断蜕变产生的热量总会在某一时刻与冷却散热达到平衡，形成地壳对内部热的封锁现象；再者，固体潮汐现象、地球膨胀现象、漂移现象、重力不均衡现象、古地磁极移与反转现象的相继发现充分表明，地球是一个非固定模式的非均质体。地壳运动具有全球性、周期性、方向性、有序性，而周期性地壳运动则是我们常称的地球脉动现象。

"地球脉动"是一个地质学专业术语，是指地球在地质历史时期内，曾经发生过膨胀—收缩—膨胀脉动性的地壳运动。随着人类社会的进步，"地球脉动"与"不整合""断层""沉积"等地质专业术语被广泛借用于其他社会学领域。

地球孕育了人类，也使人类产生了思想和认识。人们在地球上劳作、休憩，学会了观察与思考，探讨、认识自然的本质成为人类社会进步的必要活动，进而出现了主观臆断。当人的主观臆断不断地被证实和证伪时，科学与伪科学得以区分。当大自然及人类对它的改造活动无法证实人们的想法时，假说、神话得以流传。

远征、旅行和探险带给人的最初印象是，地球表面布满逶迤的山脉和沟壑；对宝石、矿产资源的追求，激发了人们对矿物、岩石、化石的好奇心。从而催生了地质学，地球运动与动力学研究也逐步发展起来。

早在16世纪就有人拿固体地球表层遍布的巨型山脉体系，与满是皱褶的干缩苹果相比，认为是地球遇冷收缩形成褶皱体系，提出了地球收缩说。主要代表人物有：波蒙(E.de Beaumont)，休斯(E.Suess)，杰弗里斯(H.Jeffreys)，威尔逊(J.T.Wilson)。

地球发生收缩运动还体现在全球规模的海水退却、地区性的洋壳消失和地表断褶交错中。那些地球深部物质上返，以及大型的飞来峰群现象，实质也是地球发生收缩的明证。

与地球收缩说相对，也是在16世纪就有人依据大陆上随处可见的张性构造和大裂谷，认为地球长期以来一直在膨胀，提出了地球膨胀说，尤其是不断增生的海岭的发现，更加坚定了这一学说。主要代表人物有：培根(F. Bacon)，曼托瓦尼(Mantovani)，林迪曼(B.Lindeman)，希尔根伯格(O.C.Hilgenberg)。

地球发生膨胀运动主要体现在全球性规模的海水泛滥和洋中脊扩张上，其次体现在地区性的裂谷和地堑中。

显然，无论是地球收缩说，还是地球膨胀说，由于各自依据所固有的片面性和不可调和，对地球地质的解说总存在着吻合与不吻合之处。从而导致了两派之间数百年的学术之争。

根据地球收缩说、地球膨胀说各自存在的不可包容性实际，1933 年，地球交替发生收缩与膨胀的地球脉动说被提出。认为地球的运动过程是"收缩—膨胀—再收缩—再膨胀"的脉动过程。主要代表人物有：布切尔(W.H.Bucher)，葛利普(A.W.Grabau)，施奈德罗夫(A.J.Shneiderov)，乌姆格罗夫(J.H.F.Umbgrove)，张伯声等。

地球脉动说的建立，是因为地球收缩说与地球膨胀说各自都有片面性，采用简单机械的方法，从运动学的角度，将地球收缩说和地球膨胀说结合起来，并没有从根本上解决脉动机制——地球动力。

地球脉动是肯定存在的，并且具有全球性、方向性、周期性。

导致地球发生周期性脉动运动，是因为存在着具有周期因子的驱动动力作用。

物质世界究竟是运动学特征决定动力学特征，还是动力学特征决定运动学特征？这的确是一个非常具有挑战性的科学问题，但是，在现有的认识方面，地球的动力学特征，决定了地球的运动学特征，地球脉动是脉动性动力驱动的脉动。

第五节　地球的宇宙位置认识

笔者内心曾经一度处于矛盾状态，以至不想讨论地球的起源等问题。矛盾的是：如果宇宙起源于一次大爆炸，那宇宙暴胀的速度就明显超越了光速，这样，基于广义相对论原理诞生的宇宙大爆炸理论，却成为攻击光速不变且最大的广义相对论原理的素材；再有，如果宇宙起源于一个奇点的大爆炸，那么，这一点现在处在何处？又是什么点燃了引信？

理查德·菲利普·费因曼(Richard Phillips Feynman，1918—1988 年)说：就宏观物体的运动而言，在无数的路径中只有一个是要紧的，这一轨道正是牛顿经典运动定律中出现的那一个。

放下一切矛盾和不解，按照费因曼思想，以牛顿提供的路径，展开本文的行程。

在日心说诞生前，地心说无疑具有科学性。我们地球所处的宇宙，目前唯一正确的解释是产生于一次大爆炸。宇宙大爆炸就是时空大爆炸，它起源于一个奇点，爆炸之前，时间为"0"，空间也为"0"。斯蒂芬·霍金(Stephen Hawking，1942—2018 年)提出"宇宙大爆炸理论"主要依据有三：一是广义相对论——时空弯曲，二是谱线红移——宇宙膨胀，三是光锥——时空梨形。这三部分理论的集合，形成了逻辑性很强的大爆炸理论。显然，乔治·伽莫夫(George Gamow，1904—1968 年)的大爆炸理论没有时间起点，而基于红移现象的膨胀理论，也没有起点，更无法上升至爆炸，并且这两者分别还是割裂的。只有加进了时空梨形，才有真正的宇宙大爆炸。

已观测到的所有宇宙天体，年龄都没有超过150亿年，这与根据哈勃常数推算的结果大约150亿年相一致。就是说，150亿年前，宇宙"无中生有"地衍生了此后的万事万物。

诺贝尔奖获得者温伯格所描述的宇宙初始状态是这样的：爆炸后的0.01s时，温度为1000亿℃，宇宙处于最简单的热平衡状态，从纯能量中产生出来的光子和正负电子搅和在一起，连幻影般的中微子也泡在这盆"热汤"里。光子和质子的比例为10^9∶1。爆炸1s后，温度降到100亿℃，中微子开始抽身逃离热平衡。3min是个划时代的时间，温度降到10亿℃，正负电子的湮灭完成，宇宙主要由光、正反中微子组成，核粒子只占很小份额，其中氢和氦核的比例为73∶27。另外就是湮灭中多出来的、与核粒子同样稀少的电子。此后70万年一直没有大事发生。这一阶段可以看作"大爆炸"和"物质形成"两幕剧的场间休息。直至温度降到3000℃，自由电子渐渐各有其主，与核结成了氢和氦，物质于是脱离了与辐射的热平衡，宇宙开始透明。

当然，你可能认为这些都是凭想象提法，你有可能哪天顿悟提出自己的一套，但人们更愿意听取那些曾经比较讲逻辑学者的讲述。

霍金划分的宇宙演化过程如图1-3所示。

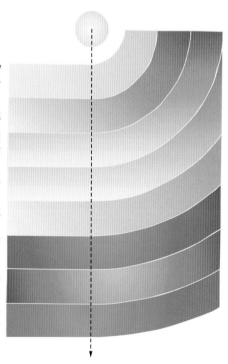

图1-3　霍金划分的宇宙演化过程

霍金说，不同的宇宙具有不同的形态(图1-4)，我们的宇宙形态如图1-4中的f，表示自爆炸产生以来一直处于暴胀状态。所谓暴胀是指加速膨胀。

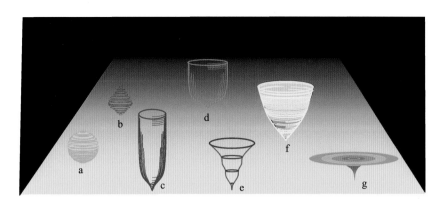

图 1-4　各种宇宙状态(史蒂芬·霍金, 2002)

　　笔者在学习和引用宇宙大爆炸理论时,心里一直存有崇敬和怀疑交织的情感。崇敬的是:欧洲人思想奔放,他们敢想、能想、会想,而且想得好解得好。

　　怀疑的是:我们向着一个方向,通过"时间光锥"观察遥远的天际,是从现在到过去领略宇宙中心的状态,经过推理,得到了我们的宇宙源于一次大爆炸,爆炸点是宇宙中心。即宇宙中心在遥远的天际。然而,实际处在银河系螺旋臂中的我们,可以分别向银盘(或黄道面)上、下进行观察,所观察到的目标都应该处在宇宙的边缘,即我们从宇宙现在中间某一位置,通过一定方向往宇宙外缘观察体会宇宙的初始状态,与从任何位置的任意方向观察宇宙的初始状态都一样,也就是说,现在宇宙远古时的中心在现在宇宙的边缘,宇宙过去的中心,现在将我们的宇宙紧紧包裹着。那么,宇宙的中心究竟在哪里?现在,宇宙中心部位还有新物质产生吗?

　　还有,在宇宙即将爆炸还没有爆炸时,我们的宇宙所有点都紧密地处在一起,随着爆炸,彼此间的信息是一直保持着联系的,不会因为爆炸使彼此远离而联系中断,150 亿年来持续这样,所以,在望远镜中,每一时刻所收集到的都是 150 亿年来宇宙数据集合体,彼此不应该有信息时间差。"时间光锥"应该是用来分离这些所获信息的方法技术。

　　按照霍金的观点,在宇宙膨胀速度相对减缓时,各种星系开始形成。银河系也是在宇宙膨胀速度相对减缓时形成的。

　　天文学家的研究认为,大约在 50 亿年前,我们宇宙有一次膨胀滞胀期,地球所处的太阳系形成。显然,地球也是这一时期形成的,否则,太阳系形成 2 亿年后宇宙再来一次滞胀,天文学家不答应。

　　太阳只是银河系中上千亿个恒星中的一个。太阳系既不在宇宙的中心,也不在银河系的中心。太阳带着整个太阳系做绕银核的椭圆转动,其轨道偏心率约为 0.11,转动周期约为 2.5 亿—3 亿年。太阳系各成员的基本运动特征参数如表 1-1 所示。

表 1-1　太阳系主要成员基本运动特征参数

行星	距离太阳/ (×10^6km)	公转周期	自转周期	赤道半径 /km	相对质量 ($m_{地球}$=1)	相对体积 ($V_{地球}$=1)	相对密度 ($\rho_{水}$=1)	公转轨道 偏心率
水星	57.9	87.97d	58.646d	2440	0.055	0.0558	5.46	0.206
金星	108.2	224.7d	243±1d(逆)	6050	0.815	0.88	5.13	0.007
地球	149.6	365.26d	23h56min	6378	1	1	5.52	0.0167
火星	227.9	686.98d	24h37min	3395	0.108	0.15	4.15	0.093
木星	778.4	11.86a	9h50.5min	71400	317.9	1316	1.33	0.048
土星	1424	29.5a	10h14min	60000	95.18	745	0.70	0.055
天王星	2874	84a	10h49min	25900	14.63	65	1.24	0.05
海王星	4516	164.8a	22h	24750	17.22	57	1.66	0.01
柯伊伯带，奥尔特星云								

注:地球质量为5.976×10^{27}g(表内数据为综合资料整理结果)。

　　已有的研究成果表明，在 50 亿年的时间里，太阳"只出不进"的惊人挥霍已经损失了 6×10^{23}t 质量，相当于 100 个地球。太阳由大约 79%的氢和 19%的氦构成，平均密度只是水的 1.4 倍，但核心区域在 3×10^{11}atm[①]的作用下，密度比黄金还要大 8 倍。

　　作为一个庞大而炽热的等离子气态球体，太阳不能像地球那样整体转动。观测表明，太阳自西向东的自转在赤道上周期最短，两极最长。一般说太阳 25.38d 自转一周，是以日面纬度为 17°的地方为标准的。太阳的表面温度为 5700℃，中心温度则高达 2×10^7℃，每秒辐射出 38×10^{32}erg[②]能量。有 15×10^4km 的对流层。对流层之上 500km 厚的太阳大气叫作光球。平时所看到的圆圆日轮就是它的边界。光球外面的一层太阳大气是色球，平均厚度为 2000km。日珥则是色球层上十分绚烂多彩的奇景，可延伸出几十万到百余万千米长。日珥分为宁静日珥、活动日珥和爆发日珥。寿命最长的宁静日珥可以存在一年以上。爆发日珥则最为磅礴和壮观。有时抛出去的流火能像"飞去来器"那样，绕行一个百万千米的大圈后返回，被称为环状日珥。太阳大气中最惊心动魄的爆发便是耀斑。太阳最外面的"桂冠"叫日冕。

　　太阳系各行星与太阳的距离、自转周期、公转周期、赤道半径、相对体积、相对质量、轨道扁心率等基本运动特征参数见表 1-1。

　　太阳周围，以轨道环绕太阳的天体被分为 3 类：行星、矮行星和太阳系小天体。

　　从太阳系中心往外，依次排开的是水星、金星、地球、火星、木星、土星、天王星、海王星、柯伊伯带和奥尔特星云。显然，地球才是其中一员。

　　八大行星绕日的轨道具有共面性、同向性和近圆性。都在地球绕太阳公转的轨道平面(黄道面)附近，各个行星都非常靠近黄道。而彗星和柯伊伯带天体运行平面，则通常与黄道面有比较明显的倾斜角度(图 1-5)。

注：① 1atm=101325Pa。
　　② 1erg=10^{-7}J。

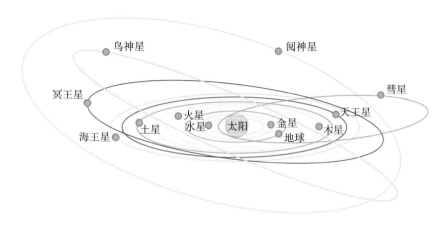

图 1-5　太阳系模式图

柯伊伯带(Kuiper belt)是太阳系在海王星轨道之外黄道面附近,位于距离太阳约 40—50 个天文单位的一个小天体密集的圆盘状中空区域。柯伊伯带的假说最先由爱尔兰裔天文学家艾吉沃斯提出,荷兰裔美国天文学家杰拉德·柯伊伯发展了该观点,他们于 20 世纪 50 年代就预言——在海王星轨道以外的太阳系边缘地带,充满了微小冰封的物体,它们是原始太阳星云的残留物,也是短周期彗星的来源地。所以,柯伊伯带全称为艾吉沃斯-柯伊伯带(Edgeworth-Kuiper belt)。

从 1992 年找到第一个柯伊伯带天体(KBO)开始,到如今已有约 1000 多个直径数千米不等的柯伊伯带天体相继被发现,于是,在布拉格举行的国际天文学协会第 26 次会议上,国际天文学协会术语委员会正式决定将位于柯伊伯带中原本称为行星的直径约为 2300km 的天体冥王星降级为矮行星。

矮行星或称侏儒行星,是一些质量和大小没有上下限,体积介于行星和小行星之间,围绕太阳运转,质量足以克服固体引力以达到流体静力平衡(近于圆球形状),没有清空所在轨道上的其他天体,同时不是卫星的单个天体。有的天文学家倾向于把太阳系外围较小的天体称作矮行星,而另外一些人则愿意把它们叫作小行星,或者柯伊伯带行星,还有一些人则根本不想到"行星"这个词。

太阳系内有众多的矮行星。鸟神星就是一颗长轴为 1500km、短轴为 1430km 的椭圆矮行星。阋神星也是一颗矮行星,曾经因其观测数据比冥王星还大,观测发现者与 NASA 曾把它称为第十大行星。

奥尔特云(Oort cloud)是一个受"引力大小与距离的平方成反比"预言影响而假设的位于太阳系外层边缘的云团。它最先是由荷兰天文学家奥尔特(Jan Hendrick Oort)于 1950 年基于彗星仅仅是快速飞行的冰块,推断在太阳系外缘有大量彗星存在而提出。直至今日,只有 90377 号小行星被认为有可能来自奥尔特星云。

使用同位素半衰期测定法获得的地球最古老的岩石——西格陵兰片麻岩——已有 38 亿年的历史,但这显然还只是地球从天文时期进入地质时期前后的时间。根据对月球岩石和太阳系陨星的测定和比较,所得结果表明我们的地球具有 46 亿年的历史,但是,依据宇宙起源于大爆炸并一直处于膨胀状态的观点,地球的年龄应该是与太阳同为 50 亿年。

地球除了自转以外，以每秒 29.79km 的速度，沿着一个偏心率很小的椭圆(图 1-6)轨道绕着太阳公转。公转一圈大约为 $10×10^8$km，周期为 365 d6h。

在地球围绕太阳做椭圆运动的同时，太阳携带着太阳系的全体成员，做着绕银核的椭圆轨道运动。所以，当地球上的人们感觉到年复一年时，地球实际以复螺旋轨道方式在宇宙空间中运动到了一个遥远的地方(图 1-7)。

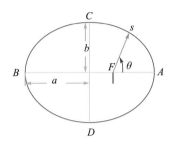 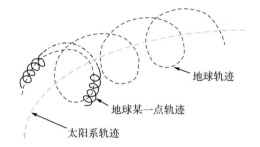

图 1-6　椭圆参数关系图　　　　　　图 1-7　地球、太阳绕银核运行轨迹示意图

探讨地球的本质如果不以地球的轨道运动为基础，将很难得到具有普遍性的规律性认识。人们曾经长期无法知道地球磁场的磁轴为什么不与自转轴重合的原因，按照磁场源于地球自转引起地球外核带电粒子的旋转从而产生磁场的观点，磁轴应该与自转轴一致；也曾经长期生疑，为什么同一经度线上地球高纬度地区与低纬度地区发生潮汐的时间不一致，按照月球引力潮观点，当月球位于我们的上空时，南北不同地区应该同时产生潮汐，等等。

第六节　地球的圈层结构

随着地质学的不断深入和发展，人们对地球的认识已不能满足于对地表及浅层"地"认识的积累。采矿业和矿物学的发展，使人们积累了大量的地质观察与思考，各种解释、观点、学派纷立，讨论、争论层出不穷。著名之争如 18 世纪关于岩石成因的"水火之争"，还有如石油成因的"有机无机之争"等。随着争论双方不断地进行观察、实验、补充，地质科学得到了长足进步。

早期，人们将地球的结构划分成地球内部圈层结构和地球外部圈层结构，给人感觉好像是大气、海水等物质属于地球之外，只有固体地球才是属于地球的。这显然是一种偏见，如果说月球属于独立的天体而不属于地球还可以理解，将大气、磁层、海水等划为地球之外则不能接受。地质学是关于地球运动本质的科学。

现在人们将地球作为整体，统一划分为大气圈、水圈、生物圈、岩石圈、软流圈、地幔圈、地核圈。

一、大气圈

大气圈是指包围在地球外层的空气层。由大气所形成的围绕地球周围的混合气体称为大气圈，又称为大气环境。大气圈是环境的重要组成要素，也是维持地球上一切生命赖以生存的物质基础。由于大气的成分和物理性质在垂直方向上有显著的差异，根据温度变化、电离状态和化学反应等特征随高度分布的不同，可将整个大气圈分成若干层次。由于存在两种分法，分层依据和各层厚度不同。

因为大气圈所具有的空间性、广阔性，一些地质体的受力与运动体现在大气上，具有可观察、易理解的特点，应用更合理。

二、水圈

水是地球上分布非常广泛和重要的物质之一，是参与生命的形成和地表物质能量转化的重要因素。水也是人类社会赖以生存和发展的自然资源。水有气态、液态和固态3种表现形式。地球的水圈是由地表水、地下水、大气水和生物水组成的特殊圈层。地表水是积聚在江河湖海里的液态水和分布在高山、高纬度地区的固态冰川；地下水保存在岩石和土壤中；大气水包括空气中的水蒸气、天上的云和到达地表以前的降水；生物水存在于动植物体内。因此，皑皑的冰山雪岭、奔腾的江河湖泊、壮阔浩瀚的海洋、飘荡的白云、滋养动植物的水分共同组成了地球的水圈。

三、生物圈

生物圈(biosphere)是1875年由奥地利地质学家休斯(E.Suess)首先提出使用的，指地球上有生命活动的领域及其居住环境的整体。从地面以上约23km的高度，到地面以下延伸至12km的深处，包括平流层的下层、整个对流层以及沉积岩圈和水圈。但绝大多数生物通常生存于地球陆地之上和海洋表面之下各约100m的范围内。生物圈主要由生命物质、生物生成性物质和生物惰性物质3部分组成。生命物质又称活质，是生物有机体的总和。生物生成性物质是由生命物质所组成的有机矿质作用和有机作用的生成物，如煤、石油、泥炭和土壤腐殖质等。生物惰性物质是指大气低层的气体、沉积岩、黏土矿物和水。生物圈是一个复杂的、全球性的开放系统，是一个生命物质与非生命物质的自我调节系统。

总之，关于生物圈的概念，有以下几点是大家公认的：第一，地球上凡是有生物分布的区域都属于生物圈的范围；第二，生物圈是由生物与非生物环境组成的具有一定结构和功能的统一整体，是高度复杂而有序的系统，而不是松散无序的集合体；第三，生物圈是地球上最大的多层次的生态系统，其结构和功能是不断变化的，并且不断趋向于相对稳定的状态。

四、岩石圈

顾名思义，岩石圈(lithosphere)是由岩石组成的圈层，包括地壳和上地幔顶部，与地幔圈有一部分重叠。

除表面形态外，人们是无法直接观测到地球岩石圈的。借助地震波理论与技术，人们区分出了地球的地壳和地幔圈中上地幔的顶部的固体组成部分：从固体地球表面向下穿过近 33km 深处，地震波显示第一个不连续处，此处所对应的球面称为莫霍面，莫霍面是区别地壳与地幔的分界面。从莫霍面往下至 60km 深处，地震波速度出现一个极值，这是岩石圈底界的标志(图 1-8)。

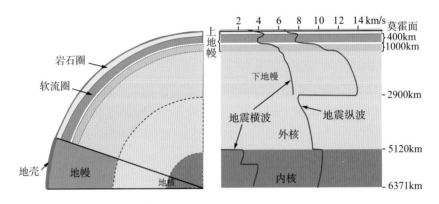

图 1-8　依据地震波速变化的地球分层结构

岩石圈厚度不均一，平均厚度约为 60km。由于岩石圈及其表面形态与现代地球物理学、地球动力学有着密切的关系，因此，岩石圈是现代地球科学中研究得最多、最详细、最彻底的固体地球部分。由于洋底占据了地球表面总面积的 2/3 之多，而大洋盆地约占海底总面积的 45%，其平均水深为 4000—5000m，大量发育的海底火山就分布在大洋盆地中，其周围延伸着广阔的海底丘陵。因此，整个固体地球的主要表面形态可认为是由大洋盆地与大陆台地组成的，对它们的研究，构成了与岩石圈构造和地球动力学有直接联系的全球构造学理论。

在板块学说建立后，岩石圈成为板块的主体。岩石圈板块在软流圈物质上运动，相互分离、聚合或碰撞，形成地球表面的裂谷、山脉等地形。

岩石圈表面并不平坦，最高的山峰海拔超过 8800m，最低的陆地盆地在海平面以下 154m，相差近 9km，这些地貌上的千变万化是在地球发展历史中，地壳发生垂直或水平运动和地质作用造成的，地壳运动包括地震、火山喷发、岩崩、泥石流、风化、剥蚀、搬运、侵蚀、沉积和成岩作用等。

岩石圈含有三大类岩石，岩浆岩是主要的，占全部岩石质量的 95%；但地表分布广泛的还是沉积岩，占地球表面积的 75%。石油和天然气大部分分布在沉积岩中。

岩石圈与人类的生产和生活密切相关，是人类赖以生存与生活的基础，地球的构造变动通过岩石圈的表现而影响人类社会。所以，长期以来，人们花费了绝大多数精力用来研究岩石圈本身的变化，以试图解释引起这些变化的动力问题。

五、软流圈

地震波速度在岩石圈底界出现极大值后，再往下，地震波速度开始下降，出现一段低速层，是软流圈出现的表征。当地震波到达极小点时，深度约在 100—150km 处；此后，地震波速度开始上升，在 400km 处有一次梯度较大的增速，表明软流圈结束。软流圈的下限就有 400km、660km、670km、1050km 等不同划分法，有些地质学家、地震学家和地球物理学家认为采用 670km 作为软流圈的下限较合适，原因是在 660km 深处有一个地震不连续面，自此向下，波速及密度的增加都高于地幔内的其他界面。

早在 1926 年，地震学家古登堡就发现在坚硬的岩石圈底下存在着一个低速带，这个低速带相当于软流圈。实际上，软流圈并不软。计算和模拟实验表明，在软流圈中，只有大约 0.5%的局部地区发生了熔化。但是，因为岩石圈刚性较大，相比之下，软流圈多少带有一点塑性和流动性。

大陆和大洋岩石圈下伏软流圈的性质存在差别，除低速层的顶面埋深大陆比大洋深，而厚度大陆又比大洋小外，大陆岩石圈之下软流层的黏度高于大洋岩石圈，温度比同一深度的大洋软流层低。但不论是大陆还是大洋，其软流圈顶部低速层的埋深随岩石圈形成年代的变新而变浅。

软流圈的不同分布特点与产生软流圈的条件有关。一般认为，软流圈的形成需要高温条件，以及水和挥发性组分的加入等因素。固体地球内部的温度随深度的增加而升高，一般至 100km 深时，温度便接近地幔开始熔融的固相线温度，这时在水和挥发性组分的参与下，开始产生选择性熔融，逐渐形成固流体软流层。或者反过来理解，地球作为星球，在逐步冷却的过程中，由表及里形成了固-液态的分异，软流圈是中间过渡态产物。由于软流层位于岩石圈底部，平均密度(3.20—3.22g/cm^3)比上覆大洋岩石圈的(3.31g/cm^3)小，但比大陆岩石圈的大，因而，在地球发生膨胀与收缩运动时，该层是导致大洋岩石圈板块扩张与碰拼的决定性因素，也是大陆漂移说所认为的支撑大陆岩石圈漂移的载体所在。

一般认为，软流圈的形成有一个漫长的地质演化过程。软流圈熔岩产生时所需的热能、水和挥发性物质，主要由放射性元素衰变和地球圈层分化过程释放出来。释放出来的热能和轻组分上升到低温、刚硬的岩石圈底部时，受到岩石圈的阻挡而逐渐积累起来，从而导致该部位最终形成软流层，所以软流层的形成是地球发展到一定阶段的产物。没有软流圈便不会有岩石圈，特别是大洋岩石圈；没有软流圈，大规模密度倒转现象也不会发生，也就没有板块运动。

六、地幔圈

地幔圈介于地壳和地核之间，深度一般从地面以下 33km 到 2900km，约占地球总体积的 82.26%，地幔的总质量约占地球总质量的 67%。因为它在地壳和地核的中间，所以有人称为中间层，显然地幔圈与岩石圈和软流圈具有重叠区，这是认知历史原因造成的。

地幔一般分为上、下两层，即上地幔和下地幔。

上地幔由硅、氧、铁、镁等元素组成，其中铁镁含量比地壳中的铁镁含量多，因此这一层又称为地幔硅镁层，最上部由坚硬的硅酸盐岩石组成，它们和地壳一起构成了地球的岩石圈。一般认为，上地幔的物质处于局部熔融状态，使地球下层的物质与上层物质进行交换，底界变化于60—220km。上地幔也是岩浆的发源地，广泛分布于地壳的玄武岩就是从这一层喷发出来的。上地幔下部物质致密、刚性，温度也回归正常增长(或降低)范围，是固相超铁镁质和铁镁质岩石，也是大量碱性玄武岩岩浆的形成区。

下地幔除硅酸盐岩石外，金属氧化物与硫化物显著增加，它的物质密度比上地幔物质密度要大，呈不均匀固体状态。下地幔中物质结构不再变化，地震波速的平缓增加可用物质结构已经压缩成较致密来解释。硅酸盐矿物已转变成氧化物或具钙钛矿结构的硅酸盐，随深度增大，唯一的成分变化表现为氧化铁含量小幅度增高。

地幔层的温度高达 1000—4400℃，内部压力达 $(0.01—1.50) \times 10^{11}$ Pa，物质密度达 3.3—5.7g/cm^3。在这种高温、高压和高密度的环境条件下，物质处于一种塑性的固体状态。像沥青一样，在短时间内具有固体的性质，如果放久了就会变形，具有可塑性。在地幔的上层，由于压力较小，物质呈半熔融状态，即为软流圈，地壳浮在软流圈上。一旦地壳产生裂缝，灼热的岩浆就会沿着裂缝喷出地面，引起火山爆发。

据安德森(Anderson, 1989)的研究结果，地幔化学成分相对于地壳有以下变化：①Si、Na、K、Al、Ca 的含量降低；②Mg、Fe 含量增高；③微量元素中 Li、Ti、V、Cu、Rb、Sr、Zr、Nb、Ag、Sn、Cs、Ba、Hf、Au、Pb、Bi、Th、U 等元素及轻稀土元素含量降低；④Cr、Mn、Co、Ni 等元素和重稀土元素含量增高。

上、下地幔的化学组成有变化，地幔内也存在横向的化学不均一性，上地幔的结构和组成并不是简单的分层结构能概括的，反映出地幔内部也存在较复杂的物质-能量转变过程，它们至今仍是使地球科学家感到困惑且又兴趣盎然的研究课题。

七、地核圈

地核是地球的核心。从地表以下约 2900km 到地球中心，总厚度约为 3471km，地核圈包括外核、过渡区和内核 3 部分。外核深度为 2900—4640km，因为地震横波不能通过，而横波在液体和气体中无法传播，所以可以否定外核为固态物质，而现在之所以肯定外核完全由液体构成，可能是因为外核传播地震纵波的速度很大的缘故。其实，以地表状态条件下地震横波的属性推测地球外核物质属性的方法不一定是完全科学的，也许外核是一种我们至今仍未认识的物质，地球外核为什么就不可能是气态物质呢？为什么就不可能是类似太阳的炽热的等离子气态物质。4640—5120km 深度层称为 F 层，它是外核与内核之间一个很薄的过渡层。内核为深度在 5120km 以下至地心部分。

地核的物质成分一般认为是高压状态下由铁、镍成分组成的物质，这是因为，由地震波波速随深度变化的情形可测得其密度大小。地球的平均密度为 5.5g/cm^3，而上部地幔的密度只有 3.3g/cm^3，所以地核的密度必须为 10—11g/cm^3 才能使地球的平均密度达到

$5.5g/cm^3$。地核中到底是什么样的物质，且其密度可达 $10—11g/cm^3$？人们从太空中来的陨石得到灵感，铁质陨石的密度与计算获得的 $10—11g/cm^3$ 相当接近，且铁在外地核的温度、压力下可熔为液态，而铁质陨石中含有少许的镍，所以人们推测外地核是铁质并含有少许的镍。而目前无任何证据显示内地核为液态，故将其视为固态。其成分与外核相当，为铁镍质。地震波传播的速度与在高压下铁中的传播速度相等。

地球几个圈层中最靠近地心的就是地核圈的内核，它位于 $5120—6371km$ 地心处，又称为 G 层。地球内部的温度随深度增加而上升。根据最近的估计，在 $100km$ 深度处温度为 $1300℃$，$300km$ 处为 $2000℃$，在地幔圈与液态外核边界约为 $4000℃$，地心处温度为 $5500—6000℃$。

第七节　一 般 认 识

地球自形成以来，一直处于不断的运动变化之中。在漫长的地质历史过程中，大型的造山运动与造海运动，使地表形态发生"沧海桑田"的变化。大气、水、生物使裸露地表的岩石变得破碎、松散，火山活动喷发出大量的高温熔融物质，地震产生山崩、地裂、海啸等。这些现象表明地球受到了动力的作用，现在看来，这种动力属于外力。由于外力作用，地球运动状态发生了改变，其表面形态、内部物质组成及结构、构造等发生了变化。

地球科学把自然界中引起地壳或岩石圈的物质组成、结构、构造及地表形态等不断发生变化的各种作用统称为地质作用（geological process），把引起这些变化的自然动力称为地质营力，把传播能量的媒介称为介质。地质作用一方面不停息地破坏着地壳或岩石圈中原有的物质成分、结构、构造和地表形态，另一方面又不断形成新的物质成分、结构、构造和地表形态。地质作用既有破坏性，又有再造性，是在破坏中再造，在再造中破坏，不断改造着地壳或岩石圈。

传统的地质学理论将地质作用分为内动力地质作用与外动力地质作用，认为：外动力地质作用主要使地球表面物质发生风化、剥蚀、搬运和沉积等，作用于地壳表层，最深达几千米；内动力地质作用则主要作用于地球深部物质，内动力在促使地壳深部物质运动的同时，必然涉及地表，地表地形的总轮廓即是内动力地质作用的结果。内动力地质作用和外动力地质作用在时间和空间两个方面是一个连续的作用过程，它们此起彼伏，时强时弱，始终连续不断地进行着。内动力地质作用对地表地形的改造作用远比外动力地质作用巨大，而且是决定性的。传统观点将构造运动、地震作用、岩浆作用和变质作用归为内动力地质作用，将河流、地下水、冰川、湖泊和沼泽、风和海洋等地质作用归为外动力地质作用。

显然，这种以岩石圈为中心，以地壳表层作为划分地球内外界面的方法是错误的，因为地球的河流、海水、大气等都属于地球内部，从春天到夏天，春天里的空气并没有留在地球春天时的位置。

所以，地球的 7 个圈层划分，表明它们本身是一个整体，彼此是相互联系并依存着，它们共同地执行着地球的守恒运动，如果缺少任何一部分，地球的运动将不再平稳。

通常，人们所称地壳运动、地质作用，是针对地壳或岩石圈来讲的，容易给人造成地质问题仅仅是地壳或岩石圈问题,与其他圈层无关的误解。其实,地质作用是自然界中一种复杂的物质运动形式,表现在地球各圈层物质对岩石圈物质的改造和建造。例如,大气的地质作用是指由于大气圈中大气的运动而引起地壳或岩石圈物质组成、结构、构造及地表形态等不断发生变化的作用。水的地质作用是指由于水圈中水的运动而引起地壳或岩石圈物质组成、结构、构造及地表形态等不断发生变化的作用。

岩浆的地质作用不同于岩浆作用。岩浆的地质作用是指岩浆因地球外力作用形成火山喷发、岩浆侵入,因地壳加积增厚对岩石圈物质形成烘烤、熔融等,而引起地壳或岩石圈的物质组成、结构、构造及地表形态等不断发生变化的地质作用。岩浆作用则是指岩浆在其形成、演化,直至冷凝成岩过程中的全部作用。岩浆作用包含岩浆的地质作用,岩浆的地质作用仅指岩浆对岩石圈部分产生的作用。

不同地质作用媒介和不同的地质作用方式与不同的地质作用过程,可以组合出各种不同的地质作用种类,见表1-2。

表1-2　地质作用种类

地质作用方式	地质作用过程	大气圈	水圈					生物圈	地壳	岩浆
			大气水	地表水	地下水	湖、海	冰川			
风化作用	物理	√	√	√	√	√	√	√	√	√
	化学	√	√	√	√	√	?	√	√	√
剥蚀作用	物理	√	√	√	√	√	√	√	√	√
	化学	√	√	√	√	√	—	√	—	?
搬运作用	物理	√	√	√	√	√	√	√	√	√
	化学	√	√	√	√	√	—	√	√	√
沉积作用	物理	√	?	√	√	√	√	√	—	√
	化学	√	?	√	√	√	√	√	√	√
成岩作用		—	—	√	√	√	√	√	√	√
成矿作用		?	—	√	√	√	√	√	√	√
变质作用		—	—	√	√	√	√	?	√	√
构造运动		—	—	—	—	—	—	—	√	√

注:表中"√"是指理论上应该存在或实际上已经存在的地质作用;"—"是指理论上和实际上不存在的地质作用;"?"是指理论上和实际上可能存在的地质作用。

地壳运动的狭义定义是指由于地球的膨胀运动、收缩运动、角动量守恒运动,引起地壳或岩石圈物质的变形和变位。现在,在很多文献的表述中,地壳运动等同于构造运动、造山运动、地壳变动等。有时,地壳运动也可以用某一具体的构造运动事件来说明,如燕山运动。

地质灾害是指由于自然运动规律、地质作用和人为行动引起的地壳表层的局部活动,对人类的生产、生活、资源、环境、劳动积累形成破坏与威胁的灾害事件。主要的地质灾害包括沙尘暴、地震、崩塌、滑坡、泥石流、水土流失、地面塌陷和沉降、地裂缝、土地沙漠化、煤岩和瓦斯突出、火山活动等。

地质灾害的一般特征是主体为地壳或岩石圈的局部活动，受体为人类及生态环境。因此，构造运动、自然力作用、地质作用、人类对自然界的改造行为等都可以引发地质灾害。例如，肆意采伐林木、随意开垦、过度放牧等使天然植被被破坏，会导致崩塌、滑坡、泥石流、水土流失、土地沙漠化等；过度开采地下水会使地面沉降，威胁城市安全。发生在高山、极地、深海等无人区的沙尘暴、地震、崩塌、滑坡、泥石流、地面塌陷和沉降、地裂缝、火山活动等，由于没有对人类的生产、生活、资源、环境、劳动积累形成破坏与威胁，不属于地质灾害，只属于地质事件。

台风、洪水与干旱由于没有形成主体地壳或岩石圈的活动，虽然对人类及生态环境形成破坏与威胁，但不属于地质灾害。

海啸是由海底火山喷发、海底地震、海底滑坡、海岸滑坡、海面大风暴等事件激发而产生的破坏性海浪，摧毁堤岸、淹没陆地、夺走人类生命财产，尽管破坏力极大，但也不属于地质灾害。

第二章　地球体力方程

　　人类认识自然，是从自然界物体之间的相互作用开始的。物体的相互作用表现为物体的运动。运动是物体存在的本质特征。物体的运动是通过位置不断改变传递进行的。传递是物体相互作用的持续。物体传递速度的改变是因为物体受到了外力作用，外力是指由研究对象之外的物体施加的力。与外力相对的是内力，内力是指研究对象内部物质之间的相互作用力，内力不能改变物体的运动状态，只能改变研究对象内部物质的排列。以往所谓的内动力地质作用、外动力地质作用，其实都是地球的内力作用。所以，地球的重力作用，实质上也是一种地球的内力作用。

　　地球在其跟随太阳绕银核旋转过程中，由于受到外力作用而产生运动状态改变，形成不同圈层物质的机械运动，地质、地球物理学家们将岩石圈或地壳物质的机械运动称为地壳运动。地壳运动产生了地壳物质结构和构造的变动，因此也被称为构造运动。通常，在一般地质术语或描述中，构造运动还可用造山运动、地壳变动等同义词替代。有时，也可以用某一具体的构造运动事件来说明，如"燕山运动"。现在看来，构造运动也好，地壳运动也罢，大有被固化为地球内力作用结果之趋势，蒙蔽了实为处于轨道焦点的天体施加给作为运动体地球的外力作用之结果的本质。

　　所谓"地球的运动状态改变"是指地球绕轨道焦点(银核、太阳)运行时，银核或太阳施力结果，影响轨道半径随时间变化，产生了速度、加速度的改变。速度、加速度变化的不断积累，导致了地球岩石圈或地壳物质产生变形和变位。

　　岩石圈或地壳物质的变形和变位，一方面引起了地表形态的剧烈变化，如山脉的形成、海陆变迁、大陆分裂与大洋扩张等；另一方面在岩石圈中形成了各种各样的岩石变形，如地层的倾斜与弯曲、岩石块体的破裂与相对错动等构造运动。构造运动还是引起岩浆作用与变质作用的重要原因，并且对地表的各种表层地质作用具有明显的控制作用。

　　作为地质学研究的主要内容之一，构造运动(tectonic movement)在地质作用中处于最重要的地位。它不仅是分析地质条件的指路标，也是划分地质年代的主要依据。构造运动在整个地质历史时期中都在不断进行，形成了丰富的地质遗迹，为地质学家们进行地史断代提供了充分的证据。

　　新近纪以来的构造运动在地形、地物上保存较好，人们常把新近纪以来发生的构造运动称为新构造运动(neotectonic movemen)，有人类历史记载以来的构造运动称为现代构造运动(recent tectonism)，新近纪以前发生的构造运动称为古构造运动(paleotectonism)。这些构造运动实质上都是因为地球受到外力作用影响，产生整体性收缩或膨胀的结果，这种引起地球整体性变化的作用力，即为我们所称的体力。在方法论形成以前，认识论至多能够将体力称为一种"道"，牛顿发明了分析问题的"流数法"，并且定义了物体运动第二定律，为人们提供了研究方法，使地球体力及其作用原理被人们发现。

第一节　地球运动特性分析

地质学家应该庆幸地球给人们预置了地壳这层外壳。作为一层坚硬的纸张，地壳忠实地记录了地球的运动史，为人们阅读地史、解剖自然结构、寻找不同时期波澜壮阔场景形成的原因提供了丰富多彩的自然现象依据。

自"时间"被作为一个基本物理量，用以考察物质世界的运动、变化的持续性、顺序性以来，"时间"以其客观性和无限性，成为地质、地球物理学家们度量和描述地质事件发生、发展和结束的一个重要参数。在地学发展史上，"绝对年龄"已被地质学家们定义为确定地质时期和地球起源的专有名词。与其他学科相比，地震、地质时间尺度可以跨越秒、分、时到万年、百万年、亿年。

然而，恩斯特·马赫(Ernst Mach，1838—1916年)从历史的批判角度拒绝绝对空间和绝对时间的提法，为自然科学的发展产生过巨大的影响，他认为绝对时间是一种与变化无关的时间，既无实践价值，也无科学价值，而绝对空间是纯粹的思想产物、纯粹的理智构造，不能产生于经验之中。马赫说，纯粹的力学现象是不存在的，它总是伴随着其他现象，只是为了便于理解事物，有意或出于需要而做出的抽象。

按马赫的观点，地质学家们赖以立论的古生物化石及地质遗迹标本，都是关于地球的相对时间和相对位置的相对运动记录。地质地球物理学家通过研究大量地球相对运动资料，形成地学理论知识，力图寻找到地球动力学原理，是出于有意揭示地球的受力运动、出于解释未知现象的需要。

自古生代以来，地球上不同地区所发生的几次大的构造运动，几乎都具有同时性。通过分析整理地史资料，人们还发现，地球发生构造运动的历史，明显表现出了全球性、周期性、方向性，为我们分析地球运动与动力，提供了基础。

所以，让我们从纷繁的哲学、科学思辨中解脱出来，沿着地质学家们已经建立起来的地质时代路径，并且按照其相对年代顺序，开展地球运动动力的理性探讨。

一、构造运动的全球性、脉动性

全球应力场与构造分析结果认为：全球存在大尺度的统一性构造应力场；全球大部分地区的地壳上部构造应力作用方向较为均一，存在区域统一应力场；全球大部分地区的最大水平主应力方向与板块绝对运动(角速度)迹线保持较好的一致性。

人造卫星技术在地质领域的应用使我们能以数毫米的精确度来测量地壳运动的变化，为分析研究全球构造提供了保证。

构造运动的全球性主要表现在：全球性的海平面变化，全球性的造山运动，全球性的海底扩张。

(一)全球性的海平面变化

尽管不能排除全球性海平面变化与全球性气候变化、天体撞击、洋中脊隆升的相关关系：如全球性气候的变暖可导致极地冰川与大陆冰川的融化，使全球海平面上升，相反，则下降；大型天体撞击可导致尘埃物质长久悬浮遮天蔽日影响全球气候，从而间接影响海平面变化；据研究，白垩纪早期的一些海平面抬升可能和世界洋中脊系统的扩张有关。始新世海平面和缓地抬升，发生在海底张裂速率降低期。但全球性海平面变化与全球性构造运动的同生关系具有理论和实际资料支持，是不可否认的。

全球海平面变化由能够影响全球海平面的控制因素所控制。

由于海洋生物和海洋沉积物具有明显的同时性，所以海平面变化的全球性研究能够得以加强和推广应用。

1. 全球性海平面变化的证据

现在人们基本接受了这样的观点：同一时期不同沉积盆地内的地层存在着一种有效的全球控制因素，这种因素即是全球海平面变化(Vail et al.，1977)。地质学家普遍见到的旋回性沉积作用基本上或完全受全球范围的海平面升降变化的控制。

图 2-1 是从白垩纪到现代的海平面升降曲线，表现出各种不同规模的变动。在白垩纪早期海平面明显上升之前，有一段很长时期的低海平面期(从距今约 320Ma 前的晚古生代延续到距今约 150Ma 前的晚侏罗世)。从白垩纪中期开始海平面有持续下降的趋势，其中最显著的是在渐新世晚期，海平面快速下降约 150m。

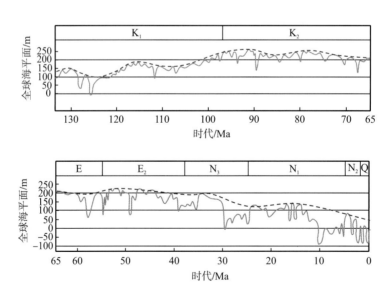

图 2-1　白垩纪初期以来的全球海平面变化曲线(据 Vail et al.，1977)

注：虚线代表长时期的趋势；实线代表短时期的波动

　　由于晚白垩世横跨北美和欧洲的广大海洋地层露头符合这一时期全球高海平面的变化特征，大多数的全球海平面变化研究人员都接受埃克森(Exxon)曲线所表现的长期趋势。虽然曲线中的短时期变动不被接受，这些短期波动可能不是全球性的，也许是因为所引用的地震资料是来自相似沉降历史的被动大陆边缘地区造成的。

　　层序地层学的核心是通过地震和测井资料来研究全球海平面的升降变化对沉积作用的控制，包括对大陆边缘碎屑沉积作用的控制和对大陆边缘碳酸盐沉积作用的控制，通过分析地震层序及其内部组成部分体系域来研究全球海平面升降、地壳沉降以及沉积物供给之间相互作用的关系。研究结果显示：全球海平面升降和构造沉降共同作用的结果，引起海平面的相对变化。在长期构造运动的背景下和全球海平面升降的控制下，海平面的相对变化控制着碳酸盐沉积地层型式和岩相的分布以及碎屑沉积地层型式和岩相的分布。

　　Vail 等(1977)通过全球地震资料对比解释获得的自寒武纪以来各地质时期对应的海平面变化关系，这种全球海平面变化曲线在为石油公司分析全球油气资源分布提供依据的同时，也为全球性构造沉降旋回分析提供了依据。

2. 影响全球性海平面变化的因素

　　本节属于条件命题，是在讨论构造运动的前提下引出的海平面升降问题，不是专题讨论海平面变化，所以，在此罗列的影响全球性海平面变化的因素都是与构造运动相关的，并不是讨论所有能够影响全球性海平面变化的因素。

　　1)构造运动的变化

　　正如前述，构造运动的变化是本章的主题，在此是形成海平面变化的原因。海平面变化在于参照物的选择。一般地，用海平面升降反映构造运动的存在，大多以陆地为参照物。在这些实例中，最有名的当数意大利那不勒斯湾建于公元前古罗马时代的塞拉比斯古庙。古庙的废墟中耸立着 3 根石柱。

　　这 3 根石柱高 12m，从底向上的 3.6m 石柱表面光滑无痕，是在 1533 年努渥火山喷发时被火山灰掩埋的部分；再向上 2.7m 则被瓣鳃类虫[石蜩(Lithodomus)，石蛏(Lithophaga)]蛀出许多梨状小孔，为海水浸没的痕迹；其上的石柱仍完好如初。

　　这个古庙建在陆地上，受构造运动影响，曾有一段时间因地表下沉，石柱没入海内 6.3m。18 世纪中期石柱重升出海面。19 世纪又开始下降，现在又重处于海面之上。两千多年来，这 3 根石柱几经沧桑，下降，上升，再下降，再上升，成了地质史中构造运动影响海平面变化的良好证据。

　　世界上典型的海平面大面积升降的例子还有北欧斯堪的纳维亚半岛，以半岛的内部上升最快。据阶地和海岸线的位置计算的上升速率是 0.5m/100a。

　　类似海蚀洞、海蚀崖的海蚀地貌在我国广东、台湾发育较多，表明曾经发生的构造运动使海平面相对位置发生了变化。

　　2)海洋盆地容积的变化

　　海洋盆地容积的变化是导致海平面变化的主要原因之一。在海水总质量不变的条件下，海洋盆地容积增加，海平面将下降，海洋盆地容积减小，海平面则上升。

层序地层学的基本论点是地层单元的几何形态及岩性受海平面升降、构造沉降、沉积物供给和气候四大参数控制。其中，全球海平面升降速度、构造沉降速度和沉积物供给速度控制了沉积盆地的几何形态；这3种因素互相影响、互为因果关系，最终导致某一地区海平面相对于该区陆架边缘的相对变化速度及沉积体系域的发生、发展和变化。

现在几乎可以肯定，海洋盆地容积的改变是影响整个中生代到新生代早期全球海平面变化的最重要因素。

3)海水体积的变动

影响海平面变化的另一主要因素就是海水体积的变动。在海洋盆地容积不变的条件下，海水体积增加，海平面上升；海水体积减小，则海平面下降。

海水体积的改变可由两方面情况引起，即海水密度的变化和冰雪总量的改变。

在漫长的地质历史长河中，为了维持地球的整体运动状态，地球的体积是可以膨胀与收缩的，这种体积的改变主要是通过组成地球物质密度的改变完成。所以，作为地球一部分的海水，它的体积同样可以通过其密度的改变而改变。当地球处于膨胀运动阶段时，液相的海水较之固相的地壳更易于膨胀，如果不考虑地幔与外地核物质膨胀影响，海水将表现为体积增加，发生全球性海平面上升。反之，地球处于收缩运动阶段，在条件一致的情况下，发生全球性海平面下降。

冰雪的大量融化可以导致海平面上升，相反，则引起海平面下降。

4)其他

引起海平面改变的原因较多，除构造运动外，小海洋盆地的分离和干化(isolation and desiccation)作用、沉积物的堆积、全球洋中脊体积的变化、大规模火山作用、海床的升降等都可导致海平面的变化。

(二)全球性的造山运动

"造山运动"一般被用来描述造成山区内部构造的作用过程，包括地壳上部的褶皱、逆掩和断裂，地壳下部的塑性褶皱、变质和深层岩浆作用等。虽然地史上曾经出现过一种地球膨胀造山说法，即马钦斯基(Matschinski，1954)所提的观点，但大量的实际资料表明造山运动和地球收缩期地壳的缩短有关，其结果常导致大陆地壳变厚、陆地面积缩小。

印度板块和欧亚板块碰撞形成喜马拉雅山和青藏高原，是古生代以来最重要的造山运动事件。

绵亘于北美洲西部的落基山脉是中生代造山运动沿大陆边缘形成的褶皱山系，纵贯南美洲西部的安第斯山脉和横跨欧亚大陆南部的阿尔卑斯—喜马拉雅山脉是新生代造山运动的产物。

(三)全球性的海底扩张

构造运动全球性的另一表现就是全球性的海底扩张。海底扩张的主要表现形式是洋中脊。

世界大洋洋底纵贯着一条绵延达 640000km 的洋中脊体系(图 2-2)。它是沟通固体地球内部物质发生膨胀运动的通道。

图 2-2　全球洋中脊分布图

　　沿洋中脊的轴部，一般有一条纵向裂谷将洋中脊分开。洋中脊体系高出两侧大洋盆地 1000—3000m，宽 1000—2000km，甚至更大(在南太平洋可达 5000km)，总面积约占洋区面积的 30%，几乎可以与整个陆地面积相比拟。显然，洋中脊是环绕全球的世界上最大的山系。

　　大西洋洋中脊由北向南经向盘踞在大洋中部，北起北冰洋，向南绵延呈 S 形，并大致平行于两岸，在南面绕过非洲南端的好望角与印度洋中脊的西南支相接。

　　印度洋洋中脊呈"人"字形分布在大洋中部，其北支伸入亚丁湾、红海，与东非内陆裂谷相接，向南延至印度洋中部分为西南、东南两支分别延伸，西南支与大西洋中脊相连，东南支则与东太平洋海隆相接。

　　太平洋洋中脊偏向大洋东侧。东太平洋洋中脊北端伸入加利福尼亚湾，南端与印度-太平洋洋中脊相连。

　　三大洋中脊在南部相连，北部均伸入大陆。

　　研究表明，海底扩张时期、海平面上升时期与地球膨胀期具有较好的吻合性。在过去的某些时期，全球洋中脊系统长度的改变比海床张裂速率的变化对海洋盆地容积变化的影响更重要。白垩纪的海平面抬升和全球洋中脊系统的扩张相关性较强。

二、构造运动的周期性

　　构造运动周期性是地质学家、地球物理学家甚至天文学家、气象学家和海洋学家们一直探求解决的问题。由于在地球演化历史中，构造运动表现为比较平静时期和比较强烈时期交替出现，并且在漫长地史发展过程中，曾经出现过多次构造运动相对缓和阶段与相对强烈阶段，因而表现出了明显的构造运动更迭现象，形成具有强弱交替的周期性和阶段性。

稳定期的构造运动相对缓和，以缓慢升降运动为主；活动期的构造运动表现为强烈褶皱和隆起，形成巨大的山系，称为造山运动，以强烈的水平运动为主。

构造运动的周期性决定了地壳发展具有阶段性。地球上发生的比较强烈和影响范围较广的构造运动称为构造运动期或造山运动幕，如加里东运动期、海西运动期、燕山运动期、喜马拉雅运动期等。

准确地测定发生构造运动的年代，比测定地层的年代要复杂得多。1960 年，Gastil 根据 413 个同位素年龄资料，提出构造运动具有 300—500Ma 的周期；1966 年，Decmley 根据 3400 多个年代测值进行的统计分析结果，表明在距今 2700 ± 50Ma、1950 ± 50Ma、1075 ± 50Ma 时段共有 3 个明显的斜率变化，在距今 2600Ma、1800Ma、950Ma、500Ma 时段有 4 次丰度峰值。

1960 年以来，学者们在大地构造运动阶段性方面达成了共识，认为存在着全球意义的构造运动周期性，并把它用于前寒武纪的划分，划分结果经过后来不断地丰富和完善，形成了现今全球统一的认识(表 2-1)。

表 2-1　新建议的全球前寒武纪国际地层划分表

宇(宙)	界(代)	系(纪)	距今年龄/Ma
前寒武系	元古宇		
		新元古界	埃迪卡拉系　541
			成冰系　635
			拉伸系　850
		中元古界	狭带系　1000
			延展系　1200
			盖层系　1400
		古元古界	固结系　1600
			造山系　1800
			层侵系　2050
			成铁系　2300
	太古宇	新太古界	2500
		中太古界	2800
		古太古界	3200
		始太古界	3600
		冥古界	4000

人们把构造运动从缓和到强烈，称作一次构造旋回。地球历史每经过一次大的构造旋回，都要引起世界性的或区域性的海陆、气候、生物、环境的巨大变化；同时，一次大的构造旋回还往往包括若干次一级的和更次一级的构造旋回，导致区域性的或局部性的地理变化。构造运动的周期性，自然也就决定了地球历史发展的阶段性。所以地史可以划分为许多代，代又分为若干纪，纪还可分为几个世，年代地层的不同单位划分就是对这种阶段性的反映。

虽然构造运动具有周期性，但不同地区又有自己的周期性，这就是为什么周期值难以统一的缘故。由于地球发生一次构造运动的时期较长，陆块间分布着海洋，海底可以消减与增生，所以每次构造运动在整个地球上的表现形式多样，因而不能设想每次构造运动在所有地方都会有相同的反映形式。例如，新近纪以来，喜马拉雅山从古地中海升起，上升幅度超 8000m；而在同一时间，江汉平原地区却表现为缓慢下降，沉积了近 1000m 沉积层；在内蒙古高原地区则表现为断裂活动和大面积的玄武岩喷发活动。

应该指出，板块构造学说的兴起在一定意义上否定了构造旋回的存在。但是，板块构造学说与地学中的很多学说一样，也存在着令人无法接受的动力假说。

任何一个以描述运动状态变化为主题的学说，如果回避了动力机制或者不能很好地解决作用力问题，只是凭借臆想的缺乏坚强逻辑的假说，是很难有立足之地的，哪怕它把现象解释得再好，把过程说得再详细。板块构造学说不仅缺乏符合逻辑性的动力机制，而且还否定了构造运动的周期性问题，使得它不能被地学界广泛接受。

三、构造运动的方向性

李四光认为，地壳运动的方式和方向是紧密联系的，还概括出地壳运动的方式具有水平运动主导性、构造运动定向性、构造运动统一性的特征。他在总结地壳巨型构造体系时指出，各种巨型构造体系具有显著的定型性、定位性和定向性特征，这种定向性显示了其形成与地球自转运动有关。

构造运动按其受力作用方向可分为垂直运动和水平运动两类。

(一)垂直运动

垂直运动(vertical movement)是指垂直方向的构造运动，地壳或岩石圈物质受构造运动影响，发生垂直于地表即沿地球半径方向的运动。垂直运动的结果常表现为地壳大面积的上升、下降或升降交替运动，也表现在岩浆的大面积侵入方面(图 2-3)。垂直运动可造成地表地势高差的改变，引起海陆变迁等。因此，这类运动过去常称为造陆运动。

以往人们在表述垂直运动时，总是爱用海平面的升降来反映，其实，这是不严谨的，因为引起海平面变化的原因除了构造运动以外，还有其他多种，并且，作为同一海平面，可以在此地表现为海进，而在彼地表现为海退。我们不能把跷跷板一端的下降或上升说成是地壳的下降或上升，认为地壳发生了垂直运动，因为这种局部的垂直运动很有可能是水平运动的结果。

地壳的垂直运动是由于地壳在垂直方向受到了力的作用。因为，力是产生物体运动变化的原因。任何一个水平方向的作用力在局部垂直方向的分力作用所形成的局部地区的垂直运动现象，不能被描述成地壳发生了垂直运动。

所以，判断地壳是否发生了垂直运动最好的参照物应该选择地幔物质，图 2-3 是最好的例证。地球脉动不仅表现在岩石圈、水圈上，还表现在地球的其他圈层中。

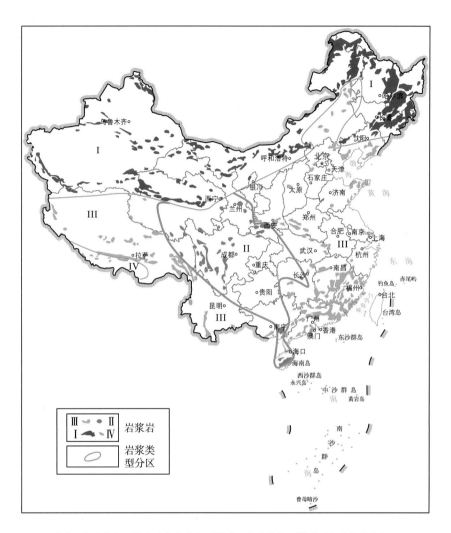

Ⅰ.海西期岩浆岩；Ⅱ.印支期岩浆岩；Ⅲ.燕山期岩浆岩；Ⅳ.喜马拉雅期岩浆岩。

图2-3　中国不同时期不同地域岩浆岩分布图

(二)水平运动

　　水平运动(horizontal movement)是指水平方向的构造运动，地壳或岩石圈物质受水平方向构造运动的影响，发生平行于地表即沿地球半径切线方向的运动。

　　水平运动的结果常表现为地壳或岩石圈块体的相对分离、拉开，相向靠拢、挤压或呈剪切平移错动。可形成裂谷与地堑，可造成同一地体首尾异地，可造成岩层的褶皱与断裂，可形成巨大的褶皱山系。因此，传统的地质学常把产生强烈的岩石变形(褶皱与断裂等)并与山系形成紧密相关的水平运动，称为造山运动(orogeny)。地球上巨型的经向或纬向构造体系为水平运动的结果。

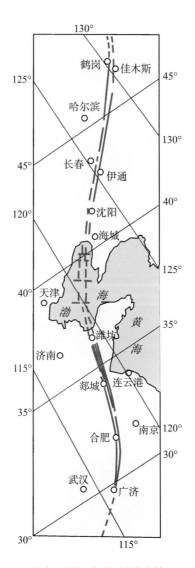

图 2-4　郯庐断裂展布(据晁洪太等，1995)

图 2-4 展示的郯庐断裂为一条水平运动形成的长寿断裂，最老可追溯到太古宙，三叠纪以前局部活动，到印支中晚期(距今 230—208Ma)才得以形成，主要活动期在晚侏罗世—早白垩世。郯庐断裂主要左行走滑发生在 2 亿年前的印支期。

作为一条对我国东部油田起控制作用的大型断裂，郯庐断裂目前尚存在众多争议，这些争议主要表现在：①走滑长度，有的认为最大为 740km，有的认为最大为 400km；②形成时代，有的认为在古近纪之后和新近纪之前，有的认为在太古宙；③延伸长度，有的认为南可延到广济以南，北可延到俄罗斯，长度超过 3500km，有的认为只有郯庐两地距离(图 2-5)。

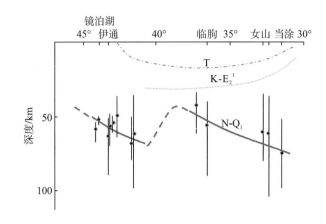

图 2-5　喜马拉雅期郯庐断裂切割深度剖面(据万天丰，1996)

注：小黑点为该地点切割深度的平均值；竖直线为变化范围；横坐标为北纬

水平运动与垂直运动是构造运动的两个主导方向，是地球运动的一般表现。研究表明：地球脉动是因为地球上存在胀缩力作用，地球绕银核和太阳旋转，不仅存在强中纬力作用，也存在潮汐力作用。因此，对地球来讲，水平运动和垂直运动是同时进行的，不可分离，并相互影响，其结果可以相互转化。对于某个地区，常表现为既有水平运动又有垂直运动的复杂情况。

四、构造运动的区域性、一致性

与构造运动的全球性、脉动性相对，构造运动时时处处都表现出了区域性、一致性的特征，这些运动特征所显示出的动力学特性，明显具有局部受力的特点，是第三章主要探讨的内容。

第二节　地球公转运动学特性

构造运动所表现出的全球性、周期性和方向性这三种基本特征，强烈地揭示着地球运动状态发生改变具有全球性、周期性和方向性。人们必然要问：是什么导致了地球运动状态的改变？答案是一定的——地球受到了外力的作用。

首先，外力作为产生地球构造运动的驱动力，引起全球性变化，因而属于体力。所产生的造山运动与海底扩张运动交替进行，使构造运动具有整体脉动的特点；其次，外力还必须含有周期性因子，使产生的地壳构造运动具有周而复始的特点；第三，外力还必须表现出方向性，所产生的地壳构造运动既具有垂直方向的作用力，又具有水平方向的作用力。所以，外力方程中必须具有周期性因子，并且方向正负可变。而体力属性则从边界条件加以判断。

以"周期性因子、方向可变"这两条要素，考察地学历史上各种学说的动力问题，将成为判断地球运动动力正确与否的必要的重要准则。只有符合这两条准则，才具备解决地球构造运动动力问题的前提。

如何寻找到具有整体性、周期性、方向性三性并存的外力方程？

让我们按照牛顿的力学定义，以牛顿发明的方法，展开地球运动动力研究。

一、椭圆极坐标变换

极坐标是用来平面描述物体所处极径与极角位置的坐标。采用由极点和极轴标定物体极坐标位置的坐标系，称为极坐标系。第一个采用极坐标分析问题的是牛顿，但是，牛顿时代还没有发现椭圆极坐标方程。直到 1729 年，J.赫尔曼宣布极坐标可以普遍被用于研究曲线，才知道椭圆极坐标方程，随后欧拉扩充了极坐标的使用范围。

太阳与地球或者其他行星的运动，都是椭圆运动。以地球为质点，考察地球绕太阳公转的椭圆轨道运动，进行数理分析，演绎推理地球运动动力的函数关联。

椭圆的极坐标方程如下(参见图 1-6)：

$$r = \frac{p}{1 + e \cdot \cos\theta} \tag{2-1}$$

式中，r 为极径，θ 为极角，p 为焦点参数，e 为离心率，且 $p = a(1-e^2)$。

对(2-1)进行如下形式求导：

$$\frac{dr}{d\theta} = \frac{p \cdot e \cdot \sin\theta}{(1 + e \cdot \cos\theta)^2} \tag{2-2}$$

$$\frac{dr}{dt} \cdot \frac{dt}{d\theta} = \frac{p \cdot e \cdot \sin\theta}{(1 + e \cdot \cos\theta)^2} \tag{2-3}$$

式中，dr/dt 为垂直极径方向 r 随时间 t 的变化率。$d\theta/dt$ 表示质点 s 对极点 F 的角速度，可用 ω 表示。所以：

$$\frac{dr}{dt} = \frac{p \cdot e \cdot \omega \cdot \sin\theta}{(1 + e \cdot \cos\theta)^2} \tag{2-4}$$

$$\frac{d^2r}{dt^2} = \frac{pe\omega^2(\cos\theta - e\cos^2\theta + 2e)}{(1 + e\cos\theta)^3} \tag{2-5}$$

式(2-4)和式(2-5)分别为极坐标条件下，质点做椭圆运动极径随时间变化的速度和加速度表达式。

二、数理分析

设 $\dfrac{dr}{dt} = 0$，$\dfrac{d^2r}{dt^2} = 0$，计算可得质点 S 做椭圆运动的特征点。

由：

$$\frac{pe\omega\sin\theta}{(1 + e\cos\theta)^2} = 0 \tag{2-6}$$

有
$$pe\omega\sin\theta = 0 \qquad\qquad (2\text{-}7)$$

得
$$\begin{cases} \theta_1 = 2k\pi \\ \theta_2 = (2k+1)\pi \end{cases} \quad (k=0,1,2,\cdots,n) \qquad (2\text{-}8)$$

由
$$pe\omega^2 \frac{\cos\theta - e\cos^2\theta + 2e}{(1+e\cos\theta)^3} = 0 \qquad\qquad (2\text{-}9)$$

有
$$\cos\theta = \frac{1-\sqrt{1+8e^2}}{2e} \qquad (0<e<1) \qquad\qquad (2\text{-}10)$$

得
$$\begin{cases} \theta_3 = 2k\pi + \arccos\dfrac{1-\sqrt{1+8e^2}}{2e} \\[4mm] \theta_4 = 2k\pi - \arccos\dfrac{1-\sqrt{1+8e^2}}{2e} \end{cases} \quad (k=0,1,2,\cdots,n) \qquad (2\text{-}11)$$

式(2-8)和式(2-11)为质点做椭圆运动时的 4 个特征点,亦即质点 S 做椭圆运行一周,要先后经过 θ_1、θ_3、θ_2、θ_4 4 个特征点。在这 4 个特征点,质点绕焦点运动的极径变化的速度、加速度先后等于零。

表 2-2 为地球绕太阳运行一周的不同极角对应极径变化的速度、加速度的变化幅度值。

表 2-2　不同极角条件下极径变化速度、加速度值

$\theta/(°)$	$\sin\theta$	$\cos\theta$	x	y
0	0	1	0	1.016
30	0.5	0.866	0.486	0.849
60	0.866	0.5	0.852	0.516
90	1	0	1	0.033
91.92	0.999	−0.034	1.0001	0
120	0.866	−0.5	0.881	−0.471
150	0.5	−0.866	0.515	−0.883
180	0	−1	0	−1.034
210	−0.5	−0.866	−0.515	−0.883
240	−0.866	−0.5	−0.881	−0.471
268.08	−0.999	−0.034	−1.0001	0
270	−1	0	−1	0.033
300	−0.866	0.5	−0.852	0.516
330	−0.5	0.866	−0.486	0.849
360	0	1	0	1.016

注: $x = \dfrac{\sin\theta}{(1+e\cos\theta)^2}$, $y = \dfrac{\cos\theta - e\cos^2\theta + 2e}{(1+e\cos\theta)^3}$。

从表 2-2 可以看出：随着极角 0°—180° 的变化，地球从近日点 A(图 1-6)开始，绕太阳运动到远日点 B，是极径增加的过程，也是极径变化的加速度减小的过程。在此过程中，极径变化的加速度由正值最大 "1.016" 逐渐减小到 0 再到负值最大 "-1.034"，而极径变化的速度则由 0 不断增加，在加速度等于 0 时达到最大后转变成不断减小，再回到 0。极角在 180°—360° 的过程，为前述过程的逆过程。

可以看出，在地球绕太阳运行一周的过程中，地球运动状态改变的对称点不是一般情况下的 90°、270°，而是 91.92° 和 268.08°。

第三节　地球的胀缩力

不同的轨道有不同的轨道参数，因此有不同的运动学方程。地球绕太阳公转有一个运动学方程，地球随太阳绕银核旋转有另一个运动学方程。可以计算，太阳对地球运动的影响力比银核对地球运动的影响力大约 1 亿倍。因作用周期短，太阳对地球的运动影响主要表现在瞬时性上，体现在大气的运动状态改变上，而因作用周期长，银核对地球运动的影响主要表现在累积性上，体现在固体部分的运动状态改变上。

一、体力属性

牛顿之所以伟大，不仅在于他为人们提供了分析问题的手段，更在于他为人们提供了解决问题的途径，将运动学问题及动力学问题完美地结合起来，使从运动学到动力学，或者反过来，从动力学到运动学，变得如此简单易行。

根据牛顿第二定律，物体所受之动力等于物体质量与其运动所具有的加速度的乘积。所以，根据式(2-9)，地球在椭圆轨道运动中所受焦点影响的作用力 F 为

$$F = m\frac{pe\omega^2(\cos\theta - e\cos^2\theta + 2e)}{(1 + e\cos\theta)^3} \tag{2-12}$$

由式(2-12)可知，只要将地球质量 m 和式中其他轨道参数之值代入，即得出地球在执行椭圆轨道运动时，所受之力 F 与地球所处轨道极角 θ 的函数关系。

以地球绕银核为例，据资料：太阳系离银核的平均距离约为 10kpc(千秒/差距)，约等于 3085680000 亿 km，轨道离心率 (e) 约等于 0.11，取地球绕银核轨道参数 $a = 3.086\times10^{20}$m。

焦点参数 $P = a(1-e^2) = 3.049\times10^{20}$m。

地球质量 $m = 5.976\times10^{24}$kg。

$$\omega = \frac{2\pi}{2.5\times365\times24\times3600\times10^8} = 7.965\times10^{-16} \text{ rad/s}$$

将 P、ω、e、m 代入式(2-12)化简得银核对地球的作用力(F 单位为 N)为

$$F = 1.272\times10^{14}\frac{\cos\theta - 0.11\cos^2\theta + 0.22}{(1 + 0.11\cos\theta)^3} \tag{2-13}$$

式(2-13)即为地质学家们苦苦寻觅几百年的地球动力方程。它是 个动力大小与极角呈周期性变化的动力方程。只要将地球所处轨道的极角位置代入式(2-13)，即可得到此处地球的受力大小。

按照地球动力方程判断准则，检验式(2-13)是否符合条件。

由式(2-13)列表，考察 θ 在[0°，360°]变化时，地球所受之力 F 的变化情况(表 2-3)：

表 2-3　银河系中地球所受 F 与 θ 的变化关系

$\theta/(°)$	$\cos\theta$	A	$F/(\times 10^{12}\text{N})$
0	1	0.812	1.033
30	0.866	0.764	0.972
60	0.5	0.590	0.750
90	0	0.22	0.280
102.41	−0.215	0	0
120	−0.5	−0.364	−0.463
150	−0.866	−0.983	−1.250
180	−1	−1.262	−1.605
210	−0.866	−0.983	−1.250
240	−0.5	−0.364	−0.463
257.59	−0.215	0	0
270	0	0.22	0.280
300	0.5	0.590	0.750
330	0.866	0.764	0.972
360	1	0.812	1.033

注：$A = \dfrac{\cos\theta - e\cos^2\theta + 2e}{(1 + e\cos\theta)^3}$。

由表 2-3 作出一周内 F 与 θ 的变化关系曲线(图 2-6)。

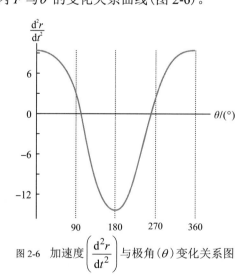

图 2-6　加速度 $\left(\dfrac{\mathrm{d}^2 r}{\mathrm{d}t^2}\right)$ 与极角(θ)变化关系图

由图 2-6 可以明确以下几点。

(1)很显然，式(2-13)是一个极值非对称的余弦型周期性函数。

(2)作用力正负可变。一周之内，作用力要发生两次明显变化，一次为正，方向与极径一致；一次为负，方向与极径相反，即：作用力作用于地球表现为两种方式，一种为正作用力，一种为负作用力。

(3)负方向作用力作用的角度范围较小(102°25′—257°5′)，但作用力绝对极大值却大；正方向作用力作用的角度范围较大(-102°25′—102°25′)，但作用力绝对极大值却小。

(4)由于极径方向为由银核指向太阳系的方向，所以，正作用力是沿法线方向指向地球而作用于地球，使地球发生整体收缩，负作用力是沿地球法线方向指向银核而作用于地球，使地球发生整体膨胀。

二、地球均匀承受膨胀力与压缩力

由于地球的自转、公转和太阳系的绕银核旋转，地球球面某一点在银河系中的运行轨迹是一条复螺旋的椭圆(如图 2-7)。

由于地球以 24h 为周期自转，相对于地球绕银核 2.5 亿年来讲，银核对地球的作用力可以近视为均匀分布于地球球面各点。因而，地球所受银核施与作用力的方式可以近似如图 2-8 所示。

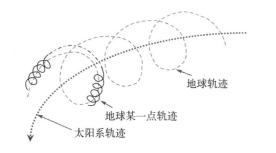 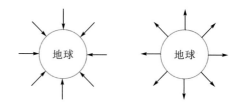

(a)正作用力作用方式 (b)负作用力作用方式

图 2-7 地球、太阳绕银核运行轨迹示意图 　　图 2-8 地球受力作用方式

这样，正作用力使地球被压缩，负作用力则使地球膨胀。

也就是说：地球在随太阳系做绕银核运行一周的过程中，地球均匀承受着压缩力和膨胀力的交替变化，地球要发生一次收缩变化和一次膨胀变化。

三、地球膨胀及脉动总趋势

由图 1-6、图 2-7 和图 2-8 知，地球的收缩过程发生在椭圆轨道的近银核一端，具体在轨道极角范围的-102°25′—102°25′；而地球的膨胀过程发生在椭圆轨道的远银核一端，具体在轨道极角范围的 102°25′—257°35′。

这样，不难得出以下结论。

地球的压缩力作用时间长,但作用力的最大值却较小,而地球的膨胀力作用时间较短,但作用力的绝对最大值却较大,最大作用力绝对值之差可达 4.79×10^{13}N。

显然,构成地球的材料是一定的,忽略局部地区因温度改变导致地球化学成分改变而引起的物质成分变化,将地球的构成材料视为不随作用力的改变而改变,这样,在较大的膨胀作用力下所形成的地球体积改变量,与较小压缩力作用下形成的地球体积改变量将不相等。那么,地球往复运行的一周将是不平衡的,也就是说,地球的膨胀作用强于收缩作用,亦即:运动地球的总体趋势是膨胀的。

地球的总体趋势,是在不断膨胀的背景下发生脉动,其理论基础现已被发现,这就是地球的胀缩力。

地球的脉动性体现在图 2-9 上。图 2-9 的组成是这样的:

(1)蓝色非对称的曲线,是图 2-6 所示的曲线连续几周的变化情况,反映的是地球在绕银核不断运行时受压缩力和膨胀力的脉动过程。

(2)红色曲线是自寒武纪以来的海平面高度变化图,它是由 Vail 等在 1977 年根据全球的地震资料反演形成的。

(3)横坐标为地质时代,这是以地球的地史资料按照时间先后,比照地球目前位置,并按地球绕银核一周 2.5 亿年,对照轨道极坐标角度得出的。

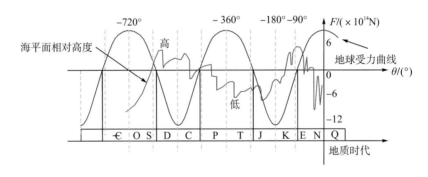

图 2-9　海平面高度变化与地质时代、地球受力曲线对应关系(据 Vail et al.,1977)

图 2-9 说明,地球的周期性膨胀与收缩是客观存在的,这种客观存在性不以人的意志而转移,当 Vail 等以实际资料作出全球海平面高度变化图时,地质界的脉动说只是一种假说,毫无具体的膨胀时代分布和收缩时代分布,也就是说,他们在分析作图时不可能受地球脉动说左右,所作之图完全是就事论事,由此说明以下的分析具有客观性(Vail et al.,1977)。

由图 2-9 可以看出:地球在正作用力(压缩力)作用时,海平面高度相对下降,而在负作用力(膨胀力)作用时,则海平面高度相对上升。也就是说,地球发生膨胀运动时海平面上升,发生收缩运动时海平面下降。地球的膨胀与收缩周期性变化,作为地球一部分的海水忠实地记录下了每一次的变化。

在后面的章节里,还将讨论地球发生膨胀运动时海平面下降,发生收缩运动时海平面上升及地球发生膨胀运动时形成山脉,发生收缩运动时形成裂谷等反常现象的力学问题。

第四节　薄壁球壳的受力

地球的椭圆轨道运动，使地球从太阳和银核中获得了具有周期性因子的胀缩力，这种呈周期性变化的胀缩力，使地球在椭圆轨道上运动的加速度呈膨胀—收缩交替变换的变化，因而，使地球相继发生体积的膨胀—收缩周期性变化。太阳施加给地球的胀缩力周期较短，地球在太阳所施胀缩力作用下，完成一次收缩运动的时间很短，累计作用力较小，其胀缩效应可能只微弱体现在大气和海水上；银核施加给地球的胀缩力周期较长，地球在银核所施胀缩力作用下，完成一次收缩运动的时间很长，累计作用力很大，其胀缩效应可以体现在地壳上。

一、地球胀缩的正演算法

本节内容主要参考了材料力学中薄壁球壳的有关方法，经过适当发展而成。

（一）作用力下的球体应力应变

记录了地球构造运动的岩石圈，总厚度为 60—120km，地壳则厚约 33km。在地球绕银核运行的漫长岁月里，地壳在周期性的压缩力和膨胀力交互作用下，如何发生膨胀效应和收缩效应？地球所受的膨胀力和压缩力是否足以使地壳岩石破碎，是否足以使地球表面积增大以至形成裂谷，使地表面积缩小以至陆块被褶皱成山？

材料力学理论认为，当薄壁球壳承受内压力作用时，在球壳材料中将产生三个互相垂直的主应力——环向应力、纵向应力、径向应力，相当于岩石力学的 σ_1、σ_2、σ_3。只要壁厚与它的内径之比小于 1/20，则可相当精确地认为环向应力和纵向应力沿球壁厚度为常数，且所产生的径向应力的大小与环向应力、纵向应力相比小到可以忽略不计。由于球对称，内压力作用产生的应力将是两个等值的互相垂直的环向应力及一个径向应力。

因为径向应力与环向应力之比可以忽略不计，所以，薄壁球壳的应力系统属于等值二向应力状态（图 2-10）。

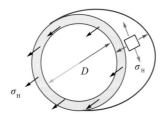

图 2-10　受内压力作用的半个薄壁球

设一个直径为 D、厚度为 t、弹性模量为 E、泊松比为 ν 的薄壁球壳，F 为径向受力，由于内压力在半个球上产生的作用力等于压强 (p) 乘以投影面积，即

$$F = p\frac{\pi D^2}{4} \tag{2-14}$$

内力（σ）与内压强（σ_H）的关系为

$$\sigma = \sigma_H \pi D t \tag{2-15}$$

所以：

$$\sigma_H = \frac{pD}{4t} \tag{2-16}$$

薄壁球壳的体积改变量ΔV等于原体积V乘以体积应变，即

$$\Delta V = V\xi$$

而体积应变等于三个互相垂直的应变之和（设三个应变全相等），即

$$\xi = 3\varepsilon = \frac{3pD}{4tE}[1-\nu] \tag{2-17}$$

所以薄壁球壳的体积改变量为

$$\Delta V = \frac{3pD}{4tE}[1-\nu]V \tag{2-18}$$

式中，p 为球壳所受压强（Pa）；D 为球体直径（m）；t 为球壳厚度（m）；E 为弹性模量；ν 为泊松比；V 为体积。

(二)正演地球的膨胀和收缩

在压缩力或膨胀力作用下的地球球壳的应力与应变如何求？

首先，必须搞清以下两点。

(1)地球是否可以被当作薄壁球壳来分析？

如果分析的对象仅仅是地壳，毫无疑问，地球完全可以被当成薄壁球壳来处理。但是，地球具有分层结构，而且各层的物态物性也存在差异。所以，分析地球膨胀和收缩应该将目标放在各个圈层上，而不是局限于地壳，地壳的改变量实际上是地球各圈层改变量的综合。

也可以将地球各圈层的改变当作一个灰箱，仅仅考虑地壳在灰箱状态下的改变，这时，分析对象被作为一个实心的球体。

(2)压缩力和膨胀力是否可以被直接引入计算式？

把地球作为一个整体考虑，地球所受的最大膨胀力和最大压缩力分别为 1.605×10^{14}N 和 1.033×10^{14}N。显然，它是不能被直接引入计算式的，因为：第一，量纲不一致；第二，如果误将它当作压力代入，地球的体积将发生几千倍的变化，这与事实不符。

如果将膨胀力或压缩力除以受力面积，使量纲一致，那么这将是一个非常小的数据，小到与地壳岩石所受静压相比可以忽略不计。

综合前述，地球在地史上肯定发生过膨胀和收缩，地质作用力与之具有很好的对应。因此，地球的膨胀和收缩关系式可按如下公式建立。

周长的改变量 ΔL 计算式为

$$\Delta L = \frac{KFD}{4Et}[2-\nu]\pi D \tag{2-19}$$

直径的改变量 ΔD 计算式为

$$\Delta D = \frac{KFD}{4Et}[2-v]D \qquad (2\text{-}20)$$

体积的改变量 ΔV 计算式为

$$\Delta V = \frac{KFD}{4Et}[5-4v]\left[\frac{4}{3}\pi\left(\frac{D}{2}\right)^3\right]$$
$$= \frac{KF\pi}{24Et}[5-4v]\mathrm{d}D^4 \qquad (2\text{-}21)$$

表面积的改变量 ΔS 计算式为

$$\Delta S = \frac{KFD}{4Et}[5-4v]\left[4\pi\left(\frac{\mathrm{d}D}{2}\right)^2\right]$$
$$= \frac{KF\pi D^3}{4Et}(5-4v) \qquad (2\text{-}22)$$

其次,举例分析。

曾融生等(1995)在青藏高原通过利用远地地震波形反演莫霍界面深度,综合近年来地球物理观测结果作出喜马拉雅—祁连山的地壳构造图,定量估算出自 50Ma 前陆-陆碰撞以来,印度次大陆和羌塘块体向特提斯喜马拉雅和拉萨块体地壳挤入的长度约为 937km。Dewey 等(1989)估计,自 50Ma 前迄今,印度次大陆向北推移的水平长度约为 2500km。

运用待定系数法,在求得了某一次或某几次地壳构造运动的改变量数据后,结合利用地球在轨道几个特殊位置的胀缩力 F,分别将数据代入式(2-19)、式(2-21)求出 K 值。K 值求出后,即建立起了由胀缩力计算地球各种改变量的理论计算公式。

这样,根据各公式即可计算地球在任意时间段的任何时刻的改变量,从而完成以地球原动力为依托的地球改变量的预测,使地学研究进入崭新的里程。

二、地球周期性胀缩

地球从诞生至今已有近 50 亿年,如果一直以目前的运动状态运行,则地球相应地经过了近 20 次的膨胀与收缩运动。地球每一次的胀缩运动都会对前面历次运动结果进行改变,所以,最后一次的胀缩运动产生的结果是最全的,人们根据最近一次的胀缩运动遗迹,可以测量并计算地球发生膨胀运动和收缩运动的一些基本数据,如地球发生膨胀时产生的体积改变量、表面积改变量、半径改变量,以及地球发生收缩运动时所产生的周长改变量、体积改变量等。

由于地球所受胀缩力为非对称,在作用的时间上,收缩力作用时间较长(占周期的50.8%),膨胀力作用时间较短(约为周期的 49.2%);在作用力绝对值的大小上,收缩力极大值只有膨胀力极大值的 2/3 不到,约为 64%。所以,地球发生胀缩运动在时间上和空间上表现出了非对称性,造成了地质时代分段出现不等间隔,古板块位置恢复时有多余面积出现。

如果岩石圈不可逆，在非对称的胀缩力作用下，地球将在周期性胀缩的过程中越来越大。

综合本章前述内容，可得地壳的受力与运动理论计算公式如下。

(一)地壳受膨胀力作用及其运动

前文将地球的地壳当作薄壁球壳来分析，得到了球壳改变量的计算式，并分析研究了如何从地球的遗迹中求取地壳改变量的方法和技术，因此，将这两部分内容结合起来，即可得到作用力与改变量的计算式。

例如，当地球随太阳绕银核运行到轨道的远银点时，地球所受膨胀力达到极大值。根据前面分析，此时，易于膨胀的岩浆的外逸量达到最大值，可以求得洋中脊在膨胀力作用阶段的地球表面积改变量；再根据磁测结果，可得此阶段洋中脊开始外逸的时代和最大量外逸的时代，从而为计算与洋中脊相同时间段的裂谷面积、张性断裂扩张面积等，提供时间依据；然后将获得的表面积改变量代入式(2-22)，解得待定系数 K。

综合后的地球膨胀表面积改变量与作用力之间的关系式为

$$\begin{cases} \Delta S = \dfrac{2K\pi R_A^3 (F_A + \Delta F)}{Et}(5-4\nu) \\ F = 1.272 \times 10^{14} \dfrac{\cos\theta - 0.11\cos^2\theta + 0.22}{(1+0.11\cos\theta)^3} \end{cases} \tag{2-23}$$

式中，ΔS 为表面积改变量(km²)；K 为地壳受膨胀力作用时的系数(Pa/N)；R_A 为地球膨胀过程中的初始半径(km)；E 为地球岩石的弹性模量(Pa)；t 为地壳厚度(km)；ν 为泊松比；F 为地球膨胀过程中所计算阶段的后一时刻受力(N)；F_A 为地球膨胀阶段的初始时刻受力(N)；ΔF 为两个时刻间的作用力差(N)；θ 为地球所在绕银核运行椭圆轨道的极角(°)，取值范围：102.41°—257.59°。

(二)地壳受收缩力作用及其运动

当地球随太阳绕银核运行到轨道的近银点时，地球所受收缩力达到极大值。根据分析，此时，地壳的收缩量达到最大值，由此，可以求得地壳在收缩力持续增大阶段的地球周长改变量；再根据平衡剖面恢复结果，可得此阶段地壳开始收缩的时代和最大量收缩距离、压性断裂重叠距离等；然后将获得的周长改变量代入式(2-19)，解得待定系数 K。

综合后的地球收缩周长改变量与作用力之间的关系式为

$$\begin{cases} \Delta L = \dfrac{K\pi R_A^2 (F_A + \Delta F)}{Et}(2-\nu) \\ F = 1.272 \times 10^{14} \dfrac{\cos\theta - 0.11\cos^2\theta + 0.22}{(1+0.11\cos\theta)^3} \end{cases} \tag{2-24}$$

注意，联立方程中 K 值应该经多次调整，不能一次确定，因为所根据的地球的膨胀改变量和收缩有可能误差较大，需要多次校对以减小误差。

另外，式(2-23)与计算其他参数膨胀改变量的关系式以及式(2-24)与计算其他参数收缩改变量的关系式中的 K 值大小可能不一样，这是地质学的误差性特征决定的。

（三）地球胀缩阶段和胀缩力阶段的比较

为了对前述内容有更清晰地了解，现将地球绕银核一周的胀缩力曲线、胀缩力导致的地球半径增量曲线、地球的体积改变累加曲线、半支洋中脊形态曲线等放在同一平面内如图 2-11 所示。

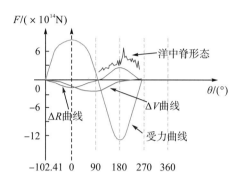

图 2-11　地球受力变化曲线分析示意图

为使曲线保持一般特点，图中纵坐标进行了平移。

图示受力曲线在-102.41°—257.59°发生由正值到负值的变化，表明作用力发生了由收缩力到膨胀力的变化；受作用力影响的地球半径增量曲线形态、正负极值变化正好与受力曲线相反，由于作用力正负极值幅度有差别，地球半径增量曲线的极值幅度出现相应差别；地球的体积增量累计曲线形态与前两曲线形态差别较大，极值出现在作用力曲线的拐点处，受作用力正负极值大小不一影响，体积增量累计曲线在一周结束时，不是回到"0"处，而是超越"0"，出现"多余"量变化；洋中脊形态曲线只出现在地球的膨胀力作用阶段，由于洋中脊是对称地向两侧扩张，所以图中仅列半支，洋中脊的高峰值并非出现在地球半径增量曲线的极值处，而是出现在曲线急剧下降处。

地球的周长增量曲线、表面积增量曲线、体积增量曲线与图中的半径增量曲线形态相近，而周长增量的累计曲线、半径增量的累计曲线、表面积增量的累计曲线则与图中的体积增量的累计曲线形态相近。

地球周而复始地运行，图中的各曲线分别表现为：受力曲线重复出现，半径增量曲线重复出现，体积增量的累计曲线为不对称出现的同时，有向着时间轴增加的方向逐步抬升的趋势，洋中脊曲线为间断出现。

第三章　板块动力方程

从科学史角度看，伽利略观察到行星和卫星在轨道上运行，不是循着直线向空间飞去，而提出了"力"的概念；到惠更斯按照伽利略所提，证明这个"力"所产生的加速度等于 v^2/r（即向心加速度，在伽利略之前，只有静力学部分有定量的描述）；再到牛顿阐明"力"的定义，实现由运动学向动力学方向的转变，这一时期，"力"一直以一种形而上学特质存在。或者说，这样的"力"只是解释了维系物体间运动存在的原因。

望着庭院中满地掉落的苹果，牛顿思考了地球的重力问题、月球的引力问题，向人们揭示了自然界存在的引力问题。面对全球破碎的板块，我们应该如何思考和解释这些板块在随地球自转、公转运行的同时，是怎么破碎的？为什么破碎后的地壳板块就不能克服重力作用而脱离地球、脱离太阳系、脱离银河系？或者反过来，地球板块是怎样保持与地球、太阳、银核的运动关系的？它们之间是否分别存在力与运动关系？以及怎样的关系？一言以蔽之，树上的苹果除了受到地球的重力作用，它还受到太阳、银核的作用。我们还应当知道苹果是怎样受太阳、银核作用的，以及作用力关系怎样？其实质就是我们探索的地球板块完整的受力问题。

太阳、地球在浩瀚的宇宙中沿着固有轨道运行，在处于焦点的银核的体力作用下，发生着周期性的膨胀—收缩—再膨胀—再收缩循环往复运动，留下丰富多彩的脉动性地质现象。显然，这种体力作用下的构造现象应该以杂乱无章为特征。

现在人们已经知道，地球的构造运动除了具有全球性、周期性、方向性，还展现在区域性、一致性等规律性构造特征方面，而规律性较强的构造现象明显是地壳局部受力作用结果。

地球动力学应该既可以完美解释地球的脉动，又可以完美解释板块的异动。

地球胀缩力虽然可以很好地解释地球上那些具有同时性、整体性的地质运动动力现象与原因，但对于那些不同地块不同时间或同一地块不同时间所发生的运动状态改变，还显得无能为力。

第一节　板块运动特性分析

1960 年 5 月 21 日的智利 8.9 级地震、2004 年 12 月 26 日的印度洋 9 级地震、2008 年 5 月 12 日中国汶川 8 级地震、2011 年 3 月 11 日日本 9 级地震，分明向人们陈述着地球上不同位置的地块，分别受控于不同的外力作用。

　　早期研究地壳运动的方法以较具体的形态构造分析为主,逐步发展成为与岩石建造相结合的地质历史分析法。采用力学和地球物理分析法进行地壳变形机制分析、对地球深部物质物理性质进行测定与模拟计算,以及用古地磁测量方法研究地质体的空间位置相对关系等,是目前较为新兴的方法。但是,自然辩证法业已明确,任何建立在样本分析基础上的归纳法,是不可能获得具有普遍性、规律性、科学性地壳运动动力方程的。

　　地壳运动的驱动力问题一直是人们争论的话题,以往大多数观点都是基于归纳法,认为动力来自地球内部,是地球的内部能量交换驱动了板块的运移,形成了地壳运动,如地幔对流说——归纳分析认为是地球内部的放射热能积累导致地幔物质的热对流,从而带动地壳板块运移。

　　随着地质学的发展,人们逐渐认识了固体地球表层是由几大板块拼合成的,也就是说,作为固体地球的外层薄壳——地壳,本身不是一个整体,而是由不同的大洋地壳板块和大陆地壳板块等多个板块构成的,不同板块展现出的构造运动具有不同特性。

一、构造运动区域性

　　建立在大陆漂移说和海底扩张说基础上的板块构造说,对地学的最大贡献之一在于肯定了地球构造运动具有区域性,认为岩石圈被一些构造带,如洋中脊、海沟等分割成许多称为板块的单元,将岩石圈分为欧亚板块、太平洋板块、印度洋板块、美洲板块、非洲板块和南极洲板块六大板块,为人们认识地球的膨胀、收缩,提供了地质依据。

(一)洋中脊

　　洋中脊是区分不同板块的重要地质依据之一。因为地球膨胀,地表发生张裂、物质填充、地表再张裂、物质再填充,这样反复作用形成洋中脊。洋中脊是地幔及地核物质在膨胀力(地球胀缩力处在膨胀阶段)作用下,持续溢出、冷却、结晶、固结,完成地球表面积增生、体积增大的地方。

1. 一条理想的洋中脊形态曲线

　　洋中脊的性质决定了洋中脊的形成特点:阶段性和对称性。依据地球胀缩力理论,理想的洋中脊形态曲线,应该表现出阶段性和对称性的双重特点(图 3-1)。

图 3-1　一条理想的洋中脊剖面曲线形态

　　图 3-1 中,EE′的中心线为洋中脊的空间对称线,BC 和 B′C′的中心线为洋中脊的时间对称线。A 和 A′为洋中脊的初期阶段,BCD 和 B′C′D′为洋中脊的青壮年期阶段,E 和 E′

为洋中脊的成熟阶段。

广义的阶段性是指地球随太阳绕银核运行，洋中脊只在地球的膨胀期出现。狭义的阶段性是指洋中脊在一次的膨胀期中分为不同阶段，即：刚开始时平和而物质溢出量较少阶段（初期阶段，形态曲线表现为平缓特征），随后是越来越大量的岩浆外逸（青壮年期阶段，形态曲线表现为高度越来越大），最后是越来越少量的岩浆外逸（成熟阶段，形态曲线表现为高度越来越低）。

洋中脊的对称性表现在两方面：一是空间对称性，受地球膨胀裂缝-裂谷形态控制的对称性；二是时间对称性，地球绕银核轨道运动，具有时间对称性。

洋中脊的空间对称性表现在洋中脊是沿着裂缝两侧对称生长的，同一时间生长出的洋中脊沿裂缝走向两侧重复出现。

洋中脊的时间对称性表现在膨胀力极值的两侧不同时间里具有相等作用力，地球在不同时间里相等作用力引起的体积改变量相同，所形成的岩浆外逸量相等，在洋中脊的横向展布上表现为不同时间里宽度一致或相近的特点。

2. 几条实际的洋中脊形态曲线

由于受地球纬度不同、裂谷两侧岩性差异、地球膨胀时岩浆外逸口张开速度、所选剖面线走向、洋中脊形成后地球又收缩导致陆块和洋中脊发生入覆式碰撞等的影响，实际的洋中脊形态比理想洋中脊形态显得丰富多彩。图 3-2 是两条实测的洋中脊形态曲线，表现出了由高速扩张到逐步减慢的特征。

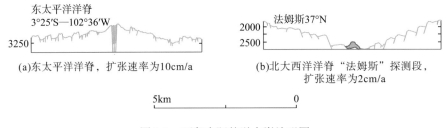

(a)东太平洋洋脊，扩张速率为10cm/a   (b)北大西洋洋脊"法姆斯"探测段，
                                                           扩张速率为2cm/a

图 3-2   两条实际的洋中脊地形图

(二)海沟

地球的膨胀与收缩运动交替进行，不断地改变板块的空间位置关系。膨胀运动造成地球表面积增生，改变原有板块的面积，可能形成新的板块；收缩运动造成地球体积的减小，使原有板块发生叠覆消减，可能形成板块的消亡。地球膨胀运动产生了洋中脊，地球收缩运动产生了海沟。

现有资料表明，在地壳发生俯冲消减的地带，是海沟存在的地方。海沟指深度比相邻海底深 2000m 以上、两侧坡度较陡的狭长的深海洼地。图 3-3 即为全球海沟分布图。

1. 海沟的受力作用

与山脉主要属于地球体积缩小的产物一样，海沟也是地球收缩力作用的产物。地球收缩力是地球胀缩力在轨道近焦点段的表现。地球的膨胀力作用也可以形成狭长的低洼地带，但它们被人们习惯称为裂谷、地堑或"某海"。

1.琉球海沟；2.菲律宾海沟

图3-3 全球海沟分布图(据中国大百科全书编辑委员会，1987)

既然海沟是地球体积缩小的产物，图3-3中海沟均处于板块边缘，所以海沟的形成模式应该是这几种情况之一：相邻两板块的共同下沉形成海沟、一个板块向另一个板块之下俯冲形成海沟、一个板块插入另一个板块形成海沟、一个板块被推覆到另一个板块之上形成海沟、一个板块与另一个板块拼合形成海沟。

所以，海沟可以是山脉的负向构造，也可以不是山脉的负向构造，但海沟总是两板块的最低位置，不会与山脉一样成为向上的正向构造。

2. 海沟一般表现

由图3-3可见，海沟主要分布在大陆边缘，常见于环太平洋地区，大西洋和印度洋也有少数海沟。海沟一般以弧形或直线形展布，长度为500—4500km，宽度为40—120km，水深约6—11km，各主要海沟的基本数据见表3-1。

表3-1 全球主要海沟的常用基本数据

海沟名称	最大深度/m	长度/km	平均宽度/km	平均坡度/(°)	所属大洋	海沟名称	最大深度/m	长度/km	平均宽度/km	平均坡度/(°)	所属大洋
千岛海沟	10 542	2 200	120			克马德克海沟	10047	1 500	60		太
日本海沟	8 412	800	100		太	新赫布里底海沟	9165	1 200	70		平
小笠原海沟	9 810	800	90			阿留申海沟	7679	3 700	50		洋
马里亚纳海沟	11 034	2 550	70	5—7	平	中美海沟	6662	2 800	40	5—7	
琉球海沟	7 507	2 250	60			秘鲁-智利海沟	8064	5 900	100		
菲律宾海沟	10 497	1 400	60		洋	波多黎各海沟	8385	1 550	120		大西洋
新不列颠海沟	8 320	750	40			南桑威奇海沟	8428	1 450	90		
汤加海沟	10 882	1 400	55			爪哇海沟	7450	4 500	80		印度洋

注：(摘自《中国大百科全书》，1987)。

大多数的海沟有不对称的V字形横剖面(图3-4)。事实上，图中所列的海沟仅仅是大洋中狭长洼地的靠近大陆和岛弧的一部分，并不是所有水深超过6000m的狭长的洼地，在大洋中部还存在着大量的深长洼地，由于超出了弧沟系或弧沟盆系而被抹杀。

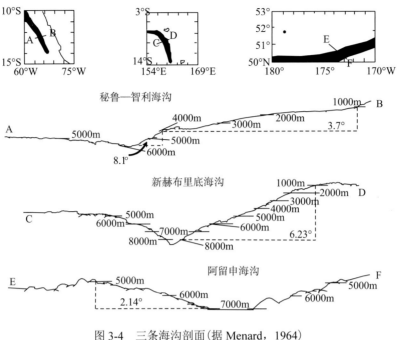

图 3-4　三条海沟剖面(据 Menard，1964)

由于海沟的分布表现出与岛弧相平行，人们常将海沟与岛弧作为同一体系进行研究，如弧沟系、弧沟盆系等。

3. 海沟形成阶段

海沟可以形成于地球周长减小、表面积收缩的开始阶段，也可以形成于地球周长增大阶段。无论海沟形成于哪一阶段，海沟本身的缩短量是有限的。

地球物理探测资料表明，海沟的洋侧坡属正常的大洋地壳，是大洋盆地岩石圈的直接延续，在其轴部增厚，轴部的玄武岩层厚度可达 7—9km，比正常洋壳的玄武岩层厚 3—4km，自轴部向陆一侧，地壳厚度普遍急剧增大。海沟的洋侧坡较缓，陆侧坡较陡，两侧沟坡的上部较缓，下部较陡，平均坡度角为 5°—7°(图 3-4)，海沟斜坡地形复杂，切割强烈，多见峡谷、台阶、堤坝和洼地等，海沟的沟底可被沉积物充填成平底。

迄今为止，海沟被认为主要是由于洋壳向陆壳的俯冲形成的，它是洋壳的消减带，分布于岛弧上的活火山是由俯冲后的洋壳在物态转化时形成的。

目前，不仅是在海沟的定义上还存在着不同的见解，而且在其成因机理上也存在着需要继续研究之处，尤其是一些既无理论依据，又不可感知的"假说套假说"的观点。

(三)海沟与洋中脊比较

如果说洋中脊是地壳最薄、地势较低之处，那海沟则无疑是地势最低、地壳较厚之处。

已有前人研究资料表明，在海沟的轴部同样具有大洋地壳的 3 层结构，即：从上到下，层 1 为沉积层，层 2 为火山岩层，层 3 为玄武岩层。当海沟形成后，先期形成的层 1、层 2、层 3 应该具有一致或相近的产状，现代形成的层 1 具有水平产状，水平产状的最老沉积为海沟形成期的时代标志层。否则，当层 3 或者层 3 加层 2 向陆壳下俯冲时，被吞噬洋壳的所有层 1 物质将全部遗留在海沟，不堪计算，要么海沟之下还有几个海沟(不符合地球物理探测资料)，要么海沟处将被填平或发生严重沉积物堆积，要么地球上已有类似的地质体存在。

1. 与洋中脊是否同期

(1)假定海沟与洋中脊是同期产物。按照目前流行说法，海沟是地幔对流下降流导致地壳下弯的结果，它使洋中脊增生的地壳长度缩短。地球上洋中脊和海沟的形成期发生在晚侏罗世以前，千岛海沟和日本海沟至少已经吞噬了一段现今的北太平洋洋壳，并且，目前的大洋格局就是当时的分布格局。显然，这种动态的观点不能取得陆上证据的支持，而大洋两岸相对静止的观点也是不符合现实的。

(2)假定海沟与洋中脊不是同期产物，但仍然是洋壳消减带。

海沟形成时代早于洋中脊形成时代？并且还是洋壳的消减带？目前无证据。

海沟比洋中脊形成时代晚多少？下降流是什么时代形成的？贝尼奥夫带物质的下沉速度等于洋中脊的扩张速度吗？

如果上述问题获得答案，恐怕世界上的所有边缘海沟早被剥蹭的剩余沉积物填平。

(3)假如海沟与洋中脊不同期，海沟的形成期应该为海沟轴部最老时代、产状水平的沉积物时代。

2. 海沟的属性

海沟的性质类同于山脉？还是类同于洋中脊？

如果海沟性质类同于洋中脊，则海沟应该存在张性应力场，并且与洋中脊一样，每年有一定量的扩张，这样，海沟因其比洋中脊更深入地球内部，总有一天，它将成为更加典型的洋中脊，一个大洋中将对称地出现两条或多条平行的洋中脊。因为现实世界里找不到这样的例子，所以，海沟的性质不同于洋中脊。

性质介于洋中脊和山脉之间的地质体是什么？回答显然是稳定的地块，在地史中，它一直处于稳定状态，既不会被褶皱成山，也不会被拉张成裂谷或洋中脊。海沟属于这一类吗？当然不是。

那么，海沟性质类同于山脉，具有受挤压的应力场环境。

3. 海沟是否洋中脊的负向构造

因为海沟性质不同于洋中脊，所以海沟也不会是洋中脊的负向构造。

(四)各板块构造特征

1. 太平洋板块

太平洋板块主体位于太平洋中，是一个主要由大洋地壳构成的板块。东界为圣安德烈斯转换断层，与北美板块相接，西界为琉球海沟、菲律宾海沟，与欧亚板块相邻，南界通过印度洋—太平洋洋中脊与南极洲板块相望，北界为阿留申海沟，沉入美洲板块。

用一句话概括，太平洋板块是体现地球膨胀运动特征最典型的构造单元。

2. 南极洲板块

南极洲板块是一个几乎四周都以洋中脊与相邻板块相接的板块，仅在美洲板块南端，既不是以洋中脊，也不是以海沟分界。因为南极洲地处地球自转轴顶端，转动惯量最小，发生构造运动的能量相较于其他板块弱。地球的膨胀与收缩运动在此板块留下的遗迹相对较少。

3. 印度洋板块

印度洋板块又名印度-澳大利亚板块，亦称澳大利亚板块，包括印度洋的北部、中东和东南部、印度半岛、大洋洲的大陆、岛屿及邻近的海洋。由于地处中纬度带，是体现地球脉动最显著的区块。

印度洋板块除了地球胀缩力作用明显，还有很多区域性特征明显不受地球胀缩力控制的现象。

4. 美洲板块

美洲板块以大西洋洋中脊为东界，以东太平洋洋中脊为西界，是一个既有大陆地壳，又有大洋地壳，体现地球南北向构造特征最为显著的区块。无论是地球的膨胀运动、还是地球的收缩运动，美洲板块都做了最忠实的记录。

5. 非洲板块

非洲板块三面环太平洋洋中脊、印度洋洋中脊、大西洋洋中脊，北部通过卡尔斯伯格洋中脊、地中海与欧亚板块相连。非洲板块是一个体现地球膨胀运动最为明显的大陆地壳单元，几乎包含整个非洲大陆，是人类产生的摇篮，是展现构造运动区域性特征较为显著的区块。

6. 欧亚板块

欧亚板块东以海沟与太平洋板块相接，西以洋中脊与美洲板块相依，南以地中海与非洲板块相连。是一个既有大陆地壳，又有大洋地壳，体现地球东西向构造特征最为显著的区块。

综上，以洋中脊与海沟为界的全球板块划分结果，体现出不同板块属性决定了各板块所代表的区域性。各板块所展现出构造运动的异同点，在为我们指出构造运动具有全球性的同时，也为我们指出了构造运动具有区域性。

全球性的构造运动导致地球在膨胀、收缩两种属性完全对立的状态中交替进行，使地球分解成不同块体，决定了不同区块的区域性构造运动。周期性的轨道运动，使地球产生构造脉动，地壳脉动使不同板块产生叠加、消亡或者新生，这样循环往复，形成了丰富多彩的地质现象。

区域性的构造运动，为我们揭示了一点——地球上还存在着一种驱动板块运动的动力。

二、构造运动一致性

由六大板块组成的地壳，在地球自转、公转，以及在银河系的轨道运动中，分别呈现出了相对活动性、稳定性。板块运移表明，存在着外力对板块的作用，作用力使地壳发生错位和褶皱变形，大型的褶皱变形以山脉出现，一般的错位表现以系列大型断层或断层组出现，这些构造所展现出的产状及其组合特征，为我们认识构造运动指明了方向。

以欧亚板块为例，分别撷取几个盆地的构造特征如下。

(一)海拉尔盆地构造特征

海拉尔盆地位于我国内蒙古自治区，紧邻蒙古国，是一个小型盆地。基底断裂较为发育，根据区域构造历史资料，基底主要受北北东向压性断裂控制。盆地西界的扎赉诺尔断裂和盆地东界的哈克-巴日图断裂，控制了盆地的走向。

(二)四川盆地构造特征

四川盆地是位于我国西南地区的中型盆地，盆地基底主要受控于北东方向、北西方向的两组断层。基底硬化程度全盆地不同区块存在差异：中部属硬性基底，稳定性较强，是相对隆起带；西北和东南两侧属柔性基底，是拗陷带。

现今的构造形迹和地层展布表明，四川盆地是一个体现地球收缩运动非常完美的场所，可以作为地球动力学遗址公园加以保护。西侧的龙门山及其以西的青藏高原，是展现地球收缩、体积变小、深部地层遭受挤压抬升出露地表的重要场所。东侧成排出现的隔挡式高陡褶皱，是展现地球收缩、地壳缩短的重要场所。东北侧的大巴山弧形地带，是充分展示地球发生收缩，地球表面积减小的场所。

(三)塔里木盆地构造特征

塔里木盆地是位于我国西北新疆的大型内陆盆地，为天山、昆仑两大山系夹持，四周被库鲁克塔格、柯坪塔格、铁克里克、阿尔金等次一级山系环绕(图 3-5)，是一个基底为太古宇与元古宇构成，叠合古生界克拉通盆地和中、新生界前陆盆地的复合盆地，具有古老陆壳基底和多次沉降隆升复杂构造演化史的特征。

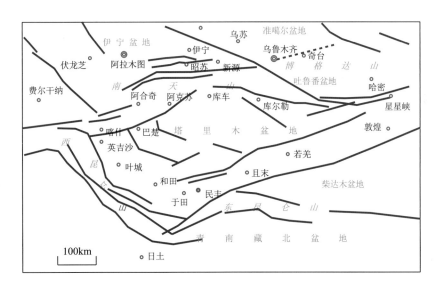

图 3-5　塔里木盆地及邻区构造特征(周清杰，1990；蔡东升等，1996 等资料改编)

区域地质调查与地球物理勘探资料表明，塔里木古老基底构造走向近东西向，具有南北分带、东西分段的特点，呈隆拗相间排列格局。后期构造在这种构造背景上展开。

盆地内断裂以压性、压扭性逆冲断裂、走滑断裂和滑脱断裂为主，断裂走向为近东西向、北西向和北东向 3 组，断裂剖面组成形式有叠瓦式、对冲式、背冲式、花状等。

由盆地边缘向盆地内，断裂活动强度逐渐减弱，且断裂活动具有非均一性、多期性、继承性、转化性特点，一条断裂往往在不同时期具有不同性质。

显然，作为记录地史绵长、构造遗迹丰富、分布范围宽广的塔里木盆地，在周期为2.5亿年的银河系轨道运行中，处于欧亚板块的塔里木地块，应该完整记录了10次以上地球发生膨胀、收缩运动的地质史。

在现今盆地的北部，位于柯坪塔格附近的山体，所形成的复杂构造现象，经过蔡东升等(1996)的平衡剖面分析，认为这些古老的山系在喜马拉雅造山运动中，曾经先后发生了南北向和近东西向的压缩，展现了地球收缩运动致使表面积减小的现象。

(四)费尔干纳盆地构造特征

费尔干纳盆地处于欧亚板块的中南部，挟持在北部东欧和西伯利亚克拉通和南部特提斯造山系之间，是一个典型的山间盆地，基底形成于晚古生代加里东期。

盆地南部断阶带局部构造面积大、相对平缓，具不对称结构特征，南翼陡，北翼较为平缓，复杂程度由盆地边缘向其盆地内部渐趋简单，构造轴部地层出露也由中生界渐变为古近系、新近系。北部断阶带具有与南部断阶带类似的构造带特征，但断裂构造带相对不发育。

盆地周边断背斜构造十分发育，按构造特征可分为南部断阶带、北部断阶带、中央拗陷带和库尔萨勃隆起区，构造走向主要呈北东向，盆地外围受北西向走滑断层控制。

(五)构造特征一致性

通过比对，一般盆地的共同特征是：盆地基本受北东向和北西向两组基底断裂控制。盆地基底基本呈隆拗相间格局，局部断裂与控制盆地边界的断裂基本都呈北东走向。

所述盆地分属于4个不同地区，但它们却具有相同的受力作用特征，这是否与它们均处于北半球中纬度带，受共同的板块驱动力作用有关？

假如它们具有相同的板块驱动力作用机制，我们就应该可以找到它，并且运用它解释已有盆地基底构造格局、断裂组合、构造分区，进行构造评价等，指导新区构造特征判断、组合与解释。

运用板块驱动力解释板块、盆地、地块等构造格局与内部活动断裂的走向，判断液体矿床的分布，以及油气运移聚集等，都具有极强的现实意义和科学价值。

我国是一个北半球的国家，液体矿藏、热液型固体矿床较多，掌握和运用板块驱动力尤其重要。

第二节　地球板块的运动分析

通过分析各地地壳运动的时间、空间关系展布，我们知晓了地壳运动存在着全球性、周期性、方向性。这为我们分析研究地球运动的体力提供了基础。

同样的，通过分析地壳运动的区域性、一致性，一定可以获得驱动板块的动力。

应该建立怎样的分析体系？先从构造运动所表现出的一般特性开始。

勒内·笛卡儿（Rene Descartes，1596—1650 年）发明了直角坐标系，他用点到直线的距离来确定点的位置，称为点的坐标，用坐标来描述点的空间属性，使讨论有了参考点。进而成功地创立了解析几何学，为微积分的创立奠定了基础，而微积分又是现代数学的重要基石。也为讨论地壳的运动状态变化提供了桥梁，更为破解复杂形式的力提供了支撑。

将板块等地球物质抽象成地球上任意一个质点，运用笛卡儿直角坐标系，分析球面质点随地球在转动状态下的运动情况，为探索板块驱动力积累认识。

一、平面质点运动分析

图 3-6 是以太阳为坐标原点，以地球公转轨道面（黄道面）为分析平面，以黄道面上地球球面质点 P 为分析对象，建立 P 在地球运转的某一时刻，与地球球心 O、太阳中心 S 之间运动变化情况的质点分析体系。

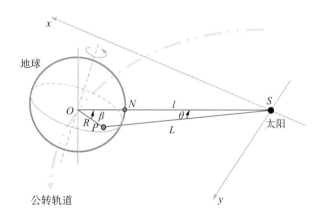

图 3-6　球面质点的平面受力分析

图中，R 为 PO 间距，l 为 OS 间距，L 为 PS 间距，θ 为 $\angle OSP$，且 $L=f(\theta,t)$，$l=f(\theta,t)$，$R=f(\theta,t)$。在 $\triangle OSP$ 内，由余弦定理，有函数关系式

$$R^2 = L^2 + l^2 - 2Ll\cos\theta \tag{3-1}$$

令：$R = \sqrt{u}$，$u = L^2 + l^2 - 2Ll\cos\theta$，则有

$$\frac{\mathrm{d}R}{\mathrm{d}\theta} = \frac{1}{2\sqrt{u}}\left[2l\frac{\mathrm{d}l}{\mathrm{d}\theta} + 2L\frac{\mathrm{d}L}{\mathrm{d}\theta} - \left(2\frac{\mathrm{d}l}{\mathrm{d}\theta}L\cos\theta + 2l\frac{\mathrm{d}L}{\mathrm{d}\theta}\cos\theta - 2lL\sin\theta \right) \right]$$

$$\frac{\mathrm{d}R}{\mathrm{d}t}\cdot\frac{\mathrm{d}t}{\mathrm{d}\theta} = \frac{1}{\sqrt{u}}\frac{\mathrm{d}t}{\mathrm{d}\theta}\left(l\dot{l} + L\dot{L} - \dot{l}L\cos\theta - l\cos\theta\dot{L} + lL\frac{\mathrm{d}\theta}{\mathrm{d}t}\sin\theta \right)$$

$$\frac{\mathrm{d}R}{\mathrm{d}t} = \frac{1}{\sqrt{u}}\left(l\dot{l} + L\dot{L} - \dot{l}L\cos\theta - l\cos\theta\dot{L} + lL\frac{\mathrm{d}\theta}{\mathrm{d}t}\sin\theta \right) \tag{3-2}$$

式中，$\dot{l} = \dfrac{\mathrm{d}l}{\mathrm{d}t}$，$\dot{L} = \dfrac{\mathrm{d}L}{\mathrm{d}t}$。

令

$$A = l\dot{i} + L\dot{L} - \dot{i}L\cos\theta - l\dot{L}\cos\theta + lL\frac{\mathrm{d}\theta}{\mathrm{d}t}\sin\theta \tag{3-3}$$

进一步做如下推导：

$$\frac{\mathrm{d}\left(\dfrac{\mathrm{d}R}{\mathrm{d}t}\right)}{\mathrm{d}\theta} = -\frac{1}{2}u^{-\frac{3}{2}}\frac{\mathrm{d}u}{\mathrm{d}\theta}A + u^{-\frac{1}{2}}\frac{\mathrm{d}A}{\mathrm{d}\theta} \tag{3-4}$$

$$\frac{\mathrm{d}u}{\mathrm{d}\theta} = \frac{2}{\dfrac{\mathrm{d}\theta}{\mathrm{d}t}}A \tag{3-5}$$

$$\frac{\mathrm{d}\left(\dfrac{\mathrm{d}R}{\mathrm{d}t}\right)}{\mathrm{d}\theta} = -\frac{\mathrm{d}t}{\mathrm{d}\theta}u^{-\frac{3}{2}}A^2 + u^{-\frac{1}{2}}\frac{\mathrm{d}A}{\mathrm{d}\theta} \tag{3-6}$$

由式 (3-3) 得

$$A = (l - L\cos\theta)\dot{i} + (L - l\cos\theta)\dot{L} + lL\frac{\mathrm{d}\theta}{\mathrm{d}t}\sin\theta \tag{3-7}$$

$$\frac{\mathrm{d}A}{\mathrm{d}\theta} = (l - L\cos\theta)\frac{\mathrm{d}\dot{i}}{\mathrm{d}\theta} + \left(\frac{\mathrm{d}l}{\mathrm{d}\theta} - \frac{\mathrm{d}L}{\mathrm{d}\theta}\cos\theta + L\sin\theta\right)\dot{i} + (L - l\cos\theta)\frac{\mathrm{d}\dot{L}}{\mathrm{d}\theta} +$$
$$\left(\frac{\mathrm{d}L}{\mathrm{d}\theta} - \frac{\mathrm{d}l}{\mathrm{d}\theta}\cos\theta + l\sin\theta\right)\dot{L} + \frac{\mathrm{d}l}{\mathrm{d}\theta}L\frac{\mathrm{d}\theta}{\mathrm{d}t}\sin\theta + l\frac{\mathrm{d}L}{\mathrm{d}\theta}\frac{\mathrm{d}\theta}{\mathrm{d}t}\sin\theta + lL\frac{\mathrm{d}\theta}{\mathrm{d}t}\cos\theta \tag{3-8}$$

令

$$\ddot{l} = \frac{\mathrm{d}^2 l}{\mathrm{d}t^2} = \frac{\mathrm{d}\dot{i}}{\mathrm{d}t}, \quad \ddot{L} = \frac{\mathrm{d}^2 L}{\mathrm{d}t^2} = \frac{\mathrm{d}\dot{L}}{\mathrm{d}t} \tag{3-9}$$

转化成时间函数，则有

$$\frac{\mathrm{d}A}{\mathrm{d}t} = (l - L\cos\theta)\ddot{l} + \dot{i}\left(\dot{i} - \dot{L}\cos\theta + L\frac{\mathrm{d}\theta}{\mathrm{d}t}\sin\theta\right) + (L - l\cos\theta)\ddot{L} +$$
$$\dot{L}\left(\dot{L} - \dot{i}\cos\theta + l\frac{\mathrm{d}\theta}{\mathrm{d}t}\sin\theta\right) + \dot{i}L\frac{\mathrm{d}\theta}{\mathrm{d}t}\sin\theta + l\dot{L}\frac{\mathrm{d}\theta}{\mathrm{d}t}\sin\theta + lL\left(\frac{\mathrm{d}\theta}{\mathrm{d}t}\right)^2\cos\theta \tag{3-10}$$
$$= (l - L\cos\theta)\ddot{l} + (L - l\cos\theta)\ddot{L} + \dot{i}^2 + \dot{L}^2 - 2\dot{L}\dot{i}\cos\theta +$$
$$2L\dot{i}\frac{\mathrm{d}\theta}{\mathrm{d}t}\sin\theta + 2l\dot{L}\frac{\mathrm{d}\theta}{\mathrm{d}t}\sin\theta + lL\left(\frac{\mathrm{d}\theta}{\mathrm{d}t}\right)^2\cos\theta$$

$$A^2 = \left[(l - L\cos\theta)\dot{i} + (L - l\cos\theta)\dot{L} + lL\frac{\mathrm{d}\theta}{\mathrm{d}t}\sin\theta\right]^2 \tag{3-11}$$

有

$$\frac{\mathrm{d}\left(\dfrac{\mathrm{d}R}{\mathrm{d}t}\right)}{\mathrm{d}\theta} = \frac{1}{\sqrt{u}}\left(\frac{\mathrm{d}A}{\mathrm{d}\theta} - \frac{1}{u}\frac{1}{\dfrac{\mathrm{d}\theta}{\mathrm{d}t}}A^2\right) \tag{3-12}$$

$$\frac{\mathrm{d}^2 R}{\mathrm{d}t^2} = \frac{1}{\sqrt{u}}\left(\frac{\mathrm{d}A}{\mathrm{d}t} - \frac{1}{u}A^2\right) \tag{3-13}$$

式中，

$$u = L^2 + l^2 - 2Ll\cos\theta \tag{3-14}$$

$$\frac{\mathrm{d}A}{\mathrm{d}t} = (l - L\cos\theta)\ddot{l} + (L - l\cos\theta)\ddot{L} + \dot{l}^2 + \dot{L}^2 - 2\dot{L}\dot{l}\cos\theta + 2L\dot{i}\frac{\mathrm{d}\theta}{\mathrm{d}t}\sin\theta + 2l\dot{L}\frac{\mathrm{d}\theta}{\mathrm{d}t}\sin\theta + Ll\left(\frac{\mathrm{d}\theta}{\mathrm{d}t}\right)^2\cos\theta$$
$$\tag{3-15}$$

将 $\dfrac{\mathrm{d}A}{\mathrm{d}t}$、$A^2$、$u$ 值代入式(3-13)，即可获得球面质点在随太阳公转时，在径向上的变化

加速度 $\dfrac{\mathrm{d}^2R}{\mathrm{d}t^2}$。可以验证(量纲检验) $\dfrac{\mathrm{d}^2R}{\mathrm{d}t^2}$、$\dfrac{1}{\sqrt{u}}\dfrac{\mathrm{d}A}{\mathrm{d}t}$、$\dfrac{1}{\sqrt{u}}\dfrac{1}{u}A^2$ 及其展开项，均是含加速度因

子的数据项。

$$\frac{\mathrm{d}^2R}{\mathrm{d}t^2} = \frac{1}{\sqrt{u}}\frac{\mathrm{d}A}{\mathrm{d}t} - \frac{1}{u\sqrt{u}}A^2 \tag{3-16}$$

第一次化简。关于 θ：即使以地球磁层的最顶层计算，θ 的最大值也只约有 0.00244°，是相当小的，这样 $\sin\theta$ 接近于 0。为使运算简便，凡含 $\sin\theta$ 项，均消去。有

$$\frac{\mathrm{d}A}{\mathrm{d}t} = (l - L\cos\theta)\ddot{l} + (L - l\cos\theta)\ddot{L} + \dot{l}^2 + \dot{L}^2 - 2\dot{L}\dot{l}\cos\theta + Ll\cos\theta\left(\frac{\mathrm{d}\theta}{\mathrm{d}t}\right)^2 \tag{3-17}$$

$$A^2 = \left[(l - L\cos\theta)\dot{l} + (L - l\cos\theta)\dot{L}\right]^2 \tag{3-18}$$

关于速度矢量：$\dot{L}$、$\dot{l}$ 分别包括法向和切向两个方向的数值变化，一般由于法向变化量小，只考虑切向的数值变化，即 $\dot{L} = L\omega$，$\dot{l} = l\omega$（ω 为地球绕太阳公转的角速度）。

将 $\dot{L} = L\omega$，$\dot{l} = l\omega$ 代入式(3-17)，化简得

$$\frac{\mathrm{d}A}{\mathrm{d}t} = (l - L\cos\theta)\ddot{l} + (L - l\cos\theta)\ddot{L} + R^2\omega^2 + Ll\cos\theta\left(\frac{\mathrm{d}\theta}{\mathrm{d}t}\right)^2 \tag{3-19}$$

二、空间质点运动分析

事实上，质点 P 在绝大多数情况下，并非位于公转轨道平面内，即矢量 R、L 与 l 与黄道面在大多数情况下不共面(图 3-7)。

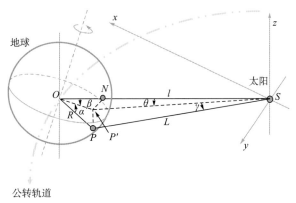

图 3-7　球面质点的空间受力分析

作质点 P 在公转轨道平面内的投影 P'，连相关辅助线，有：$\angle POP'(=\alpha)$ 为黄纬角，与地球纬度有关，$\angle P'ON=\beta$ 为黄经角，表示质点 P 所处黄经经度与正午所在黄经经度之差，$\angle PSP'=\gamma$ 因地球与太阳距离太远，γ 值趋于零，所以在运算式中取 $\gamma=0$；$\angle P'SN=\theta$，当取 $OP'=R'$，$SP'=L'$ 时：

$$R'=R\cos\alpha \tag{3-20}$$

$$L'=L\cos\gamma\approx L \tag{3-21}$$

不难得出：

$$|R\cos\alpha\cos\beta|=|l-L\cos\gamma\cos\theta|=|l-L\cos\theta| \tag{3-22}$$

$$|R\cos\alpha\sin\beta|=|L\cos\gamma\sin\theta|=|L\sin\theta| \tag{3-23}$$

亦即其标量式：

$$R\cos\alpha\cos\beta=l-L\cos\theta \tag{3-24}$$

$$R\cos\alpha\sin\beta=L\sin\theta \tag{3-25}$$

这时，在空间讨论质点 P 的变化可转化为在平面内讨论质点 P' 的变化，根据式(3-16)，用 R'、L' 替代式(3-18)、式(3-19)中的 R、L，进行变换处理，有

$$\frac{A^2}{\sqrt{u^3}}=-\frac{1}{\sqrt{u}}(\cos^2\alpha R^2\omega)^2 \tag{3-26}$$

$$\frac{1}{\sqrt{u}}\frac{\mathrm{d}A}{\mathrm{d}t}=\frac{1}{\sqrt{u}}(l-L\cos\theta)\ddot{l}+\frac{1}{\sqrt{u}}(L-l\cos\theta)\ddot{L}+\frac{1}{\sqrt{u}}R^2\omega^2\cos^2\alpha+\frac{1}{\sqrt{u}}lL\cos\theta\left(\frac{\mathrm{d}\theta}{\mathrm{d}t}\right)^2 \tag{3-27}$$

三、规范化整理

针对所获式(3-16)、式(3-26)、式(3-27)，一眼很难鉴别出其属性，需要进一步整理。因为式(3-26)与式(3-27)右侧中的第三分式具有相关性，皆属于式(3-16)的分式，我们先从式(3-27)开始整理。

为书写方便，将式(3-27)写成代理形式：

$$a=a_1+a_2+a_3+a_4 \tag{3-28}$$

将式(3-27)代入式(3-13)，化简，有

$$a_1=\cos\alpha\cos\beta\ddot{l} \tag{3-29}$$

$$a_2=\cos\alpha\cos\beta\ddot{L} \tag{3-30}$$

$$a_3=R\omega^2\cos^2\alpha \tag{3-31}$$

$$a_4=\frac{lL}{R}\cos\theta\left(\frac{\mathrm{d}\theta}{\mathrm{d}t}\right)^2 \tag{3-32}$$

将式(3-13)代入式(3-26)，化简，有

$$a_5=-R\omega^2\cos^4\alpha \tag{3-33}$$

$$a_5=\frac{A^2}{\sqrt{u^3}} \tag{3-34}$$

由式(3-16)、式(3-17)、式(3-18)，到式(3-26)、式(3-27)，再到式(3-28)～式(3-34)，

小结为

$$\frac{\mathrm{d}^2 R}{\mathrm{d}t^2} = a_1 + a_2 + a_3 + a_4 + a_5 \tag{3-35}$$

式(3-35)的物理意义：因 R 为分析对象(物体)与地心距离,表示物体径向变化加速度,可以分解成 5 个分加速度。即,作为地球上某一点的物体,在其绕地球自转、并随地球绕太阳公转过程中,物体靠近地心的加速度,等于 5 个分加速度之和。这 5 个分加速度描述起来仍然存在复杂性,需要再做进一步简化。

第二次化简。由于 R、L、l 三个表示距离的参数,不在同一个数量级,由三边构成的三角形,近似一个顶角极小的等腰三角形,即 $L \approx l$,取 $L = l$,将式(3-35)及其所包含的各函数分式进一步化简:

$$a_1 + a_2 = 2\cos\alpha\cos\beta \ddot{l} \tag{3-36}$$

$$a_3 + a_5 = \frac{1}{4} R\omega^2 \sin^2 2\alpha \tag{3-37}$$

即

$$\frac{\mathrm{d}^2 R}{\mathrm{d}t^2} = 2\cos\alpha\cos\beta \ddot{l} + \frac{1}{4} R\omega^2 \sin^2 2\alpha + \frac{Ll}{R}\cos\theta\left(\frac{\mathrm{d}\theta}{\mathrm{d}t}\right)^2 \tag{3-38}$$

式(3-38)就是人们梦寐以求的地球球面质点的运动学方程。它描述的物理意义是：地球上的每一点,靠近(或离开)地心的加速度,由三部分构成,其一是该点靠近(或远离)太阳的加速度(以太阳为中心),其二是该点在随地球绕太阳公转时表现在地球上的向心加速度(以地球为中心),其三是该点受太阳约束的摆动加速度(受太阳与地球双重控制)。

本段读起来很拗口,但有一点是可以简明肯定的,即它是一个使地球质点产生运动的外力加速度。虽然它可能就是重力加速度,但它的产生却完全受外力作用。外力当然是指该质点以外物体施加的力。

第三节　地球的潮汐力

从《地球原动力》(刘全稳等,2001)一书面世到现在已经过去 20 年,书中所表述的地球潮汐力源自处于椭圆轨道焦点天体的认识,在实践的积累中变得越发加强以致不可动摇。

从牛顿 1687 年出版发行《自然哲学之数学原理》,解释地球海水潮汐现象是月球引潮开始,引潮力论断即深入人心,被人们恭称为奠定了潮汐理论基础,并延续至今。牛顿将地球海水的潮汐现象归结为引力的作用,完全是为了回击莱布尼茨等人对其"引力"是"神秘的质"的质疑,既然地球海水在月球的引力作用下产生潮汐效应,引力也就并不神秘。

可以肯定,牛顿关于地球的海水潮汐现象是月球引力所致的说法缺乏严密逻辑推理,所有的描述都是为了迎合对现象的解释,臆想的成分较重,虽然解释了海水潮汐的应月现象,但是那些更加突出的随日现象却被有意忽视了。

建立在运动学分析基础上的潮汐力是这样的。

将式(3-36)两侧同时乘以质点(物体)质量 m,所得作用力用 F_c 表示,即

$$F_c = 2m\cos\alpha\cos\beta\ddot{l} \tag{3-39}$$

式中，F_c 为潮汐力（N）；m 为物体质量（kg）；α 为黄纬（°）；β 为黄经（°）；l 为物体到太阳距离（m）；$\ddot{l}$ 为距离变化加速度（m·s^{-2}）。

式（3-39）的作用力 F_c 大小与 α、β 的变化关系可由图 3-8、图 3-9 表示，其在地球上的分布情况可用图 3-10、图 3-11 表示。

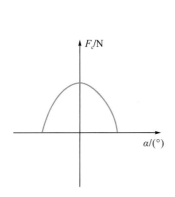

图 3-8　F_c 与 α 的变化关系

潮汐力 F_c 大小与黄纬有关，黄纬等于零处 F_c 最大，黄极处 F_c 等于零。倾斜地球的自转可使一个地方发生黄纬位置的改变，从而导致该地发生潮汐大小的改变

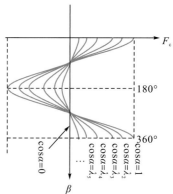

图 3-9　F_c 与 β 的变化关系

β 等于 0° 为正对太阳，β 等于 180° 为背对太阳，无论什么时刻，地球上不同黄纬地区所遭受的潮汐力大小不同，总形态表现为一簇曲线

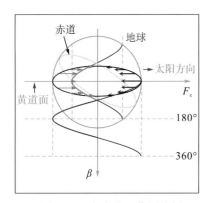

图 3-10　地球受 F_c 作用分析

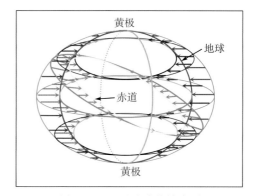

图 3-11　F_c 对地球的施力原理

考虑到地球的自转特性及 F_c 展现出的潮汐特征，将其命名为潮汐力。

一、潮汐力定义

由地球绕太阳公转产生的，与太阳到地球的极径随时间变化二阶导数、地球上不同黄纬及黄经的余弦乘积、地球上受作用物体质量相关的作用力，称为地球受到轨道焦点（太阳）作用的潮汐力。

地球潮汐现象具有"随日且应月"的运行规律。基于万有引力的引潮力不能很好地解释地球潮汐的随日现象。

二、潮汐力特性

图 3-8 显示：潮汐力在黄道面上作用力最大，向两黄极逐渐减小直至为零。

图 3-9 显示：随着地球上球面质点所处位置的黄经、黄纬的变化，潮汐力表现为一系列的作用力曲线。图 3-10 显示了其中最大一条作用力曲线的变化情况，表明了潮汐力的作用方向以及随黄经变化的结果——中午和午夜最大，傍晚和早晨最小。

由于正潮汐力表示其方向由太阳指向地球，负潮汐力表示其方向由地球指向太阳，正值发生在 90°—−90°区域，即地球的早晨到傍晚时间内，负值发生在 90°—270°区域，即地球的傍晚到次日早晨时间内，所以，无论潮汐力为正或为负，都表示潮汐力的方向由地球的表面指向地心（图 3-11）。

（一）F_c 的离散特征

由三角函数积化和差公式，式 (3-35) 可做如下转化：

$$F_c = 2m\cos\alpha\cos\beta\ddot{l} = m[\cos(\alpha+\beta)+\cos(\alpha-\beta)]\ddot{l} \qquad (3\text{-}40)$$

显然，由式 (3-36) 可知作用力 F_c 是由两个分力组成，即

$$F_{c1} = m\cos(\alpha+\beta)\ddot{l} \qquad (3\text{-}41)$$

$$F_{c2} = m\cos(\alpha-\beta)\ddot{l} \qquad (3\text{-}42)$$

$$F_c = F_{c1} + F_{c2} \qquad (3\text{-}43)$$

图 3-12 为式 (3-41)、式 (3-42) 的作用分力与 α、β 关系的离散分析结果。

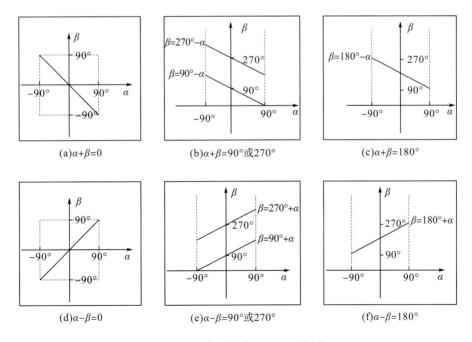

图 3-12　作用分力 F_{c1}、F_{c2} 分析

图 3-12（a）表示：当 $\alpha+\beta=0$ 时，作用分力 F_{c1} 有最大值，此时 $\alpha=-\beta$。

图 3-12（b）表示：当 $\alpha+\beta=90°$ 或 270° 时，作用力 F_{c1} 等于零。

图 3-12（c）表示：当 $\alpha+\beta=180°$ 时，作用分力 F_{c1} 有负的最大值，此时 $\beta=180°-\alpha$。

图 3-12（d）表示：当 $\alpha-\beta=0$ 时，作用分力 F_{c2} 有最大值，此时 $\alpha=\beta$。

图 3-12（e）表示：当 $\alpha-\beta=90°$ 或 270° 时，作用力 F_{c2} 等于零，此时 $\beta=90°+\alpha$ 或 $\beta=270°+\alpha$。

图 3-12（f）表示：当 $\alpha-\beta=180°$ 时，作用力 F_{c2} 有负的最大值，此时 $\beta=180°+\alpha$。

由图 3-12 可知，只有当：

（1）$\alpha=0°$，$\beta=0°$ 时，作用力 F_c 有最大值；

（2）$\alpha=0°$，$\beta=90°$ 时，或者 $\alpha=0°$，$\beta=270°$ 时，作用力 F_c 等于零；

（3）$\alpha=0°$，$\beta=180°$ 时，作用力 F_c 有负的最大值。

潮汐力是由两个分力组成的，由分力导致的潮汐波的振幅极值具有对称性，在不同地点和不同的时间具有不同的振幅现象，这是符合地球潮汐实际现象的，是基于万有引力理论的引潮力无法解释的。一般地，最大潮汐振幅在中午或午夜出现在黄道面与地球的交割线上，月球对潮汐的影响，只能改变幅度，不能改变周期。

（二）F_c 的连续性特征

分析潮汐分力在其主值区间内不同特征值的分布，可为正确认识潮汐力提供帮助。

在图 3-13 中，分别作了 $\alpha+\beta=0°$、90°、180°、270° 和 $\beta-\alpha=0°$、90°、180°、270° 等 8 种情况的分布线，这 8 条特征值分布线描述了在地球自转过程中，F_{c1} 和 F_{c2} 的极值及零值相互不断转换的形态变化特征。如图 3-13 所示，从 A' 出发，随着地球的自转，β 值由 180° 逐渐向 270°、0° 变化，A' 点的状态波在演化到甲点后，将与由 B 点出发并由 B—甲实线路径传播而来的零状态波发生叠加，而后，形成两组不同状态的波分别沿甲—B 线和甲—C 线继续传播，然后改沿 B—乙线和 C—乙线传播到乙点，再沿乙—A 线和乙—B 线传播。

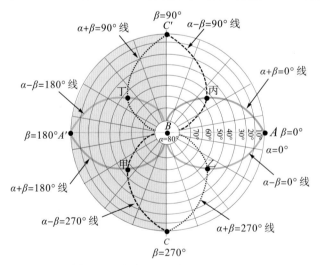

图 3-13　地球潮汐分力连续分布线

注：为便于作图，图中黄纬线以等间距分布，暗色区域表示夜晚

β 值由 0° 逐渐向 90°、180° 变化，可比照分析。

地球上潮汐力的极值产生在 A—B—A' 连线上，并且向着 B 点逐渐变成 0，而"零"值则产生在 C—B—C' 连线上。在地球自转，β 值由 180° 逐渐向 270° 变化的过程中，潮汐分力 F_{c1} 从 A' 点出发要经过 A'—甲—B，以极小值状态连续不变到 B 点，跃变为"零"状态，并从 C 点出发沿 C—乙—B 保持到 $\beta=0°$，再返到 B 点；而潮汐分力 F_{c2} 则要从 B 点出发，经过 B—甲—C 路径，保持 0 值状态连续不变到 C 点，跃变为极大状态，并从 B 沿 B—乙—A 保持到 $\beta=0°$ 的 A 点；β 值由 0° 逐渐向 90°、180° 变化，可对比分析。

将潮汐分力合二为一考虑，在地球的自转过程中，潮汐力的极值状态和"零"状态，尽管中途要发生叠加，但分离后仍然能形成稳定的极值状态和"零"状态继续传播。潮汐分力的极值和"零"值的分布位置与地球正对太阳的角度有关，如图 3-14 所示，极值状态线保持在与太阳光线的平行方向，而"零"状态线则保持在与太阳光线的垂直方向。随着地球自转一周，水平方向的极值线沿着图 3-14 中的极值方向线进行"∞"形态的连续性变化，而垂直方向的"零"线沿着图 3-14 中的"零"方向线进行"8"形态的连续性变化。

在这两种连续性变化中，潮汐力实际上在进行着 F_{c1} 和 F_{c2} 的交替转化，如：在地球的自转 β 值由 180° 逐渐向 -90°、0° 变化的过程中，潮汐分力 F_{c1} 从 A' 点出发要经过 A'—甲—B 极小值状态连续不变到 B 点；然后转化成为 F_{c2} 的极大值状态，并从 B 开始沿 B—乙—A 保持到 $\beta=0°$ 的 A 点，再转换为 F_{c1} 的极大值状态，并从 A 开始沿 A—丙—B 保持到 $\beta=90°$ 的 B 点；最后转换为 F_{c2} 的极小值状态，并从 B 开始沿 B—丁—A' 保持到 $\beta=180°$ 的 A' 点。与此过程相伴，同时进行的"零"状态的转换发生在垂直方向上，其转换轨迹如图 3-14 所示，分析从略。

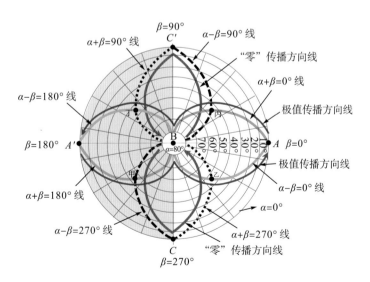

图 3-14　黄道面上地球潮汐分力特征值分布

注：暗色表示夜晚

对称地，可以作黄道面下另一半地球的潮汐分力特征值连续分布曲线形态。

将黄道面上、下地球潮汐分力的极值线投影图映射成立体图，可得图3-15。

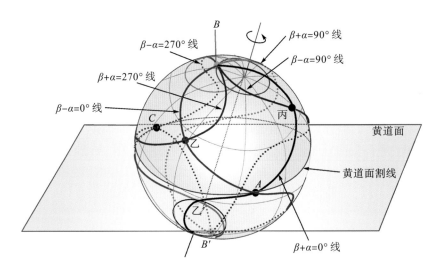

图3-15　潮汐分力极值分布线

注：为便于阅读，图中省略了$\beta+\alpha=180°$线和$\beta+\alpha=270°$线

在图3-15中，将黄道面下半部分对应黄道面上半部分的极值线交点X（X代表甲、乙、丙、丁……），分别用X'表示（X'代表甲'、乙'、丙'、丁'……）。综合分析可知，地球上的潮汐分力极值线与"零"线的交点甲、乙、丙、丁、甲'、乙'、丙'、丁'为潮汐振幅绝对值相等的点，其中，交点甲、丁、甲'、丁'为负值完全相等，交点乙、丙、乙'、丙'为正值完全相等；交点B、B'保持为零；而交点A、A'为潮汐振幅的极高点（A为极大点，A'为极小点）；交点C、C'为零振幅点。除B、B'位置保持不变外，其余交点的相对位置是不变的，而绝对位置则不断变化。由于地球的倾斜，地球自转一周，使地球上的某些地方在一天中某一时刻要经历某个交点，从而形成随日潮汐力的特征现象，或者说，地球的潮汐力的特征点，将会出现在地球的某一区域内。地球公转的特性，将使黄道面上的A、C、A'、C'在一年内分别沿着地球的黄道面割线绕行一圈。余类推。

在以上的描述中，强调的是潮汐力的连续状态，当α、β一定时，潮汐力的大小、方向等随之而定，这时，它完全符合离散分析结论；要注意区别它的分力的极值线和其极值线的不同，分力的极值实际上只等于它的一部分，因为潮汐力是由两个分力组成的。

总之：

(1)潮汐力是由两个分力组成的；

(2)由分力导致的潮汐波的振幅极值具有对称性；

(3)地球上潮汐振幅的极值与地点、时间具有相关性，不同地点在不同的时间具有不同潮汐振幅。一般地，最大潮汐振幅在中午或午夜出现在黄道面与地球的交割线上。

（三）与应月引潮力的区别

谁也不能否认月球对地球海水潮汐具有一定的影响，但必须承认它与太阳对地球的潮汐作用完全是两回事，现将其区别列于表 3-2。

表 3-2　潮汐力 F_c 和引潮力 F 有关项目比较

项目	随日潮汐力 F_c	应月引潮力 F
表达式	$F_c = 2m\cos\alpha\cos\beta\ddot{l}$	$F = 2.80 \times 10^{-8}g(6\cos 2\delta + 10)^{0.5}$
主要影响因素	物体质量、日地距离 l、黄经 β、黄纬 α	质点所处纬度的换算值 δ（要求正对月球的地球投影面）
源自天体	太阳	月球
作用力方向	总是平行于黄道面由表层指向内部	总是由地球表面指向月球
作用方式	受轨道影响，质点发生位移而产生潮汐	因对地球表层海水的吸引而产生影响
沿地表分布形式	正对太阳部分和背对太阳部分对称分布，潮汐振幅极值以不同时间在不同地点出现	正对月球部分和背对月球部分非对称分布，相同时间在不同地点出现振幅变化
潮汐的周期性	一日之内两次出现高潮和低潮，并且出现时间间隔均匀，周期性好	周期性以月为单位明显

综合表 3-2 分析可见，月球对潮汐的影响，只能改变其幅度，不能改变其周期。我们所看到的地球上潮汐的应月现象，实质上是在随日潮汐的背景上展示的幅度的周期性增减。当月球与地球和太阳处于一条线上时，月球的引力作用与太阳对地球海水的潮汐力作用的夹角最小，所产生的极大值重合，使潮汐振幅最大，此种现象不能被认为是月球使地球产生了最大潮汐，只能认为是月球增加了潮汐振幅。

可以证明，地球在二分点拥有最大运动能量，此时潮汐振幅最大。如果当年发生闰月，则钱塘江不会在农历八月十五发生大潮现象。钱塘江产生大潮的现象与秋分轨道位置有关，而与中秋月圆无关，历史上很多年份出现了中秋叠合秋分现象，使钱塘江大潮与中秋月圆有关得以谬传，其实，当钱塘江大潮在中午时段传来时，月球还躲在地球阴影里没出来。

由于在月球与地球海水间不存在太阳与地球海水的轨道运动关系，所以月球不可能产生对地球海水的潮汐力（F_c）。相反，存在地球、太阳对月球的潮汐力（F_c）作用，这是由轨道关系决定的。

受海岸、海底山脉、海岛及其组合的影响，潮汐可产生干涉、衍射现象。

总之：

(1)地球潮汐的随日现象，是由于地球上的潮汐力因太阳产生的；

(2)地球的潮汐力与月球引潮力无论是在力源、影响因子方面，还是在作用方式、分布形式、表现行为上，都存在着本质的区别；

(3)地球上潮汐的"应月"现象，实质上是在随日潮汐的背景上展示的幅度的周期性增减。

三、分布地域

潮汐力作用于全球范围。

四、适用领域

潮汐力适用于大气、海水、地下水、油气、地幔等研究。

第四节　地球的强中纬力

地球的强中纬力是一簇作用力，不同黄纬度，力的大小不同，最大强中纬力是影响地球地理中纬度带最大的作用力，它不仅是产生大洋环流的重要作用力，也是形成大气环流的重要作用力，它主要促使地球中纬度地带（21°33′—68°27′）物质产生偏转运动，因而它是地壳板块最重要的作用力之一。

北半球夏季来临后，强中纬力的作用主要使低纬度带物质向高纬度带运动，而冬季来临后，强中纬力作用则主要使高纬度带物质向低纬度带运动。当台风进入中纬度带后，明显受最大强中纬力作用，并最终保持沿最大强中纬力作用方向运动。强中纬力还对极地带等地带内的物质发生一定的作用。

式（3-37）两侧同时乘以质点（物体）质量 m，即是一个关于地壳板块以所处黄纬为主要影响的作用力，用 F_z 表示：

$$F_z = \frac{1}{4} m R \omega^2 \sin^2 2\alpha \tag{3-44}$$

式中，F_z 为强中纬力（N）；m 为物体质量（kg）；ω 为地球公转角速度（1/s）；α 为物体所在黄纬圈角度（°）；R 为物体与地心距离（m）。

事实上，随着物体的不同、物体所处地区的地球半径不同，以及物体所处地区的黄纬不同，F_z 的大小很不一样。所以，具有实际应用意义的 F_z 公式应为

$$F_{zi} = \frac{1}{4} m_i R_i \omega^2 \sin^2 2\alpha \tag{3-45}$$

式中，i 代表不同的球面质点（如板块）。

这样，很容易理解作用力 F_z 与黄纬 α 的关系（图3-16）：F_z 的最大值为黄纬45°，也就是说，F_z 以黄纬45°为最强，以最强线作图，则 F_z 最强线在地球上的分布如图3-17所示。

由于地球是倾斜的，并且绕轴自转，所以，黄纬的一条线映射到地球上是一条带，F_z 最强线在地球上对应着中纬度带（在以后的章节里将有更详尽的说明），因此称 F_z 为强中纬力。

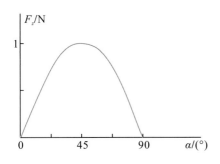

图 3-16　F_z 与黄纬 α 的变化关系

注：黄纬的定义域为-90°—90°，所以图中只是半个地球的受力分析，另一半通过黄道面对称分布

图 3-17　F_z 在地球上的分布示意

注：线条越粗表示作用力越大，α=45°处最粗表示该处作用力最大，此情形对称分布在黄道面两侧，所以 F_z 作用结果在黄道面上下对称出现。黄极点与黄道面的割线处，作用力大小等于 0

一、强中纬力定义

在地球绕太阳公转过程中产生，作用于地球球面质点的一种作用力，这种作用力使地球上属于黄纬 45°线上的物质受到作用而发生由西向东的运动，由于地球的自转，地球上南、北半球中纬度带内的物质将依次穿越黄纬 45°线，从而依次受到该力的作用，这种作用力称为强中纬力。

二、强中纬力特性

强中纬力只与物体所在黄纬度有关，而与黄经度无关。

强中纬力是关于正弦函数倍角的二次函数，其最大值在 $\alpha = 45°$ 处。

强中纬力导致的物体运动方向为地球黄纬的切线方向。

(一)数学特性

根据强中纬力动力方程及其初始条件，设地球公转角速度恒定，作用力大小与物体的质量成正比，与物体所处位置距地心的远近成正比，与黄纬的变化关系如图 3-16 所示。

(二)物理特性

忽略物质的具体形态与位置，将作用力大小用线条的粗细象征化，那么，这种作用力在地球表面的投影可用图 3-18 示意。

显然，强中纬力动力方程产生的结果平行于黄道面并且沿黄道面两侧对称分布。

地球自转使最大作用力线表现为图 3-19 所示形态。

图 3-18　F_z 作用力网格　　　　　　　　　图 3-19　太平洋云层受 F_z 作用

注:地球自转使最大的作用力线映射成环状的作用力网格。图的内包络线纬度高,外包络线纬度低,南/北半球沿赤道面对称分布。图中的粗连续曲线反映了一个物体受这种动力的作用后的运行理论轨迹图,像一朵盛开的荷花

注:2003 年 4 月 27 日 15 时(世界时)的太平洋云图。受 F_z 作用与地球自转影响,南、北半球云层沿着对称面出现规律性运动(箭头线标明处),连续影像清楚表明了这种作用力的存在

(三)地球响应特征

强中纬力动力方程是在地球公转椭圆轨道平面内,以地球球面质点为研究对象进行数理推导获得的,所以,方程适用于研究地球上的大气、海水、液态地核或气态、液晶态、等离子态地核等物质的运动。图 3-20~图 3-23 列举了大气圈中物质受强中纬力作用后的响应情况。那些并不显著的或看不见的物质在强中纬力作用下的运动可以映射出来,因为这些单体物质的质量远超大气或尘埃。

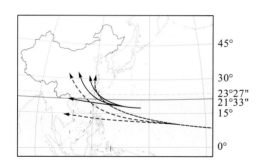
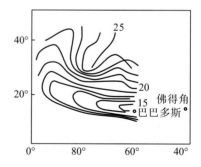

图 3-20　台风受 F_z 作用后的运动轨迹　　图 3-21　火山尘埃受 F_z 作用后的运动轨迹

注:西北太平洋台风路径轨迹示意。统计资料表明,当台风到达一定纬度(21°33′)后,其运行轨迹发生明显偏转,这是由于台风在低纬度处(<21°33′)主要受地球自转惯性力作用,进入较高纬度后,惯性力作用减弱,F_z 作用增强,运动方向发生改变

注:1951 年 6 月 15 日至 26 日佛得角群岛内火山尘云日推进距离等值线(单位:m)。当火山尘埃主要遭受低纬度处的惯性力作用时(此时 F_z 作用较小),运动方向以向西为主;当火山尘埃进入较高纬度后,F_z 作用增强,运动方向发生改变

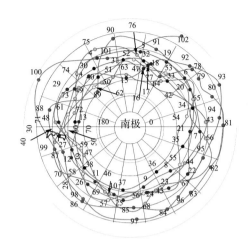

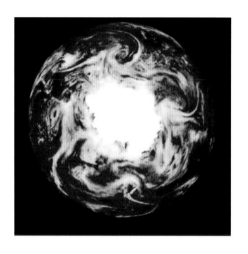

图 3-22　探空气球受 F_z 作用后的运动轨迹

注：自新西兰释放的气球在约 12km 的高空环行了 102d 的轨迹（Mason,1971）。如果气球只是受地球自转惯性力作用，气球的轨迹将与纬度线平行。气球在高空有时处于强气流（强 F_z 作用）、有时处于较弱气流（较弱 F_z 作用）中。受地球自转惯性力与 F_z 作用共同影响，气球轨迹像一朵盛开的荷花

图 3-23　南极上空云层合成照片

注：NASA 合成照片，地球南极洲高空连续 3 个月的照片合成影像。云层在 F_z 影响下，发生偏向运行所表现出的现象像一朵盛开的荷花

三、分布地域

除黄道面与地球切割线对应的地域和黄极点强中纬力等于零外，地球的其他地域都有强中纬力的作用，只是各地受力大小随时间变化而不同。

四、适用范围

强中纬力适用于大气、水圈、地壳、油气、岩浆热液、地核物质的研究，对其他行星球面质点的研究也可适用。

五、表达式

表达式见式（3-44）或式（3-45）。

六、应用前景

（1）为国防服务。多大质量的飞行体在什么高度、什么时间、什么纬度，受到多大的 F_z 作用，是可以求出的，因而，本动力方程可为分析炮弹飞行、卫星发射与溅落、制导与反导服务。

(2)为防沙治沙，改善环境服务。沙尘的运动特征同样受到 F_z 控制，因而本动力方程可为人类认识沙尘起暴后的运移情况提供帮助。

(3)可为人类分析利用自然风提供理论支持。大气在地球自转转动定律与 F_z 作用下，其运行轨迹是可以预测的，这样，人们利用本动力方程为防治空气污染、气球探险、救灾等提供理论依据。

(4)可为地下热液型矿床勘探开发、油气资源勘探中的构造演化及动力学分析等提供服务。依据本动力方程在全球的分带分布特点，石油公司可以用来进行不同地区的油气资源评价。

第四章　运动定律与动力

17 世纪的人们讨论物质与运动，发现物体从一个点运动到另一个点，其间，它的质量保持不变(守恒)，于是，牛顿定义了物质的量，即物体质量等于密度和体积的乘积。尽管这一定义后来遭到马赫的质疑，认为应该是密度由质量和体积得出，而不是质量由密度和体积派生。但物体运动过程中质量守恒这一认识还是被普遍接受并传承下来。

笛卡儿认为两个物体在运动中质量与运动速度的乘积——运动量(牛顿称动量)——是守恒的，于是提出了运动量守恒认识，并把物体的运动量称为"力"。这一时期，人们关于"力"的认识还非常模糊，对于"力"的概念还广泛存在着争议，除了牛顿关于"力"有自己的认识，笛卡儿学派与莱布尼茨学派就"物体运动的力"的正确表示方法，也展开了旷日持久的争论。笛卡儿学派把物体的"mv"称为"力"，而莱布尼茨则认为物体运动有两种，所对应的"动力"也有两种，一种是"死力"，一种是"活力"，相对静止的物体间的"死力"可用物体的质量和该物体由静止状态转入运动状态所获得的速度乘积来度量，即动量"mv"，是"死力"，而"mv^2"则是"活力"。

与笛卡儿相信宇宙中存在运动量守恒一样，莱布尼茨也相信宇宙中"力"的总量保持不变，不过是"活力"不变。这些争议经惠更斯、科里奥利的发展，逐步形成了"活力守恒定律"。这就是能量守恒定律的早期萌发过程。

守恒运动是宇宙间存在的基本运动规律，包括能量守恒、动量守恒、角动量守恒。其中，能量守恒是继牛顿力学体系以来物理学的最大成就。动量守恒、角动量守恒分别是能量守恒在空间平移、转动状态下的不同表现，是运动定律。

所谓"守恒"就是不变，就是要守一恒定值，既不会凭空产生，也不会凭空消失。无限或变量是无法确认守恒的。能量守恒定律、动量守恒定律、角动量守恒定律是物理学的基石之一，描述物质的运动离不开它，研究地球运动同样如此。

现在看来，物体的运动存在两种机制，一是"力"的作用，一是"运动定律"的约束。

地球动力学研究，在很多情况下可以抽象成质点或质点系绕某一确定点或定轴线转动的情况，在这类转动运动中，存在着角动量守恒定律作用，即物体的运动遵循角动量守恒定律。

站在遥远的地方看地球，地球上的大气运动、海水流动，其实质都可看作是地球为了保持平稳运动状态，调整自身转动惯量而产生的物质运动，它们是地球的守恒运动的具体体现。固然，地壳板块的运动，也遵循角动量守恒定律，因为，板块运动本质是板块绕地球自转轴的转动和随地球公转的运动集合体，角动量守恒是必须的。

角动量守恒是自然界的基本规律之一。有些运动过程中尽管动量和机械能都不守恒，却遵从角动量守恒定律。

第一节　角动量守恒定律

角动量守恒定律又称动量矩守恒定律，它反映了质点或质点系绕一定点或定轴转动的规律，是物理学中最具普遍性的规律。

角动量不仅是经典力学中描述运动状态的量，也是近代物理理论中表征微观运动状态的重要物理量。在不受外力矩作用情况下，角动量守恒就意味着它们的质量与到定点(或转轴)距离和转动角速度三者的乘积守恒。

质点的角动量守恒定律可表述为：如果作用在质点上的力对某定点(或轴)的力矩等于零，则质点对该定点(或轴)的角动量保持不变。

质点系的角动量守恒定律可表述为：如果作用在质点系中各个质点上的外力对某定点(或轴)力矩的矢量和等于零，则质点系对定点(或轴)的角动量保持不变。这一结论也可由质点系的角动量定理直接推得。

如果质点或质点系所受外力矩的矢量和虽不为零，但它在某一特定方向上的投影为零，则总角动量在这一方向上的分量保持不变，即在这一特定方向上角动量守恒。

如果把太阳看成力心，将行星看成质点，构成一个不受外力或外界场作用的质点系，其质点之间相互作用的内力服从牛顿第三定律，内力合力为零，对定点无作用，质点对定点的力指向力心，力矩为零，那么，质点的角动量守恒。

对于刚体，如果质点系受到的外力系对某一固定轴之矩的代数和为零，则质点系对该轴的角动量守恒。

一般地，地球绕太阳的公转运动、地球的自转运动被认为属于角动量守恒的运动。所以，研究地球运动，不能缺少角动量守恒分析。也就是说，地球物质的运动不仅包含外力作用下的运动，还包含运动定律约束下的运动。

角动量守恒定律对于非惯性系一般不适用，但适用于绕质心的相对运动，即如果作用在质点系中各个质点上的外力对质心(或通过质心的轴)的力矩的矢量和等于零，则质点系对质心(或通过质心的轴)的角动量保持不变。

角动量守恒反映了空间各向同性。角动量守恒是参照系转动时势能不变性的结果，如果势能 U 仅取决于两个质点 i、j 间的距离大小，而与它们之间连线的取向无关，则 $U=U(|r_i-r_j|)$。当参照系转动时，U 是个不变量，此时，质点间的作用力总是作用在两质点间的连线方向上，而且 $F_{ij}=-F_{ji}$，这就保证了系统的角动量保持不变。所以角动量守恒定律，反映了空间的转动对称性。

对于具有自转特性的行星来说，固定转轴所受合外力矩等于零，适合应用角动量守恒定律研究。

一、地球自转角动量分析

这是质点对转轴的角动量分析。图 4-1 表示从地球北极上空俯视北半球的投影：薄圆盘代表赤道面，P 代表地壳某板块，板块质量为 Δm_i。P 距转轴垂直距离为 r_i。设地球在 t 时刻的角加速度为 β，此板块所受合外力为 f_i，与半径成 φ_i 角，f_i 在垂直力臂 r_i 方向的分力为 $f_i \sin\varphi_i$，平行力臂 r_i 的分力为 $f_i\cos\varphi_i$（因产生力矩为零，故不考虑）。另外，P 板块所受其他板块作用的内力为 f_i'，与半径 r_i 成 φ_i' 角，垂直分量为 $f_i'\sin\varphi_i'$，a 为加速度。根据牛顿第二定律有

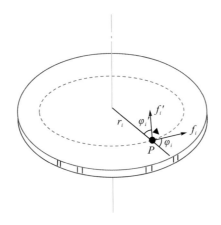

图 4-1 俯视北半球投影示意图

$$\vec{f_i}\sin\varphi_i + \vec{f_i}'\sin\varphi_i' = \Delta m_i \vec{a} \tag{4-1}$$

在 P 点的切向分量为

$$\vec{f_i}'\vec{r_i}\sin\varphi_i' + \vec{f_i}\cdot\vec{r_i}\sin\varphi_i = \Delta m_i \vec{r_i}^2 \vec{\beta} \tag{4-2}$$

地球球面存在很多板块，对于其他板块都可以写出此方程，相加得

$$\sum_{i=1}^{n}\vec{f_i}'\vec{r_i}\sin\varphi_i' + \sum_{i=1}^{n}\vec{f_i}\cdot\vec{r_i}\sin\varphi_i = \sum_{i=1}^{n}m_i\vec{r_i}^2\vec{\beta} \tag{4-3}$$

根据牛顿作用力与反作用力定律及力矩关系式，因

$$\sum_{i=1}^{n}\vec{f_i}'\cdot\vec{r_i}\sin\varphi_i' = 0 \text{（即内力矩总和等于零）}$$

式(4-3)可变为

$$\overline{M} = \vec{\beta}\cdot\sum_{i=1}^{n}m_i\vec{r_i}^2 \tag{4-4}$$

式中，$\overline{M}$ 为板块的合外力矩。

I 为转动惯量，即

$$I = \sum_{i=1}^{n}\Delta m_i r_i^2 \tag{4-5}$$

如果质量连续分布，则 Δm_i 改为质元 dm，刚体的转动惯量为

$$I = \int r^2 dm \tag{4-6}$$

在推广应用中，质元的选取分 3 种，为线质元、面质元、体质元，分别由线密度、面密度、体密度控制。

物体的转动惯量 I 是对物体转动惯性的量度，具有如下性质：质量一定时，物体距转轴的垂直距离 r_i 越大，则物体的转动惯量越大。

地壳板块对地球自转轴的转动惯量，与板块的总质量有关，与板块质量的分布有关。

由式(4-4)与式(4-5)，得到转动合外力矩的表达式，因为对轴的力矩实际上相当于对点的力矩在轴上的分量，所以可以写为标量式：

$$M = I\beta \tag{4-7}$$

式(4-7)表示的是刚体定轴转动定律，解决的是刚体的定轴转动问题。从式(4-7)看出：当合外力矩 M 一定，I 与 β 成反比，即转动惯量越大，转动角加速度 β 越小，其角速度 ω 的变化率越小，物体保持原状的可能性越大，转动加速度 β 往复改变时，物体的运动总是要使自身保持平衡。

刚体定轴转动的角动量 L：

$$L = I\omega \tag{4-8}$$

当合外力矩 M 等于零时，P 点的角动量守恒。

地壳板块在随地球自转过程中，执行角动量守恒定律的方式之一是改变自己的位置，从而改变质心位置，进而改变地球转动惯量。

地球大气圈、水圈，以及我们不可见的地幔圈、地核圈物质，在地球自转过程中，执行角动量守恒定律的方式，就是不断地运动，改变自身的质心分布，以改变自身对转轴的转动惯量，保障角动量守恒。

地质学的发展，应该已经可以定量计算获取地壳板块的转动惯量，定性判断板块驱动力的来源。

(一)圆环转动惯量

对于均匀细圆环的转动惯量 I(图 4-2)，我们可以直接查到，当转轴通过环心且与环面垂直时，圆环的转动惯量为

$$I = mR^2 \tag{4-9}$$

式中，m 是细圆环的质量，R 是细圆环的半径。

(二)薄盘转动惯量

同样的，图 4-3 所示薄圆盘，当转轴通过中心与盘面垂直时，圆盘的转动惯量 I 为

$$I = \frac{1}{2} mR^2 \tag{4-10}$$

式中，m 是薄圆盘的质量，R 是薄圆盘的半径。

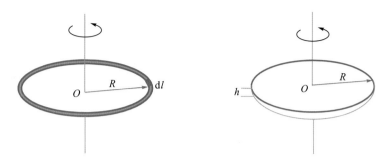

图 4-2　均匀圆环转动　　　　　　　　　　图 4-3　均匀圆盘转动

(三)薄球壳转动惯量

图 4-4 为一个密度为 $\sigma = \dfrac{m}{4\pi R^2}$ 的均匀薄球壳，转轴过球壳的中心，可以求得该薄球壳的转动惯量 I 为

$$I = \frac{2}{3}mR^2 \tag{4-11}$$

式中，m 是球壳的质量，R 是球壳的半径。

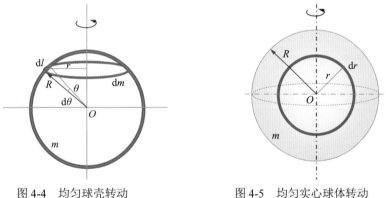

图 4-4　均匀球壳转动　　　　　　　　　　图 4-5　均匀实心球体转动

(四)匀球体转动惯量

对于一个均匀的实心球体(图 4-5)，转轴为球体的中心轴，它的转动惯量 I 为

$$I = \frac{2}{5}mR^2 \tag{4-12}$$

式中，m 是球体的质量，R 是球体的半径。

(五)比较分析

比较式(4-7)—式(4-10)，可以发现，质量为 m、半径为 R 一定时，对于以过圆心(或球心)的轴线为转轴转动时，均匀球体转动惯量最小，均匀圆盘次之，薄球壳第三，均匀圆环最大。

也就是说，在同种条件、合外力矩等于零状态下，四种转动中，转动惯量最大的圆环转动角加速度最小，即转速最慢，而均匀球体转动最快，圆盘转动比球壳转动要稍快。茹科夫斯基转椅实验、冰舞和跳水运动员实例说明了这点。

由此拓展开来，图4-6中，地球低纬度 A 处受太阳热辐射作用强烈，大量水汽上升，由于水汽的转动半径从海面 r_2 增大到 r_2'，遵循角动量守恒定律，转动半径的增加导致自转速度变小，从而形成了大量水汽相对于地球自转速度变得较慢的一些现象，即大量上升的水汽(云层)出现由东向西运动的现象。这就是为什么低纬度带形成的水蒸气不随地球自转向东移动反而向西运移(图4-7)的科学本质。

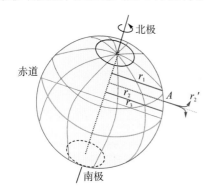

图4-6　地球热带水汽转动惯量变化　　　　图4-7　地球低纬度大气由东向西运动

按照角动量守恒定律判断，如果所形成的水汽(这时已经处于由东向西运动状态。水汽由下向上，在垂直方向运移执行角动量守恒定律)，随着地球自转向更低纬度(r_3)方向移动，则运动速度越来越慢(指水汽由东向西运行速度，在同一个平面内，即水平方向跨纬度运移)。相反，如果这些水汽向更高纬度(r_1)方向(水平方向)移动，则速度将越来越快。

所以，台风、飓风或热带气旋在形成后的运动中，随着所处洋面的纬度值增加，其运动的速度越来越快；北半球的飞机在由南向北飞时，因随地球自转的转动半径变小，速度逐步加快，相反，则变慢；寒流随着运移所到达地点的纬度值越小，运动速度越来越低。海流是海水参与角动量守恒定律调整转动惯量形成的，与冰上芭蕾运动员一样，收回双臂以减小转动惯量使旋转速度加快，张开双臂以增加转动惯量使运动速度变慢。

按此道理，人类随意改变地表物资的质量分配，如大量兴建摩天大楼，应该导致地球自转速度变慢，但当把高楼作为地球内部一分子，地核、地幔、海水、大气都是一分子，对于人类的任意活动，地球自身总会自洽。

二、地球公转角动量分析

这是质点对定点的角动量分析。对于围绕太阳进行椭圆轨道运动的行星来说，所受太阳的引力指向太阳，引力矩 $\vec{M} = \vec{r} \times \vec{F} = 0$，所以行星绕太阳的公转运动，适合应用角动量守恒定律研究。

由质点的动量定理可知：

$$\sum_i \overline{F_i} = m\frac{\mathrm{d}\vec{v}}{\mathrm{d}t} \tag{4-13}$$

$$\vec{r} \times \sum_i \overline{F_i} = \vec{r} \times m\frac{\mathrm{d}\vec{v}}{\mathrm{d}t} \tag{4-14}$$

$$\sum_i \vec{r} \times \overline{F_i} = \vec{r} \times \frac{\mathrm{d}m\vec{v}}{\mathrm{d}t} = \vec{r} \times \frac{\mathrm{d}\vec{p}}{\mathrm{d}t} = \frac{\mathrm{d}(\vec{r} \times \vec{p})}{\mathrm{d}t} - \frac{\mathrm{d}\vec{r}}{\mathrm{d}t} \times \vec{p} = \frac{\mathrm{d}\vec{L}}{\mathrm{d}t} - \vec{v} \times \vec{p} = \frac{\mathrm{d}\vec{L}}{\mathrm{d}t} \tag{4-15}$$

即

$$\vec{M} = \sum_i \vec{r} \times \overline{F_i} = \frac{\mathrm{d}\vec{L}}{\mathrm{d}t} \tag{4-16}$$

式中，$\vec{p}$ 为动量；$\vec{L}$ 为角动量；$\overline{M}$ 为合外力矩。

式(4-16)表明：质点对某一固定点所受合外力矩，等于它对该点角动量的时间变化率。

对于某一固定点 O，质点 P 所受合外力矩 M 为零时，质点 P 对该固定点 O 的角动量 L 保持不变(图 4-8)。即角动量增量为零，保持一恒定量，角动量守恒。即

$$L_2 = L_1 \tag{4-17}$$

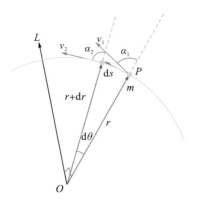

图 4-8　动点到定点角动量

一般认为，行星运动可视为有心力运动，因行星所受引力通过力心点，不产生力矩，角动量守恒。

地球的公转运动，可以视为合外力矩等于零的运动，即角动量守恒运动，也是一种 r 往复改变、角加速度往复改变的运动。由式(4-17)可知，在角动量守恒条件下，动点 P 前后角动量相等。

$$mv_1 r\sin\alpha_1 = mv_2 (r+\mathrm{d}r) \sin\alpha_2 \tag{4-18}$$

由于地球公转轨道离心率为 0.016722，α 接近 90°，正弦值约为 1，所以，地球的绕日公转，存在着动量守恒式(4-19)：

$$m_1 v_1 r_1 = m_2 v_2 r_2 \tag{4-19}$$

转化成角动量式：

$$m_1 r_1^2 = m_2 r_2^2 \tag{4-20}$$

显然，式(4-20)包含地球公转角速度不变。

地球在前后两状态中，从 r_1 到 r_2，转动半径增量 Δr 可以出现显著数量，而前后质量显然不能被简化为相等。前已述及，物体在运动过程中质量守恒不变，这里的 m_1、m_2 属于质心调整后的质量当量。地球质心的调整是地球物质运动的结果，这种物质的运动只能归结为运动定律约束下运动。

先看看 r_1 到 r_2 的增量变化情况。当地球由近日点向远日点(即从冬至日到春分日再到夏至日)运行时(图4-9)，转动半径变化情况如下。

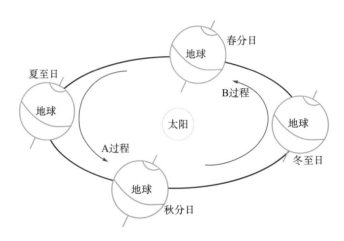

图 4-9　地球公转轨迹示意图

由椭圆极坐标公式，可知：

$$r = \frac{a(1-e^2)}{1+e\cos\theta} \tag{4-21}$$

得春分与秋分时的公转半径 $R = r_{分点}$［分点对应轨道角度式(2-11)中 θ_3、θ_4］。

$$r_{分点} = \frac{a(1-e^2)}{1+e\cos 91.92} \tag{4-22}$$

则 A 过程中增量 $x = r_{夏至} - r_{分点}$，即

$$x = a(1-e^2)\left(\frac{1}{1+e\cos\theta} - 1.00056887\right) \tag{4-23}$$

A 过程的最大增量在夏至日，大小等于 $x_{\max}$：

$$x_{\max} = a(1-e^2)\left(\frac{1}{1+e\cos 180} - 1.00056887\right) \tag{4-24}$$

B 过程中增量 $x' = r_{分点} - r$，即

$$x' = a(1-e^2)\left(1.00056887 - \frac{1}{1+e\cos\theta}\right) \tag{4-25}$$

B 过程的最大增量在冬至日，大小等于 x'_{max}

$$x'_{max} = a(1-e^2)\left(1.00056887 - \frac{1}{1+e}\right) \tag{4-26}$$

将地球轨道参数代入式 (4-22) 一式 (4-26)，并计算各式，得到最大增量值：$x_{max}=1692627km$，$x'_{max} =2544815km$。

固体地球的赤道半径约为 6378km，极半径约为 6357km，平均半径约为 6371km。可见，在地球公转的 A 过程中，公转半径的最大增量可达 133 个固体地球直径之巨；B 过程的最大增量更大，约为 200 个固体地球直径。A 过程与 B 过程公转半径增量不同，前者为转动半径增加，后者为转动半径减少。

所以，式 (4-20) 中 m_1、m_2 是完全不可能相等的。但地球海水的总质量、地球的总质量、月球总质量等，可以肯定是不变的，所以，m_1、m_2 的变化体现在质心的分布上。

地球质心的调整，首先应该体现在月球的轨道偏移——地-月系上，其次体现在地球自身各圈层物质的运移上。理论上讲，冬季的地-月间距大于夏季的地-月间距(这一部分不做展开研究)。

地球通过自身球面物质的移动来调整质心，使不同公转半径处地球的角动量相等，是对地-月系质心调整的一种微调整辅助。这是大气环流、洋流、地壳运动，以及地下高密度物质不断运动的理论动因。

地球执行角动量守恒定律,进行质心调整的质心分布线与地球实际运行轨道的关系示意图如图 4-10 所示，相当于公转半径等于二分点半径的圆形轨道，简称守恒轨道。

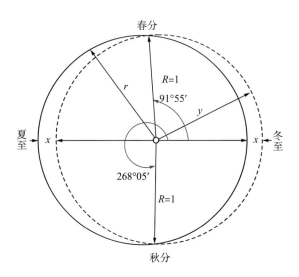

图 4-10　质心调整偏移量与地球公转半径的关系示意图

注：实线代表运动轨道，虚线代表质心位置，简称守恒轨道

由于地球倾斜，黄赤交角为 23.43°，任何地球球面物质的运动，都会导致地球质心的偏离，如何确定一个地球质心的初始位置？以地球在二分点时地球球心位置，作为守恒律应遵循的角动量常量大小的质心所在点，则球面物质移动导致地球质心位置相对改变的

两种情况分别是：质心靠近太阳的运动在 A 过程，此过程中，地球球面物质要向北迁移；质心远离太阳的运动在 B 过程，地球球面物质仍然向北迁移。

所以，根据角动量守恒定律，公转运动导致地球的球面物质向北迁移。

第二节　守恒定律派生力

我们知道，力是促使物体运动状态产生改变的原因，物体运动遵循运动定律，合外力等于零时平动状态中的物体遵循动量守恒定律，合外力矩等于零时转动状态中的物体在遵循角动量守恒定律。物体守恒运动要求，物体后一时刻的角动量等于前一时刻的角动量，分析表明，角动量守恒运动，是要求地球质心不断调整的运动，地球质心的调整通过地球不同圈层物质的运动来完成。这种在运动定律约束下的物体运动，与在外力作用下的物体运动具有本质上的区别。

运动定律约束下的物体运动相当于守恒定律具有派生力的功能，按照牛顿力学原理，我们可以求得其间存在的作用力当量。

根据动量守恒定律，我们可以求得地球上物体在同一纬度处，产生从下到上（或相反）平动或者跨纬度平动的运动量，从而求得其作用力当量。

同理，根据角动量守恒定律，我们可以求得点对点、点对轴的运动量改变，从而获得其间存在的作用力当量。

作用力当量是指物体因执行运动定律而派生出来的，形成物体运动量的改变，大小可求，具有作用力属性，但不具备驱动性。

一、公转守恒派生力

地球的绕日公转运动是点对点的角动量守恒运动，由前述公式转化形成下式：

$$\overline{M} = \sum_i \overline{r} \times \overline{F}_i = \frac{\mathrm{d}\overline{L}}{\mathrm{d}t} = \sum_i \overline{r} \times m\frac{\mathrm{d}\overline{v}}{\mathrm{d}t} \tag{4-27}$$

可见，在质量不变的条件下，随着 r 的增加，地球将做加速度减小的运动，反之，随着 r 的减小，地球将做加速度增大的运动。

参见第二章内容，这里的加速度与式(2-5)一致，即

$$\frac{\mathrm{d}v}{\mathrm{d}t} = \frac{pe\omega^2(\cos\theta - e\cos^2\theta + 2e)}{(1 + e\cos\theta)^3} \tag{4-28}$$

式中，θ 为极角，ω 表示公转角速度 $\mathrm{d}\theta/\mathrm{d}t$，$p$ 为椭圆轨道焦点参数，且 $p = a(1-e^2)$，a 为轨道长轴大小，e 为轨道离心率。

由表 2-2 绘出的点对点运动体系中径向加速度的变化曲线如图 2-5 所示（为阅读方便，现转录于此，重新编号图 4-11）。

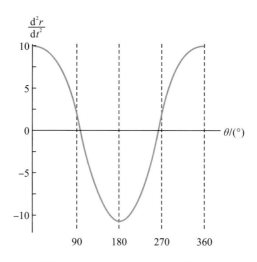

图 4-11 加速度与极角变化关系图

图 4-11 所揭示的信息是：地球离开近日点(夏至点)向远日点运行的过程是公转半径 r 增加的过程，也是加速度减小的过程，半径在夏至点增至最大，加速度却变成负值最小；地球从夏至经秋分到冬至的过程与前述过程恰巧相反。这是由轨道运行理论决定的。

在地球从春分日经过夏至日到秋分日的运行过程(图 4-9 的 A 过程)中，地球的公转半径处于增大过程，地球的公转转动惯量是增大的，地球公转的角加速度要逐渐变小，地球处于膨胀力作用状态。由式(4-12)可知，此期间，地球自转的转动惯量也是增加的，依照角动量守恒定律，地球的质心要做向靠近太阳方向的移动。

在公转过程中，地球为了保持稳定，通过调整自身运动加速度、不断做质心调整以减小因转动半径变化而带来的转动惯量变化的影响。

转动半径 r 变大，公转惯量 I 随之增大，而角加速度 β 变小；反之，当地球由远日点向近日点(即从夏至日到秋分日再到冬至日)运行时，r 变小，公转惯量 I 逐渐减小，而 β 变大。

地球绕太阳运行一周要分别经历 r 变大的过程与 r 变小的过程。为了使自身运行平稳，地球的公转惯量 I 势必趋于某一定值，设此时 $r = 1$。当 r 不等于 1 时，地球球面物质做调整质心的位移，以降低公转惯量的增量。用下式表示：

$$I = my^2 \tag{4-29}$$
$$y = R \pm x \tag{4-30}$$

式中，I 为公转惯量；m 为地球质量；R 为地球到太阳的距离，即轨道半径；x 为质心调整偏移量；y 为地球的有效公转半径。

式(4-30)中，春分—夏至—秋分时，用减号，秋分—冬至—春分时用加号。

R、r、x、y 之间的关系如图 4-10 所示，图中虚线表示转动惯量守恒线，实线表示地球实际运动线。

令地球公转轨道春分点与秋分点的 $R = 1$，那么，地球从春分点经夏至点向秋分点的运动，为 $r>1$ 的运动(简称 A 过程，图 4-9)，为了调整因公转半径变大而引起的地球公转惯量的变大，地球质心要做向太阳靠近的迁移，迁移量 $x = r-R$；而地球从秋分点经冬至点向春分点的运动，为 $r < 1$ 的运动(简称 B 过程)，为了调整因轨道半径变小而引起的地球转动惯量的减小，地球质心要做远离太阳的迁移，迁移量 $x = R-r$。

地球在 A、B 过程中，公转半径的增量 x 所遵循的函数关系式及其增量的最大值可求[式(4-24)、式(4-26)]。

图 4-12 为图 4-10 的局部放大，参见图 4-9，可见，无论是 A 过程还是 B 过程，地球为了达到角动量守恒，必须促使物质由西到东运动，以阻止或延缓公转半径的增加或减少所形成的地球转动惯量的变化，或者说以保持地球轨道运动的平稳状态，是一种陀螺效应。

地球的由西向东自转本身就体现了对公转角动量守恒运动规律的遵从。如果说地球自转方向改变为由东向西的话，只有一种条件下可以实现，那就是地球的公转运动方向与现在相反。否则，这是一个不可能的命题。

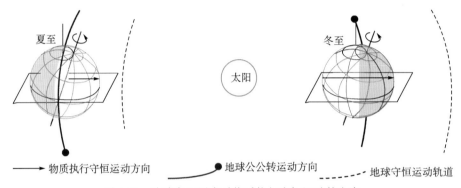

图 4-12 地球在二至点时物质执行守恒运动的方向

大气的守恒运动主要体现在地球的公转与自转过程中。

地球执行角动量守恒定律的运动不仅体现在参数加速度的调整上，也体现在地球物质自身运动的调整以尽量减小公转半径的增量变化上。

表 4-1 为地球各圈层物质的部分参数。大气质量仅占地球质量的 0.00009%，因此，调整质心的任务主要落在地幔与外地核上。但是，由于大气层是地球的外层，大气的微小运动，也有利于质心的调整。所以，在地球的公转过程中，大气的守恒运动使大气在由西向东运动时，夏季里白天的云层高度较夜晚高，冬季刚好相反。表 4-1 还表明，地幔与外地核物质微小的运移即可满足地球质心的调整；由于地核与地幔更靠近地心，所以，其运动幅度没有大气、海水显著。地球公转运动不停歇，地球各圈层物质的运动不休止。

表 4-1 地球有关参数

分层	厚度/km	体积/($\times 10^{27}$ cm^3)	平均密度/(g/cm^3)	质量/($\times 10^{27}$ g)	质量分配/%
大气				0.000005	0.00009
海水	3.8(平均)	0.00137	1.03	0.00141	0.024
地壳	17(平均)	0.008	2.80	0.024	0.40
地幔	2883	0.899	4.50	4.016	67.10

续表

分层	厚度/km	体积/($\times 10^{27}$cm^3)	平均密度/(g/cm^3)	质量/($\times 10^{27}$g)	质量分配/%
外核	1740	0.153	10.50	1.850	30.79
内核	1731	0.022	12.90	0.097	1.61

注：摘自《中国大百科全书》(固体地球物理学、测绘学、空间科学)，1985。

二、物质上升偏转力

由于地球的对流层为大气圈的最下部层次，受地球公转角动量守恒定律影响，厚度随纬度、季节变化，赤道处厚度为 17—18km，中纬度地区约为 12km，极地区约为 8km，平均厚度为 10km，一般夏季厚而冬季薄，具有温度随着高度的增加而显著递减的特点(递减率一般为 6.5℃/km)。所以，大气中的水汽大部分集中在此层，常发生龙卷风和台风等气象。

当空气和海水受到太阳的强烈照射时，海面温度升高而产生海水蒸发与空气膨胀，气压降低，空气密度减小，水汽上升。由于对流层的垂直降温效应，对流层中形成大量水蒸气的凝聚(图 4-13)。

图 4-13 从国际太空站拍摄的飓风 Emily 云图

水分子从海面蒸发，运移到对流层 $h$km 高度处，受地球自转角动量守恒定律影响，要发生相对于原始地点的初始位移，其位移量可依据角动量守恒原理求得。

如图 4-14 所示，地球半径为 R_E，不同地点纬度为 φ，设转动半径为 r 的地表 A 处有质量为 m 的水蒸气在距离地表 h(与 r 单位一致)的 B 处凝结成云团，云团产生的初始位移量 ΔL 可通过如下过程求取：

$$mrv_1 = r^2 m\omega_1 = (r+h\cos\varphi)^2 m\omega_2 \tag{4-31}$$

式中，v_1 为水分子在 A 处的线速度；ω_1 为水分子在地表处的转动角速度；ω_2 为水分子在 h 高度处的转动角速度。

由此可得

$$r^2\omega_1 = (r+h\cos\varphi)^2 \omega_2 \tag{4-32}$$

也就是说，水分子从一个高度运移到另一个高度，位移量与质量无关。

这时，两点间的速度增量为

$$\Delta v = [r\omega_1 - (r + h\cos\varphi)\omega_2] \tag{4-33}$$

将式(4-32)代入式(4-33)，有

$$\Delta v = \left(1 - \frac{r}{r + h\cos\varphi}\right) r\omega_1 \tag{4-34}$$

Δv 为水分子从地表运移到 h 高度产生滞后的速度差，由于运移时间 Δt 可测，所以，云团的初始位移量 ΔL。

$$\Delta L = \Delta v \times \Delta t \tag{4-35}$$

R_E 为当地地球半径(图 4-14)，所以

$$r = R_E\cos\varphi \tag{4-36}$$

将式(4-36)代入式(4-34)，可得

$$\Delta v = \frac{h}{R_E + h} R_E \omega_1 \cos\varphi \tag{4-37}$$

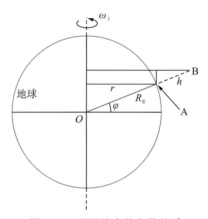

图 4-14　不同纬度的参数关系

由式(4-37)可得，Δv 为正值，表明水分子上升后，向东运移的线速度小于在地表时的线速度，即在地球上的观察者看来，水分子在上升的过程中做向西的运移。

显然，早期云团的初始位移具有如下特性：

(1)不同纬度处云团具有不同的运移量，低纬度处云团具有较大的初始位移量，西向运移速度较大，纬度越低，西向运移速度越大。

(2)同纬度不同高度的云团具有不同的运移量，运移量随高度的增加而加大，西向运移速度增大。

(3)低纬度水分子在被蒸发升腾到 h 高度处的同时，向高纬度地区运移了一定量的距离，运移量为 ΔS：

$$\Delta S = h\sin\varphi \tag{4-38}$$

(4)早期云团的初始运动为平移运动。式(4-38)是地球低纬度带成为无风带的理论机理之一。由式(4-37)可得，物质上升派生出的偏转力 $F_{升}$ 方程为

$$F_{升} = m\frac{\Delta v}{\Delta t} = m\frac{h}{(R_E + h)\Delta t}R_E\omega_1\cos\varphi \tag{4-39}$$

式中，m 为云团质量；h 为云团上升高度；R_E 为地球半径；Δt 为云团上升时间；ω_1 为地球自转角速度；φ 为当地所处地球纬度。

三、物质平移偏转力

水分子从海面蒸发到 $h\mathrm{km}$ 高度后，产生相对于原始地点的初始位移，在地球强中纬力和地球公转角动量守恒定律作用下，发生由 A 点向较高纬度地区 B 点的移动如图 4-15(a)所示，设云团高度 R 不变，地点 A 纬度为 φ_1，转动半径为 r_1，地点 B 纬度为 φ_2[图 4-15(b)]，转动半径为 r_2，质量为 m 的云团平移存在如下变换：

$$mr_1^2\omega_1 = r_2^2 m\omega_2 \tag{4-40}$$

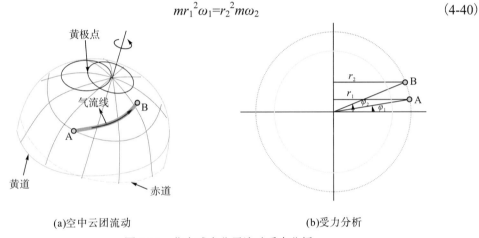

(a)空中云团流动　　　　　　　　　(b)受力分析

图 4-15　北半球水分子流动受力分析

由图 4-15(b)，有

$$\Delta v = [r_1\omega_1 - r_2\omega_2] = R\cos\varphi_1\omega_1 - R\cos\varphi_2\omega_2 = v_1\cos\varphi_1 - v_2\cos\varphi_2 \tag{4-41}$$

云团在地球自转过程中，由 A 点到 B 点派生出的偏转力 $F_{平}$ 方程为

$$F_{平} = m\frac{\Delta v}{\Delta t} = m\frac{v_1\cos\varphi_1 - v_2\cos\varphi_2}{\Delta t} \tag{4-42}$$

式中，m 为云团质量；v_1 为云团在 A 处的线速度；v_2 为云团在 B 处的线速度；Δt 为云团上升时间；φ_1 为地点 A 纬度；φ_2 为地点 B 纬度。

第三节　帕斯卡定律及应用

要较好地阐述地球在胀缩力作用下，形成了广布全球的大型山脉或裂谷，我们需要借用能够描述压力传递的帕斯卡定律。

与牛顿同时代出现了大批著名的科学家。在牛顿出生不到半年，意大利物理学家、数学家埃万杰利斯塔·托里拆利(Evangelista Torricelli，1608—1647 年)为了测量大气压力，于 1643 年 6 月 20 日进行了著名的"托里拆利实验"，实验测出了 1 个标准大气压(atm)的大小，约为 760mm 汞柱或 10.3m 水柱。用式子表示为

$$1 \text{ 标准大气压} = 1 \text{ atm} = 760\text{mm}(\text{Hg 柱}) = 10.3\text{m}(\text{H}_2\text{O 柱})$$

对等于：

$$1 \text{ 标准大气压} = 13.6 \times 10^3\,(\text{kg/m}^3) \times 9.8\,(\text{N/kg}) \times 0.76\,(\text{m}) \approx 1.013 \times 10^5\,(\text{N/m}^2) = 1.013 \times 10^5\,(\text{Pa})$$

托里拆利实验向人们证实了大气压力的存在和真空的存在，以及空气确实是有重量的认识，其科学意义不仅在于对气压的认识与测量，还在于为这一时期人们探讨星际真空对引力传递的影响，提供了依据。

法国数学家、物理学家布莱士·帕斯卡(Blaise Pascal，1623—1662 年)研究了托里拆利实验，于 1646 年改进托里拆利的气压计，制作了水银气压计，并研究了液体的压强，制作了测量液体压强的压强计，还在蜂蜜等各种不同的液体中反复进行了液体内部压强测量，各种测量结果表明：在同一深度，液体向各个方向的压强相等；液体内部的压强由液体的重力产生；压强的大小仅仅由液体的性质和深度决定，与液体重量和体积无关。并由此展开推论：重量和体积较小的液体也能够产生较大的压强。

帕斯卡为了向人们说明这一发现的重要性，在 1648 年向人们进行了一次公开实验演示：他先将一个装满水的木桶用盖子封住，在桶盖上面竖一根细长的管子并把它插入水桶中，然后让人站在高处给细管灌水。仅用了几杯水，木桶就在人们惊讶的神态中裂开了。这正是因为密闭系统中的液体传递了水柱压力的结果。基于此，1653 年帕斯卡提出了"密闭的液体可以传递压力"的帕斯卡定律，并利用这一原理发明了注射器，创造了水压机。

两位研究流体压力的科学家均逝世于 39 岁。国际科技界为纪念托里拆利在研究大气压力方面做出的贡献，将一种大气压单位命名为"托"(Torr)，1 托等于 1mm 高的汞柱所产生的压强。为纪念帕斯卡，用他的名字来命名压强的单位"帕斯卡"，简称"帕"(Pa)。

一、帕斯卡定律

图 4-16 所示是一个封闭的液压系统，系统内液体保持静止不可压缩状态，F_1 为作用在面积等于 S_1 的活塞上的外力，F_2 作用在面积等于 S_2 活塞上的内力，它们之间具有如下的关系：

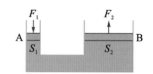

图 4-16　一个封闭的液压系统

$$\frac{F_1}{S_1} = \frac{F_2}{S_2} \tag{4-43}$$

$$\frac{F_1}{F_2} = \frac{S_1}{S_2} \tag{4-44}$$

因为：

$$P_1 = \frac{F_1}{S_1} \tag{4-45}$$

$$P_2 = \frac{F_2}{S_2} \tag{4-46}$$

所以：

$$P_1=P_2 \tag{4-47}$$

P_1、P_2 分别为活塞 A、B 上的压强。

帕斯卡定律表明，在系统中的一个活塞上施加一定的压强，必将在另一个活塞上产生相同的压强增量。如果第二个活塞的面积是第一个活塞的面积的 10 倍，那么作用于第一个活塞上的力将增大至第一个活塞的 10 倍，而两个活塞上的压强相等。这一点很重要，因为我们即将分析的地球内核受到外力作用传到外核将会被成倍放大，而地幔所受之力传到岩石圈底部，以同样原理会被以若干倍放大，当然，各种放大值均可求。

通过帕斯卡定律，我们知道了，不可压缩的静止的流体中，任一点受外力产生压力增值后，此压力增值瞬时间传至静止流体各点。液体具有以下特性：

(1)同种液体在同一深度，向各个方向的压强都相等；

(2)密闭的液体能够把它在某一点所受到的压强增量，等量地向各个方向传递到远方，即加在封闭液体上的压强，能够大小不变地被液体向各个方向传递。

由帕斯卡定律，我们还可以获得以下认知：

(1)作用力可以被放大或缩小；

(2)自然界存在着等压传送的媒介；

(3)同一系统液体任意一点处压强大小相等。

二、固体地球构造

为了正确认识地球运动中的帕斯卡定律，有必要再细化认识地球。在第一章中，我们已经初步了解了地球具有圈层结构，其中软流圈包含于地幔圈中(表 4-2)，而地幔圈又分为上、下地幔，地核圈又进一步分为外核、内核。

表 4-2　固体地球内部分层结构

分层				密度/(g/cm³)	地震波速度/(km·s⁻¹)		附注
名称		代号	深度/km		V_P	V_S	
地壳		A	A'	0—10	2.84	5.6—6.0	3.4—3.6	岩石圈 地壳与上地幔界面为莫霍面
			A"	10—35(L陆)		6.6—7	3.8—4	
地幔	上地幔	B	B'	35—60	3.32	8—8.2	4.4—4.6	
			B"	60—400	3.51	8.2—9	4.6—4.98	软流圈
		C	C'	400—650	4.49	9—10.2	4.98—5.65	地幔圈与地核圈分界面为古登堡面
			C"	650—1000		10.2—11.43	5.65—6.35	
	下地幔	D	D'	1000—2750	5.06—5.40	12.8—13.63	6.92—7.31	
			D"	2750—2900	5.69—9.95	13.63—13.32	7.31—7.11	
地核	外核	E		2900—4640	11.39—12.30	8.1-8.9-10.4	0	地核圈
	过渡层	F		4640—5120	12.30—12.74	10.4—11	2.07-3.6	
	内核	G		5120—6371	12.74—13.03	11.2-11.3	3.7	

注：摘自《中国大百科全书》(固体地球物理学、测绘学、空间科学)，1985。

　　按照帕斯卡定律边界条件，因为地球的大气圈存在着可压缩现象，水圈存在着不密闭条件，生物圈不沾边，岩石圈为固体，所以，地球的大气圈、水圈、生物圈、岩石圈等，不适于应用帕斯卡定律研究。

　　图 4-17（a）为固体地球内部层圈结构剖面示意，图 4-17（b）为固体地球圈层结构简化图。按照人类的认知能力，对于地面 12km 之下的物质成分、结构与形态，目前只能依赖技术取得间接认识。因为不能亲眼所见，所以难免存在误解。

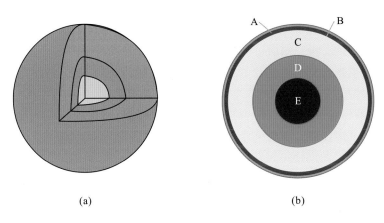

(a)　　　　　　　　　　　　　(b)

图 4-17　固体地球结构示意图

注：A.岩石圈；B.软流圈；C.地幔圈；D.外核；E.内核

　　按照宇宙大爆炸理论，星系起源于宇宙爆炸后不断膨胀的滞胀阶段，大约在宇宙大爆炸发生 100 亿年的时候，宇宙膨胀状态有一次减缓过程，这时，我们的太阳系形成，也就是在距今约 50 亿年前，显然，地球作为太阳系 8 大行星之一，应该伴随太阳同生，这样，地球与太阳同岁。否则，在太阳诞生 2 亿—4 亿年后，宇宙必须再来一次滞胀过程。

　　地球与太阳无论是伴生还是次生，基于太阳占太阳系质量 99.86%这一点，地核应该保存着与太阳相近或者一致的物质形态、结构与成分。而宇宙从"无"开始，起始密度无限大、温度无限高、时空突然产生，物质从无到有，星系在初生宇宙汤的冷凝过程中逐步形成。

　　宇宙年代学认为，银河系是宇宙大爆炸最早一批形成的球状星团之一，100 亿年后，太阳系星云从银河系星云中凝聚而出，地球从原始的太阳系星云中积聚而成。太阳星云聚集，并通过加热变质、结晶分异、岩石固化过程，固结为各自封闭的固态天体。以"核素对"法测得的太阳系形成年龄一般取为(45.7±0.3)亿年。

　　地球，作为太阳系的一粒尘埃，在自身重力的作用下，不断碰并、聚集、冷凝固化、结晶分异、热变质，伴随着自身的公转与自转，逐步形成具有层圈结构的球体。

　　表 4-2 是固体地球物理学家依据观测得到的地球物理资料，根据地震波速度特征划分，可得到固体地球内部分层结构。其中，对于深度 2900—4640km 的地球外核部分，因为其横波速度为"0"，地球物理学家们认为这一部分的物质形态为液态，理论地质学根据地

震横波不能通过液体和气体的特性认为，地球外核物质可能是液态的，也有可能为气态的，更多可能属于等离子态，因为太阳就是等离子态(可归属气态)。

假如地球外核物质形态为气态，在地下 3000km 深度段，这一可以视为密闭的腔体内，其体积变化不随压力变化而变化的话，则地球外核可以适用帕斯卡定律分析。

假如地球外核物质形态为液态，在密闭的地球腔体内不可压缩，则地球外核完全可以适用帕斯卡定律分析。

不管地球外核物质形态具体怎样，由于所处深度很大，其物质与地壳外部环境的交换难度远大于熔融态的软流圈物质，具体来说，地球软流圈物质对地壳产生构造运动的作用是直接的，因而也是影响巨大的，只要把软流圈物质在帕斯卡定律作用下，对地壳或岩石圈的影响说清楚了，外核对地壳或岩石圈的影响也就顺理成章可知了。

图 4-18 具体描述了软流圈结构。由于软流圈顶部为岩石圈底部、软流圈下部为上地幔相变带的地震波低速带，是一个容易蠕动变形的薄弱带，因而也是一个分界面存在较大争议的地带。但事实证明，软流圈物质具有流动性，在构造运动中产生地质作用显著是客观存在的，因而，软流圈适用帕斯卡定律。

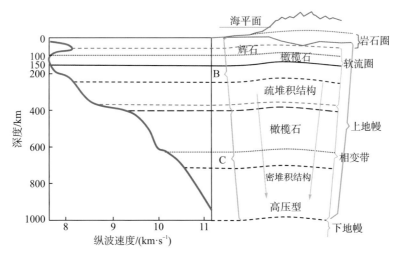

图 4-18　软流圈结构

三、胀缩力的传递

在第二章，我们获得了导致地球发生周期性胀缩运动的动力方程——地球胀缩力，并就其运动学特征、作用力变化等做了必要论述；在第三章，经过数理分析与推导，我们又获得了作为地球一分子的地壳板块运动动力，并知晓了各动力的数学意义与物理特征。那么，如何使用帕斯卡定律研究地球的脉动呢？

地球在轨道运行过程中发生膨胀与收缩的现象主要体现在大气、海水与地壳的运动上，是因为受到了胀缩力作用的缘故。收缩力体现在轨道近焦点端，即胀缩力等于正值期间，膨胀力体现在轨道远焦点端，即胀缩力等于负值期间。

研究表明，处于轨道焦点的太阳系中的太阳，与银河系的银核，是产生地球上胀缩力的源头。太阳产生的胀缩力，因为作用周期较短，主要作用在地球的大气与海水上；银核产生的胀缩力，因为作用周期漫长，主要作用在地壳或岩石圈等固体地球上。

(一)收缩力的传递

为描述方便，现将式(2-12)、式(2-13)转录于此，即式(4-48)、式(4-49)：

$$F = m \frac{pe\omega^2(\cos\theta - e\cos^2\theta + 2e)}{(1 + e\cos\theta)^3} \tag{4-48}$$

$$F = 1.272 \times 10^{14} \frac{100\cos\theta - 11\cos^2\theta + 22}{(100 + 11\cos\theta)^3} \tag{4-49}$$

式(4-49)为式(4-48)代入地球在银河系运行的轨道参数后的化简方程。

式(4-49)即为地球所受银核施加的胀缩力，这是地球随太阳系绕银核做椭圆轨道运行时，所遭受的外加体力，是一个动力 F 大小仅与极角 θ 呈周期性变化的动力方程，是产生地壳运动的动力，因为其正、负可变，当然就是地球脉动动力。当作用力为正时，作用力表现为收缩力，地球产生收缩运动；当作用力为负时，作用力表现为膨胀力，地球产生膨胀运动。展现正作用力的角度范围较大，在银河系椭圆轨道的-102.41°—257.59°。正作用力作用于地球，使地球各圈层整体产生收缩，如图4-19所示。

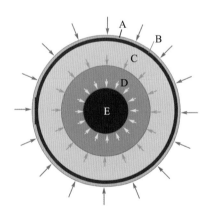

图 4-19　收缩力作用于地球示意图

式(4-49)是地球整体受力方程，据此，我们可以通过计算获取地球应变的整体改变量。但是，我们希望获得的是岩石圈的改变情况，因此，我们需要分别计算各圈层物质的受力与应变情况。

表4-3分层统计了地球的不同部分相关数据，为我们初步认识地球提供了依据。

表 4-3 地球有关参数

分层	厚度 /km	体积 /(×10²⁷cm³)	平均密度 /(g/cm³)	质量 /(×10²⁷g)	质量分配 /%
大气	—	—	—	0.000005	0.00009
海水	3.8(平均)	0.00137	1.03	0.00141	0.024
地壳	17(平均)	0.008	2.8	0.024	0.4
地幔	2883	0.899	4.5	4.016	67.1
外核	1740	0.153	10.5	1.85	30.79
内核	1731	0.022	12.9	0.097	1.61
总计	6371	1.08337	5.52	5.988415	100

注：摘自《中国大百科全书》(固体地球物理学、测绘学、空间科学)，1985。

由式(4-48)可知，作用力大小与质量成正比。通过表 4-3 可以知道，地幔是收缩力效应最大的地球圈层，其次是外核，也就是说，地球发生收缩时，相对来讲，地幔与外核相对作用显著。

由图 4-19 可知，发生收缩运动时，地幔的收缩力可以叠加在外核上，但不可以叠加在岩石圈上。我们可以将地幔以下作为一个相对整体，根据第二章提供的薄壁球壳公式，计算它的改变量，然后以岩石圈的质量计算岩石圈的重力，曲线获得地幔收缩的岩石圈叠加效应。简言之，岩石圈的重力作为正压力，在地球发生收缩运动时，不受地幔物质影响。

将地壳的质量与太阳系在银河系中的椭圆轨道参数，以及所处轨道位置的极角代入式(4-48)，就可以获得地壳在发生收缩运动时所拥有的收缩力值，加上地壳的重力，就是此时地壳发生收缩的总收缩力，用公式表示为

$$F = 2.4 \times 10^{22} \frac{pe\omega^2(\cos\theta - e\cos^2\theta + 2e)}{(1 + e\cos\theta)^3} + 2.4 \times 10^{23} \tag{4-50}$$

式(4-50)是地球发生收缩运动时，地壳的总收缩力。因为地球被分为六大板块，每个板块的分布面积、质量不一致，产生的收缩效应不同。又因为地球的软流圈是一个整体，根据帕斯卡定律，只有 6 个板块中收缩力产生的压强最大的那一个板块，被不可压缩的软流圈物质传递到了地球的四面八方。也就是说，在地球岩石圈底部和软流圈顶部的任意一个地方，充斥着这个压强最大的板块的效应。

显然，并不是面积最大的板块控制着软流圈物质的流动，也不是质量最大的板块控制着软流圈物质的流动，而是对软流圈物质施加压强最大的那个板块，最终推进了构造运动。

所以，如果存在一个四周被活动断层控制的板片——板块的局部，像图 4-16 中的活塞 A 一样，提供的压强最大，对软流圈物质产生了施压，那么，地球的收缩以此展开。

图 4-20 是一个描述地球产生收缩效应的初始理想剖面。图中 a、b、c、d、e 代表不同地区的岩石圈底部，箭头方向表示压力作用方向，压力大小等于此板片与彼板片面积之比乘以彼板片重量，但各处都拥有相等的压强值。

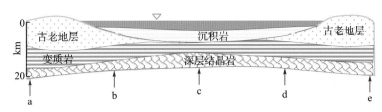

图 4-20　理想的地球发生收缩效应的剖面

在图 4-20 中 a、b、c、d、e 各处所感应到的帕斯卡定律传递过来的压强值相等条件下，c 处上覆为巨厚的海水、所受到的本地岩石圈重力最小，a、e 处最大，b、d 处次之。所以，在地球收缩时，c 处是最先产生上返、隆升、变形、断褶的地方(图 4-21)，为地球的整体收缩突破点。

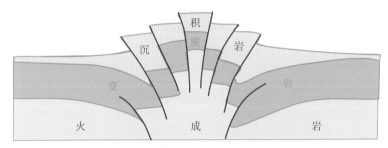

图 4-21　海水最深的地方往往是地壳最易变形之地

考察地球上各地山系，一般都表现出了图 4-21 所示构造剖面结构，如图 4-22 为昆仑山造山带构造剖面。

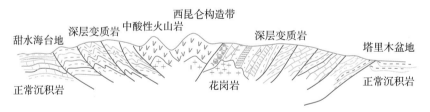

图 4-22　昆仑山造山带构造剖面(贾承造，1997)

对于地壳表层具有图 4-23 所示的"盆-山-基底"模式的地域，发生收缩运动最易产生变形的地点在 b 处，形成的造山带构造剖面图如图 4-24(a)、图 4-24(b)所示。显然。具有如此侧向结构的构造剖面，全球比比皆是。

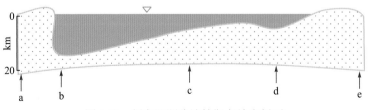

图 4-23　侧向深渊盆地帕斯卡效应剖面

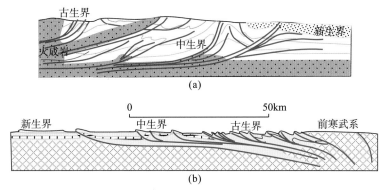

图 4-24　侧向深渊盆地发生收缩效应的剖面

(转引自马托埃，1984)

　　图 4-25 是另一种形式的地表结构，初始分布具有对称性，发生收缩运动时，最先变形的地域在 b、d 两处。c 处的表现因分布特质的不同而不同，有的可能因为分布面积狭小，随后被两侧地壳的隆升裹挟着抬升，造成或山顶仍然遗留有沉积岩、或形成狭小的山间盆地，或成为两侧板片的拼合带；有的因为分布面积较大，成为被周边褶皱山系环绕的盆地。

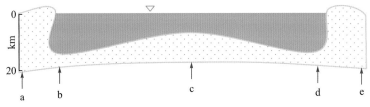

图 4-25　对称性深渊发生褶皱变形的地壳剖面

(二)膨胀力的传递

　　地球在膨胀力作用下发生膨胀运动，展现在银河系椭圆轨道的 102.41°—257.59°极角段。膨胀力作用于地球，使地球各圈层整体产生膨胀，如图 4-26 所示。

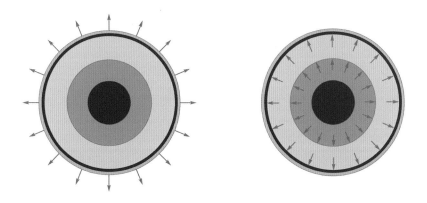

(a)地壳外壳受膨胀力状态　　　　　(b)固体地球内部各圈层受膨胀力状态

图 4-26　膨胀力作用于地球示意图

图 4-26(a)简示地球整体发生膨胀时的情况，图 4-26(b)简示的是地球内部不同圈层物质受膨胀力作用时的作用力方向。

与收缩力时的表现不同，发生膨胀作用时，地球内部各圈层的膨胀作用力会被成倍放大到地壳-岩石圈上，这是帕斯卡定律使然。

以膨胀时地球外核和地幔受力分析，外核外圈受力用 $F_{核}$ 表示，地幔外圈受力用 $F_{幔}$ 表示，由式(4-48)有

$$F_{核} = m_{核} \frac{pe\omega^2(\cos\theta - e\cos^2\theta + 2e)}{(1 + e\cos\theta)^3} \tag{4-51}$$

$$F_{幔} = m_{幔} \frac{pe\omega^2(\cos\theta - e\cos^2\theta + 2e)}{(1 + e\cos\theta)^3} \tag{4-52}$$

显然式(4-51)与式(4-52)右侧，除质量因子外，其余部分完全一样。

由球表面积计算式，可知地球外核顶层的面积 $S_{核}$ 与地幔顶层的面积 $S_{幔}$ 为

$$S_{核} = 4\pi r^2 = 4 \times 3.14 \times 3471^2 \times K^2 \tag{4-53}$$

$$S_{幔} = 4\pi r^2 = 4 \times 3.14 \times (3471 + 2883)^2 \times K^2 \tag{4-54}$$

式(4-53)与式(4-54)中 K 为千米转米的转换系数。

由帕斯卡定律，作用在地幔顶部的膨胀力为

$$F'_{幔} = F_{幔} + \frac{S_{幔}}{S_{核}} F_{核} \tag{4-55}$$

同样道理，地幔对地壳-岩石圈的膨胀作用力被放大一定倍数后叠加在地壳-岩石圈上，放大倍数由所在层圈顶部球表面积相比获得。

这样，地壳-岩石圈所具有的膨胀力 $F'_{壳}$ 为

$$F'_{壳} = F_{壳} + \frac{S_{壳}}{S_{幔}} F'_{幔} \tag{4-56}$$

很明显，式(4-51)—式(4-56)，包括 $F_{壳}$，都是可求的。只是在岩石圈底部，陆地岩石圈与大洋岩石圈存在着厚薄不一，埋深有所不同，有一定的影响。图 4-27 是前人在研究大陆与大洋岩石圈厚度分布后，小结出来的认识。

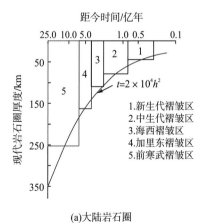
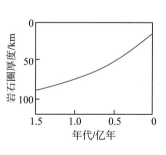

图 4-27 岩石圈厚度随地质时代的变化

地球在膨胀力作用下，引起的结局是体积的增加、球半径的增加、球表面积的增加，这些增加与收缩力作用下的地球响应有着本质区别，无论是球半径、表面积、体积，其增量不存在着需要一些板块的消减达到，相反，却可以产生新的板块。

在轨道条件不变时，胀缩力大小变化仅与物质质量成正相关，因此，改变固体地球体积最显著的，还是地幔与外核，这是不可否认的。

以人类可感知而言，地球的膨胀运动无疑体现在地壳-岩石圈的改变上。大气虽然质量小，由于密度低，大气圈顶层也许扩大到几个地球半径远，但人们不可感知。

根据薄壁球壳公式，我们可以轻松求取地球在膨胀力作用下发生体积、半径、表面积的增量，但是，目前阶段具体研究这些增量与某一具体地块的科学数据，显然为时尚早。定性描述在膨胀力作用下，地表发生破裂并逐步演化是应当的。

地球在膨胀力作用下发生表层破裂，一定是在地壳物质属性最薄弱之处。古旧而弥新的岩浆通道是减轻膨胀作用的优先通道，老旧而复活的基底深大断裂是降压首选，除此之外，大型板块的中部是岩石圈厚度较小的地方，软流圈物质受周围物质膨胀力挤压驱动，流向该地并富集，形成地表上隆，进而形成曲表面处地应力聚集-破碎。

图 4-28 是两个地表受膨胀力作用产生应变的实例，体现了地球在膨胀力作用下一个板块中部发生破裂并逐步演化的理想模型，膨胀力表现为宁静式。

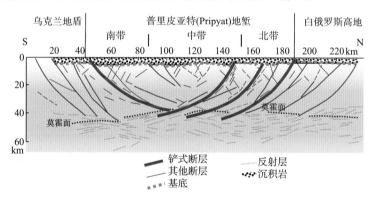

(a)普里皮亚特(Pripyat)盆地地壳剖面(Landon，2001)

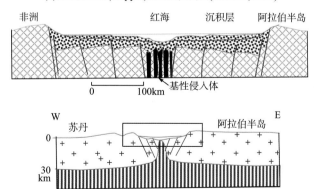

(b)横穿红海的两个概要剖面

图 4-28　地球受膨胀力作用产生裂谷的两个实例

　　洋中脊是地球受膨胀力作用所形成的较为完美的产物，它是地球在膨胀力作用下发生体积膨胀、引起地球内部物质发生空间扩张的结果。因此，洋中脊蕴涵着地球膨胀性。理想的洋中脊形态曲线表现出对称性和阶段性的双重特点(参见图 3-1)。图中，EE′的中心线为洋中脊的空间对称线，BC 和 B′C′的中心线为洋中脊的时间对称线。A 和 A′为洋中脊的初期阶段，BCD 和 B′C′D′为洋中脊的青壮年期阶段，E 和 E′为洋中脊的成熟阶段。

　　这些都表现为对称性较好的例子，地球在膨胀力作用下，展现出非对称性的实例更多，这里不做罗列。

第五章　地层、地质年代与地候

地层是地球岩石圈物质的重要组成部分，它记录了地球演化过程中的部分关键信息，是一种凝结了时间-空间属性的地质资源，是地质学家进行地史断代的实证依据，是地质工作者的粮食与书本。它是地质、地球物理学家们进行所在地区时代划分、建立区域性标准剖面、构建全球性地质年代系统的物质基础。

地层与地质年代，是地质、地球物理工作者们的空间和时间，是检验、鉴定地球动力学关于运动与动力的重要因素。

由于岩石是地质历史演化的产物，也是地质历史的忠实记录者，无论是生物演变历史、构造运动历史，还是古地理变迁历史等，都会在岩石中打下自己的烙印。所以，地质学家们研究地质年代总是要研究岩石中所包含的年代信息，通常依据岩石的地层层序律、化石层序律、地质体之间的切割律 3 条准则来确定岩石的相对地质年代。

为了确定地球年龄，早期，人们根据海洋内的全部含盐量与每年增加的盐量的比较(这个方法的前提是假设地球上海洋水体初期为淡水)，以海洋里含盐总量为 $16×10^{12}t$，每年增加 $160×10^{6}t$ 盐(主要来自岩石及土壤风化和河流溶解所挟带的盐)计，所获地球的年龄大约是 100Ma。

公元前 5 世纪，古希腊历史学家希罗多德(Herodotus，约公元前 484—公元前 425 年)通过对尼罗河三角洲沉积物沉积的年速率推断，该三角洲必定有几千年的历史。这一方法被 19 世纪末和 20 世纪初的人们用来计算地球的年龄。计算结果认为地球自形成以来，已经沉积了 33000—100000m 厚的沉积岩，估算地球年龄是 17—1584Ma。

19 世纪，英国物理学家开尔文(L. Kelvin)根据地球的冷却速率确定地球的年龄为 70Ma。开尔文假设地球开始是从太阳抛出的一个熔融体，而且地球最初的温度是平均火成岩的熔融点。这个计算的错误在于开尔文假设地球内部不存在热的来源。因那时还不知道放射性衰变能释放大量的热能。

现在一般认为地球形成的年龄等于地球上现今已发现的最古老岩石的年龄，约为 46 亿年。在本书前面章节，根据星系形成于膨胀宇宙的滞胀期或收缩期观点，认为地球实际年龄应该等于太阳系的形成年龄，约 50 亿年。

地候是参照气候建立的，是地球随太阳绕银核运行，处于不同位置时，分别发生不同性质的地壳运动状态改变，像气候具有季节性一样，地候也具有季节性，它是划分理论年代的基础。

理论地质年代是采用数理方法来确定地球发生地质运动的时间间隔与分布规律，主要依据地球在围绕银核做椭圆运行过程中运动状态的改变，来分析确定地球发生构造运动、岩浆活动的时间。

第一节　地层与地质年代

地球科学抛开地层问题和地质年代问题，等于物理世界抛开了空间和时间。

地球动力学讨论地球的轨道运动，所涉及的运动变化，体现在地壳或岩石圈的改造与建造中。地球的膨胀运动形成的地表扩张，引起地层的叠置与堆积，地球的收缩运动形成的地表褶皱，引起的地层推覆与缺失，都是人们用来进行学科检验或解释自然现象的证据链。

当地球年复一年、周而复始地展示其新一次的运动开始时，实际上表明它已经到了宇宙空间的另一点，地球从空间里的一点到另一点运动，所经历的环境变化，可能包含了所处银河系旋臂位置的改变，也可能包含着宇宙间流星雨的变化、当然还可能包含了彗星的回归与远离等变化，这些变化都会被地层记录。人们通过阅读这些地层记录，发现了存在于其间的地质事件标志、古生物标志、化学沉积标志、地磁极性倒转标志等，并且发现了这些标志存在着起点或终点，存在着全球性、可对比性，存在着时间分隔。这些地层记录，为地质地球物理学家们形成了地质年代认识。

一、地层

俄国科学家米哈伊尔·瓦西里耶维奇·罗蒙诺索夫(Михаил Васильевич Ломоносов，1711—1765 年)在其伟大的一生中，除了在化学、物理学、天文学、语言学方面做出了杰出贡献外，在地质学方面也同样贡献了闪光的成果。他于 1763 年完成的《论地层》，在总结当时自然地理资料、描述人工露头和天然露头、阐明各种地质动力及其所引起的变化、岩石及矿产成因与找矿等方面，都形成了卓越的认识，被誉为是奠定了地质学基础的重要著作。

从 1878 年在法国巴黎召开第一届国际地质会议开始，关于地层所建立的名词、使用、学术交流等，即成为国际地质工作的重要组成部分。随着地层工作在全球展开，许多新的观点、新的名词、新的术语大量涌现，一些国家为此相继出版了区域性地层规范，使混乱和争论显现出来。为此，国际地层委员会于 1976 年出版发行了《国际地层指南(第一版)》，使地层工作得以健康稳定发展。1994 年，针对地层工作中出现的新情况，国际地层委员会又完成了《国际地层指南(修订版)》，成为地层学发展史上一个里程碑。

我国的第一届地层工作会议在 1959 年召开，会议参考当时国外的先例，制订、通过、并经国家科学技术委员会(现科学技术部)批准，推行了《地层规范草案及地层规范草案说明书(1960)》，经过近二十年的实践工作检验，又经 1979 年第二届全国地层会议讨论修改，出版发行了《中国地层指南及中国地层说明书(1981)》，2001 年，全国地层委员会又发行了《中国地层指南及中国地层说明书(修订版)》，促进了我国地层工作的开展。

(一)岩石地层单位

《国际地层指南》定义岩石地层单位是一个以含某种岩石类型为主，或几种岩石类型的联合，或者具有其他明显或一致的岩性特征而统一在一起的岩石体。可以由沉积岩，或岩浆岩，或变质岩，或这些岩石的两种或两种以上的共生所组成。岩石可以是固结的或未固结的。单位的关键性要求是整体岩性一致的实质程度。根据能观察到的物理特征来识别和下定义，而不是根据推论的地质历史或形成方式。化石或者作为少量的但却明显的物理组分，或者在贝壳岩、硅藻土、煤层中，它们的成岩特征对于识别一个岩石地层单位很重要。岩石地层单位的地理分布完全受其特殊的岩性特征的连续性和延展所控制。只有野外易于识别的宏观岩性特征才用作岩石单位的基础。

《中国地层指南》定义岩石地层单位是由岩性、岩相、或变质程度均一的岩石构成的三维空间岩层体，是一种客观的物质单位。它必须建立在岩石特征在纵、横两个方向具体延展的基础之上，而不考虑其年龄。地方性或区域性的地层层序主要是由这类单位构成的。根据实际岩石的岩性特征和岩石类别(砾岩、砂岩、页岩、石灰岩、凝灰岩、玄武岩、大理岩、白云岩等)划分的，并以此区别于根据化石划分的生物地层单位和依据年龄划分的年代地层单位。

根据地层的岩性特征而把地层组织成为单位的那部分地层学，称为岩石地层学。

(二)生物地层单位

《国际地层指南》定义生物地层单位为：根据地层中所含化石内容或古生物特征而统一在一起，并因此而区别于相邻地层的一个岩层体。一个生物地层单位只以建立地层所据生物分布范围而存在。

划分生物地层单位依据化石内容不同而有所区别为基础。一个生物地层单位可以简单地以有无化石为基础；以全部所有的各类化石或仅某一类化石为基础；以表示某地层间隔的化石完整组合或仅是选出来的分类单位(复数)的组合为基础；以一种特殊的天然化石共生为基础；以一个化石分类单位的或多个化石分类单位的延续时限为基础；以化石标本的频率和富集为基础；以化石的某形态特征为基础；以化石指示的生活方式或环境为基础；以演化发育阶段为基础；或者以与地层的化石内容有关的许多其他现象中的任何变化为基础。

因此，随古生物特征不同，可以有许多种生物地层单位。和岩石地层单位一样，生物地层单位也是以能直接看见的现象为基础的相对客观的所在。

《中国地层指南》定义生物地层单位是以化石为基础的三维空间岩石体。它不是相互接连的，而且有交叉、重叠的现象。在一个地区的地层层序中，有的地层有化石，有的不含化石。由于缺乏化石，因此往往可以留有空白。地层中所含的化石，生活在什么地方？是原地的还是异地的？是老地层冲刷出来的？还是混入到老地层中去的？一定要分清化石的来源。不区分就会引起地层划分、对比和环境解释上的紊乱。生物地层单位的最大特点，在于它们具有能指示相对年龄的作用。

根据地层的化石内容而把地层组织成为单位的那部分地层学，称为生物地层学。

(三)年代地层单位

《国际地层指南》定义年代地层单位为一个由某特定地质时间间隔内形成的岩石而统一在一起的岩层体。这样的一个单位代表地球历史某一时间片段内形成的全部岩石，而且只代表那个时间片段内形成的那些岩石。年代地层单位以等时面为界。年代地层等级中的单位级别和相对大小是与对应于岩石的时间间隔的长度，而不是与物理厚度成正比。

《中国地层指南》定义年代地层单位是在特定的地质时间间隔内形成的岩石体。这种单位代表地史中一定时间范围内形成的全部岩石，而且只代表这段时间内所形成的岩石。这类单位的顶、底界线都是以等时面为界的。它们的大小将随形成岩石所需的时间，而不是根据岩层的绝对厚度来确定的。划分这类单位的目的首先是确定地区性的时间关系，其次是建立一个世界性的标准年代地层表。也就是建立一个既能用于地区，又能适用于全世界；既无间断，又不重叠的完整年代等级表。这个表形成一个标准的格架，能把整个地质时代的所有地层都包括进去，作为划分地质历史之最重要的依据。

有关根据地层的年龄关系而把地层组织成为单位的那部分地层学，称为年代地层学。

《国际地层指南》推荐的正式年代地层学术语及其相对应的地质年代学术语，所对应的不同等级或时间范围的单位见表 5-1。

表 5-1　年代地层学与地质年代学术语等级对比

年代地层术语	地质年代术语
宇	宙
界	代
系[1]	纪[1]
统[1]	世[1]
阶[2]	期
亚阶	亚期或期

注：1.如果需要增加级别，可在这些术语前缀"亚"和"超"；2.几个相邻阶可归并成超阶。

(四)磁性地层单位

1994 年，修订版《国际地层指南》扩展了磁性地层单位，并将其命名为"磁性地层极性单位"以"第八章"单列，说明地磁工作用于地层划分的科学性得到了国际地层委员会的认可。

地球磁场使组成地层的岩石磁化，使岩石具有了磁化率、天然剩磁的强度与方向等磁学性质，尤其是地球磁场的全球性保证了岩石磁极倒转的同时性，为识别地层顺序"时间面"提供了可能依据。

(1)磁性地层单位是指由相似磁性特征(不仅是磁极)联合的、能区别于相邻岩石体的地层单位。

(2)磁性地层极性单位是指以磁极性为特征并据此与相邻岩石体区分的地层单位。

(3)磁性地层极性反转面和极性过渡带：分隔相反磁极性岩层序列中的面或非常薄的

过渡间隔，称为磁性地层极性反转面。如果极性变化是发生在一个逐渐变化而又有相当大的地层间隔，如 1m 量级的厚度，应采用磁性地层过渡带这一术语。如果在上下文中，磁极变化作为参照是明确的，磁性地层极性反转面和磁性地层极性过渡带，可简称为极性反转面和极性过渡带。极性反转面和极性过渡带为磁性地层极性单位提供了界线。

国际地层委员会推荐使用的磁性地层极性单位术语见表 5-2。

表 5-2　磁性地层极性单位推荐术语

磁性地层极性单位	地层年代单位	地质年代单位
极性超带	时间带(或超时间带)	时(或超时)
极性带	时间带	时
极性亚带	时间带(或亚时间带)	时(或亚时)

(五)其他地层单位

1994 年修订版的《国际地层指南》推荐使用"不整合界定单位"，作与岩石地层单位、生物地层单位、年代地层单位、磁性地层极性单位等平级的地层单位，因我国全国地层委员会 2001 年发行的《中国地层指南及中国地层说明书(修订版)》没有推荐使用，建议暂时不予使用。我国全国地层委员会 2001 年发行的《中国地层指南及中国地层说明书(修订版)》推荐使用的"层序地层单位"，因 1994 年修订版的《国际地层指南》没有推荐使用，也建议暂时不予使用。

至于其他诸如"事件地层学""定量地层学""化学地层学"等 61 种各类地层学(张守信，1989)，多属于以方法、手段相区别的地层学研究方向，还不能承担起以地层划分、地层单位分类的分支学科。除了专题研究，不建议学习使用。

(六)各类地层单位比较

随着时代的进步、技术的发展，各种针对地层中所含岩石、矿物、化石、化学组成、物理性质等能够区别于邻层的属性变化研究成果越来越丰富、越来越精细，尤其是近 30 年来，以电性、地震特征、重碎屑矿物和岩石磁极性为基础的地层单位研究的开展，以及其他类别地层单位被广泛使用，地层学新的理论概念和技术方法如雨后春笋般出现，如事件地层学、层序地层学、定量地层学等。

《国际地层指南》鼓励人们进行新的地层单位的理论创新，也同时提醒人们不需要使用所有可能的各类地层单位开展工作。毕竟地球上没有任何一块地方，集合了所有的地层，有些时代有地层，有些时代没有地层。因此，每种地层单位都是在某种情况下、或在某个地区内、或为某种目的而进行划分或建立的。

鉴于地层单位的物质属性，从空间角度讲，所有的地层单位都是地方性、区域性的，没有既具有区域特色又遍布全球的地层单位。

但是，只有年代地层单位因其时间属性，最大可能具备了适用于全球的特征。地球演化的时间具有一定的普遍性。年代地层单位在全球具有辨识性，各种地层单位的时间特征可以通过岩石鉴定识别出来。

　　岩石地层单位以岩石特性为基础,生物地层单位是以岩石中化石内容为基础,年代地层单位则考虑的是地球历史的某时间片段,不考虑地层的内容,界线到处都是等时的。

　　在一些研究工作中,生物地层对比可以接近时间对比,但与年代地层单位不是一回事。图 5-1 表明一个生物地层带的界线由于种种原因可以偏离时间面。

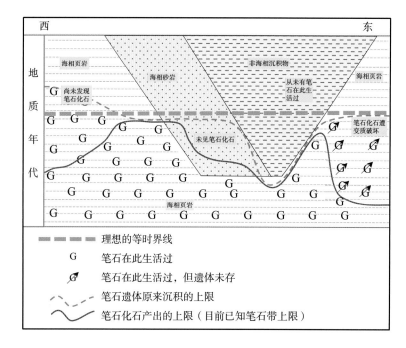

图 5-1　笔石生物界线与"单位"发生偏差的原因分析(据赫德伯格,1987)

　　岩石地层单位不是到处以等时面为界的,岩石地层单位具有穿时现象。尹赞勋(1978)从不同角度比较了岩石地层单位、生物地层单位、年代地层单位(表 5-3)。

表 5-3　三类地层单位区别表(尹赞勋,1978)

项目	岩石地层单位	生物地层单位	年代地层单位
步骤	第一步(初期)	第二步(中期)	第三步(目的)
工作场所	野外现场观察、记录、划分,室内鉴定、分析、归纳	多次野外详细搜寻,大量采集、记录、统计。室内修理、整顿、统计、修改、说明,判断是哪一种生物带	室内研究,用各种方法定出一个岩石地层单位和生物地层单位的层位,准确到最小的划分单位
级别	级别由大到小分为群、组、段、层四级	生物带本身无级别。所依据的生物有级别。生物的级别必然反映到生物带中	级别分明。由大到小,有宇、界、系、统、阶、时间带六级
根据和方法	依据一种沉积岩、成层火成岩或变质岩的岩石学性质,或两三岩石的密切结合或多次交互成层,进行划分	依据一个或多个化石种或属的垂直和水平分布以及数量和保存情况,划分出不同类型的生物带	使用生物的、物理的、化学的方法测定划分单位顶底界限的同时性,以达到既无遗漏,又无重叠
涉及范围	对于见到的全部地层进行划分	只能对于目前认为有化石的地层进行划分。对于有无化石的认识是随着时间的前进而有变化	不管研究范围大小,一个地方、一个地区或全球,对于研究范围内全部地层系统进行尽可能详细地划分

项目	岩石地层单位	生物地层单位	年代地层单位
相互关系	生物极多变为岩石的重要特征时，要考虑地质生物层、生物礁等，但不受生物地层单位的影响，独立于生物地层学之外。划分时完全不考虑时代，不受年代地层单位的影响，有毫不动摇的独立性	生物地层单位与岩石地层单位的上下界限有时吻合，有时不吻合。生物地层单位水平分布不广时，与岩石地层单位有时吻合，有时不吻合。分布很广时，往往不吻合。二者的关系是不确定的。生物地层单位是年代地层单位的主要根据	显生宇年代地层单位的划分主要依靠生物地层单位的划分
旋回性与周期性	局部地层有旋回性，即岩性不同的一套地层，以大致相同的顺序反复多次出现。有无周期性变化，如冰碛层，有不同意见	古生物演化有不可逆性，生物地层单位中无旋回性。未发现周期性	以时间为标准建立起来的抽象地层单位，无旋回性。未发现周期性
服务对象	区域地质调查制图，古地理，古气候	地史及生物发展史古地理古气候岩相生物相生物区划	再造地史，建立地质年代学，论证地质事物的同时性
地区性	地区性极强	有地区性	不考虑地区性
时间性	不考虑时间性	有时间性（来自生物进化的不可逆性）	时间性极强（是用各种方法建立起来的）

二、层型

层型（stratotype）又称地层型，即我国地层文献中通常所称的标准剖面或典型剖面，是地层单位所依据的模式，是模式剖面的同义词。

一个地区可能拥有多种地层单位，同一种地层单位可能多个地点（山沟或矿场）都有出露，这样，需要对一个地层单位及其分布界线选出典型代表，为已命名的地层单位指定的一个代表本地层单位定义的地层模式，即层型。或者，在给一个地层单位命名时，所要新建的地层单位需要考虑采用层型法则建立典型剖面。

依据层型的性质特点，一般分为：①单位层型[图 5-2(a)]；②界线层型[图 5-2(b)]；③复合层型等三种类型。还可按建立的目的、程序，再分为正层型、副层型、选层型、新层型和次层型等。

(一)单位层型

单位层型（unit stratotype）即地层单位的典型剖面。单位即地层单位，主要是指年代地层单位，也可以是岩石地层单位、生物地层单位，及其他专业性地层单位。

不论是哪一级的年代地层单位，都应当有一个清楚、固定和精确的标准定义的单位层型，对于这样一个单位层型，每个人都有相同的理解，都懂得其实质内涵所表达的单位的时间片段、地质历史事件。定义年代地层单位的最好标准：下界线层型——地层间隔——上界线层型，即所谓的单位层型[图 5-2(a)]。

单位层型结构中的地层间隔是一组连续性较好的地层，其下限和上限[界线层型，图 5-2(b)]出露完好，这样就规定了单位的基本特征——时间片段。单位层型的时间片段仅仅取决于界线层型的位置，单位内部的属性特征在规定单位的基本时间范围方面不起作用。

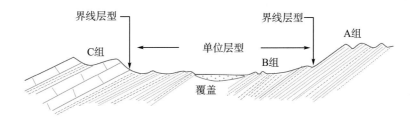

(a)岩石地层单位B组的单位层型和界线层型

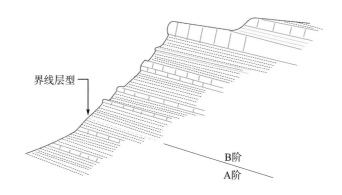

(b)年代地层单位界线层型（A阶的上界即B阶的下界）

图 5-2　单位层型和界线层型示意（据赫德伯格，1987）

如果单位层型结构的剖面内，存在被覆盖的间隔、小间断、不整合、构造剪切等，应尽可能少。虽然这些间断不影响对时间范围的定义，但它们会给单位向其他地区延伸带来困难。在许多不同的地理区内、其他岩相区内，指定参考剖面(次层型)可以增强单位的概念并有助于增强在典型地区以外延伸单位的概念。

(二)界线层型

界线层型(boundary stratotype)是定义和识别两个地层单位之间的界线的模式剖面[图 5-2(b)]，这个界线必须定在没有间断的连续层序位置上，是能作标准用的一特殊岩层序列中的一个特殊点，可以是具有丰富浮游生物化石的海相序列的生物地层面、放射性元素测定法精确标定的点、磁性倒转点等。一个年代地层单位的下或上界线层型，最好是规定了其时间片段，界线的上、下两个地层单位都有岩石作代表。

年代地层应该选在有利于进行长距离时间对比的标志处或附近。上下两个界线层型不需要是同一个单位层型剖面的一部分，也不必都在同一地点(图 5-3)。

如图 5-3 所示，A 阶单位层型出露的典型地点在 Z，标志这一单位顶面能够确定作为上一个连续单位的底，其典型地点在 N 处。以此类推，一个阶在一个地区内可以有其典型地点，而相邻的下伏或上覆阶的典型地点可在其他地区(图 5-3 左侧)。

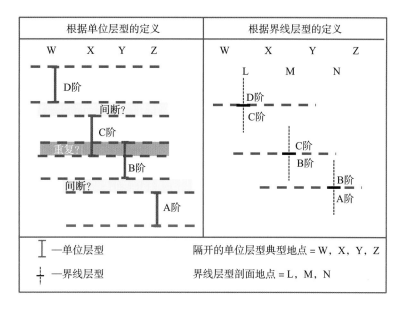

图 5-3　不同层型定义阶的比较(据赫德伯格，1987)

注：典型地点远隔处用共同的界线层型，不用单位层型定义的优点

　　某一个阶的单位层型的顶界与次一个年青阶的单位层型的底界是否准确符合，需要从一个阶的典型地区到另一个阶的典型地区，进行二接续阶典型界线的对比来确定，对比中往往存在着间断或重叠，使得符合性较差。这样，人们总是宁愿选一个界线层型的点位，以保证相邻两个单位的界线一致，消除远距离对比的困难。

　　阶间的界线层型可以用来承当大单位间的界线层型。

　　界线层型的最坏可能是界线不整合，这样它不但不能反映时间的唯一性，在侧向延伸对比时，时间还要发生改变。

(三)复合层型

　　复合层型(composite stratotype)是指由几个称作组分层型(component-stratotype)的特殊典型地层间隔联合而成的一个单位层型。如果岩石地层单位在任一剖面内出露不全，必须指定某一组分剖面代表单位层型的下部，指定另一组分剖面代表单位层型的上部，二组分剖面之一为正层型(holostratotype)，另一个就是副层型(parastratotype)。

　　由低级别的组分层型联合形成的高级别的单位层型也是复合层型。例如，一个统的层型可以是其组分阶的层型的复合。这样，最底部的组分阶的下界线层型就是这个统的底界的界线层型。若一个复合层型已建为正式地层单位，其组分层型就不必再区分正层型、副层型。

三、金钉子

　　全球标准层型剖面和点位(global standard stratotype-section and potion，GSSP)的俗称"金钉子"是划分和定义全球年代地层基本单位"阶"的底界国际标准。

"金钉子"的核心要义：采用界线层型定义一个年代地层单位的底界，同时又自动定义下伏单位的上界，即一个年代地层单位上界是借用上覆单位的底界确定的(图5-3右)，以保证两个接续的、通常建立在不同地点的年代地层单位严格地共用一条界线(同一个时间点)，确保在不同地点建立的年代地层单位组合成一个整体后，单位之间既不会出现重复也不会有缺失，达到建立一个完全连续的全球年代地层系统。避免采用"单位层型"出现既有底界，又有顶界的弊病。

四、地质年代

地质年代(geological time)是指地球上各种地质事件发生的时代。地球在漫长的地质历史中，经历了强烈的造山运动、造海运动、岩浆活动以及相对缓和的剥蚀与沉积作用，为了方便地描述这些地质事件，查明和使用地质年代是非常必要且具有科学意义的。

同位素测年技术为解决地球和地壳的形成年龄带来了希望。人们开始着手对地球表面最古老的岩石进行同位素年龄测定，获得了地球形成年龄的下限值为40亿年左右。例如，南美洲圭亚那古老角闪岩的年龄为(41.30±1.7)亿年，格陵兰的古老片麻岩的年龄为40亿—36亿年，非洲阿扎尼亚片麻岩的年龄为(38.7±1.1)亿年等。这些都说明地球的真正年龄应在40亿年以上。另外，人们通过对地球上所发现的各种陨石的同位素年龄测定，惊奇地发现各种陨石(无论是石陨石还是铁陨石，无论它们是何时落到地球上的)都具有相同的年龄，大致在46亿年左右。从太阳系内天体形成的统一性考虑，可以认为地球的年龄应与陨石相同。而且，取自月球表面的岩石的年龄测定，又进一步为地球的年龄提供了佐证，月球上岩石的年龄值一般为46亿—31亿年。

由地层的时间属性，我们可以测得或通过分析得到组成地层的岩石年龄。岩石年龄分为绝对岩石年龄和相对岩石年龄。通过对岩石中放射性同位素含量的测定所获得的岩石年龄为绝对岩石年龄，通过岩石的上下位置关系或新老关系或岩石中的生物组合关系确定的岩石年龄为相对岩石年龄。

由地层所含岩石年龄和地层自然形成的先后顺序，可以确定地层时代。地壳中的地层时代从大到小目前总共可以粗分为3宙11代18纪单位，每个纪又可以进一步细分为世、期、时等单位。

人们把地层时代划分也称为地质年代划分，所以，地质年代(geological time)是指地壳中不同时期地层岩石在形成过程中的时间(年龄)和顺序。它包含两方面含义：其一是指各地质事件发生的先后顺序，称为相对地质年代；其二是指各地质事件发生的距今年龄，称为绝对地质年代。

地质年代单位用时间表述时称宙、代、纪、世、期、时，用地层表述时称宇、界、系、统、阶、带。但地质年代本身不是地层单位。地层单位是由岩层组成的，是有形的、物质的，充填了具体物质集合体的空间；时间单位是指可由层状岩石充填的时间间隔，也可以不充填任何物质。一个地区的地层单位是可以产生间隔的、有缺失的，但一个地区的时间单位是连续的、没有间隔的。地质年代时间单位也称为年代地层单位，地质年代地层单位也简称为地质年代单位。

宙即:太古宙(前 40 亿—25 亿年)、元古宙(前 25 亿—5.41 亿年)、显生宙(前 5.42 亿年—)。

代即:太古宙的冥古代、始太古代、古太古代、中太古代、新太古代,元古宙的古元古代、中元古代、新元古代,显生宙的古生代,中生代和新生代。

纪即:古元古代的滹沱纪,中元古代的长城纪、蓟县纪,新元古代的青白口纪、南华纪、震旦纪,古生代的寒武纪、奥陶纪、志留纪、泥盆纪、石炭纪、二叠纪,中生代的三叠纪、侏罗纪、白垩纪,新生代的古近纪、新近纪、第四纪。实际工作中,将寒武纪之前(635—541Ma)划分为埃迪卡拉纪。

第二节 气候与地候

地质学家通过研究岩石所携带的信息以获得有关地球发生运动状态改变的原因,所采用的是一种归纳方法。归纳法可以不断丰富和逐步完善对地球的正确认识,但却不会形成带有普遍性的规律性的理论。

研究地球的轨道运动状态的改变是一种演绎法,所获得的结果往往带有规律性。太阳与地球或者其他行星的运动,都是椭圆运动。

在第二章中,我们已经获知,当设 $\dfrac{\mathrm{d}r}{\mathrm{d}t}=0$, $\dfrac{\mathrm{d}^2 r}{\mathrm{d}t^2}=0$,可得椭圆运动的特征点,即

$$\begin{cases} \theta_1 = 2k\pi \\ \theta_2 = (2k+1)\pi \end{cases} \quad (k=0,1,2,\cdots,n) \tag{5-1}$$

$$\begin{cases} \theta_3 = 2k\pi + \arccos\dfrac{1-\sqrt{1+8e^2}}{2e} \\ \theta_4 = 2k\pi - \arccos\dfrac{1-\sqrt{1+8e^2}}{2e} \end{cases} \quad (k=0,1,2,\cdots,n) \tag{5-2}$$

随着极角 0°—180°变化,地球从近日点开始,绕太阳运动到远日点,是极径增加的过程,也是极径变化的加速度减小的过程。在此过程中,极径变化的加速度由正值最大"1.016"逐渐减小到 0,再到负值最大(-1.034),而极径变化的速度则由 0 不断增加,在加速度等于 0 时达到最大后转变成不断减小再回到 0。极角 180°—360°的变化过程,为前述过程的逆过程。

可以看出,在地球绕太阳运行一周的过程中,地球运动状态改变的对称点不是一般情况下的 90°、270°,而是 91.92°和 268.08°。

众所周知,气候是指一个地区一年中大气的运动变化状况(包括平均状态和极端状态)。古时五日为候、三候为气,一年有二十四节气、七十二候,合称气候。

地候是地质气候(刘全稳等,2000c)的简称,是指地球在绕银核一周运动中发生地质作用的状况。

一、气候的理论划分

二十四节气是反映四季、气温、降水、物候等变化过程的 24 个日期，是中国农历特有的重要组成部分，是我国人民掌握农事季节的经验总结，是我国古代贤哲认识自然规律的一大成果，对农业生产的发展贡献很大，其科学意义与历史价值堪与中国古代四大发明媲美。

二十四节气是我国古代人民为适应"天时""地利"，取得良好的收成，在长期的农耕实践中，综合了天文与物候、农业气象的经验所创设，起源于长江流域与黄河流域(北纬 25°—45°)。早在春秋时代，就定出仲春、仲夏、仲秋和仲冬等 4 个节气。以后不断地改进与完善，到秦汉年间已完全确立。公元前 104 年，由邓平等制定的《太初历》，正式把二十四节气订于历法，明确了各节气的天文位置。根据一年二十四个节气，农民们安排所有的农事活动，所谓春耕、夏耘、秋收、冬藏，可以确保五谷丰登、年年有余。

(一)二十四节气的传统划分

每个节气的专名，均含有气候变化、物候特点和农作物生长情况等意义，即立春、雨水、惊蛰、春分、清明、谷雨、立夏、小满、芒种、夏至、小暑、大暑、立秋、处暑、白露、秋分、寒露、霜降、立冬、小雪、大雪、冬至、小寒、大寒。以上依次顺数，逢单的为节气，简称为"节"；逢双的为中气，简称为"气"，合起来就叫"节气"。

在春秋时期的著作《尚书》中把夏至叫作日永，冬至叫作日短。战国末期著作《吕氏春秋》明确提到立春、立夏、立秋、立冬 4 个节气。那时人们利用土圭(直立于地面上的一根杆子)测量日影的长短，以确定冬至(日影最长)、夏至(日影最短)和春分、秋分(白天与夜晚一样长，日影在最长和最短之间)4 个节气；这一共 8 个节气，恰好把一年分为八个基本相等的时段，从而把春、夏、秋、冬 4 个季节的时间固定了下来。这对发展农业生产是非常必要的。在西汉刘安等所著的《淮南子》里，就出现了和后世完全相同的二十四节气，这是目前所见到的关于二十四节气的最早记载。后来，人们将一个回归年长度等分成 24 份，与二十四节气相对应，从冬至开始，等间隔安排各个节气和中气(例如，立春为正月节气，雨水为正月中气；惊蛰为二月节气，春分为二月中气)，由于每两个节气的时间大于一个朔望月的时间，这种安排可能出现一个月中只有一个节气或一个中气的情况，因而西汉《太初历》规定在没有遇到中气的月份，定为上月的闰月。隋仁寿四年(公元 604 年)，刘焯在他的《皇极历》中根据这种不均匀现象对二十四节气提出改革，将周天等分成 24 份，太阳移行到每一个分点时，就是某一节气的时刻。

现在人们根据地球在公转轨迹上的位置，以二分点、二至点为校正点，将黄道分为 24 段，每段约 15°为一个节气，每个节气约 15 天，构成了二十四个节气(图 5-4)。

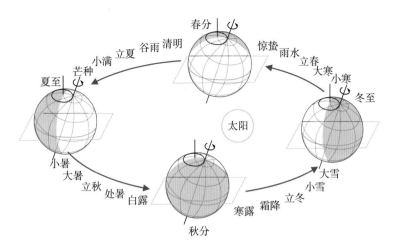

图 5-4　地球二十四节气的轨道位置

　　二十四节气以春、夏、秋、冬四季循环为周期，是地球绕太阳旋转的反映。古人以圭表测日影的方法和对节气最早的命名，如《尚书》记载的"日中""宵中"等，表明了二十四节气的形成与太阳的位置有着密切的关系。

　　在外国的历法中只有春分、夏至、秋分、冬至 4 个节气。

　　现在，人们普遍接受的观点为：在黄道坐标系中，二分点和二至点相互垂直，它们都是太阳光沿黄道面直射地球的时刻。

　　为方便描述，将图 5-4 转换成图 5-5，E 代表地球，S 代表太阳，太阳 S 所处的焦点位置作适当扩大调整，a、b、c 为椭圆参数，r 为极径，θ 为极角。

　　这样，前人描述的分至点在图 5-5 中对应为：冬至点对应 A，春分点对应 F，夏至点对应 B，秋分点对应 Q。

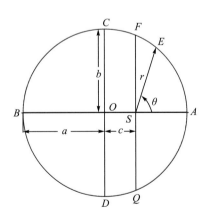

图 5-5　日地关系示意图

　　就是说，按照现有的历法(无论是国外的还是国内的)，春分点断然不可以是 C 点，更不可能跨过 C 点到 CB 弧线段上。同理，秋分点不可以是 D 点，更不可能跨过 D 点到 DB 弧线段上。这是由确定春分和秋分的方法决定的。

　　至于二分点与天文大潮的对应关系，将在以后讨论，限于主题，这里不作陈述。

(二)季节的理论划分

　　传统二十四节气的形成主要依据季节、气温、降水量和物候 4 个方面的变化状况。反映四季变化的节气有立春、春分、立夏、夏至、立秋、秋分、立冬、冬至 8 个节气，其中立春、立夏、立秋、立冬叫作"四立"，表示四季开始的意思。反映温度变化的有小暑、大暑、处暑、小寒、大寒 5 个节气。反映降水量变化的有雨水、谷雨、白露、寒露、霜降、小雪、大雪 7 个节气。反映物候现象的有惊蛰、清明、小满、芒种 4 个节气。由于考虑月球的影响较多，所以，当一些自然现象发生时，人们首先想到的是"这是在某月发生的"，因而首先认为这是"月亮"作用的结果(八月十五看大潮)，进而将这种自然现象与农历二十四节气联系起来，形成了片面的认识。

　　关于季节变换的理论分界存在吗？回答当然是肯定的。

　　地球在绕太阳做椭圆运动一周时，对应的 4 个运动状态改变的特征点可求。

　　将地球绕太阳公转运动的 $e=0.016722$ 代入式(5-12)，得 θ_3、θ_4 两特征点：

$$\theta_3=91°55'(仅考虑主值)$$
$$\theta_4=268°05'(仅考虑主值)$$

由式(5-1)确定的 θ_1、θ_2：

$$\theta_1=0(仅考虑主值)$$
$$\theta_2=180°(仅考虑主值)$$

　　将地球公转轨道按比例精确绘制得到图 5-6。图中，OC 平行于 SF，SG 为 $\theta_3=91°55'$ 极径，SH 为 $\theta_4=268°05'$ 极径。

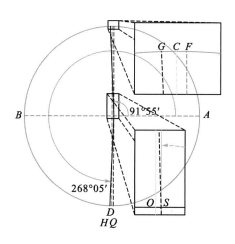

图 5-6　地球绕日运行特征点分析

　　在地球围绕太阳做椭圆运动的过程中，其椭圆轨道参数值分别为

$$a=149597870km$$
$$b=149577007.87km$$
$$c=2498284.43km$$

轨道周长 L 可求：

$$L\approx\pi[1.5(a+b)-\sqrt{ab}\,]$$
$$=3.14[1.5(149597870+149577007.87)-149587438.57]$$
$$=939409117.66km$$

地球每天运行的弧长：

$$L_{365.25}=2571962km$$

地球每运行一度所对应的弧长约：

$$L_{360}=2609469.77km/(°)$$

所以：

$$GF=HQ\approx1°55'\times2609469.77=5001535.5km$$

而

$$CF=DQ\approx c=2498284.43km$$

因此，特征点 G 在 CB 弧线段上，特征点 H 在 DB 弧线段上。

这里先给出结论：在地球绕日运转一周内地球绕日运转极径变化速度、加速度先后等于零的 θ_1、θ_3、θ_2、θ_4 四个特征点，即图 5-6 中的 A、G、B、H 等 4 点，为地球运动状态改变的特征点，地球的气候改变是地球与太阳相对关系的运动状态的改变的结果，因而 A、G、B、H 等 4 点是地理气候的四季更迭理论划分点。

由于图 5-6 中 A、G、B、H 为地球运动状态改变的 4 个特征点，所以是地球上的春、夏、秋、冬季节变换的真正分界点。根据这种分法，二至点与前人是相同的，但二分点则是有差异的，理论的春分点 G 在实际春分点 F 之后两天多一点，理论的秋分点 H 在实际秋分点 Q 来临前两天多一点出现。

理论的二分点是地球极径变化速度的极值点。在 G、H 点，地球在径向变化上具有最大动能，是产生沙尘暴与大海潮的原因所在。

(三)传统与理论的比较

以地球绕太阳运行一周为例。

传统划分的春分日与秋分日昼夜一样长。因为春分之前，太阳直射点在赤道与南回归线之间，而春分日太阳直射赤道；过了春分，直射点又逐渐北移。对于北半球来说，在春分之前，都是昼短夜长的，等过了春分，则呈现昼长夜短的现象；秋分日太阳自北向南直射赤道，南北两半球昼夜均分。过了秋分日这一天，太阳直射地球的位置越来越往南半球，对北半球来说，白天也就越来越短，黑夜越来越长。显然，传统的春分日对应着图 5-6 中的 F 点，而秋分日则对应着 Q 点。

理论划分的春分日与秋分日由于所依据的是地球绕日运动状态的改变，不是阳光的直射，所以，不同于传统的二分日。传统的春分日这一天与此前一天和紧接着的次日，其运动状态是完全相同的，都是处于地球径向变化加速度不断减小、速度不断增大的运动状态，这种运动状态从冬至日 A 开始到 G 结束(图 5-6)。过了 G 点，地球处于径向变化加速度不断减小、速度也不断减小的运动状态。传统的秋分日这一天与此前一天和紧接着的次日，其运动状态也是完全相同的，都是处于地球径向变化加速度不断增加、速度不断增大的运动状态，这种运动状态从 H 开始到 A 结束。而从夏至日 B 开始至 H 点到来前，地球处于径向变化加速度不断增加，速度不断减小的运动状态。

传统的夏至这一天太阳直射北回归线，之后太阳直射地球的位置就越来越南移，所以对北半球来说，这天白昼最长，黑夜最短，但过了这一天之后，黑夜就一天一天加长，在秋分之前，维持昼长夜短的现象。传统的冬至日由于太阳直射南回归线，过了这天，太阳直射点逐渐北移。冬至日是北半球一年之中白昼最短、黑夜最长的一天。在图 5-6 中，夏至日对应 B 点，冬至日对应 A 点。

对二至点来讲，传统与理论具有相同的认识。

从冬至日 A 到理论春分日 G 的时间间隔较理论春分日到夏至日的长，理论秋分日 H

到冬至日的长度等于冬至日到理论春分日的长度,夏至日到理论秋分日的长度等于理论春分日到夏至日的长度。

传统与理论划分四季的异同点小结于表5-4。

表5-4　关于四季划分的传统方法与理论方法的异同点

项目		传统划分	理论划分
不同点	所依据的原理	阳光直射南北回归线、赤道	地球绕日运动径向速度、加速度的改变
	基本方法	几何方法	物理(运动学分析)方法
	轨道位置	对应极角:0°、90°、180°、270°、360°	对应极角:0°、91.92°、180°、268.08°、360°
	现象与本质	地球与太阳相对位置表象	物质运动本质
相同点		划分结果:两种划分法的二至点位置一致	

二、地候的理论划分

如果说气候问题主要是讨论地球围绕太阳运动引起大气发生运动变化的综合结果,那么,地候则主要讨论的是地球围绕银核运动引起地壳发生运动变化的问题。

地球围绕银核的运动轨道是复椭圆,同样存在着椭圆轨道的数理特性。

地球绕银核的椭圆轨道参数简化以太阳绕银核的轨道参数定为:$e = 0.11$,$a = 3085680000 \times 10^8 \text{km}$,$b = 3066954820 \times 10^8 \text{km}$,$c = 339424800 \times 10^8 \text{km}$。

轨道周长 L 可求:

$$L \approx \pi[1.5(a+b) - \sqrt{ab}]$$
$$= 3.14[1.5 \times (3085680000 + 3066954820) - 3076303163] \times 10^8$$
$$= 19319318070 \times 10^8 \text{km}$$

地球绕银核运行一周,不同极角所对应极径变化的速度、加速度的变化幅度值见表2-3。地球绕银核运行的轨道关系见图5-7。

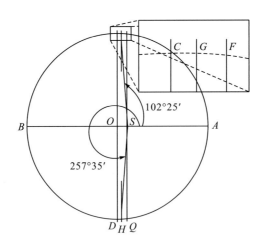

图5-7　地球绕银核运行特征点分析

对比图 5-6 与图 5-7 可见，尽管地球绕银核运行发生径向加速度改变的极角 θ_3 较地球绕太阳运行的大，但由于前者的离心率大，加速度特征点 G 却处于 FC 弧线之间，同理，特征点 H 处于弧线 QD 之间。也就是说，比较地候与气候改变的特征点时，离心率是一个产生特征差别的重要参数，离心率越大，弧线 FC、QD 越长，发生运动状态改变的特征点 G、H 越偏向 F、Q，一周之内发生运动状态改变的时间间隔长度差别越大。

地球的绕日公转引起了气候发生春、夏、秋、冬四季特征分明的变化，地球绕银核的旋转所引起的地候特征变化也可对应用四季表示。

地球在银河系中与银心径向距离发生变化的速度、加速度先后等于零的 θ_1、θ_2、θ_3、θ_4 4 个特征点，为地候的四季划分点。对应着气候四季的春、夏、秋、冬，春季万物复苏，夏季鲜花开放，秋季硕果遍结，冬季谷物归仓；地候的四季是裂、谷、合、山，裂季地壳张裂，谷季裂谷形成，合季板块相聚，山季褶皱成山。

地球绕银核运转轨迹为螺旋状椭圆，由于地球到太阳的距离与太阳到银核的距离之比接近 0，所以，地球绕银核的轨迹可视为太阳绕银核的轨迹。

地球绕银核运行一周，地候四季分布与轨迹曲线的对应关系如图 5-8 所示。

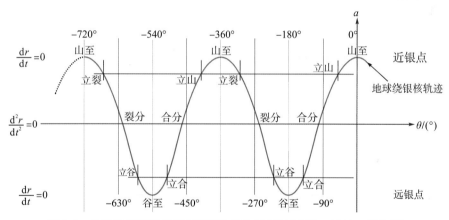

图 5-8 地候的季节划分对应椭圆轨道位置(据刘全稳，2000，有改动)

对应于气候的二分点，地候的二分点为裂分点与合分点，分别对应于轨道极角的 $102°25'$ 和 $257°35'$；二至点则为山至点和谷至点，分别对应于轨道极角的 $0°$ 和 $180°$。

地球从山至点运行到谷至点的时间等于从谷至点运行到山至点的时间。

由于气候的二十四节气只是将四季等分，所以地候没有划分出二十四节气的必要。

气候的立春、立夏、立秋、立冬具有明显的气候变化特点，是实际意义上的四季划分点。如立春，是一年二十四节气的第一个，表示从这一天开始，就揭开了春天的序幕，冰雪解冻，风向慢慢改变，和煦的南风逐渐取代寒冷的北风，气候慢慢回暖，草木开始发出新芽，萝卜开始变糠，农人们开始忙于播种、插秧，立春与农作有密不可分的关系；立夏表示夏天已经来到，万物也借由温暖气候而迅速成长；立秋表示秋天来临，万物皆老，稻谷成熟，天气开始转凉，中纬度地区立秋过后再播种水稻是不可能有收成的；立冬之时万物终，北风开始肆虐，万物开始冬眠，大地一片天寒地冻，酷寒冬季即将到来。

所以，地候的四季可以对应划分出四立，分别称为立裂、立谷、立合、立山，地候四立划分的具体位置与气候四立的划分位置一样为裂、谷、合、山的中点。

当知道了太阳系绕银核运行一周的周期和太阳系目前所处银河系的轨道位置后，就可以求得地球发生膨胀与收缩的时间间隔。

当获得了准确的地质时代划分表后，则可求得地球地质时代与膨胀和收缩运动之间的对应关系。

综合其他科研资料，地球绕银核运行一周的时间约为 2.5 亿年，太阳系目前刚过山至点，处于近银点附近；所以，从地候的山至到裂分历时 0.711 亿年，而从裂分到谷至历时 0.539 亿年（图 5-9）。

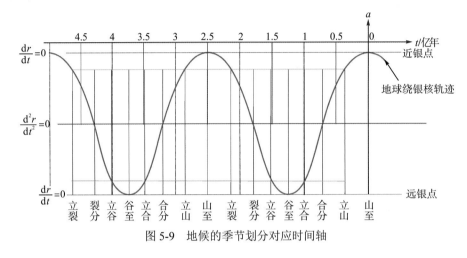

图 5-9　地候的季节划分对应时间轴

裂季从立裂开始到立谷结束，轨道位置的主值区间从 51.21°开始到 141.20°结束，占约 90°扇面，历时约 0.625 亿年。合季的历时与裂季相等，轨道位置的主值区间从 218.8°开始到 308.79°结束。

谷季从立谷开始到立合结束，轨道位置的主值区间从 141.2°开始到 218.8°结束，占约 77.6°扇面，历时约 0.575 亿年。山季的历时与谷季相等，轨道位置的主值区间从-51.21°开始到 51.21°结束。

受其他星系影响所产生的周差（对应于岁差），映射到地史上可以忽略不计。

宇宙处于膨胀中，地球在银河系内运行轨道不断膨胀，每一轮的时间间隔增量不计。

第三节　中国地质年代

由中国科学院、南京大学、中国地质大学、中国地质科学院等联合攻关，对中国近 20 年来的综合地层学工作进行系统和及时的总结，2019 年，完成了内容涵盖从埃迪卡拉纪到第四纪总共 13 个纪的中国综合地层和时间框架。除传统而富有新意的生物地层方面的最新成果外，各纪结合综合地层和时间框架方面的内容和进展，并包括中国主要板块之间的对比，以适应国际地层学有关后层型研究的新要求，为地学其他领域提供一个以中国剖面为主的时间框架。

沈树忠、戎嘉余在 2019 年《中国科学：地球科学》"中国综合地层和时间框架"专辑前言中指出：精准的生物地层是划分地质年代和进行洲际和地区间对比的首选标准。中国地层类型多种多样，化石丰富，传统的以化石门类系统古生物学为基础的生物地层工作发挥了重要的作用，在已经建立的 72 个全球界线层型(金钉子)中有 11 个位于中国，是目前建立金钉子最多的国家，在国际地层表中占有一席之地。高精度定年、化学地层学、天文旋回地层学等也在地层划分和对比中越来越多地应用，并取得一定进展。本专辑由中国的地层古生物学专家对中国近十多年以来从埃迪卡拉纪到第四纪综合地层和时间框架方面的进展以及各大区之间的地层划分与对比进行了系统总结。为地球动力学进行轨道位置与地质时代对应提供了中国地层与时间框架结构。

一、第四纪

中国科学院邓成龙等(2019)研究了中国第四纪综合地层和时间框架，指出：中国第四纪地层以陆相为主，沉积类型多样，北方以风成沉积、河湖相沉积为主，南方以受风化作用影响较强的网纹红土以及河湖相沉积和洞穴/裂隙沉积为特征，青藏高原地区主要为河湖相沉积及山麓沉积。海相第四系主要沉积类型有碎屑沉积和生物礁沉积。通过 ^{230}Th 定年，已建立 64 万年来石笋记录的高精度绝对年代标尺及轨道—亚轨道尺度气候变化的高分辨率氧同位素时间序列。对于其他第四纪陆相地层，目前已建立地磁极性倒转控制下的第四纪年代地层学框架。中国陆相更新统自下而上包括下更新统泥河湾阶、中更新统周口店阶和上更新统萨拉乌苏阶，全新统待建阶。在总结中国代表性第四纪地层单元年代学进展的基础上，建立中国第四纪综合年代地层框架和中国各大区第四系对比格架。综合多学科的年代地层学研究，将来有望建立冰期—间冰期旋回尺度上的中国陆相第四系气候地层学年表以及综合考虑海陆相地层的、统一的中国第四纪年代地层系统。

二、新近纪

中国的新近纪陆相地层出露广泛，具有在欧亚大陆上建立精确地层系统的最优良条件，而演化迅速的哺乳动物是划分对比新近纪陆相地层的有效手段。因此，在中国很早就已经建立起统一的新近纪哺乳动物生物地层框架，命名了哺乳动物分期。由于地质年代"期"与年代地层单位"阶"的对应关系，中国新近系有了连续的 7 个阶，自下而上分别为中新统的谢家阶、山旺阶、通古尔阶、灞河阶、保德阶，以及上新统的高庄阶和麻则沟阶。

由中国科学院、南京大学等单位联合研究的中国新近纪综合地层和时间框架(邓涛等，2019)在连续剖面上，将精细的生物地层学与古地磁和同位素等年代学方法相结合，建立和完善了有地质年龄标定的中国新近系年代地层序列。除通古尔阶的底界与欧洲陆生哺乳动物分期的底界对比外，其余各阶的底界年龄均与国际地层年表中海相各阶的底界年龄一致。在生物标志上，中国新近系的阶都力求用哺乳动物单一种的首现作为参考，其中一些代表了地方性的物种更替，还有一些代表了洲际的动物迁徙扩散事件。中国新近系的各阶都按照现代地层学的原理和规则提出了底界层型的候选剖面，在此基础上对各大区域的新近纪地层进行了全面的对比。

三、古近纪

古近纪是中生代末大灭绝事件之后的第一个纪，哺乳动物迅速辐射成为陆地生态系统的统治者，亚洲被认为是众多类群的起源地。由于亚洲特别是东亚地区古近系中绝大部分是陆相沉积，且存在明显的地区差异，建立一个年代地层框架是认识古近纪地质历史和生命演化历史及相互关系的基础。古近系在国际年代地层系统中分为古新统、始新统和渐新统，以反映哺乳动物演化阶段的哺乳动物期为基础。

中国科学院王元青等(2019)研究了中国古近纪综合地层和时间框架，将中国的陆相古近系划分为 11 个阶：上湖阶、浓山阶和巴彦乌兰阶(古新统)，岭茶阶、阿山头阶、伊尔丁曼哈阶、沙拉木伦阶、乌兰戈楚阶和白音阶(始新统)以及乌兰塔塔尔阶和塔奔布鲁克阶(渐新统)。各阶具有明显的古生物学特征，特别是古哺乳动物学特征，为实际运用提供了可靠的基础。底界与统一致的各阶，其底界年龄值采用国际地质年表中相应的数据，即上湖阶、岭茶阶和乌兰塔塔尔阶的底界分别定为 65.5Ma、55.8Ma 和 33.8Ma。对于其他各阶，利用现有的古地磁资料，给出了相应的建议值。

四、白垩纪

白垩纪(145—65.5Ma)是中生代最后一个纪，中国白垩系分布广泛，类型多样，以陆相地层发育为特色，海相地层分布相对局限(Zhang et al.，2003；Wan et al.，2007)。

中国地质大学席党鹏等(2019)研究了中国白垩纪综合地层和时间框架，对中国白垩纪地层进行了总结，完成综合地层划分与对比，为中国白垩纪研究提供了时间框架。海相或海陆交互相沉积主要分布于西藏南部、喀喇昆仑、塔里木盆地西部、黑龙江东部及台湾东部，以西藏南部分布最为完整，浮游有孔虫化石带和菊石序列可直接与国际标准对比。陆相沉积在中西部以河湖相红色碎屑岩为主，在东部火山活动带常呈碎屑岩与中酸性火山岩共生，以冀北—辽西地区和松辽盆地发育最为完整。基于多重地层学理论，在不同区地层对比的基础上，以西藏南部和冀北—辽西、松辽盆地为标准，完成了海相和陆相地层的综合划分与对比，建立了中国白垩纪综合地层和时间框架。中国白垩系研究的发展将以陆相为特色，通过生物地层、同位素年龄、古地磁和旋回地层等多重划分与对比，相互验证，达到陆相与海相地层的精准对比，为白垩纪地质事件研究和矿产资源勘查等提供可依靠的时间框架。

五、侏罗纪

中国侏罗系以陆相沉积为主，青藏地区、华南南部、东北局部发育了海相和海陆交互相沉积。陆相侏罗系地层划分分歧较大，生物地层学和同位素年代学结论很不一致。侏罗纪时期华北板块、华南板块、塔里木板块已拼接，形成古中国大陆的雏形。燕山运动对中国东部及北方地区产生深远影响，形成重要的区域性不整合面。

中国科学院南京地质古生物研究所黄迪颖(2019)研究了中国侏罗纪综合地层和时间框架，指出：三叠—侏罗系界线(201.3Ma)在中国大致位于准噶尔盆地郝家沟组和八道湾组之间，四川盆地须家河组和自流井组之间。古大别山以北的中国东部及中部地区普遍缺乏早侏罗世早期沉积，暗示三叠纪晚期中国东部存在明显的隆升，形成广阔的山地及高原。早侏罗世中晚期华北北缘发育了一套磨拉石-火山岩-煤系地层，在京西盆地以杏石口组-南大岭组-窑坡组为代表。永丰阶和硫磺沟阶界线的时代和标志不清。大约在170Ma燕山运动时开始影响中国，170—135Ma中国构造体制由近东西向的特提斯构造域或古亚洲洋构造域向北北东向的滨太平洋构造域转变。中侏罗世中期燕山运动(A1幕)以海房沟组或龙门组底部的一套同造山砾岩为代表，在燕辽地区形成了另一套磨拉石-火山岩-煤系地层，其底面大致相当于石河子阶的底界。玛纳斯阶的底界为中国北方一个区域性不整合面(约168Ma，燕山运动火山幕，A2幕)。侏罗纪的燕山运动很可能与西伯利亚板块向南俯冲造成蒙古-鄂霍茨克洋关闭有关。约在161—153Ma发生了髫髻山期大规模火山活动。163Ma约为土城子组的底界，中国侏罗系陆相第5阶的底界应稍早于此，以头屯河组顶部的升温事件及生物组合的改变为标志，估计为163Ma。中国陆相侏罗—白垩系界线(约145.0Ma)在燕辽地区应位于土城子组一段的上部，在鄂尔多斯盆地位于安定组上部，准噶尔盆地位于齐古组上部，四川盆地位于遂宁组上部。中国陆相侏罗系整体特征是由早中侏罗世温暖湿润的成煤环境向晚侏罗世后期炎热干旱的红层转变。伴随 *Coniopteris-Phoenicopsis* 植物群的产生和发展在中侏罗世发育了燕辽生物群，广布于中国古昆仑山—古秦岭—古大别山以北地区，在晚侏罗世早期达到鼎盛，并随着干热气候的到来而逐渐消亡并南迁。

六、三叠纪

中国三叠系分布广泛，海、陆相地层同时发育，既有典型的南海北陆空间分异，也有下海上陆的时间转变，地层结构十分复杂。中国南方拥有三叠系底界的全球年代地层界线层型"金钉子"，而中国大部分地区的三叠系(尤其是中三叠统之上及陆相地层)具有显著的地方性，难以进行全球对比。由中国地质大学童金南等(2019)研究的中国三叠纪综合地层和时间框架指出：中国的三叠系既有国际研究的热点，也有地层学研究的科学难题。综合分析表明，虽然经典的三叠纪生物和年代地层学研究是以菊石作为基础的，但牙形石在年代地层界线研究中更具有优势。中国仍具有竞争奥伦尼克阶底界和安尼阶底界"金钉子"的潜力。借助于二叠纪—三叠纪"过渡层"及相关生物-环境事件标志，结合叶肢介、脊椎动物、古植物等生物地层学研究，能够建立海、陆相二叠系—三叠系界线地层对比关系。鉴于中国三叠系大部分层段以及陆相地层尚难进行国际对比，当前提出的中国三叠纪海、陆相地层建阶方案，对中国三叠纪地层学及相关研究工作还是必要的，但需要在概念上尽量与国际接轨，并尽快加强研究，完善其定义。

七、二叠纪

二叠纪是古生代最后一个纪，也是地质历史时期最为重要的关键时段之一，二叠纪发生了一系列全球性重大地质和生物事件，建立一个高精度的综合地层和时间框架是阐明这些重大事件因果关系的基础。国际二叠纪年代地层系统分为 3 统(乌拉尔统、瓜德鲁普统和乐平统)和 9 个阶，在中国分为 3 统(船山统、阳新统、乐平统)和 8 个阶，除乐平统以外，船山统和阳新统与国际标准划分时限有很大不同。二叠纪历经约 4700 万年，底界以牙形类 *Streptognathodus isolatus* 首现为标志，绝对年龄约为(298.9±0.15)Ma，顶界以牙形类 *Hindeodus parvus* 的首现为界，绝对年龄约为(251.902±0.024)Ma。二叠系在中国可识别出 35 个牙形带、23 个蟆带、17 个放射虫带和 20 个菊石带，其中华南瓜德鲁普统和乐平统牙形类化石带可作为国际对比的标准。

由中国科学院南京地质古生物研究所沈树忠等(2019)研究的中国二叠纪综合地层和时间框架指出：二叠纪 $\delta^{13}C_{carb}$ 变化趋势表明在二叠纪最末期有一次 3‰—5‰ 的快速负漂在全球范围内可以对比，但其他时段可能或多或少受到后期成岩作用影响或仅具有地方性效应。牙形类的 $\delta^{18}O_{apatite}$ 变化趋势表明从石炭纪晚期至空谷期处于一个较冷的时期，空谷晚期开始气候逐渐变暖。长兴期是一个气候较冷期，在二叠纪末有一次 8—10℃ 的快速升高，这次温度升高全球同时发生。$^{87}Sr/^{86}Sr$ 由阿瑟尔初期的 0.7080 持续降低至卡匹敦晚期的最低值 0.7068—0.7069；乐平世则持续上升，到二叠—三叠系界线处，$^{87}Sr/^{86}Sr$ 达到 0.70708。磁性地层以沃德阶中部伊拉瓦拉(Illawarra)反向为界，以下称为 Kiaman 超级反向极性带，以上称为二叠—三叠纪超级混合极性带。瓜德鲁普世末期的生物灭绝事件发生在卡匹敦晚期，持续时间长。二叠纪末的生物大灭绝事件发生于约(251.941±0.037)Ma，是突发性的。瓜德鲁普世末期的大海退在华南地区主要发生在 *Jinogondolella xuanhanensis* 至 *Clarkina dukouensis* 带之间；二叠纪最末期从大海退转入快速海侵发生在 *Hindeodus changxingensis- Clarkina zhejiangensis* 带内。二叠纪是一个古地理区系强烈分异的时期，中国各大区的海陆相二叠系对比存在诸多需要进一步研究的问题。

八、石炭纪

石炭纪共持续了 60Ma，在地质年代表上起始于 358.9Ma，结束于 298.9Ma。按国际标准，石炭系包含 2 个亚系 6 个统 7 个阶，其中 3 个阶的全球界线层型已经确立，包括杜内阶、维宪阶和巴什基尔阶；4 个阶的全球界线层型尚没有确立，分别是谢尔普霍夫阶、莫斯科阶、卡西莫夫阶和格舍尔阶。由中国科学院、南京大学等单位联合研究的中国石炭纪综合地层和时间框架(王向东等，2019)，基于华南的材料，运用以生物地层学为基础的多重地层划分和对比方法，建立了中国石炭纪年代地层框架。通过高精度的生物地层学研究工作，中国的石炭纪地层中可识别出牙形刺化石带 37 个，有孔虫(包括蟆类)化石带 24 个，菊石动物化石带 13 个，腕足动物化石带 10 个，四射珊瑚化石带 10 个。通过这些化石带确立的生物地层格架，建立中国区域性的石炭系年代地层框架(包括 2 个亚系 4 个统

8 个阶），可以与全球其他地区的区域性年代地层框架进行精确对比。同时，中国在石炭纪化学地层、层序地层、旋回地层、事件地层等研究方向也取得了重要进展，可以和全球进行良好对比。中国石炭纪地层工作在未来的推进，应加强海洋浅水相与深水相、海相与陆相地层的对比；加强旋回地层的高分辨率天文年代标尺研究；加强石炭纪古环境和古气候研究，包括反映不同古环境指标的锶同位素、氧同位素的研究，以及保存的植物化石气孔指数的研究等。

九、泥盆纪

泥盆纪(419.2—358.9Ma)是晚古生代的第一个纪，以笔石的首次出现作为开始标志，持续了大约 60.3Ma。由中国科学院南京地质古生物研究所郄文昆等(2019)研究的中国泥盆纪综合地层和时间框架，介绍了国际泥盆系标准年代地层单位 7 个阶底界的全球层型剖面与点位"金钉子"，指出了目前迫切需要开展"后层型"精细地层对比研究。中国高精度泥盆纪综合地层和时间框架的建立对实现全球不同古地理背景下沉积记录的精细对比和理解这一关键转折期生物与气候环境的演变过程具有重要意义。郄文昆等(2019)简要概述了中国泥盆纪年代地层的研究历史和研究现状，以华南及邻区研究程度较高的生物地层和年代地层格架为基础，结合近年来碳同位素地层、事件地层和放射性同位素年龄的研究成果，首次建立中国泥盆纪综合地层框架，为实现区域地层高精度的划分与对比奠定了坚实基础。目前，中国泥盆纪天文旋回地层和高精度放射性同位素测年的研究比较薄弱，是今后中国泥盆纪年代地层研究的主要方向。

十、志留纪

志留纪是显生宙内，除第四纪和新近纪外，历程最短的一个纪，是奥陶纪大灭绝后生物多样性快速复苏、板块聚合、大洋消失或变窄、气候和海平面多变、生物地理区系弱化和植物开始占据陆地的一个重要而特殊的时期。志留系又是第一个建立全球年代地层标准(四统、七阶)的系，但在 20 世纪 80 年代中期开展的"后层型"研究后发现，一些阶的底界层型，由于定义不精准和/或层型剖面的先天缺陷、关键标准化石始终未曾发现等，精时对比受到制约。

由中国科学院南京地质古生物研究所戎嘉余等(2019)研究了我国志留纪综合地层和时间框架，剖析了中国志留系具有如下发育特点。

(1)地层完整性和连续性欠缺，如经典地区华南。

(2)各统发育程度和分布状况不平衡；扬子区主要发育兰多费里统，划分对比意见分歧和变动大，为其他各系所罕见；文洛克统到普里多利统主要见于钦防地区、西秦岭、西藏、南天山、滇西、滇南、大兴安岭、小兴安岭和华北地台边缘，但剖面分散，化石层不连续，总体研究还有较大的提升空间。

(3)地层平均厚度大，华南从近千米(黔北)到约 4500m(浙西)，远厚于奥陶系；西藏的地层最薄，不足 200m。

(4)化石的丰度明显不如奥陶纪和泥盆纪的,巨厚的碎屑岩地层中化石很少或单一,岩石地层的组间界线不易划定。

(5)不同相区的地层,分布于不同的古地理位置,缺少关键化石,难以进行横向对比;区域构造活动频繁,陆源碎屑物质供应充足,富氧、碎屑沉积相(如海相红层)广布,台地灰岩相和生物礁相局地发育(如滇西、西藏和部分扬子区)。

(6)在海洋生物常见类群中,腕足类广布,三叶虫次之,笔石、牙形类、几丁虫、珊瑚、鱼类等时有发育,局部富集。

十一、奥陶纪

目前,国际奥陶系采用"三统七阶"的标准划分方案,即自下而上:下奥陶统(特里马道克阶、弗洛阶)、中奥陶统(大坪阶、达瑞威尔阶)和上奥陶统(桑比阶、凯迪阶、赫南特阶)。这7个阶的底界金钉子已于1997—2007年全部确立,其中有三个阶的"金钉子"确立在中国。中国的年代地层方案与国际标准方案基本一致(唯部分阶名有别),包括下奥陶统(新厂阶、益阳阶)、中奥陶统(大坪阶、达瑞威尔阶)、上奥陶统(艾家山阶、钱塘江阶、赫南特阶)。在多数情况下中国可以直接采用国际标准划分,在特殊情况下,也可以结合使用中国地区性的上奥陶统艾家山阶和钱塘江阶。

由中国科学院南京地质古生物研究所、中国科学院大学等单位联合研究的中国奥陶纪综合地层和时间框架(张元动等,2019),在详细总结中国各个块体奥陶系发育特征及其差异的基础上,根据近年来的最新研究成果,建立华南、华北(含塔里木、柴达木)和西藏-滇西等主要块体之间的最新奥陶系对比格架,提出特里马道克阶、大坪阶和凯迪阶底界存在的定义、识别和跨相区对比问题,认为特里马道克阶底界主要是牙形刺的分类学问题,而大坪阶和凯迪阶的底界则主要是跨相区对比问题。中国奥陶纪化学地层学研究显示,中奥陶统达瑞威尔阶和上奥陶统凯迪阶的无机碳同位素曲线与国际综合曲线存在较明显的不一致现象,值得高度重视。中国奥陶系的同位素年龄值匮乏,且仅有的3个可靠锆石年龄均集中在晚奥陶世凯迪晚期—赫南特期,华南上奥陶统含有丰富斑脱岩层,亟待开展同位素测年进一步研究。中国奥陶纪磁性地层研究非常薄弱,迄今为止的研究主要局限于华北下奥陶统,结果可与国外其他地区进行对比。对奥陶系内阶的悬殊的时限差异进行了分析,建议对长时限的特里马道克阶、达瑞威尔阶和凯迪阶分别进一步细分为二个亚阶。

十二、寒武纪

寒武纪是显生宙第一纪,见证了动物的爆发式快速演化过程,标志着地球从微生物为主导的前寒武纪生态系统转变为以动物为特征的显生宙生态系统。然而,全球寒武纪地层对比困难,高分辨率年代地层系统还未完全建立,严重制约寒武纪地球-生命系统演化历史研究。

由中国科学院南京地质古生物研究所朱茂炎等(2019)研究的中国寒武纪综合地层和时间框架,指出国际寒武系四统十阶年代地层系统的形成历史和已经建立的幸运阶、鼓山阶、古丈阶、排碧阶和江山阶的定义与金钉子,概述第二阶、第三阶、第四阶、第五阶和第十阶底界厘定工作进展，重点阐述了寒武系底界的全球对比问题，以及寒武纪化学地层和同位素年代学的研究现状和存在问题。在回顾中国寒武纪年代地层研究历史的基础上，根据国际寒武纪年代地层研究进展，对以华南为基础的中国寒武纪年代地层和时间框架进行了修订，新建肖滩阶作为中国寒武系第二阶。全面介绍中国华南、华北和塔里木三个主要构造地层分区寒武纪综合地层(生物地层、化学地层和同位素年代学)研究进展，并对中国不同地层分区寒武系底部地层发育特征、底界识别和存在问题进行分析和讨论；同时还对三个主要地层分区寒武系上部白云岩地层的划分与对比提出建议。

十三、埃迪卡拉纪

2004 年，埃迪卡拉系作为系级年代地层单位，替代新元古界Ⅲ系正式进入《国际地层表》(Gradstein 等，2004)，使埃迪卡拉系的地层学研究进入了内部划分的新阶段。

中国科学院南京地质古生物研究所周传明等(2019)研究了中国埃迪卡拉纪综合地层和时间框架。研究结果指出：华南埃迪卡拉纪地层发育，在不同时期保存多个特异埋藏化石生物群，记录了新元古代全球性冰期结束之后海洋生物群的演化轨迹。同时，华南埃迪卡拉系浅水台地相区碳酸盐岩沉积发育，记录了埃迪卡拉纪古海洋碳同位素组成的连续变化特征。在华南扬子区埃迪卡拉纪生物地层学、同位素化学地层学和事件地层学研究进展的基础上，结合放射性同位素地质年代学数据和国际埃迪卡拉系内部划分研究的主体趋势，提出中国埃迪卡拉系二统六阶的划分方案，其中上、下统分别包括三个阶。建议上埃迪卡拉统的底界放在陡山沱组上部显著碳同位素负漂移(EN3)由正值向负值转换的层位。建议下埃迪卡拉统第二阶的底界放在陡山沱组下部刺饰疑源类化石的首现层位，第二阶地层以碳酸盐岩碳同位素普遍正值(EP1)为特征；第三阶的底界置于陡山沱组中部碳同位素负漂移(EN2)由正值向负值转换的层位，第三阶以产出刺饰疑源类上组合为特征。上埃迪卡拉统第五阶在华南以产出庙河生物群为特征，而第六阶则以产出石板滩生物群和高家山生物群为特征。今后的工作重点将是在深入细致的研究和讨论基础上，逐步明确各个统、阶界线的层型剖面和点位，以及正式名称。华南埃迪卡拉系的部分统、阶的界线剖面具有成为国际层型剖面的潜力。

第四节　理论地质年代

理论地质年代表是根据地球在银河系内的运动状态改变点所对应的轨道位置，确定发生地质运动的分界点，由地候理论指导制定。

理论地质年代表与一般地质年代表的区别，在于逻辑思维方式的区别。理论地质年代表是采用以数理推导为依据的演绎推理方式制定的，而一般地质年代表则是采用以实物测定为基础的归纳推理方式编制；还在于所选维度的区别，理论地质年代表是以运行轨道的空间位置建立的，而一般地质年代表则是以事件发生的时间先后顺序建立的。

制定理论地质年代表所依据的推理过程与参数，不会因为时间的改变而改变，只有在参数取值发生变化时，计算结果才可能发生变化，如轨道的离心率发生了改变(因为自然因素或者因为人为测量因素)，可导致特征点对应的轨道位置发生相应的改变。一般地质年代表则随时随地都可能因为新方法、新样本的出现而发生改变。

图 5-10 为以银河系为参照系建立的地候划分方案。

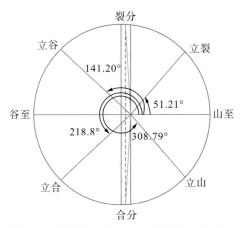

图 5-10　地候八大分节点对应极角分布关系

表 5-5 为以 2.5 亿年作周期，地球从近银点(山至)出发时不同地候不同极角所对应的时间间隔。

表 5-5　八大地候分节点对应的极角与时间关系

地候	山至	立裂	裂分	立谷	谷至	立合	合分	立山
$\theta/(°)$	0	51.21	102.41	141.20	180	218.80	257.58	308.79
t/Ma	0(250)	35.56	71.12	98.06	125	151.94	178.88	214.44

图 5-11 为以时间轴作坐标，对应极角坐标建立的地质年代分析体系。

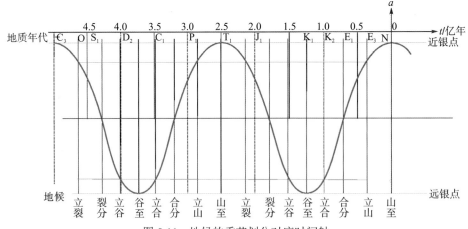

图 5-11　地候的季节划分对应时间轴

注：本图以 2.5 亿年为周期的地质年代与理论地候机械组合构成。由于 2.5 亿年是一个大致数值，不同的文献中有不同的数值，不同时代、不同技术条件下也可能发生变化，所以，在本图中地质年代仅作参考

表 5-6 为理论地质年代表，它与一般地质年代表的区别在于仅提供一个银河年(周期)中发生地质运动时所对应的轨道位置与各地质年代所占银河年的时间间隔计算值。地球自诞生以来已经绕银核运行了 18 圈以上，按照现行一般地质年代表方式，在今后会随着地质资料的丰富，表格越来越长。

表 5-6　理论地质年代表

地候 季	地候 节	对应极角 /(°)	银河年中对应时间间隔 /Ma	各节对应的时间 /Ma		T 选 250Ma 时，一般地质年代对应关系	
山	立山	308.79	0.85775T	立山—山至	0.14225T　35.5625	71.125	N，E$_3$，T$_1$，P$_2$，O$_{1-2}$，Ɛ$_{2-3}$，Nh,Qb,Ht
山	山至	0	T	山至—立裂	0.14225T　35.5625		
裂	立裂	51.21	0.14225T	立裂—裂分	0.14222T　35.555	62.4925	T$_3$,J$_1$,D$_1$,S,O$_3$,Z
裂	裂分	102.41	0.28447T	裂分—立谷	0.10775T　26.9375		
谷	立谷	141.20	0.39222T	立谷—谷至	0.10778T　26.945	53.89	K$_1$,J$_3$,C$_1$,D$_{2-3}$,Z
谷	谷至	180	0.5T	谷至—立合	0.10778T　26.945		
合	立合	218.80	0.60778T	立合—合分	0.10775T　26.9375	62.4925	E$_{1-2}$,K$_2$,P$_1$,C$_2$，Ɛ$_1$,Z
合	合分	257.58	0.7155T	合分—立山	0.14222T　35.555		

注：1.本表计算极角时采用的轨道离心率 $e=0.11$，不同的离心率所得极角不同。2.表内 T 表示地球绕银核一周的时间。

将表 5-6 中的对应关系叠合到图 5-7，得到图 5-12。

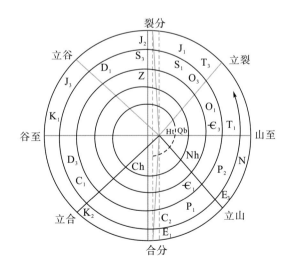

图 5-12　现有置信条件下地质时代对应轨道位置关系

注：本图是根据 2.5 亿年周期绘制，不同周期或不同地质时代导致位置分布不同

表 5-6 提供了一种理论的地质气候季节更替的轨道对应关系。实际上，地球发生构造运动的主要原因是地球运动状态的改变，所以，以地球运动状态改变的 4 个特征点山至、裂分、

谷至、合分作为地球构造运动划分点来计算各次运动的时间间隔，即 $0.2846T$(山至—裂分，以 Ma 为周期时占 71.15Ma)、$0.2154T$(裂分—谷至，53.85Ma)、$0.2154T$(谷至—合分，53.85Ma)、$0.2846T$(合分—山至，71.15Ma)，显得更有理论依据。尽管一周中有两次发生构造运动的时间与前者相同，但产生运动时地球的运动状态和产生结果的性质是不同的。

第六章　地壳剖面结构

　　纸是用来书写和绘画的，地壳也一样。无论是古中国人蔡伦造纸，还是古埃及人利用莎草造纸，其主要目的就是为了记录事件与历史。地壳从地球母体中逐步液化、固化，并形成圈层，就如同记录地球运动的"纸"。

　　地史掩藏在其层层叠叠的地壳剖面中。人们对地壳剖面的了解，除了肉眼观察可以直接认识到的比较真实细致，借助技术手段的间接认识也可以大致明晰，实验模拟则难免包含人的主观意识。所以，地质学发展到今天，人们对可观察地壳剖面露头区的了解远多于对覆盖区地壳剖面的认识，即使借助高分辨率地震技术的精细解释，也会因为地震波所固有的分辨率极限影响限制，远不及露头区肉眼的直接观察认识结果。

　　所以，地壳的剖面结构研究是以相对精细的山区剖面结构为例进行，即以挤压型地壳剖面结构为例展开。而拉张型的地壳剖面结构，因所依据的地球物理技术的分辨率局限不够精细，加之油气勘探的广泛性，普遍存在于各沉积盆地油气勘探成果报告中。

　　地质学家们对地球用"纸"——地壳——中所记录的岩石、矿物、地层、构造的变形、变位、变质、变异进行观察时，与临近地区同样地层相比，所获最初的认识是：除了位置、形状上的变化，区域内不存在结构性的改变，甚至完全一样。

　　地壳是固体地球的外层薄壳，分为大陆地壳和大洋地壳。大陆地壳较厚，平均约为33km，高山、高原地区厚度为60—70km，分两层，上层由硅铝质岩石组成，下层由硅镁质岩石组成，大洋地壳的上层很薄，甚至没有。大洋地壳较薄，一般为2—11km，平均约为6km，主要由玄武岩和辉长岩组成。

　　地壳运动也称构造运动，是指地壳发生变形和变位的运动。早期研究地壳运动的方法以较具体的形态构造分析为主，后来逐步发展成为与岩石建造相结合的地质历史分析法，仍是至今研究地壳运动的主要手段之一。采用力学和地球物理分析法进行地壳变形机制分析、对地球深部物质物理性质进行测定与模拟计算，以及用古地磁测量方法研究地质体的空间位置相对关系等，是目前较为新兴而有效的方法。

　　地壳运动或构造运动是因为板块空间位置关系的改变所造成的，地壳运动状态的改变离不开动力的作用，地球的胀缩力可以形成地壳运动，地球的强中纬力、潮汐力也是地壳运动的动力。讨论地壳在强中纬力、潮汐力、胀缩力作用下的地壳运动是本章的主要任务。

第一节　基本结构与影响因素

　　地球分异出坚硬表层外壳，在连绵不绝的周期性椭圆轨道运动中，不断地进行构造运动，地壳都忠实地记录了地球这些运动历史。

　　深入观察发现，一些发生褶皱的岩层，其原始结构存在着普遍的、规则的、规模不等的变形，有些化石发生了压扁或拉长现象。进一步研究还发现，一些发生褶皱的岩石，不仅发生了全塑性的变形，有的出现重结晶、新生矿物现象，甚至出现沉积岩转成变质岩，更有甚者出现全然消失现象。

　　图 6-1 是地壳这张"纸"的一角，与人类用纸一样，所记录的，有留下的，也有遗漏的，但总体反映了地球收缩期间地壳剖面岩石结构的基本模式。

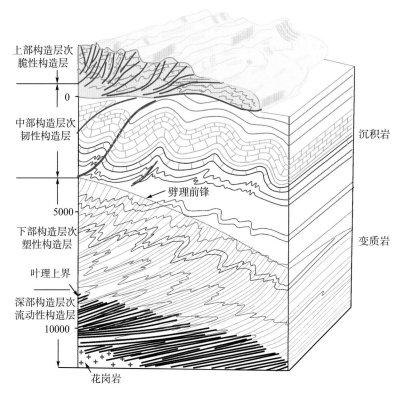

图 6-1　地壳剖面结构示意(马托埃，1984)

　　图 6-1 只是一种理想状态下的挤压型地壳剖面结构，纵向坐标深度(或厚度)各地并不一致，完全受当地地温梯度和地层压力的影响，当然也要受地球收缩运动发生时，本地所承受的收缩力与区域内各板块所受压强的影响。

一、基本结构

世界上最深的井也只有 12262m，人们想探知地球深部，只能通过钻井，但随着井深的增加，地层压力与温度增加，地层的弹性发生改变，不同岩性围岩产生压扁突出，出现卡钻现象，或地层温度影响钻具弹性，致使钻井工程施工困难。迄今为止，地壳剖面结构或因人类的一孔之见，或因只触及皮毛，目前认识非常有限。

(一)物性结构

地质学上的物性，往往是指岩石的孔隙度、渗透率、非均质性等。这里的物性是借用材料力学衡量材料强度和失效准则的属性，即：脆性、韧性、塑性、流动性。

组成地壳的岩石材料，由于受重力和温度的影响，从地壳表层到地球深部，物性结构如下。

脆性：处于地壳浅表层，常温常压下，岩石材料保持弹性特质，当外力达到一定限度，岩层发生无先兆突然破坏，而且遭受破坏时，岩层不发生明显的结构性变化和塑性变形。一般情况下，表现脆性特征的材料，抗压强度远大于抗拉强度，地壳岩石也一样。

韧性：位于地壳浅表层之下，即脆性岩层之下，岩石材料表现出韧性特质，具有吸收能量的能力，发生脆性断裂的可能性较小，对抗折断的能力较强，即岩层在断裂前有较大的形变，即使发生形变，也不会发生地层内部结构性改变。

塑性：位于韧性层下，岩层变形能力较强，即抗拉抗压都较高，承受冲击能力较好，不易折断，是产生劈理发育区主要特性，受地层温度、压力影响明显，岩层即使变质，也会保留基本信息。

流动性：随着埋深加大，地壳下部表现为流动性，主要表现为地震纵、横波速明显降低，易流动，不易压缩，岩层出现液态化倾向。易发生水平方向流动，形成轴面水平、转折端上叶理呈环状的平卧褶曲。易于发生垂直方向的侵入，形成含盐底劈、或扇状、菜花状、蘑菇状褶曲，也可能形成不可捉摸的无条理构造。

广义的流动性还应当包含软流圈物质所具有的流动性。花岗岩中的热液型矿床、变质岩中存在的侵入岩，以及新近纪以来沉积岩中存在的岩浆喷溢岩，都是地壳岩石的流动性体现。

与大地震相伴随的沙、土、石的"液化"现象表明，地壳岩石除了在一定的温度、压力条件下可以产生流动性，某些频率上的共振也可以产生岩石的流动性。

但不管怎么划分，本处流动性只属于岩石圈范围内，软流圈物质所具有的流动性不在此列。认识这点比较重要，这为我们随后利用帕斯卡定律，分析地球收缩与膨胀时判断压力的传导与作用方向起到界限分明作用。

(二)构造层次结构

与地壳的物性结构相应，将各物性层次内产生的不同构造样式，划分为不同的构造层次。这些不同的构造样式主要受地层岩性、温度、压力影响的不同而表现各异。

对照地壳剖面结构图(图6-1)，由表及里的构造层次如下。

1. 断裂

断裂是脆性物质受力作用后最先展现的物理现象。

当地球胀缩力表现为收缩力时，地壳表层发生表面积收缩，形成了水平挤压力；当地球胀缩力表现为膨胀力时，地壳表层发生表面积扩张，形成了水平拉张力。或者综合说地壳在拉张或挤压力作用下，位于地壳浅表层的岩石层圈，因主要表现为脆性，形成的剪切应力使岩层产生折断，导致了岩层的变形与错位。将这一容易产生脆性错断的构造层，定义为脆性构造层，或称为上部构造层次（图6-1，图6-2）。

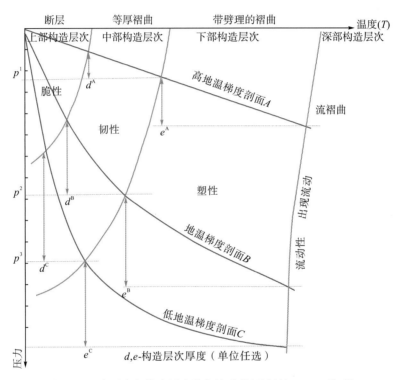

图6-2　温度压力与构造层次分布关系(据马托埃，1984 修改)

现今位于上部构造层次的岩层，可能是因构造运动影响来源于地下深部以往古地史时期的岩层，因此，在岩层内部本体中，可能含有原先所处构造层次的遗迹，应区别对待。

2. 挠褶

位于地壳浅表层之下的岩石层圈，与上部构造层次脆性岩层相比，因主要表现为韧性，岩层所具有的吸收拉张、挤压或剪切应力的能力较强，不易产生折断，形成了岩层的变形与错位，一般地，当较短时间所施的外力撤除后，岩层具有逐步恢复原始状态的能力。

将这一容易产生韧性变形的构造层，定义为韧性构造层，称为中部构造层次（图6-1，图6-2）。中部构造层次在地球整体收缩期间主要承载地壳缩短任务，以岩层出现大量弯褶为主要表现形式，是油气矿藏的主要赋存区。

3. 劈理

在中部构造层次之下，地温增高、围岩压力增加，使岩石材料的强度与失效准则产生变化，岩石的可塑性增强，岩石受到普遍压扁形成压扁褶曲，在与压扁面垂直的方向上出现岩层缩短，岩层的不等厚褶曲、微构造增多，劈理现象严重(图 6-1)。

劈理是与岩层变形和变质有关的地质构造，主要有破劈理、褶劈理、板劈理等。岩石按一定方向分割成平行密集的薄片或薄板的次生面状构造，具有明显的各向异性特征。

从本质上讲，成岩作用的压实作用和压溶作用，在垂直最大压缩方向的颗粒边界上被溶解出的物质向低应力区迁移和堆积，可形成劈理。

劈理的发育状况往往与岩石中所含片状矿物的数量及其定向程度密切相关。劈理发育在强烈变形与轻度变质的岩石中。劈理是地壳深层线状缩短、长度压缩，地球体积缩小的存在形式。

将这一容易产生压扁变形的构造层，定义为塑性构造层，或称为下部构造层次(图 6-1，图 6-2)。

4. 流动褶曲

在地壳的深部，地温接近或高于熔点的深度里，岩石呈现黏性不同的液态化，岩层几何形态不再像压扁褶曲那样易于分析比对，出现流动褶曲形态，其特点在于没有断层出现。

流动褶曲的表现因所处深度岩层所受外力方向的不同而表现不同，有平卧褶曲、盐底劈、花状褶曲等，都是由液态化岩石所具有的流动性造成。将这一容易产生流动变形的构造层，定义为流性构造层，或称为深部构造层次(图 6-1，图 6-2)。

显然，地壳的物性与构造层次属性具有一定相关性，不同地区的构造层次厚度是完全不同的，如有些地区劈理带厚度为 2000m，有的可能厚 10000m。

因此，各地山脉可以有不同的剖面结构。

受构造运动演化程度影响，有些地区可能只出露了上部构造层次，有的地区可能出露到了中部构造层次，有的出露到了下部构造层次，有的出露到了深部构造层次，这些都是可以理解的。

仅出露上部构造层次的山脉，以剪切、断层为主，没有劈理现象，表现为地球收缩运动不强烈，地壳缩短量不大，一般处在现行盆地边缘，或大型山脉的边缘山群，如安第斯山的大部分，北非的阿特拉斯山脉，摩洛哥的上阿特拉斯山脉，准噶尔盆地南缘天山山脉以北的第一、二排构造带等。

出露中部构造层次的山脉，构造现象以挠褶为主，实为韧性地层发生等厚褶皱的变化，一些深埋地下的地层变形后出露地表，地壳缩短较为明显，如准噶尔盆地南缘山前第三排构造带、四川盆地东部造山带、比利牛斯山脉和高加索山脉等。

出露下部构造层次的山脉，构造演化程度较高，构造现象以劈理为主，实为塑性地层发生压扁的变化，大量深埋地下的地层变质后再出露地表，地壳缩短显著，如天山山脉主体部位，四川盆地西部山区，欧洲海西期山脉、阿尔卑斯山脉，喜马拉雅山脉等核心部位。

那些深部构造层次的构造迹象出露的山脉，是地球收缩运动表现最为强烈的地区，或仅有劈理出露，或流动性褶曲丰富，或到处是变质岩出露，或深变质岩区伴随火山喷发。那种地壳深部地层岩石大量涌现、大量早期侵入岩"欣欣向荣"出露的景象的地区，是地球发生收缩，体积急剧减小的地区，如昆仑山脉，在平均海拔 7000 余米的高山区，仍然存在现代火山喷发现象。

一个特定的区域内，出露的岩石可能被变质岩和深层岩完全占据，或者全都是前寒武系岩石，这样的地区可能没有沉积物覆盖，或者很薄，岩石年龄可以从 5 亿年到 35 亿年，这样的地区被称为地盾，是地球上保持稳定性最好的地方。

从地球活动论观点看，地壳上不可能存在如此广泛的长期稳定不动的构造区块。一些地盾区出露的岩石所记录的温度和压力数据表明，其所属构造层次、所经历的埋藏深度范围，都不是目前的物性状态与深度所具有的。即地盾稳定性是相对的，活动性是绝对的。

二、影响因素

通过组成地壳的岩层所具有的构造层次特征，我们可以比较方便地掌握当地所历经的地球运动学特征及动力学特征。

观察、研究表明，不同的构造层次形态、类型，明显受温度、压力、岩性的影响，地球收缩运动的压力累积所产生的板块压强分配，则是"压死骆驼的最后一根稻草"。

(一)温度

就像高温容易改变材料的物性，使之由脆性变成韧性一样，温度增加，容易改变地壳岩石材料由脆性向韧性、韧性向塑性、塑性向流动性的转变。地层的温度受地温梯度的影响，地温梯度较高的地区，岩石材料的物性更容易向韧性、塑性、流动性转变。

所以，在地温梯度较高地区，各构造层次之间的界线深度较小，各构造层次的厚度也相对较小。例如：若较低地温梯度地区的劈理面前锋深度为 10000m，劈理带厚度为 5000m，则在较高地温梯度地区劈理面前锋深度可能只有 2000m，劈理带厚度为 1000m。所以，如果想通过构造层次出露现象判断构造变动强度，需要同时考虑所在地区的地温梯度情况。

(二)压力

与温度一样，压力也是容易改变材料物性的影响因素之一，压力增加，容易改变地壳岩石材料由脆性向韧性、韧性向塑性、塑性向流动性的转变。地层的压力受地层厚度的影响，地层厚度较大的地区，地层压力较大，岩石材料的物性更容易受压力增大影响。

一般地，地层较厚的地区地温梯度较低。与其说不同深度地温受当地地温梯度影响，不如说受当地地壳厚度影响，地壳厚度大，地表离岩浆层远，阻隔高温层厚，地温梯度就小。但是，地层厚度大，单位面积上的压力就大，岩石材料物性也较容易转化。所以，在同一地温梯度地区，压力增大会引起构造层次上升。

以温度-压力为两组分析要素组建笛卡儿坐标系，将物性、构造层次加以匹配作图，见图 6-2。由图 6-2 可知，在同一压力下，温度较高地区，构造层次较高，最高可以表现出岩浆涌流。而温度较低地区则可以表现为脆性应变情况。

图 6-2 还提供了另一层信息，以构造层次表现为劈理为例，在地温梯度较高地区，劈理前锋面的深度，对应的深度为压力等于 P^1 的深度，劈理带的厚度对应于 e^A，而在地温梯度较低地区，劈理前锋面的深度，对应的深度为压力等于 P^3 的深度，劈理带的厚度对应于 e^C。或者这样认为：劈理面前锋深度介于 P^1—P^3，劈理带厚度介于 e^A—e^C。

（三）岩性

岩性对不同构造层次中各构造形态的影响存在着显著性，不同的岩性由于受成分、孔隙度、渗透率、所含充填物多寡、岩石颗粒的均质性等不同的控制，具有不同的构造变形特征。

不同的岩性可能具有不同的地层压力，高压、异常高压、超压地层分别又存在着对岩性的影响。当岩性复杂时，岩层接受构造变形的情况会变得异常复杂。

前人对大类岩石研究成果表明，沉积岩、花岗岩，以及沉积岩加花岗岩组合对岩层劈理的影响见图 6-3。

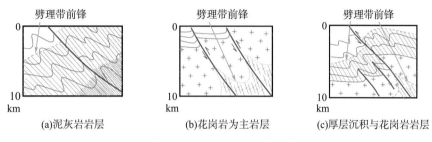

(a)泥灰岩岩层　　　　(b)花岗岩为主岩层　　　　(c)厚层沉积与花岗岩岩层

图 6-3　岩性对构造层次的影响（马托埃，1984）

图 6-3 表明，对于同样厚度的地壳，当岩层为纯泥灰岩时，劈理面前锋会上升得很高[图 6-3(a)]，当岩层主体为花岗岩时，劈理面出现在花岗岩下部[图 6-3(b)]，当岩层为泥灰岩加盖在花岗岩上时，劈理面出现在泥灰岩底部，花岗岩深部也会出现[图 6-3(c)]。

显然，岩性影响物性，物性影响抗压性，因而影响岩层构造变形。

（四）板块压强

与地层压力相比，来自地球收缩运动形成的地球整体收缩力，是长时间积累的构造运动动力，它累积的能量要使地球体积缩小，地球各圈层体积相应减小，是影响不同构造层次岩层变形的主要因素。

板块构造学说理论所描述的板块碰撞，第一要务是形成相邻板块间接触面附近的压力聚集，第二要务是刚体对所受压力的传递，其作用都是在同一水平面上进行的，理论上不可能转换成垂直方向的挤压，即使出现转换，也不可能出现大规模垂向变形。

地球的胀缩力真实反映了地球受到收缩力作用时，地球体积变小、半径变小、表面积变小的整体变形机制，这种整体变形机制促进了位于固体地球表层板块的汇聚、碰拼、挤压、堆叠、嵌入等系列构造变动。

帕斯卡定律为我们指明了分析、研究地球动力的方向，就是：地球发生收缩时，不同圈层所受到的全球性挤压力，通过不可压缩流体，等压强传递到液态物质所分布到的任意地方。因此，对于全球性的挤压运动，遍及全球的软流圈，抑或地球外核，会将球面上某个局部板块受到的位列全球最大的压强，等压强传递到全球各地。那些地壳厚度较薄、地层上覆压力较小，板块面积较大的地块，将会遭受巨大的压应力，这种压应力来自地壳—岩石圈之下，从地壳—岩石圈底部作用于地壳，形成各构造层次的变形。

地压应力聚集导致地壳变形作用一经开始，应力一经释放，地球的体积、半径、表面积收缩将全部汇集于此，相继发生：山体隆升、推覆、滑覆、大型褶皱、大型断裂、地块深嵌、地块相接、地块消失、深部变质岩出露、深部侵入岩出露、岩浆喷逸等系列构造事件。

因为压力传递需要时间，而地球收缩力释放时间较短，地球体积巨大，所以，收缩状态可能是多地同时发生，表现在不同构造层次的平面分布各地不一（图 6-4），深部变质岩出露层位及分布规模，各地不同，岩浆喷逸的现象存在，但较地球膨胀运动时规模小得多。

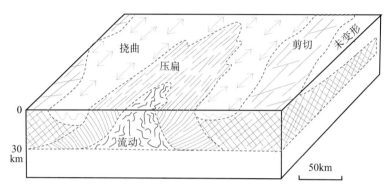

图 6-4 构造层次的平面分布（马托埃，1984）

第二节 地 壳 成 分

作为地球动力学主要研究目标，以探讨动力方程为根本目的，以应用动力方程解释地球构造现象为直接目的，以厘清地球运动学、动力学范畴推进自然科学发展为终极目的，地壳成分的问题在地球动力学中显得不是那么直接、根本和终极。

地壳的成分问题其实又是一个特别重要的科学问题，现代科学各学科门类都需要了解并利用它，因而这是一个长期研究又存在许多争议的课题。在此，作为必要性，只是简单地罗列一些前人已有的认识。

一、原始地壳成分

地球一经生成就是现在的这种层圈结构吗？回答显然非也。作为太阳系行星之一，地球应该具有与太阳一致的物质成分结构，然而，太阳长期以来一直是一个气态状的火球，探寻原始地壳成分应该首先探讨地壳的起源，梳理地壳形成的历史。

天文学家、天体物理学家们认为，地球与太阳同时诞生于宇宙生成 100 亿年时的一次滞胀阶段，即距今约 50 亿年前，地球作为太阳系的一粒气体星云尘埃，逐步吸集其轨道周围星云物质而形成，显然，初生的地球应该是一个炽热的气态球体，离现在的地球状态，需要有一个吸集—冷凝的过程。

当各种研究方法中出现了一种放射性年龄测定法，才有了比较公认的地壳年龄认知。根据对地球上发现的各种陨石进行放射性测定，发现地球年龄大致都在 45 亿年左右，有人据此类比，认为地球的年龄应该与陨石所属其他星球年龄一致，同为45亿年。

即使地球上岩石生成于45亿年前，也不能认为地球年龄为45亿年。迄今为止，地球上能够找到的最古老的岩石，最先认为是美国的苏必利尔岩，其中各个样本的年龄测定具有高度集中性，均约为25亿年，后来有人在格陵兰岛上找到了37亿年的叠层石，现在又有人认为是加拿大阿卡斯塔40亿年的片麻岩。

但不管最终为何岩，都表明了地球自生成以来，从气态星球到固体地球的外表冷却生成岩石，走过了大约25亿—40亿年时间。也就是说，地壳形成于40亿—25亿年前。

其次才是对地壳成分的认知。地球物理学家，地质学家，岩石矿物学家们分别依据各自的技术与方法，对原始地壳成分进行了判断。有人依据月球上到处是大小陨石坑现象认为，原始地壳的成分为伴随天体撞击灾变生成的包含陨石成分的灾变模式；也有人认为地壳为自然逐渐冷却生成，为非灾变成分模式。

综合以往各类相关研究课题成果，原始地壳的成分可划分成四类，即：硅铝质模式、安山质模式、斜长岩质模式、玄武岩质模式。之所以有分歧，完全在于研究人员所使用的方法和技术存在着差异，或者所针对的样本不同。

二、地壳岩石类型与矿物丰度

虽然对原始地壳成分的认识存在一定分歧，但对于现在随手可及的地壳岩石与矿物，人们已经取得初步共识。表 6-1 是对地壳中岩石类型和矿物丰度的估算结果，表 6-2 列出了地壳化学成分。表内数据是以大陆沉积层和上部岩层的岩石类型，取加权平均值作为基础，大洋区的沉积层成分是以观察所得沉积物丰度及假定上部层由一半沉积物和一半低钾拉斑玄武岩而估算获得。

表 6-1　地壳中岩石类型和矿物丰度(据 Hart，1969)

岩石	体积百分比/%	矿物	体积百分比/%
砂岩	1.7	石英	12.0
黏土、页岩	4.2	钾长石	12.0
碳酸盐岩	2.0	斜长石	39.0
花岗岩	10.4	云母	5.0
花岗闪长岩、石英闪长岩	11.2	角闪石	5.0
正长岩	0.4	辉石	11.0
玄武岩、辉长岩、角闪岩、粒变岩	42.5	橄榄石	3.0
超镁铁质岩	0.2	层状硅酸盐	4.6
片麻岩	21.4	方解石	1.5
片岩	5.1	白云石	0.5
大理岩	0.9	磁铁矿	1.5
—	—	其他	4.9
合计	100	—	100

表 6-2　地壳的化学成分（据 Condie，1982）

成分	大陆地壳							大洋地壳				总地壳		中性火成岩		
	沉积层	上部层		下部层		总体		沉积层	上部层	上部加下部层	总体					
	1	2	3	4	5	6	7	8	9	10	11	12	13	14	15	16
SiO_2	50.0	63.9	65.2	58.2	64.0	60.2	63.3	40.6	45.5	49.3	48.8	61.3	57.9	59.5	58.7	51.9
TiO_2	0.7	0.6	0.6	0.9	0.5	0.7	0.6	0.6	1.1	1.5	1.4	0.8	0.9	0.7	0.8	0.9
Al_2O_3	13.0	15.2	15.8	15.5	16.9	15.2	16.0	11.3	14.5	17.0	16.3	16.3	15.4	17.2	17.3	16.4
Fe_2O_3	3.0	2.0	1.2	2.9	1.5	2.5	1.5	4.6	3.2	2.0	2.0	1.5	2.4	2.9	3.0	2.7
FeO	2.8	2.9	3.4	4.8	3.5	3.8	3.5	1.0	4.2	6.8	6.6	4.2	4.4	3.9	4.0	7.0
MgO	3.1	2.2	2.2	3.9	2.2	3.1	2.2	3.0	5.3	7.2	7.0	3.2	4.0	3.4	3.1	6.1
CaO	11.7	4.0	3.3	6.1	3.7	5.5	4.1	16.7	14.0	11.7	11.9	5.3	6.8	7.0	7.1	8.4
Na_2O	1.6	3.1	3.7	3.1	4.1	3.0	3.7	1.1	2.0	2.7	2.7	3.7	3.0	3.7	3.2	3.4
K_2O	2.0	3.3	3.2	2.6	2.6	2.9	2.9	2.0	1.0	0.2	0.2	2.3	2.3	1.6	1.3	1.3
H_2O	2.9	1.5	0.8	1.0	0.7	1.4	0.9	5.0	2.7	0.8	1.0	0.8	1.3	1.2	1.2	0.8
Rb	90	100		90	70	95	85	60	30	1	4	70	75	30		
Sr	300	300		375	400	340	350	1000	570	130	170	310	300	390		
Ba	300	1000		400	1000	670	1150	1000	510	15	65	920	540	270		
U	3	3		3	0.5	3	1.8	1	0.6	0.1	0.2	1.4	2.5	0.7		
Th	8	10		10	2	100	6	5	2.5	0.2	0.5	4.8	8.0	2.2		
Ni	40	20		75	20	50	20	100	100	100	100	35	60	20		

注：成分为氧化物时，数据为重量百分比；成分为微量元素时，数据为×10^{-6}。

表 6-2 中的第 12、13 列，所列数据代表了整个地壳成分的一般用估算值，其中第 12 列数据由 79% 的第 7 列数据与 21% 的第 11 列数据组成，作为大陆地壳下部层中一种成分富含硅的粒变岩。

第 13 列数据由 79% 的第 6 列数据与 21% 的第 11 列数据组成，将玄武岩和花岗岩按 1∶1 的比值混合，作为大陆地壳下部层中另一种成分。

表 6-2 中的第 14—16 列所列 3 类数据为中性火成岩的平均值，作为对比分析用。

表 6-2 中的第 6、7 列所列数据，代表了大陆地壳所含成分的平均值。大陆地壳的上部层平均值是以 8% 的第 1 列数据和 23% 的玄武岩质岩石与 69% 的花岗质岩石计算获得；第 4 列数据是假定地壳下部层是由 1∶1 的玄武岩和花岗岩混合而成。

大陆地壳下部层假定为粒变岩，数据来源是以 8% 的第 1 列数据加 46% 的第 3 列数据加 46% 的第 5 列数据。

表 6-2 中的第 11 列所列代表总的大洋地壳成分，数据来源是以 16% 的第 10 列第 2 层数据，加 79% 的第 10 列第 3 层数据，再加上 5% 的第 8 列数据。

总而言之，表 6-2 的地壳成分是估算的，是以整个地壳成分类似于安山岩和闪长岩，与中性火成岩相比，稍稍富集 K_2O、Rb、Ba、U、Th。对于地壳深部岩层的真实性质，科学界至今远未得到认识。

第三节　大陆地壳

　　自从地壳 1909 年被莫霍洛维奇依据地震波在地球内部的传播速度，被区别出来以来，人们依据地震技术，进一步刻画地壳的内部细分结构，壳—幔过渡带，建立新的地壳模型等，从未间断过。深部地震探测结果表明，大陆地壳有块状结构，横向延伸不远，地壳中地震波速具有随深度变化的特征，可归因于垂向上化学成分的变化。

　　在地球演化的几十亿年中，作为固体地球的表层——地壳，在地球往复的膨胀与收缩、频繁的构造变动、岩浆活动、强烈的抬升与沉降中，发生过剧烈的变位、变形、变质，甚至局部消亡。因此，在地球的历史长河里，"大陆地壳"概念也仅是人类认知开始后非常短暂的一瞬，图 6-5 从上至下，展示了一个大陆地壳转化成大洋地壳的案例。

图 6-5　由陆壳到洋壳(Dewey and Bird，1970)

　　对于昔日大陆地壳成为大洋地壳的一部分，或者在构造运动中昔时的大陆地壳在相邻两个板块的碰拼中消亡，或者以往的大洋地壳在构造运动后转化成为大陆地壳，例子比比皆是。

一、陆壳的缩短方式

　　与其说地壳是地球的隔热体，不如说地壳是承载地球收缩运动的记录者，尤其是大陆地壳，地球收缩运动所产生的体积减小、半径变短、表面积萎缩效应，都完整地记录在其中。大陆地壳已经记载的地球收缩方式包括：线状收缩—面积收缩—体积收缩。

(一) 线状收缩

地球整体收缩时, 最终结果一定是体现在地壳表层的收缩上, 作为固体地球的表层收缩的一部分, 沿着某一个方向发生一致性的地层重复, 是展现地壳线状收缩的主要形式。

面对地层重复出现, 人们最先想到的是逆断层, 以及与逆掩断裂属性一致, 但规模更大的推覆构造、滑脱构造、飞来峰构造等。随着地震勘探技术的发展, 一些地下不可见的地质现象被揭露出来, 其实, 大型的嵌入体广泛存在于地壳缩短的构造活动中(图 6-6)。

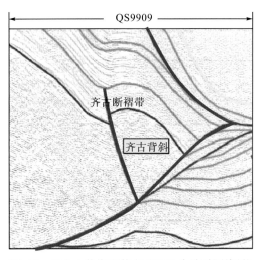

图 6-6　天山山体楔形体(QS9909 为地震测线号)

图 6-6 所揭示的是准噶尔盆地南缘西部, 北天山在隆升过程中大型地质体被挤压嵌入到盆地覆盖层中, 很明显, 这种地下嵌入构造也是一种地壳线状缩短活动。

根据地壳剖面结构分析, 地壳由浅入深, 呈现物性由脆性向流性变化, 构造层次由断层向流动性岩层出露规律, 人们可见的地壳线状缩短方式的依次序表现为: 逆断裂—褶曲—变质岩出露—流动性出露—岩浆出露。

1. 压性断裂

压性断裂一般指逆断裂、逆掩断裂等。以大型推覆断层、大型滑覆性断层以及成排并列逆掩断层, 完成地壳缩短构造活动。这种构造现象一般发生在地壳浅表脆性地层。图 6-4 中的剪切区是这种构造现象的反映区。

2. 挠曲

挠曲是韧性地层发生弯褶、演化长度缩短的一种地质现象, 常称为褶皱。褶曲是地层发生多次褶皱。这种构造现象一般发生在地壳中部韧性地层。图 6-4 中的挠曲区是这种构造现象的反映区。

3. 变质岩出露

在深山老林, 一般会见到大量的变质岩, 它是原位在地壳较深部位的, 受温度、压力影响已经产生岩性变质的岩层。表象上, 一个地方出露变质岩, 应该归为横向新地层出现, 是地表周长在延伸, 实质上, 它是地球整体收缩时发生半径变短, 地壳中深层物质被挤压抬升、暴露地表的结果，是一种地球收缩程度强烈的表现，只有收缩效应达到了一定程度的地区，才有貌似地壳周长长度新增的变质岩出露。图6-4中的压扁区是这种构造现象的反映区。

4. 流动性出露

当一个地区出露有流动性构造层次岩层时，表明该地发生了较为强烈的地球收缩运动。

地壳深部那些受温度、压力控制，已经出现液化的地层，已于先期生成了流动性褶曲，拥有这样构造层次的地层，本身并没有机会展露地表，但在地球收缩、地壳出现破口时，地球半径缩短得以在此展现。一旦出露地表，岩层的流动性回归脆性。

那些以往时期的侵入岩出露，可以列入流动性出露。图6-4中没有展现这种构造现象。

5. 岩浆出露

这里的岩浆出露是指伴随地球收缩运动的岩浆出露。

只要是岩浆出露，一定是代表着地球的体积在发生变化，不管是地球收缩，还是地球膨胀。张性环境下的岩浆出露代表了地球膨胀，压性环境下的岩浆出露代表了地球收缩。

当在变质岩出露区发现有大面积出露的岩浆岩时，那一定是代表该地发生收缩运动更加严重，以至当地可以达到展现地球体积收缩的程度。

岩浆出露可以不伴随变质岩出露，在地壳厚度较薄地区，地球收缩效应可以由岩浆出露一步完成。

(二)面积收缩

地球收缩的效应，除了展现在线状缩短的一系列构造现象上，还可以体现在地壳表层的面积收缩中。

地球在剧烈的震颤中，可以改变物性，一些平常表现为固态的物质会出现液化现象，地震中的沙土液化已明确告知人类这一点。

沙土液化意味着什么？意味着常温常压状态下的固态物体，在地震时可以像液体一样顺势流动、无孔不入。而范围广大的强烈地震可以暂时改变所控范围内物态，使那些平时以固态呈现的物体，地震期间接受其他外力作用，形成特有的运动学分布特征。

图6-7是汶川地震沙土液化的一个典型实例。龙门山镇谢家店子村在2008年5月8日的汶川地震的2min之内，完成了约400万 m^3 的砾、石、砂、土及其地表附着物的刨蚀与2km搬运，并在白水河谷地带基岩面上形成堆积。

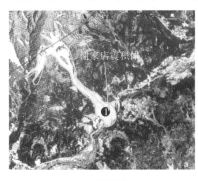 

(a)卫星照片　　　　　　　　　　　　(b)局部照片

图6-7　龙门山镇谢家店子村震积体

图 6-7(a)是谢家店沙土液化卫星照片，图 6-7(b)是局部照片，位置在图 6-7(a)中①号部位。这些固态物体在地震时会变成液态体，在重力作用下沿着基岩层面顺势而下，在低位处村庄底下发生聚集，使谢家店子形成"地开花"，大量巨砾伴随砂石、泥土、树木、潜水等瞬间暴露，掩埋地表一切，地震过后，一切地震前的物性现象恢复原样。

有人将这种液化解释为"气化"，说是地震时谢家店子基岩表面产生了"气化"层，地表固态物质在这种"气化"层上运移下泄的结果，这种"气化"层虽解释了滑坡体的下泄，但却不能解释此地的"地开花"现象。

图 6-8 和图 6-9 分别为塔里木盆地北缘柯坪塔格山体收缩与四川盆地东北部山体收缩状况。这是两个地球表面积发生收缩的特例。蔡东升等 1996 年对图 6-8 所示地区进行了平横剖面的分析研究，结果显示缩小面积约 240km^2。

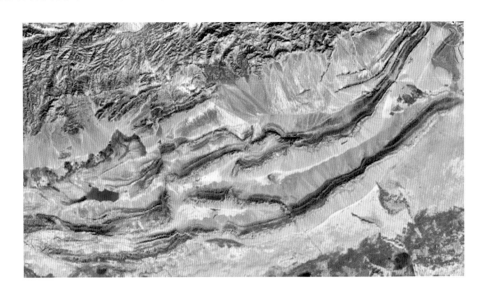

图 6-8　塔里木盆地柯坪塔格面积收缩

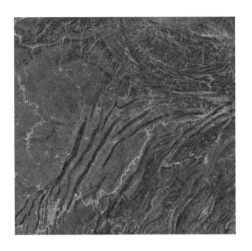

图 6-9　四川盆地东北部面积收缩

地球表面积收缩可以是在两个方向同时依次收缩，也可以为多个方向同时发生汇聚效应。在体力作用下形成的地球的面积收缩，不是板块运动力作用结果，因而不适于使用面力进行应力分析。假如用面力(如强中纬力)原理来分析体力现象，无异于缘木求鱼。

球面板块在面力作用下是否会产生面积收缩效应？回答是不可以。以强中纬力为例，其大小及其累积效应，不足以改变物态，因而不足以产生板块之间的叠加现象。只要没有发生地球收缩，板块和板块的相汇只能产生线状收缩。伴随地球体积收缩的板块碰撞是可以的。

地球发生整体收缩时，形成面积收缩，那些平时呈固态的板块碰撞、叠加、滑脱、推覆、深部岩层上涌，地球发生剧烈震动，物态液化，液化物体在其他面力作用下，按照外力作用方向，产生运动，形成新的应力分布，强中纬力弧形特征得以呈现。

(三)体积收缩

地球处在收缩力作用期间大约经历 1.25 亿年，力的时间积累是冲量，冲量是两个状态的动量差，最大的动量出现在所历时的中部，即大约为 0.625 亿年时，也就是太阳系绕银核旋转的 1/4 周期。

力与距离的乘积等于所做的功，根据功能原理可以求得，在胀缩力作用下，经历 1/4 周长所产生的能量积累。地球在胀缩力表现为收缩力的作用下，发生收缩效应时的能量完全可以求得。

收缩力使地球体积缩小，从这一点展开，地球外核可能是气态或等离子态的推论完全成立，否则，地球凭什么减小体积？液体不可压缩，固体不能压缩，虽然大气可以被压缩，但大气包裹在外。所以地球体积收缩主体在于地球外核空间的收缩。

地球外核收缩所形成的地球体积减小的空间增量，最终体现在不可压缩的软流圈和岩石圈，地球收缩形成的半径变小、表面积萎缩，使地壳-岩石圈发生堆叠，岩石圈的堆积可以向更深部位推进，也可以向地表突出，促进地球的线状收缩与面积收缩。

地球的体积收缩以固体地球表面积减小、地壳缩短方式呈现。

大陆地壳缩短的主要方式：逆断层—挠曲—断、褶—推覆、滑覆—深部地层出露。

二、陆壳缩短表现形式

作为地壳的一部分，陆壳主要是地球用来记载地球收缩运动结果的。在地球收缩力作用下，地壳按照体积收缩的总体要求，通过面积收缩、线状收缩方式，将地球收缩所要达到的尺度，在强烈地震伴随下，在极短的时间内，以地层断裂、挠褶、褶曲、拆离、嵌入、推覆、流褶、深层上返等现象呈现。

陆壳的缩短表现形式，在前述物性、构造层次、缩短方式中，已经分别加以阐述，这里主要以表 6-3 加以汇集整理。

表 6-3　地壳缩短的表现形式

序号	对应表现方式	表现形式	对应插图
1	线状缩短	逆断层 挠曲 褶皱	图 6-10—图 6-12
2	面积收缩	推覆 滑覆 楔入	图 6-13—图 6-17
3	体积收缩	变质岩出露 往期侵入岩出露 岩浆喷溢	图 6-18，图 6-19

　　图 6-10、图 6-11 是塔里木盆地北部库车拗陷，在地球收缩力作用下，以大量逆断裂、挠曲与褶皱，进行线状收缩的实例。图 6-10 显示克拉苏构造带这些断层导致侏罗系—白垩系构造层顶面的巨大落差和古近系库姆格列木群盐岩层厚度的突变。图 6-11 揭示了南天山隆升时伴随着盆地边缘存在着系列断裂与褶皱，是天山隆升使地球体积变小，地壳深入相汇完成地球周长减小的构造变形展现，所示的解释模式与经典的"薄皮冲断褶皱"模式的根本区别在于，库车拗陷不存在统一的低角度拆离断层(滑脱面)。

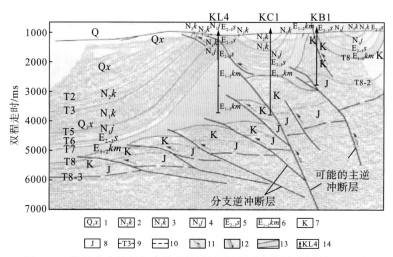

图 6-10　塔里木盆地北部克拉苏构造地震解释剖面(漆家福等，2009)

注：1.西域组；2.库车组；3.康村组；4.吉迪克组；5.苏维依组；6.库姆格列木群；7.白垩系；8.侏罗系；9.反射时间界面分层；
　　10.推测时代界面；11.逆冲断层；12.基底断层；13.含盐岩层；14.剖面附近钻井揭示岩层

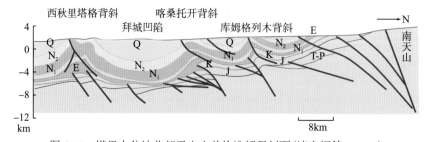

图 6-11　塔里木盆地北部天山山前构造解释剖面(漆家福等，2009)

　　图 6-12 恰巧展示了这种滑脱构造，其地理位置刚好与库车拗陷相对，位于天山以北，在准噶尔盆地南缘，表明天山隆起时，北天山较南天山相对较高且地层保存较完整。

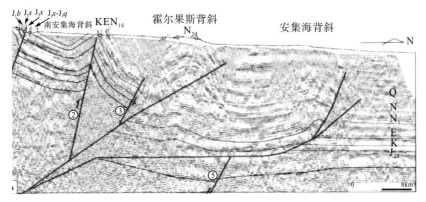

图 6-12　准噶尔盆地南缘 An2011 地震解释剖面

　　图 6-13 展示了天山隆升时北天山及准噶尔盆地南缘平面构造分布情况，大量的深层岩层与以往侵入岩的大面积暴露，是地球收缩运动较为充分的地质证据。

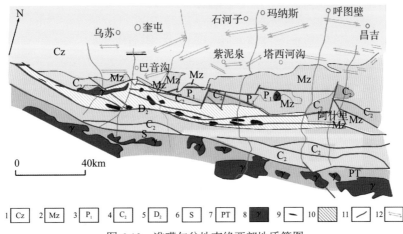

图 6-13　准噶尔盆地南缘西部地质简图

注：1.新生界；2.中生界；3.下二叠统；4.上石炭统；5.中泥盆统；6.志留系；7.元古宇；8.花岗岩；9.超镁铁岩体；10.蛇绿岩建造；11.大型断层；12.山前褶皱。

　　图 6-14 展示了青藏高原东缘松潘-格宗-康定构造剖面，剖面显示，松潘-龙门山地史上发生过大面积的深层岩的上返与暴露，也存在着大型拆离或滑脱效应。

　　图 6-15 为横穿龙门山 L55 地震测线解释剖面，反映了 500 余千米长，30 余千米宽的龙门山飞来峰群，以及 3 条大型平行逆冲断层的局部构造状态，将地球收缩状态下四川盆地西部地区深-浅层构造形态较充分展现。

　　图 6-16 展示了四川盆地东北部作为地球收缩时地壳浅层产生长距离、大面积收缩的主要场所，以不同方向、多方向同时发生压缩效应相呼应。

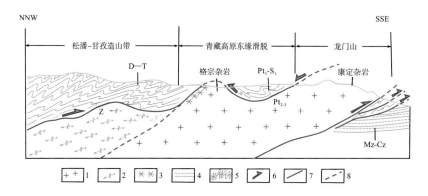

图 6-14　松潘-格宗-康定构造剖面(许志琴等，2007)

注：1.变质杂岩；2.混杂片麻岩；3.糜棱岩；4.中—新生界；5.流动褶曲；6.断盘运动方向；7.断裂；8.推测断裂

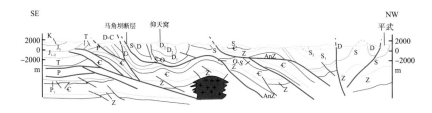

图 6-15　横穿龙门山 L55 地震测线解释剖面

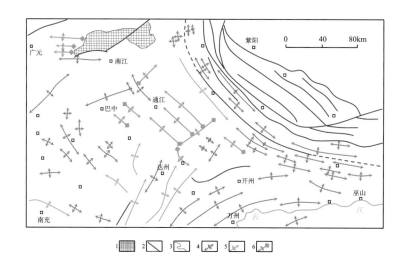

图 6-16　四川盆地东北部面积收缩构造纲要

注：1.结晶岩；2.大型断层；3.河流；4.背斜褶皱；5.鼻状褶皱；6.隐伏褶皱

图 6-17 是图 6-8 的地质分析，图 6-17(a)是对应卫片的地质图，图 6-17(b)是东西向恢复褶皱前，图 6-17(c)是南北向恢复滑覆前。整个柯坪地区东西向压缩约为 80km，南北向压缩约为 30km，面积减少约 240km^2。

图 6-18、图 6-19 分别揭示了青藏高原、皮德蒙山麓高原在地球发生收缩运动时，地壳

深部岩层随挤压应力隆升上返，产生体积收缩效应的现象。

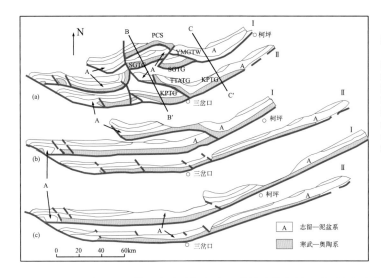

图 6-17　塔里木盆地柯坪造山带构造恢复情况（据蔡东升等，1996）

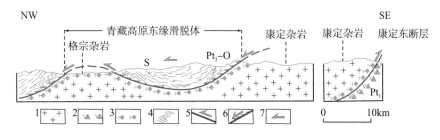

图 6-18　龙门—锦屏山构造剖面（许志琴 等，2007）

注：1.变质杂岩；2.变质火山岩；3.糜棱质片麻岩；4.流褶；5.逆冲断层；6.滑脱面；7.运动方向

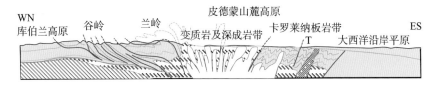

图 6-19　阿巴拉契亚造山带构造剖面（刘全稳，2006）

第四节　大 洋 地 壳

　　与大陆地壳相对应，大洋地壳主要为地球膨胀期生成产物。如果说大陆地壳是一张记录了地球古老历史的纸张，那么大洋地壳则可以称道为没有多少地质记录的白纸，因为它太新了，除了凝固成岩时被地球磁场磁化所记录的当时地球磁场方向、不同形成时期地球膨胀强弱对应条带宽度、厚度等信息外，大洋地壳记录的构造层次几乎没有。

　　图 6-20 为红海盆地地壳剖面结构图，主要表明两层意思：一是洋壳为地球膨胀期形成；二是沿着中心线两侧岩石对称分布。

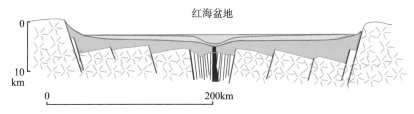

图 6-20　红海盆地中洋壳的生成（引自 Dewey and Bird，1970）

　　图 6-21 为地球绕银核轨道运行近 2 周所发生的膨胀—收缩—膨胀—收缩脉动情况，以及地球脉动所对应的地质时代情况。图 6-22 为根据地磁异常资料，分析得到的太平洋洋底年龄图。

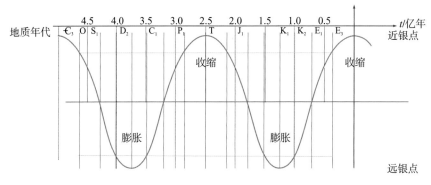

图 6-21　近 2 周地球脉动对应地质时代情况

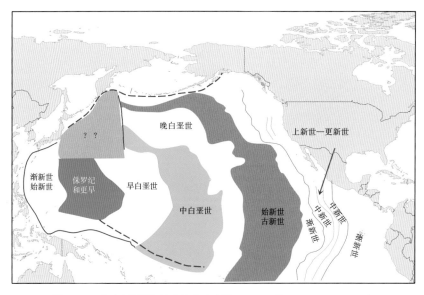

图 6-22　北太平洋洋底时代分布（据 Douglas 和 Moullade，1972）

　　由图 6-20—图 6-22，我们可以大胆地推得：地史上，北太平洋面积曾一度达到现在的 2 倍大。在后期的地球收缩运动中，东太平洋洋中脊成为地球收缩运动执行体积减小的窗口，原来分布面积广泛的东太平洋地区，几乎被完整地覆盖在北美大陆之下。

　　现有资料表明，洋壳主要由岩石圈下部的软流圈物质，在地球胀缩力作用下，受挤压逃逸地表，逐步冷凝生成。膨胀力作用期间，软流圈物质主要接受来自地核圈与地幔圈物质的挤压，这种挤压力是地球膨胀力经流体的帕斯卡定律作用转换传导，从软流圈下部、侧翼产生挤压效应，实现地球体积的膨胀；收缩力作用期间，软流圈物质主要接受来岩石圈物质的挤压，这时的挤压力主要从软流圈上部产生挤压效应，实现地球体积的变小。

　　由于膨胀力的极值大于收缩力的极值、地球外核物质应力响应较强，地球体积膨胀时所形成的地球表面积新增量，通过新的洋壳生成是最佳选择。

　　由图 6-21 可知，地球最近一次的膨胀运动，自中侏罗世开始，早白垩世达到高峰，晚白垩世结束，白垩纪是地球膨胀的全盛时期，图 6-22 证实了这点，大西洋海底年龄图也证实了这点(图 6-23)。

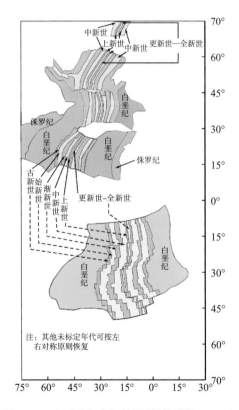

图 6-23　大西洋海底年龄图(据普雷斯，1986)

　　洋中脊大规模生成是地球体积膨胀鼎盛时期的现象，它不仅是地球深部液态物质释放能量的场所，也是完成地球体积膨胀伴生地球表面积增加的所在。

第五节　板块的对接

板块构造学将全球表面划分出了六大板块,并提出了地壳构造运动的板块碰撞理论,认为板块运动是产生构造运动的直接原因,认为板块运动的驱动力来源于地幔对流。对于地幔为什么对流等后续问题的解答,则全是充满诗意般的想象。

我们说,地球构造运动起源于地球轨道运动,是地球作为太阳系成员之一,在绕银核做椭圆运动时,受到了由银核施加的具有周期性、正负可变性、大小与轨道坐标位置密切相关的体力作用,这种体力现在被称为胀缩力,即地球在绕银核一周大约 2.5 亿年里,一段时期受膨胀力作用,另一段时期受收缩力作用(图 6-21),地球的收缩与膨胀所产生的体积变化,促进了地球各圈层物质的运动,形成了地壳构造运动。

与板块运动驱动力——地幔对流相比,本质上的区别在于:一个是内力,一个是外力;一个是不可捉摸的假想力,一个是可推导的体力。

地球的体积收缩形成的地球表面积收缩,是产生地球球面状地壳板块相会的直接原因,板块相会后如何拼接与碰撞,不仅受相会板块的对应部位、岩性、物性影响,更加重要的是受作用于地球收缩力与地壳结构的影响。

一、板块对接类别

现在地球的平均半径约为 6371km,以地球收缩运动后半径减小 10m 计,地球的表面积将减小 11000km^2,假如将增量全集中在一地计算,地表将有长 100km、宽 100 多 km 的地域面临消失。

现有的地质观察表明,一次构造运动所产生的地表消失面积远不止 10000km^2(图 6-22),各大型山脉出露的大规模的变质岩与流动性褶曲岩石,表明地球一次收缩运动导致的半径变化增量远大于 10m。

所以,板块的对接以及对接后构造活动强度,完全受外力——地球胀缩力的控制。而完成对接则又与各板块边缘所属地壳物性相关。

(一)陆壳-洋壳对接

以太平洋板块北部洋壳分别与美洲板块西北部、欧亚板块东部对接为典型,地质学家们总是乐于用太平洋板块-欧亚板块的对接实例,作为板块运动学的系列推论的依据,并提出了一系列令人眼花缭乱的名词概念。

无论怎样,地球在外力作用下发生整体的收缩与膨胀,作为属性不同的两个相邻板块,陆壳-洋壳首要的任务就是用以消减地球收缩与膨胀的增量。陆壳对洋壳,相对位置较高、相对密度较低,理论上应该像个抽屉一样,陆壳为屉箱,洋壳为抽屉,地球收缩时关抽屉,洋壳垫伏于陆壳之下,地球膨胀时拉抽屉,新的洋壳产生。

陆壳-洋壳的抽屉模式执行最好的也许是太平洋板块-美洲板块,这是基于地球胀缩力原理的大胆推论。

(二)洋壳-洋壳对接

以太平洋板块南部洋壳分别与南极洲板块、非洲板块与美洲对接为典型，这种分法仅仅是依据地理位置的差别，论时间及岩石属性，大洋中脊应该是作为大洋板块的中部，而不是板块的边缘。

按照物理学家的定义，力的时间积累为冲量，力的路程积累为能量，作为地球板块间能量或冲量的释放窗口，大洋中脊作为板块的边缘又具有合理性。

洋壳-洋壳对接处是破火山口，直接沟通软流圈与水圈或大气圈，地球膨胀时成为易于膨胀的软流圈物质流向势能较低的岩石圈外的通道；地球收缩时，软流圈是等压传递地球上压强最大的流体，这时，作为连通软流圈的大洋中脊，是释放地球压力的最优先通道。图 6-21—图 6-23 已经明确，无论是地球膨胀还是地球收缩，遍布全球的洋中脊，总是起沟通岩石圈内外的通道而释放能量，膨胀期释放作用显著，收缩期相对较弱。

(三)陆壳-陆壳对接

以印度洋板块与欧亚板块对接为典型，表现为陆壳对接陆壳现象的原因可能有三种，第一种是相邻两个陆块(有人称板片)对接，第二种是陆块对接的同时伴随着其他地块的消失，第三种是同一陆块在中部因坍塌而显得对接。

按照图 6-1 地壳结构物性模式，陆壳对接时应该是同一物性的岩层，在不同的深度段，同时发生全面接触。脆性层发生断裂，产生逆冲；韧性层发生褶皱，产生挠曲；塑性层发生压扁变质，产生劈理；流性层发生液化，产生片理变质。

当地球收缩所需要的空间不足以容纳地壳的缩短量时，流动性层物质将会产生顺势流动，从密闭空间流向开放空间，岩层断裂处是封存能量薄弱处，大量断裂处将成为深层岩石逃逸处，地壳进一步缩短，完成陆壳的对接。

按照现有的山脉所出露岩石的分布特征，前述第三种陆壳对接似乎不可能形成山脉中部出露深层变质岩与侵入岩现象，然而，在随后的分析中，我们将提供第三种陆壳对接的形成机理。

二、板块对接方式

断裂与破碎处是地壳承受外力作用的最脆弱处,地壳板块的对接处无疑是最易破碎处。当地球收缩时，相邻板块之间的对接方式理论上可分为 6 种(图 6-24)。

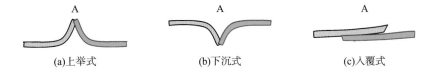

(a)上举式　　　　(b)下沉式　　　　(c)入覆式

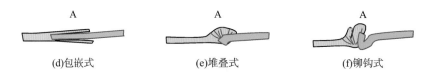

(d)包嵌式   (e)堆叠式   (f)铆钩式

图 6-24　板块对接方式示意

注：A 为对接处

图 6-24 中所列并没包含地壳缩短方式的全部，仅仅是理论性罗列了发生在板块之间的几种大型的地壳缩短模式，有些模式实践中可能不存在。

1. 上举式

这是一种陆壳之间的碰撞方式。一般地，由于大陆和大陆在结合处具有相等或相近的厚度，对接处两侧物性相近，受力面积相等，在对接处发生持续逆冲、推覆，形成外突出，即上举。

上举变形描述的只是陆壳因地球收缩导致形变的初步，紧随其后的是岩石破碎、断裂、岩层沿断裂面的滑动等，不可能在对接处留下图示"空白"。

2. 下沉式

这是一种理想的陆壳之间的对接方式。如果收缩力持续增加，下沉式可转变为上举式。

3. 入覆式

这是一种厚的板块 1 和薄的板块 2 发生碰撞体现最多的一种方式。在对接处，薄壳的承压面小于厚壳的承压面，因而，在持续的压力作用下，薄壳就像一把尖刀，轻松地插入或切削厚壳，最后形成薄壳潜入、厚壳上覆的入覆式地壳缩短模式(图 6-25)。一般地，洋壳较陆壳薄，在板块对接过程中，洋壳总是位于陆壳之下。

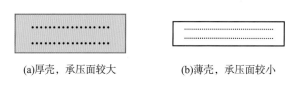

(a)厚壳，承压面较大   (b)薄壳，承压面较小

图 6-25　薄壳板块和厚壳板块对接时的承压分析

4. 包嵌式

也是一种厚的板块 1 和薄的板块 2 发生碰撞的方式，与入覆式不同之处在于薄壳没有切削厚壳，也不是潜入到厚壳底下，而是嵌入到厚壳之中，将厚的板块分成上下两部分，形成厚壳包着薄壳、薄壳嵌入厚壳的包嵌式地壳缩短模式。

5. 堆叠式

当对接处两侧板块物性相差不大时，板块对接就会产生一侧较另一侧更易破裂形变，从而形成堆叠式地壳缩短模式。这是自然界较发育的一种模式。

6. 铆钩式

这是一种收缩力持续减小阶段产生的板块碰撞模式，它是堆叠式发育不全的产物。当收缩力使地壳碰撞发生了形变后，持续的收缩力越来越小，以后所产生的压力形成慢慢释放的状态，以至不能更加改变岩石，形成了铆钩式。

三、印度-欧亚板块对接

它是青藏高原隆升的原因，是地球受到了表现为收缩力的外力作用，整体发生收缩，地球表面积大幅度收缩形成的。

图 6-26 粗略描述了从念青唐古拉山—恒河一线，印度板块与欧亚板块对接所形成的构造地质剖面结构，垂向上没有夸大。

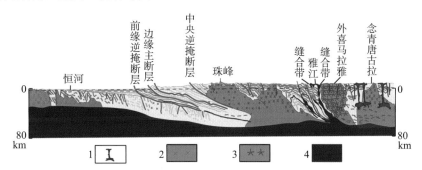

图 6-26　喜马拉雅及其边缘地质剖面(Gansser，1980；垂直比例未夸大)

注：1.新生界流纹质火山岩；2.淡色花岗岩；3.英云闪长岩；4.地幔物质

人们依据喜马拉雅山脉间分布着一套蛇绿岩带，将这里定位为印度板块和欧亚板块对接的缝带。这套蛇绿岩被向南逆推到三叠系复理石岩层之上，并且被晚白垩世的磨砾层覆盖。晚白垩世的混杂堆积被向南逆推。加上青藏高原的安山岩火山活动，这里被认为是古特提斯海消失的地方。

迄今为止，关于青藏高原的隆升时代、两条缝合带的存在、印度板块和欧亚板块对接前曾经存在过的大洋问题等问题，还存在着很大争议。但主要地层关系与构造位置却比较明了。

在喜马拉雅山西藏山坡一侧，分布着上侏罗统—下白垩统海相褶皱岩系，其褶皱岩系在喜马拉雅大峡谷中显示已经包括整个古生界，并向下延伸到变质基底。这套褶皱岩系属于印度板块稳定陆壳边缘沉积，一些深层的花岗岩体穿过了这套沉积层，留下了高耸的山峰。

对接处以南，自东向西，原属于印度板块的沉积岩层发生多次向南逆冲，推移距离100—200km，出现上喜马拉雅覆于下喜马拉雅之上、下喜马拉雅又逆冲到印度大陆之上的格局。在加瓦尔，逆掩断层使古近系覆盖在新近系上。

有人通过统计分析青藏高原中段新生代不同时期的地层倾角保持，认为区域性褶皱变形主要发生于古近纪，中新世湖相沉积地层产状平缓，挤压构造变形微弱，说明地壳缩短增厚主要发生于中新世前。结合全球气候变化、古气温及年代学资料，综合推断青藏高原渐新世晚期隆升高度达到海拔 4000m。

根据对称规则可以想象，在对接处以北或周边，同样可以找到类似的构造现象。作为青藏高原东缘的龙门山构造带(图 6-15)，其实质也是执行这次陆壳对接的结果之一。

第七章　地球的收缩运动

　　人类之间的战争具有脉动性，这种脉动性带给普通大众的无疑是恐惧。可人们又有谁知道，比战争的脉动带来的恐惧更加深重的是地球构造运动的脉动。地球脉动所带来的何止生灵涂炭，人类的先辈可是实实在在地经历过这种恐惧，这便是发生在全新世(约11500年前)地球脉动中的新构造运动。地球脉动结果是地表大幅度张裂、海水的充盈，是山体的隆升、山脉的整体位移，是地震、海啸、火山喷发。这种声、光、电、形的骤然爆发，是地球运行数千万年所聚集能量的突然释放，远比人类思想的突然释放所驱动的战争，给人类带来的结果宏大而巍然。

　　翻开地球动力学的探索史可见，早在16世纪就有人根据遍布全球的大型山脉，提出了地球收缩说，他们将地球表层的褶皱形态相比于干缩苹果的表象，提出地球由于遇冷而收缩，从而在表层形成褶皱山脉。地球收缩说的主要代表人物有：波蒙(E.de Beaumont，1798—1874)，休斯(E.Suess，1885—1909)，杰弗里斯(H.Jeffreys，1891—1989)，威尔逊(J.T.Wilson，1908—1993)。

　　现在来看，地球的收缩运动产生于太阳系在银河系轨道的257.58°处。当太阳系越过轨道257.58°，向近银点进发时，银核开始对太阳系施以正作用力——收缩力，地球将持续一段时期的收缩运动，收缩力在轨道的近银点达到最大，地球产生整体收缩。

　　图7-1(a)示意收缩运动开始时地球的大小，图7-1(b)示意收缩作用力最大时地球的大小，图7-1(c)示意收缩运动期间地球大小改变增量。

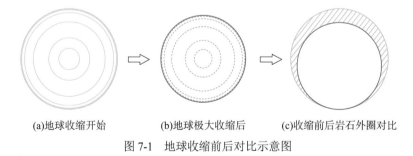

(a)地球收缩开始　　　　　(b)地球极大收缩后　　　　(c)收缩前后岩石外圈对比

图7-1　地球收缩前后对比示意图

　　图7-1(c)所示的地球体积改变量，最终是通过地球半径的改变和地壳表面积的改变得以完成的。由于固体和液体具有不可压缩性，地球表面积的减小量，必将导致前期固有地壳的叠覆消减完成，地球半径的减小势必导致地球深部物质的上返、地壳表面积的缩减而完成。

　　地球深部物质的上返与地壳表面积缩减，所形成的岩石圈物质的隆升，就是人们常称的造山运动。

第一节　造　山　运　动

　　造山运动被作为一个专业词汇用于描述造山过程,最早于 1868 年出现(Sengor,1992)。德国地质学者施蒂勒(Stille,1876—1966 年)在 1924 年明确宣称,造山运动包括褶皱、断层、逆断层等构造变动,是构造运动的同义词,并将造山运动归纳出一条定律和五条法则:造山作用的时间定律,造山的同时性法则、统一性法则、造山上升运动法则、造山力一元性法则、造山形式的有条件性法则。

　　针对施蒂勒的造山同时性法则,曾经展开过争论,因为地壳运动不具备划分和对比地层功能,争论结果以反对派取胜。

　　黄汲清、尹赞勋(1965)认为,造山运动与造陆运动是反映地壳运动的两个大类。并根据 Haarmann(1930)建议,将造山运动分为构造运动和造山运动两个阶段。指出构造运动阶段,主要表现的是地层发生褶皱和断裂,形成褶皱带;造山运动阶段形成的是褶皱带大面积上升,即通常所称的高山。

　　日本学者都城秋穂(1991)对日本列岛的构造变动情况进行研究后认为,所谓造山运动,是指地质构造作用伴随火成作用,使造山带地壳变厚并成长形成山脉,再经过区域变质作用,发生变化的一些机制的总称,提出了火成作用在造山运动中的重要性。

　　矶崎行雄(1993)在研究了日本列岛的地质构造体后整理出造山运动模式:一次造山运动以区域变质带的上升和花岗岩的形成为特征。这种地质现象是在比较短时期内发生的,形成造山运动高潮。他认为区域变质岩的上升和岩浆岩的形成是判断造山运动的两个组成部分,并且建立在板块边缘地带。

　　针对日本列岛实际,以前还存在过多种多样的造山运动认识,从板块造山论的观点出发,可划分为三类:大陆和大洋板块之间的相对运动、大陆相互碰撞、微板块运动。

　　以板块构造理论为基础,日本的地质学家将造山运动定义为:是用以描述所有发生在会聚板块边缘的作用的一个集合名词。

　　造山运动除了形成一些弧形造山带,还会形成大量的高原。

　　青藏高原的本质是一个造山高原(许志琴,2013),它是世界上最高、最大、最厚、最新的高原,是一个正在快速隆起的大陆地块。青藏高原的隆升,使晚元古代以来不同地质历史时期形成的构造遗迹暴露地表,给人们构建了一条穿越时空的隧道,成为地学界的瑰宝。

　　无论是考虑时间维度的造山运动,还是考虑空间维度的造山运动,以及考虑充填物维度的造山运动,其共同的内涵是地壳物质的“山”样隆升,至于形成“山体”的矿物、岩石、地层属性可千差万别。

一、造山的方式

　　施蒂勒造山运动的定律和法则,无疑是基于构造运动背景提出的,其造山作用力的一元性法则指出:不论是褶皱、断块及其后期隆起,都是同一个力作用的结果。然而,自然界造山，除了构造运动造山，还有其他类型的各种地质作用造山存在。

1. 风化剥蚀成山

地壳表层的岩石、矿物、地层在大气圈、水圈、生物圈物质的作用下，产生风化作用，形成正向凸起的地形体，称为风化剥蚀作用造山。

显然，这种造山运动的地质营力，不同于引起地壳变动的构造运动动力，它是一种重力、物理化学力、生物生长力共同作用的结果。

2. 淋滤塌陷成山（喀斯特现象）

地壳表层的岩石、矿物、地层，经过大气、雨水的淋滤、溶解，地球转动动力引起地下河水的侵蚀搬运等地质作用，地表的塌陷形成突兀的地形体，称为淋滤塌陷成山。主要作用力为化学溶蚀与重力、转动力共同作用。

3. 碰撞山（会聚作用）

地壳中相邻的大陆板块与大陆板块之间，大洋板块与大陆板块之间的岩层，在会聚边缘发生碰撞，造成地壳的上升运动，形成岩层的正向隆升，称为碰撞山。

经过本书的分析推理与条陈后，按照地球收缩运动造山思路，地球单一板块内部，在地球半径变小、表面积收缩时，既可以形成类似于柯坪塔格的褶皱山，也可以形成类似于前陆盆地边缘断褶带山。

4. 构造成山

由地球的构造运动形成的山体，可总称为构造成山，包括：褶皱山、断块山、推覆山、俯冲山、仰冲山等。

显然，基于构造运动的造山运动，其动力的确具有一元性，这便是地球胀缩力。地球的收缩运动引起地球的体积减小，其半径、表面积的萎缩结果，不仅可形成地壳相邻板块的会聚，而且可以形成单一板块内部的褶皱收缩，形成不同方向长度的挤压缩减，并褶皱成山。

无论是板块边缘碰撞造山还是板块内部收缩造山，实质就是地球收缩运动一元性造成的。

二、规律性造山

以李四光（1973）为代表的我国地质界先驱，立足于我国的地质构造实际，坚持走我国自己的道路，总结我国和东亚濒太平洋地区的地壳构造特点，提出了大陆构造具有规律性认识，这些规律性所具有的分类特征分别是：巨型纬向构造体系、经向构造体系、NNE-SSW平行构造带、NE-WS 平行褶带群、扭动构造体系等构造类型。并用地质力学的观点和方法，提出了地壳运动之所以发生，离不开力的作用思路，希望能够从地壳中支离破碎的构造现象，认识地壳运动本质，找到地质营力的作用方式，继而追索到地壳运动的方式，为我国地质工作者研究地壳运动问题指出了一条正确道路。

Sengor（1992）基于板块构造学说理论，在研究了日本列岛造山带横剖面特征后认为，板块边缘造山带表现出几种主要类型：转换挤压型造山带、俯冲型造山带、仰冲型造山带、碰撞型造山带，其中每一类型又各具丰富的多样性。

现在看来，广大地质工作者采用透过现象看本质的方法，通过不断积累野外实际工作经验，尤其是有关矿产分布特点的实践经验，认识那些不同性质、不同大小、不同方位的构造现象中所存在的联系、规律性，为我们进行更高层次的逻辑性推理分析，打下了坚实的基础。没有坚实的野外地质工作积累，就没有地质学腾飞的时代。

透过纷繁的地质现象，寻找地质营力的作用本质，与通过地壳的运动学特征研究，寻找地球动力学本质，是两种截然不同的研究思路。前者属于归纳分析推理，后者属于演绎分析推理。就地质现象而言，它既是归纳推理的起源和基础，也是演绎推理的立论和论据。大量的事实和研究证明，基于归纳推理的结论和认识，往往所获带有极大的盲目性，它总是在严格限制着研究途径的方向和选择，使本身较为宽泛的定义域，被限定成为单一形式的数学模式。更有甚者，对于同样的样本数据，不同的归纳分析人员会得出不同的结论性认识，有的是线性认识，有的是非线性认识，有的是直线性，有的是二次曲线性；而基于演绎推理的结论和认识，往往所获总是带有普遍性和一般性，具有科学性。也许有人会说，

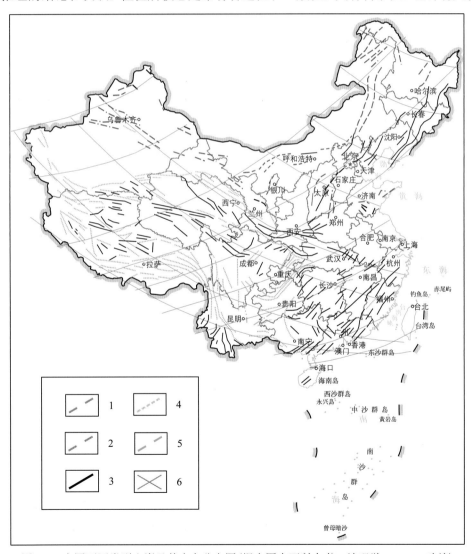

图 7-2　中国不同类型山脊及其走向分布图（据中国大百科全书，地理学，1990，改编）

注：1.平顶山脊；2.平顶—尖顶山脊；3.圆顶山脊；4.尖顶山脊；5.尖顶-圆顶山脊；6.强中纬力作用网格

地球的收缩运动就是造山运动，没错！地球造山完全是因为地球整体发生收缩，形成体积减小、表面积收缩的结果。但是，人们必然要说，地球收缩形成的表面积变小，所形成的地表褶皱在方向上应该具有随机性，也就是说，所形成的山脉走向应该是杂乱无章的。然而，图 7-2 表明，造山运动的结果并非杂乱无章，实质上具有一定的规律性。

三、随机性造山

地体说的倡导者们认为北美西岸板块汇聚边缘，增生在发生了俯冲的大洋板块上的一些海山、海台、海隆，甚至岛弧等独立地块（矶崎行雄，1993），实质上属于一种构造成山。这些"构造地层地体"彼此相邻但却各自具有独立不同的层序，它们与原始位置的关系不可知，增生体内部结构、构造不明晰，所造之山具有随机性。

有人认为，中国西部和中亚的巨大山脉以及异乎寻常的青藏造山高原，是太平洋底下基性岩平流的结果，其中往东亚大陆方向流动的基性岩浆流，是中国横断山脉的起源。他们所依据的地幔对流说，是解释地壳运动发生的主要矛盾设想之一。地幔对流造山说认为，地球内部物质，一部分在不断地做着缓慢上升运动，另一部分则做着相对缓慢下降运动，形成对流。当上升流遇到地壳底部后，分成两股朝向相反流动的平流，分别带动地壳向不同方向流动，经过一定流程后再转向下，回到地球深部。地幔对流既可形成地表的张裂，又可形成地壳的俯冲。

地幔对流说所依据的地幔上升热柱，其产生的时间、空间是没有条件限定的，地幔与岩石圈底部的摩擦力大小是不可以追寻的，因而，地幔对流说是无规律可循的，也就是说，其造山是随机的。

虽然地幔对流说解释了部分山脉的形成原因，但更多山脉的走向却完全超出其预设，尤其是那些造山高原。于是，地壳均衡说又得到了生机。地壳均衡说并不是用以描述造山机理，只是用以辅助解释造山结果。"山"在哪里，地壳均衡便出现在哪里。

抛开驱动板块运动的动力源问题，任何板块的构造运动所形成的边界山体，应该是随板块不同的边界形态，形成的山体走向不同，因而具有随机性。

四、板块造山

即使是现在，仍然还有很多地质学者执迷于板块造山，他们寄希望于用碰撞构造来解释全球所有的造山带。

板块构造说是由 Wilson 于 1965 年首先提出的。板块构造说关于造山运动，一定是沿着板块的边界发生的，这些边界被分为拉张边界、会聚边界、走滑边界。板块构造说认为，地球上的板块在不停地运动着，运动使板块发生正交会聚、正交离散和纯走滑，形成各种各样的位移边界。这些不同类型边界分别只占总边界数的 20.5%、21% 和 14%，其余的则以各种不同方式发生横穿边界的斜向运动（Woodcock，1986）。拉张边界形成了洋中脊海岭，会聚边界形成碰撞俯冲造山，走滑边界则形成众多挤压扭动褶皱山。

前已述及，板块构造说在解释板块运动造山时，认为存在 4 个特征的造山剖面，即：

转换挤压型造山带，与俯冲有关的造山带，与仰冲有关的造山带，碰撞型造山带。在解释与仰冲有关的造山带时，提出了"夭折的俯冲模式""推覆体""底托""拆离"等概念，认为大陆岩石圈向大洋岩石圈下俯冲，形成巨大的蛇绿岩体仰冲在大陆岩石圈之上，大陆岩石圈则"底托"在大洋岩石圈之下，随着大陆岩石圈浮力作用，俯冲停止而夭折，上驮在大陆岩石圈上的洋壳发生撕裂、抬升、拆离，陆壳物质回跳上浮，形成蛇绿岩推覆体。这一模式后来被较多地应用在一些具有高压/超高压变质岩造山带的构造运动解析中。

五、关于超高压变质带

都城秋穗和矶崎行雄在研究日本列岛构造变动后，描述造山带的内涵时，都提到了造山带中区域变质带的存在，通过对世界上 250 个高压变质带的产状、年代、岩石学特征的综合研究，发现这些高压变质岩总是以断层与那些低压型或非变质地质体接触，这样的高压变质岩带，往往厚度约为 2km、分布宽度数十千米、侧向延伸约 1000km 的薄板状地质体，形成"夹层构造"。

索书田等(2004)通过对东秦岭看丰沟及香坊沟的变质岩片，开展详细岩石学和构造学研究，并综合先期造山带尺度的构造、岩石和年代学研究资料分析，报道了在中央造山带内至少发育两个超高压变质带，即：南阿尔金-柴北缘-北秦岭超高压变质带，超高压峰期变质年龄为早古生代(500—400Ma)，代表扬子与中朝克拉通间的深俯冲和碰撞带；另一个是研究程度较高的大别-苏鲁超高压和高压变质带，峰期变质年龄主体是三叠纪(250—220Ma)，代表扬子克拉通内部的陆内大陆深俯冲和碰撞带。

杨经绥等(2009)对中国境内的 11 条高压/超高压变质带的形成时代和区域构造背景分析，将其分为 4 类：始特提斯(早古生代)高压/超高压变质带、古特提斯高压/超高压变质带、新特提斯高压/超高压变质带、古亚洲域南缘高压/超高压变质带。

对这些高压/超高压变质中一些柯石英与金刚石等矿物、岩石研究结果表明，这些超高压变质带曾在地幔中"遨游"过(许志琴，2003)，这些岩石大部分来自大陆地壳，它们曾经达到 100km 以下的深度，有的甚至达到 400km 深度。

这些高压/超高压变质岩带的存在及其研究结果还表明了一点：大陆造山带不一定是由相邻板块碰撞形成的。

六、火山活动

矶崎行雄(1993)在总结日本列岛地质体的造山运动特征时指出：造山运动特征包括区域变质带的上升和花岗岩的形成。他认为造山运动总是在早期造山带中侵入了花岗岩，即伴随着造山运动，存在着同时期的花岗岩生成。因此，"区域性的变质岩上升"与"花岗岩的形成"是定义各"造山运动"的两个关键要素。例如，存在于日本西南部的白垩纪造山运动可定义为：高压型三波川变质带在非变质增生体中上升和定位，造成水平构造的同时，在陆侧又大量形成了领家花岗岩。

抛开发生造山运动的时间条件，即不考虑变质带的上升时代与岩浆侵入时代的先后关系，单从变质体与花岗岩体的空间存在形式看，矶崎行雄关于造山运动的火成作用认识，具有一定的启发意义。但是，他关于火成作用未经体现的造山运动，是尚未完成的造山运动，或者以此推广开去，正在发生的火成作用，是造山运动正在进行的标志，是值得商榷的。

位于昆仑山中段新疆于田境内的阿什库勒火山群，是一个全新世以来多次多中心喷发过的火山群(新疆维吾尔自治区地质矿产局，1993)，1951 年 5 月 27 日，修建新藏公路的解放军战士仍然"见到盆地中火山喷发"景象。韦伟等(2015)研究了阿什库勒火山群及周边的速度结构，发现火山群的正下方地幔转换带存在明显的波速异常体，认为阿什库勒火山是软流圈物质的上涌通道。

处于青藏高原中部的阿什库勒火山，现代仍然存在活动，可以说明三点：一是巨厚地壳不是阻挡火山作用的天然屏障；二是火成作用不是判别造山运动终结的形式；三是造山运动是岩石圈、地幔圈或地球整体都参与了的构造运动。

火山活动伴随高压变质岩上升的造山运动模式，可以应用于研究地球整体收缩运动。

七、造山动力机制

造山运动的结果所形成的是岩石圈物质的上返、堆叠，以及地幔圈物质的喷发、溢出。展现在人们面前的是雄伟、巍峨、巨大的高山高原。依据力与运动定律、能量守恒原理、功能转换定律，我们可以推得，由银核作用产生的施加在地球上的胀缩力，在地球随太阳绕银核运行的空间积累结果，所形成的功能转换，在超越岩石圈物质抗折极限条件下，地球的胀缩力将会促使地球发生整体收缩，地球发生造山运动。

(一)地球胀缩力做功

地球分别受到来自太阳的胀缩力和来自银核的胀缩力作用。胀缩力是在轨道运行中产生的，由处于轨道焦点的物体施加给处于轨道上运行的物体，是一个非接触力。由于胀缩力的大小除了与轨道的离心率、轨道参数有关，还与所处轨道的极角 θ 的余弦有关，是一个大小和方向不断变化的力，所以，它又是一个非恒定力。

力在空间的积累效应体现在功与能上。考察属性为非接触力、非恒力的地球胀缩力做功可以依据图 7-3 进行，在微分状态下，作用力可以视为恒力。

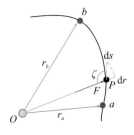

图 7-3 胀缩力做功

作用力 F 做功 $\mathrm{d}A$，等于作用力与沿着作用力方向的位移 $\mathrm{d}s$ 之积，可以表示为

$$dA = Fds \tag{7-1}$$

当胀缩力表现为收缩力时，作用力方向由轨道焦点指向地球，作用力为正值，反之，为负值。

功是一个过程量，外力对系统所做的功等于系统始、末状态的积分，即

$$A = \int_a^b dA = \int_a^b F\cos\zeta ds \tag{7-2}$$

式中，ζ 为作用力 F 与位移 ds 的夹角，显然 $\cos\zeta ds = -\cos(\pi-\zeta)ds = -dr$。

式(7-2)变为

$$A = -\int_a^b Fdr \tag{7-3}$$

式中，dr 为与作用力方向一致的极径变化微元。式(7-3)表示的是，动点 P 从轨道 a 点运行到 b 点，受到的来自 O 点的胀缩力 F 所做的功等于 a、b 两点极径的增量与作用力的乘积的积分。所以：

$$A = -F(r_b - r_a) \tag{7-4}$$

式中，当作用力 F 为正值时，地球发生收缩运动，轨道极径不断变小，$r_b - r_a$ 为负值，总功为正值；当作用力 F 为负值时，地球发生膨胀运动，轨道极径不断变大，$r_b - r_a$ 为正值，总功为正值。

a、b 两点的极径 r 由椭圆极坐标方程求得

$$r = \frac{p}{1 + e\cdot\cos\theta} \tag{7-5}$$

式中，r 为极径，θ 为极角，p 为焦点参数，e 为离心率，且 $p = a(1-e^2)$。

在太阳系中，地球发生收缩的区间为[-91.92°，91.92°]，在银河系中，地球发生收缩的区间为[-102.41°，102.41°]。

地球受到太阳的胀缩力 F_T 为

$$F_T = 6.016\times10^{17}\frac{1000\cos\theta - 17\cos^2\theta + 34}{(1000 + 17\cos\theta)^3} \tag{7-6}$$

地球受到银核的胀缩力 F_Y 为

$$F_Y = 1.273\times10^{11}\frac{100\cos\theta - 11\cos^2\theta + 22}{(100 + 11\cos\theta)^3} \tag{7-7}$$

代入轨道参数计算，可以分别得到地球受到来自太阳的收缩力做功 A_T 与来自银核的收缩力做功 A_Y。

通过比较可知，地壳的构造运动，产生于银核对地球胀缩力的持续做功。

(二)强中纬力持续作用

如果仅有地球胀缩力作用，构造的造山运动所形成的结果，将会表现得杂乱无章、山体走向将会是随机展布。然而，作为地球的板块(或其他物质)，在轨道运行中，除了要受到来自焦点施加的胀缩力作用，还要受到强中纬力、潮汐力、摆力的作用。

潮汐力作用于板块，引起的主要是板块在垂直方向上的运移变化；摆力作用于板块，引起的主要是随地球自转的运行。

所以，能够促使地球板块沿着水平方向移动的主要是强中纬力的作用。

图 7-2 中，图例 6 所表现的正是强中纬力作用网格。在地球自转轴倾斜 23°27′的条件下，最大强中纬力作用网格体现在 21°33′—68°27′。

第二节　收缩运动形式

物理世界的模式探讨，最终总是可以归结为力与运动，地球的收缩力与收缩运动即为一种模式。然而，进一步地细分地球的收缩模式，可以按视觉性划分为：深层物质上返、板块边缘汇聚、大型板块坍缩。

一、深层物质上返

在被压缩过程中，任何球体体积的减小必然伴随着内部物质外泄，地球也不例外，这就是为什么大型山脉中部，总是都不约而同地出露了大面积的深层变质岩，甚至火成岩的原因。

以地球半径缩减 10km 计，地球的体积就要缩减约 24 亿 km³。因为固体、液体具有不可压缩性，地球半径缩减 10km 将会使原地下深处 10km 的地层上返到地表，那些长期受高温、高压作用的岩石将露出地面，上返量约为 24 亿 km³。按照喜马拉雅山平均海拔 6000m、原平均水深 4000m 估算，青藏高原喜马拉雅区域垂直上返量大于 10km。

我们将地球体积减小的总量合并成图 7-4 中的 A 块，假如地球收缩运动开始时，地球的 A 块就被独立出来，地球收缩完成后，A 块完全不成为地球的一部分，则地球的体积改变量被一步到位地完成，地球上则不会出现各圈层物质的压应力效应，就不会产生构造运动。

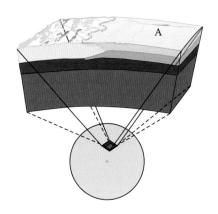

图 7-4　地球体积改变增量整体分离模式

然而，地球演化业已进入各圈层结构时代，地球的收缩运动导致的体积增量，不可能通过抛离地球的方式进行，而只能作为地球的一部分以穿插或叠置方式继续存在。

事实上，A 部分物质一定处于地球上应力集中区。在地球上的应力集中区，总是同时存在着地球半径的缩短与表面积减小运动，A 部分物质以山体的形式附加在地壳的表层。

如果说山体的推覆与滑覆是地球因表面积减小在水平方向上的一种构造反映，那么，深层物质的上返就是地球因半径减小在垂直方向的一种构造反映。或者说，深层物质上返相当于岩层在垂直方向上的推覆与滑覆。

当一场收缩运动来临时，地球上一定会有深层岩的出露，除非收缩改变量不大。

可以肯定，地球的收缩运动，不会因为某地发生了大面积的山体逆冲、推覆、滑覆(或拆离)，就不可能再有深层物质的上返。上地壳只以完成地球表面积的改变量为己任，下地壳、地幔物质则以完成地球半径的减小为己任。两者各司其职，不可替代。

深层物质的上返，是地球体积收缩、半径减小的一种必然结果。可以这样理解，地球收缩，半径减小，深层物质即使不动，也会因为地壳表层的下降而暴露出来。

深层物质上返，不会因为地壳巨厚而被阻滞，只要地壳出现破口，深层物质就会通过破口释放压力而逃逸覆盖在浅层物质之上。地球收缩时，即使地壳不动，深层物质也会越过地壳出露地表。

类似处于高势的岩体在重力作用下会向下滑覆在低部位岩体之上一样，处于地壳深层的岩体在收缩力作用下会向上出露地表。

深层物质上返后可能位于原地，也有可能被后期上返的更深层物质做侧向推离。

深层物质上返是地球收缩运动的一种表现模式。

没有深层物质上返的地球造山运动是不可能的。

一次构造运动造成的深层物质上返，可以在全球范围内均匀分布，形成全球范围内较为广泛的变质岩分布，也可能在局部地区深度完成，苏鲁高压-超高压变质带研究成果表明：超高压变质带中广泛出露了曾在地幔中"遨游"过的超高压变质岩石，这些岩石大部分来自大陆地壳，它们曾经位于地下 100km 以下的深度，而后才上返到地表(许志琴等，2003)。

二、地壳板块相会

如果说地壳深层物质上返是地球发生整体收缩、半径减小的一种必然现象，那么位于地球表层的球面板块的相会与碰撞，则是地球收缩时发生表面积减小的一种必然。

还是以地球半径缩减 10km 计，地球的表面积就要缩减约 110 万 km^2，即在地球上会形成两条这样的造山带，一条是 6000km 长、100km 宽的造山带，另一条是 5000km 长、100km 宽的造山带。

青藏高原表面积约为 250 万 km^2，远大于 110 万 km^2，表明喜马拉雅构造运动所产生的地球半径收缩量大于 10km。

大面积的地球表面积收缩，除了表明地球的半径减小，还表明地球周长的减小。地球周长的缩减，使原本相邻、相隔的地壳板块发生会聚、碰撞成为必然。

板块碰撞的实质是岩石圈物质在板块结合处(原分界处)发生垂向堆叠与横向断褶，是一种岩石圈周长缩减的具体表现(图 7-5)。

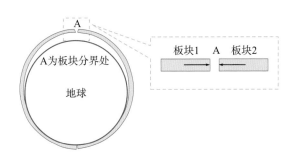

图 7-5   板块结合处为地壳收缩的优先点

板块碰撞是板块对接的深度表现。发生板块碰撞并不是因为相邻板块受到了来自水平方向的相向作用力，而是受到了垂直方向的作用力。如果仅仅是水平方向作用力，板块之间对接后不会进一步挤压成山。

板块碰撞所受作用力不是地球内力，而是地球以外力。这种外力不属于线力也不是面力，而是体力。

板块碰撞并不是由地球为了抵消扩张带来的增长而导致。因为地球发生收缩运动与发生扩张运动是两种完全不同属性的运动，两者分别发生在地球运动的两个不同时段，不可能产生交集。也就是说，地球发生大规模膨胀运动位于轨道的远银端，此时不可能发生，只有近银端才具有的大规模收缩运动。

三、大型陆壳坍缩

理论上讲，大型陆壳坍塌是地球收缩、体积减小的反映。由于地球深部物质在地壳破碎处已经得到充分的上返，地球半径缩小产生的体积增量已经用完，地球已经不再需要其他地方做半径缩减。但收缩运动所产生的地球表面积减小量，在某些较大面积陆壳处，会因深部地幔圈物质的收缩而发生坍缩效应，这一效应的剖面图如图 7-6 所示，平面图如图 6-17 所示。

图 7-6   地球收缩的坍缩

图 7-6 是一种离散化了的陆壳坍缩模式，真实的自然状态不会等到空腔体的出现。真实地表形态如图 6-8 和图 6-9 所示，紧随地球收缩运动完成。

图 6-8 所示的地表褶皱模式已经被数模做出很好的解释(蔡东升等，1996)，而图 6-9 所示褶皱状态迄今为止仍然不能被人们很好地解释，图 6-9 照片抽象结果如图 6-16 所示，油气勘探部门始终认为该地存在多个方向的地应力系统，存在多个构造分区，因为他们没有认识体力的作用。

现在看来，图6-8、图6-9其实是由于银核施加给地球的体力——胀缩力作用结果，地球胀缩力在表现为收缩力阶段所导致的地球发生收缩运动，在地表形成的一种局部坍缩现象。

四、地壳表层揉皱

地壳表层揉皱是地球收缩运动的一部分表象，是与人类生产、生活紧密相连的构造运动表现形式。

从可追踪、可回溯、易对比、好解释角度讲，地壳表层揉皱是地球收缩的主要表现形式，因为地球收缩最为显著的体现，在于地壳表面积的收缩。

与体积缩小、半径变短相比，地球表面积增量的改变，更显得具有分布广泛性和可观察性，即某个地区的深层物质上返活动，可能将整个地球收缩运动所需的半径增量、体积增量一次性完成，而地壳表面积增量的更替完成却还需要其他地区参与进行。这样就出现了地壳表层的揉皱。

图7-7—图7-9分别展示了中国雪峰山—华蓥山、美国阿巴拉契亚山脉、伊朗扎格罗斯山脉地壳表层发生揉皱的实际剖面。

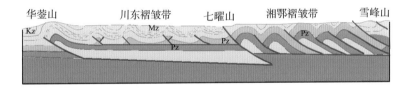

图7-7 雪峰山—华蓥山地表揉皱剖面（翟光明等，2002）

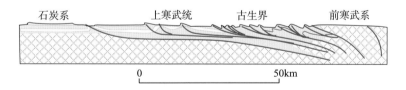

图7-8 美国阿巴拉契亚山脉概要剖面（转引自马托埃，1980）

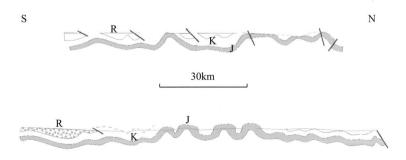

图7-9 伊朗南部扎格罗斯山等厚褶曲总体剖面（据不列颠石油公司内部资料）

图 7-7 展示了雪峰山—华蓥山 500km 一线，完全被构造形态简单、表层岩石为系列褶皱所充斥，没有中层、深层岩层参与的岩层变形实例，它是单一的地壳表层的长度收缩，表明了地壳线状收缩可以规模巨大。这些表层产生了巨大距离缩短量的系列褶皱，通过产状接近水平的断层，与几乎未见距离缩短的中深层岩层接触在一起，为人们分析研究中深层油气聚集留下了巨大的空间。

图 7-8 也是一个延伸距离很大，具有完整平缓断层分割，构造形态简单的实例，与图 7-7 相比，相同点在于都是表层岩层产生了线状收缩的水平断层，不同点在于断层面上岩层的褶皱，前者产生了进一步收缩，后者没有褶皱。

图 7-9 展示的为伊朗南部扎格罗斯山厚达 15km 的褶皱地层，仅仅只是简单地以揉皱方式参与。与图 7-7、图 7-8 相比，本例缺少水平产状逆推断层。

可以肯定，地球收缩时，很多地方的地壳表层都要参与收缩运动，而且很多地方都是以断层加褶皱模式进行，因为地壳表层收缩是它的目标驱动之所在。

地壳作为固体地球的皮肤，在地球收缩运动中，以人们可见的形态展示其参与构造运动的结果。地壳表层的揉皱，无疑分担着地球收缩的作用，因而是地球收缩运动的一部分。有人称地球表层的揉皱为"薄皮构造""箱状构造""梳状构造"等。

伴随这种构造现象的一般表现形式仅有断裂和褶皱。一些地方可能没有断裂相伴，仅有褶皱；有些地方则存在中层"盐丘"现象。

现在看来，"盐丘"构造是一种中层参与地球收缩运动的"体积"减小的补充，只有条件达到了"流动性""空间性""压缩性"的地方，才可能出现"盐丘构造"。显然，"盐丘"构造应该归为地壳表层揉皱。

第三节　收缩运动阶段

当地球相对于银核运行，银核施加给地球的胀缩力表现为正时，地球便展开了收缩运动。地球的收缩运动开始于绕银核运行椭圆轨道的 257.58°，结束于轨道的 102.41°，鼎盛于轨道的 0°处。如果以周期为 2.5 亿年计，地球发生收缩运动的时间间隔约为 1.4224 亿年，所以，在地球绕银核椭圆轨道运行一周之内，地球脉动时间分配上，发生收缩运动的时间较发生膨胀运动的时间长。

但是，因为天体红移现象表明宇宙处于持续膨胀的背景，地球应该是在随宇宙不断膨胀的状态中进行着脉动运动。

就时间来讲，地球进行收缩运动的时间较膨胀运动得长，然而，就作用力极值来讲，地球膨胀力的极大值却大于收缩力。这一点可以由图 2-9 得到。

从地球发生收缩运动开始到结束，地球的收缩运动可以划分为几个阶段：中部隆升，侧向推覆，顶部滑脱。

一、中部隆升

对于地球发生收缩运动反应最敏感的无疑应该是地球的外核，因为它是由等离子态或液态物质组成的，否则，从地球进入收缩运动阶段开始，地壳的表层就应该有所反映。

物理学告诉我们，作用力随时间的积累所形成的是冲量，当地球收缩力随时间累积到一定量之后，地壳表层受收缩力冲量作用会产生收缩效应，收缩效应是受帕斯卡定律约束、由软流圈物质将最大压强传导到地壳岩石应力最为薄弱的地方，形成该地区中部隆起。中部隆起是指现在大型山脉的中部，原来是地壳受力薄弱处，是地球收缩时最先隆起的地方。

前已述及，收缩力是胀缩力的正值表现，胀缩力属于体力，是使地球整体发生膨胀与缩小的作用力。

地球体积减小以半径缩小和表面积收缩为途径，地球体积减小表现在球表面向球心的靠近。在固体、液体不可压缩前提下，球表面向球心靠近体现在地壳深部物质对球表面的突破、出露，也就是地壳深部物质的上返（图7-10）。

图 7-10　地球收缩中部隆起示意图

地壳深部物质上返的受力分析前已描述。

地壳深部物质上返所形成的空间会及时地被深部邻区物质充填而紧随上返，这一运动形式只待地球收缩力形成的体积应变量平衡为止，所形成的空间接着被两侧地壳上部物质充填（图7-11）。地球收缩力一直持续1亿多年，这种应变运动相应持续1亿多年。

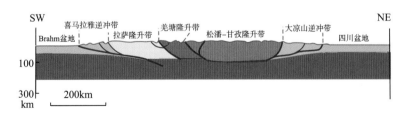

图 7-11　拉萨-羌塘-松潘-甘孜隆升带两侧推覆构造剖面

地壳深部物质的持续上返形成了蔚为壮观的高压-超高压变质岩带。中国的主要高压-超高压变质带研究成果表明（杨经绥等，2009），目前，中国已经识别出16个高压-超高压变质带（图7-12）。

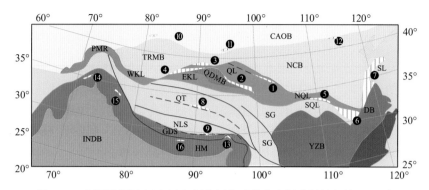

图7-12　中国及邻区主要高压-超高压变质带分布图(杨经绥 等, 2009)

注: NCB.中国北部陆块; TRMB.塔里木陆块; QDMB.柴达木陆块; INDB.印度陆块; CAOB.中亚造山带; QL.祁连地体; NQL.北秦岭地体; EKL.东昆仑地体; WKL.西昆仑地体; PMR.帕米尔地体; SG.松潘-甘孜地体; QT.羌塘地体; NLS.北拉萨地体; GDS.冈底斯地体; HM.喜马拉雅地体; SQL.南秦岭地体; DB.大别地体; SL.苏鲁地体。❶.北祁连高压变质带; ❷.柴北缘超高压变质带; ❸.北阿尔金高压变质带; ❹.南阿尔金超高压变质带; ❺.北秦岭超高压变质带; ❻.大别高压-超高压变质带; ❼.苏鲁高压-超高压变质带; ❽.西藏羌塘高压变质带; ❾.西藏松多(超)高压变质带; ❿.新疆西南天山高压-超高压变质带; ⓫.甘肃北山高压变质带; ⓬.冀北高压变质带; ⓭.喜马拉雅东构造结南迦巴瓦高压变质带; ⓮.喜马拉雅西构造结喀罕(Kaghan)超高压变质带; ⓯.喜马拉雅西构造结措莫拉(Tso.Morari)超高压变质带; ⓰.喜马拉雅阿伦(Arun)谷高压变质带。

　　杨经绥等(2009)根据超高压变质带形成的时代和区域构造背景,将其归纳成 4 类 11 个高压-超高压变质岩带。

　　第一类为始特提斯(早古生代)高压-超高压变质带,包括: ①柴北缘—南阿尔金超高压变质带, ②北祁连—北阿尔金高压-超高压变质带, ③北秦岭超高压变质带。

　　第二类为古特提斯(晚古生代-中生代)高压-超高压变质带,包括: ④大别高压-超高压变质带, ⑤苏鲁高压-超高压变质带, ⑥西藏羌塘高压变质带; ⑦西藏松多(超)高压变质带。

　　第三类为新特提斯(新生代)高压超高压变质带,包括⑧喜马拉雅高压-超高压变质带。

　　第四类为古亚洲域南缘(未分时代)高压-超高压变质带,包括⑨新疆西南天山高压-超高压变质带, ⑩甘肃北山高压变质带, ⑪冀北高压变质带。

　　这些高压-超高压变质岩带所含柯石英、榴辉岩等成分表明,它们产自 100—150km 及以下深度地幔圈。

　　综观国内外超高压变质带的研究,特别是超高压变质岩的矿物学、岩石学及同位素地球化学等方面的成果,许志琴等(2003)认为,以超高压变质带为主题的课题研究还存在许多问题,包括: 各类超高压(含高压)变质岩石的 PT 轨迹及其深度、时间的制约关系; 较轻、低密度和具浮力的大陆壳如何俯冲至地幔深度在地幔中运移?超高压变质地体如何从地幔深处快速返回地壳浅部?高压-超高压板片上返的时限,地幔岩体的原始产出及演化过程是怎样的?

　　现在看来,那些所谓的高压-超高压变质带存在俯冲与折返构造过程认识,完全是基于板块构造说的传统看法。其实,它们仅仅是地球体积收缩、深部物质外泄地表的一种现象。

　　深部物质的持续上返,导致了大型山脉的形成,本质上即为山脉的中部隆升。

　　可以将地壳深部物质的持续上返定为地球收缩运动的第一阶段。地球收缩运动的第一阶段是地球球面向球心远离的中部隆升阶段。

二、侧向推覆

中部隆升所解决的是地球体积缩减、地球半径减小，是地球收缩的最先阶段。

当地壳深部物质上返量达到一定程度，上返通道两侧或周缘的地壳开始向通道收缩，形成逆冲效应。

地球持续的收缩运动，需要做半径持续减小的运动，这时中部物质的隆升活化继续，进一步的隆升开始。达到一定平衡后，两侧地壳继续开始向通道收缩，逆冲构造开始演化，原先形成的逆冲体进一步被逆冲断层断开，形成新的逆冲断裂(图 7-11)。

如此多次往复，形成多级逆冲断裂带(图 7-13)。

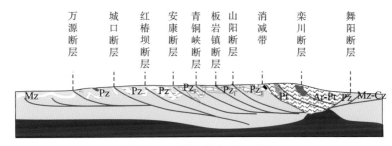

图 7-13　秦岭-大巴山构造横剖面(据翟光明，2002)

逆冲断裂是脆性岩层受力后的形变结果，在地壳收缩过程中，韧性岩层往往是先产生挠曲、再产生断层，因此，在地球收缩的中部隆起阶段，总是伴生着两侧岩层的侧向逆冲、推覆、褶皱活动。图 7-13 描绘了秦岭山脉大巴山一侧的断、褶、推覆构造情况。

将地壳物质的侧向推覆定为地球收缩运动的第二阶段。

三、顶部滑覆

严格说来，顶部滑覆不应该算作是地球收缩的构造类型，就像碎屑不算作构造一样，滑覆体难道不是一种巨型的碎屑？或者，滑覆体难道不是一种伴随或尾随收缩运动的滑坡？

但是，作为收缩运动的尾声，处于造山运动的高势部位物质，重力作用形成的不稳定性决定了"山"顶部位的地质体，总是要趋向于低势部位移动，因此，地质体的滑覆总是在山体周围出现，它巨大的规模，极其巨大的能量，对所途经的先期构造形成改造，以及其前端冲击力形成的地层产状变化，对油气等流动性矿藏都形成一定的作用。

伴随着地球收缩运动，那些被顶托隆升的深层物质，在断层作用下发生产状倾斜，重力作用使他们滑向低势场所(图 7-14)。

产生滑脱体的滑脱面最先总是那些欠压实岩层与塑性层，如：厚层泥页岩、膏盐层、煤层、饱含水层等，也有些是早期形成的断层面。

滑脱一经启动，滑脱面可能会出现更迭，形成新的滑脱面或滑脱体，或叠瓦状滑脱体。例如，对四川盆地龙门山飞来峰群的地质考察发现，冰积层可能成为龙门山飞来峰群后期的滑脱面，或者说龙门山飞来峰群前端位于冰积层上，冰积层参与并助力了川西高原的滑覆活动。

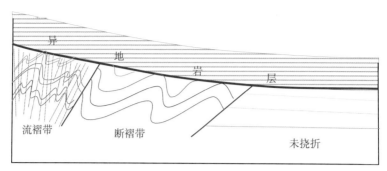

图 7-14　尾随收缩效应的重力滑脱运动

　　图 7-15 所选择的两条地震剖面中上部，反映了位于准噶尔盆地南缘乌鲁木齐以西天山北麓之下的一个巨型滑脱体——霍玛吐滑脱体。它以古近系安集海河组的巨厚泥岩层为滑脱面，滑脱体的前锋，东西向被侧向挤压阶段形成的吐谷鲁背斜、玛纳斯背斜、霍尔果斯背斜三个背斜构造阻挡，形成类向斜构造的滑脱体。

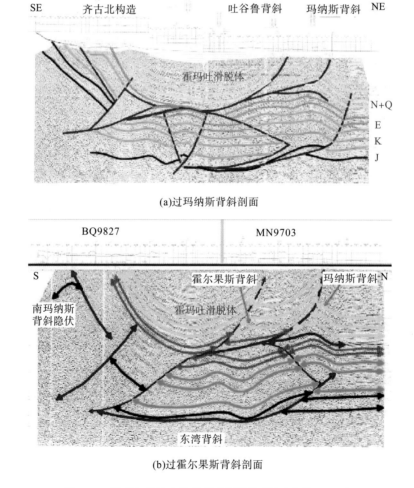

图 7-15　准噶尔盆地南缘霍玛吐滑脱体(彭天令等，2008)

注：BQ9827、MN9703 为准噶尔盆地地震剖面编号

有人称滑脱面为拆离断层，将滑脱体称为拆离体，显然是基于陆壳俯冲在下的思想认识。从图 7-15 看，滑脱体明显与原岩岩性、时代、属性一致，滑移距离不远，何来拆离？

第四节　收缩变量算法

地球的收缩运动是人们最早认识的地壳构造运动之一，但对地球因收缩所产生的周长改变量(ΔL)、表面积改变量(ΔS)、半径改变量(ΔR)、体积改变量(ΔV)等却从来没有人涉猎，更别说分别建立理论计算公式。当我们获得了地球产生脉动性运动变化的动力方程后，参考材料力学有关薄壁球壳($t/R<1/20$)应力分析，可以对应列出这一系列方程。

地球的平均半径等于 6371km，地壳平均厚度为 33km，即使以地壳、岩石圈的最大半径算，地球的 t/R 远小于 1/20，所以，以地壳/岩石圈为研究对象时，地球可以被看作是一个薄壁球壳体。

目前，材料力学对刚体或刚塑体薄壁球壳的受力变化研究，仅限于对空腔球体局部施力分析，与地球具有分层结构、实体且整体均匀受力存在明显差别，但为了在地球动力学研究中，对地壳变形展开相应研究，我们可以借用材料力学相关思路。

设一个半径为 R、厚度为 t、弹性模量为 E、泊松比为 ν 的薄壁球壳，δ 是压缩的位移，c 为球壳厚度的减小量，F 为径向受力，Reissner(1960)分析了力与位移的关系：

$$\frac{\delta}{t} = \frac{cFR}{8Dt} \tag{7-8}$$

$$D = Etc^2 \tag{7-9}$$

$$\frac{c}{t} = \sqrt{121-\nu^2} \tag{7-10}$$

$$F = \frac{8E\delta t^2}{R\sqrt{12(1-\nu^2)}} \tag{7-11}$$

$$\delta = R_A - R_B \tag{7-12}$$

式中，D 是球壁抗弯刚度。式(7-8)—式(7-12)向我们展示了材料力学关于薄壁球壳各种参数的计算获取办法，作为地质工作者可以参照类比获得相应方法。

Hubbard 和 Stronge(2001)在分析几何模型时同样对形成的塑性铰圆的面积忽略，得到球壳顶点的位移是 2 倍的压缩位移，认为压缩位移 δ 和力的关系可以表述为

$$\frac{2\delta}{t} = \frac{K}{4}\left(\frac{cFR}{8Dt}\right)^2 \tag{7-13}$$

其中，K 的算法为

$$K = \left(\frac{5}{4}\right)^2 \times \left(\frac{8}{3\pi}\right)^2 \sqrt{3(1-\nu^2)} \approx 1.86 \quad (\nu=0.3) \tag{7-14}$$

对应球壳失稳压平阶段和对称失稳阶段的力-位移方程为

$$F = \frac{5Et^2\sqrt{\delta t}}{R} \tag{7-15}$$

式(7-11)与式(7-15)之力 F 是同一个力，都是表示从球壳顶端施加的(图 7-16)，不同研究者得出的计算式不同，说明相关研究尚不成熟。我们引用时要慎行。另外，由图 7-16(b)模式可见，这种薄壁球壳试验明显与地球收缩样式不同，地球收缩特点一是整体做半径减小的收缩，二是地球收缩时表现的内部物质突破表壳向外吐出。

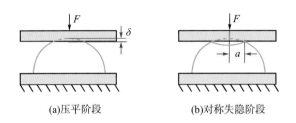

(a)压平阶段　　　　　(b)对称失隐阶段

图 7-16　薄壁球壳受力分析(郝伟伟，2011)

地球所受到的收缩力 F 是已知的、来自处于轨道焦点的天体，其大小是可求的，与地球所处轨道的极角位置有关，它均匀分布于地球的各点，并垂直地表指向地心。相关内容我们已在第二章论述完成。

不同研究人员对 t/R 相关研究进行了不同程度研究。Updike 和 Kalnins(1971)第一个预测出，当

$$\frac{R}{t} = 100$$

时

$$\frac{\delta_c}{t} = 2.0$$

而 Kitching 等(1975)通过实验测得，当

$$\frac{R}{t} = 36$$

时

$$\frac{\delta_c}{t} = 2.2$$

δ_c 为临界压缩位移，对于薄壁球壳，当压缩变形的位移达到 δ_c 时，压平区域将变得不稳定，以顶点为中心，半径为 a(图 7-16)的区域，球壳屈曲产生新的变形形态，压平区域向里翘曲形成与原来球壳相反方向的弯曲，邻近未变形的逐渐进入到这个发生翘曲的区域内。

在准静态实验中，相同的壁厚，随着半径的增大，发生对称屈曲所需要的临界位移 δ_c 也不断增大，但是所需要的临界力却不断减小。薄壁球壳非对称屈曲的临界压缩位移 δ_c/t 随着径厚比 R/t 的增大而增大。并且随着 R/t 的减小，薄壁球壳非对称屈曲形成的边数有增多的趋势(表 7-1)。当 $R/t<73$ 时，容易形成六边形，当 $73<R/t<101$ 时，容易形成五边形，当 $R/t>101$ 时，容易形成四边形。

表 7-1　不同薄壁球壳的临界翻转压缩位移 δ_c 实验结果(郝伟伟，2011)

试样编号	R/mm	t/mm	δ_c/mm	δ_c/t	R/t
1	25	0.4	0.54	1.35	62.5
2	38	0.3	0.67	2.23	126.7
3	38	0.6	0.91	1.52	63.3
4	50	0.4	0.83	2.08	125
5	50	0.6	1.03	1.72	83.3

参照以上这些公式，我们可以建立关于地球受力变化参数，可以求得地球不同阶段的收缩改变量，因而可以求得地球发生收缩运动时产生的各参数相应改变量。

一、收缩量的求取

地球在收缩力作用下产生点、线、面、体的改变及其改变量，理论上是可求的，这样就完全改变了以往地学工作在此方面只能做定性研究的格局。

(一)地球收缩所产生的周长改变量(ΔL)

根据第二章研究内容，我们可以得到，地球在收缩力 F 作用下产生的周长的改变量为

$$\Delta L = \frac{KFd}{4Et}[2 - \nu]\pi d \tag{7-16}$$

由式(7-16)获得的值表示地球在轨道位置一定时，整体周长的应变量即可求出。设地球收缩前的周长为 L_A，地球收缩运动结束后周长为 L_B，则地球收缩运动所产生的周长改变量

$$\Delta L = L_A - L_B \tag{7-17}$$

式(7-16)是很多平衡剖面技术中采用的计算式，式中各参数的单位可以是 m、km，计算中要注意前后单位的统一。

实际工作中，我们可以通过逆过程求取地球在某一时刻产生的周长改变，反过来求出当时发生构造运动的动力大小，地球周长的改变量可按下式求取：

$$\Delta L = \sum_{i=1}^{n} L_i + \kappa \tag{7-18}$$

设：

$i = 1$，L_1 为洋壳缩短量，单位：km。

$i = 2$，L_2 为山体缩短量，单位：km。

$i = 3$，L_3 为海沟缩短量，单位：km。

$i = 4$，L_4 为板缘推覆缩短量，单位：km。

$i = 5$，L_5 为板内推覆缩短量，单位：km。

$i = 6$，L_6 为逆断裂超覆缩短量，单位：km。

$i = 7$, L_7 为地层褶皱缩短量，单位：km。

κ 为遗漏项缩短量，单位：km。

这样，式(7-18)简化为

$$\Delta L = \sum_{i=1}^{7} L_i + \kappa \qquad (7\text{-}19)$$

在运用式(7-19)时，有两点一定要注意。一是计算时应该是同一高度，特别是全球性的数据问题，如果没有统一的高度，所得结果存在误差，应该根据全球海平面加以校正。二是计算应该在同一个过地球球心的切面圆周上进行，否则，所统计的结果极容易扩大。

实际计算中，式(7-19)的每一项都是一个累计求和公式：

$$L_i = \sum_{j=1}^{m} L_{ij} \qquad (7\text{-}20)$$

i 的变化表示统计项的不同，j 的变化表示统计地区的不同。这样，式(7-19)可改写成如下完整形式：

$$\Delta L = \sum_{i=1}^{7}\sum_{j=1}^{m} L_{ij} + \kappa \qquad (7\text{-}21)$$

计算办法大多是现成的，如平衡剖面法、古地磁分析法等。

平衡剖面法用来计算 L_2、L_4、L_5、L_6、L_7 已有广泛的报道，如曾融生等(1998)在计算了喜马拉雅-祁连山的大陆碰撞过程后，得出 50Ma 前印度次大陆和羌塘块体向特提斯喜马拉雅和拉萨块体下地壳挤入的长度分别为 508km 和 429km 等，说明了一个时刻一个点一种类型的地壳缩短量是可以根据地质遗迹反求的。

古地磁分析法用来计算 L_1，是一种较能被人接受的办法，尽管现阶段现有技术条件下误差可能较大，但却较为现实。

用古地磁数据计算板块间的洋壳消失量的步骤如下。

第一，选定边界条件。找出即将工作的线路应该属于统计地球圆周的线路，选准海拔面所对应的目的层系，找到板块间的缝合处；第二，分析古地磁数据。在缝合带两侧不同的板块上取得各种不同年龄岩石的磁化数据，确定古地磁纬度，做出每一块岩石形成磁化时古磁纬度图；第三，计算洋壳消失量。比较两板块之间的相对位置，划定计算的地史时间段，计算洋壳消失的长度。但对于整体下沉并完全被陆块叠覆而消失的古洋壳，目前是没有办法求得的。

由于海沟一直以来被认为是洋壳的消亡处，并没被认为是地球收缩时的产物之一，所以，关于海沟使地壳长度缩短的问题几乎无人计算。计算海沟的缩减量也可以按照上述方法进行。如果想避开海沟，找一条不过海沟的切面也是可以的。

计算地壳周长的缩短量，应该视所选切面的圆周上是否包含式(7-21)中的各项因素，并不是所有的路径都含有洋壳的缩短问题、海沟问题等，计算前可以先进行归类。

如图 7-17 所示，近东西向的 I 线推覆量为 80km，II 线推覆量为 68km，近南北向的 B-B′线在没有消除东西向推覆影响的前提下，所算出的缩短量达到 50%，而 C-C′线缩短量 28%，这样在喜马拉雅造山期，仅柯坪地区就至少完成了地壳表面积 1564km^2 的收缩量(蔡东升等，1996)。

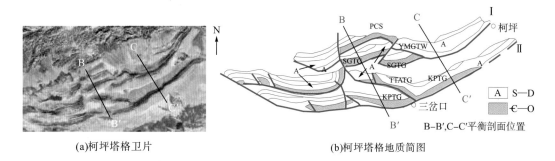

(a)柯坪塔格卫片

(b)柯坪塔格地质简图

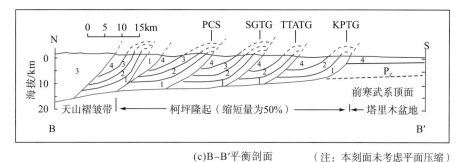

(c)B-B′平衡剖面　（注：本刻面未考虑平面压缩）

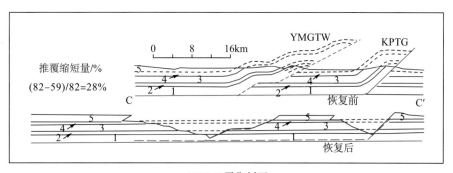

(d)C-C′平衡剖面

图 7-17　塔里木盆地西北缘柯坪造山带构造恢复情况（据蔡东升等，1996）

1.寒武系—奥陶系；2.志留系；3.泥盆系；4.石炭—二叠系；5.新生界；Pz.古生界；PCS.皮羌山；SGTG.萨尔干塔格（山）；

TTATG.塔塔埃尔塔格；YMGTW.依木干他乌；KPTG.柯坪塔格

（二）地球收缩所产生的半径改变量（ΔR）

根据第二章研究内容，我们可以得到，地球在收缩力 F 作用下产生的直径改变量为

$$D = \frac{KFd}{4Et}[2-v]d \tag{7-22}$$

在获得周长改变量之后求半径改变量，可按下式计算：

$$\Delta R = \frac{\Delta L}{2\pi} = \frac{1}{2\pi}\left(\sum_{i=1}^{7}\sum_{j=1}^{m}L_{ij} + \kappa\right) \tag{7-23}$$

(三)地球收缩所产生的体积改变量(ΔV)

根据第二章研究内容,我们可以得到,地球在收缩力 F 作用下产生的体积改变量为

$$\Delta V = \frac{KFd}{4Et}[5-4\nu]\left[\frac{4}{3}\pi\left(\frac{d}{2}\right)^3\right]$$

$$= \frac{KF\pi}{24Et}[5-4\nu]d^4 \tag{7-24}$$

地球的体积改变量由下式计算:

$$\Delta V = \frac{4}{3}\pi\left(R_A^3 - R_B^3\right) \tag{7-25}$$

式(7-25)中的 R_A 或 R_B 可以通过现代地球物理方法测定,而另一个可求。

可以确定,由于地球的胀缩力在作用时间和作用力绝对值方面存在着差异,地球的膨胀力虽然作用时间较短,但绝对作用力大,所以,所得地球膨胀的体积改变量、半径改变量、表面积改变量、周长改变量的绝对值都将比地球收缩的对应量的绝对值大,就是说地球每绕银核一周,体积将越来越大。

(四)地球收缩所产生的表面积改变量(ΔS)

根据第二章研究内容,我们可以得到,地球在收缩力 F 作用下产生的表面积改变量为

$$\Delta S = \frac{KFd}{4Et}[5-4\nu]\left[4\pi\left(\frac{d}{2}\right)^2\right]$$

$$= \frac{KF\pi d^3}{4Et}[5-4\nu] \tag{7-26}$$

(五)地球收缩进演

地球收缩运动发生在轨道的近银端,其中包含近银点,在近银点之前,地球收缩运动是作用力持续加大的运动,收缩效应逐渐加大,改变量增加明显;在近银点之后,地球收缩运动是作用力持续减小的运动,收缩效应变得不再明显,但收缩改变量仍然在持续增加。

把地球收缩作用力持续增大阶段称为地球收缩进演,这时,地壳开始大范围出现挤压性断裂,并不断出现老地层突出、覆盖在新地层之上,陆块相向运移速度迅速。

由于地球处于收缩期,收缩力的持续增大作用,使收缩量越来越大,地球半径的持续减小一定形成地壳深部物质上返,深部物质上返后留下的"空腔"因真空效应会迅速被侧向物质占据。如此过程的不断持续,形成了侧向地壳的"俯冲"现象。侧向地壳俯冲是伴随地球体积减小、地球周长变短的一种被动过程模式,不是主动模式。在地壳"俯冲"这一点上,逻辑关系不能混乱。

地球收缩进演形成的改变量在单位时间内数量越来越大,地壳的形变强度也就越来越大,板块间为适应越来越大的地壳缩短量,即产生强烈的、急促的变形,地壳深部物质的不断跟进上返,使原本破碎的断块不断地向外逃逸,形成老地层的接连暴露。

　　收缩进演为地壳周长缩短的黄金时段，那些完成了"俯冲式"碰撞的板块相对运动，会出现洋壳的急速减退，或陆块运移速度迅速加大。如果是封闭的或具有狭窄出口的海洋，此时会形成海进的假象，这种假象的持续时间可能有半个地球收缩期，有的甚至延续整个地球收缩期，这种假象只有等下一次的地球膨胀运动才消失，但又将造成新的假象。

（六）地球收缩退演

　　过了近银点，地球进入收缩力持续减小阶段，为地球收缩退演。

　　由于仍然处于地球收缩期，地球周长缩短改变量表现持续进行，但作用力越来越小，不会再出现老地层覆盖新地层这种剧烈现象，板块间相对运移速度不再迅速，地壳停止出现大范围压性断裂。

　　在这一过程中，地壳弯曲变形、断开幅度由强变弱，直至慢慢消失。体现在山区地貌上的特征是：在盆地边缘推覆断裂或大型逆掩断裂内侧，出现系列幅度逐渐变小的背斜带，处于相对较远处，最后生成的背斜两翼甚至没有断裂伴随。例如，准噶尔盆地的南缘山前褶皱带、昆仑山北缘山前褶皱带等，皆可见本过程产物。

　　综上所述，如果选定一个切面，确定了在这个切面上需要计算的时代地层，在满足了计算前提条件下，分析出这个切面的地壳收缩方式。通过计算，分别获得了各种方式的地壳缩短量为 ΔL_1、ΔL_2、ΔL_3、ΔL_4、ΔL_5（图 7-18），则地壳在这次收缩运动中周长总收缩量及地壳收缩前的长度可求。

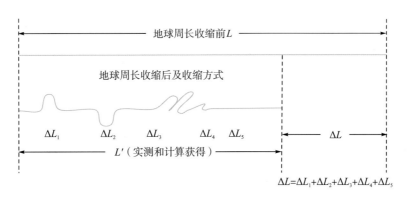

图 7-18　地球周长的收缩方式示意图

注：L.地球收缩前的周长；L'.地球收缩后的周长；ΔL.地球周长收缩量

二、地球收缩中的地方性裂谷

　　如果以 2.5 亿年作为地球绕银核的周期，以地球目前处于收缩力持续减小作用阶段为置信水平，那么，地球发生一次收缩运动的时间长度约为 1.269 亿年。这是一个漫长的时间段，在这个时间段内，地球将绕太阳旋转 1.269 亿多周，并同时遭受到银核与太阳的潮汐力作用，形成地球—太阳—银核一线的机会为 2.54 亿次。

　　如果形成潮汐干涉的概率为亿分之一，则在地球的收缩期内出现地幔潮汐因干涉加强振幅的次数为 2 次或 3 次，因地幔物质的局部富集而出现局部膨胀，地球将出现在收缩过程中的地方性裂谷。

地球收缩期形成裂谷和地堑的现象常见报道，如图 7-19 所示。

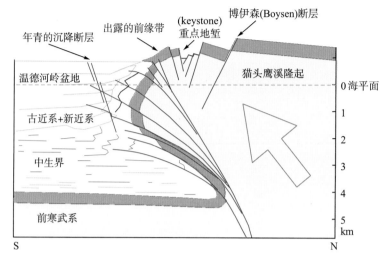

图 7-19 一个挤压式地堑的例子(示意图)(据 Wise，1963；转引自王燮培等，1992)

那些在挤压作用之后出现的伸展作用所造成的山中地堑的构造格局的现象也常被人们研究，如：西欧地堑、秘鲁的安第斯山西部地堑(图 7-20)等。

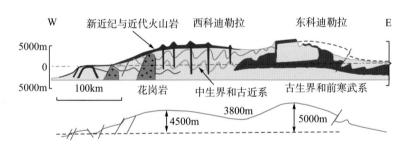

图 7-20 安第斯山(秘鲁)概略剖面图(据马托埃，1984)

注：剖面西部发生伸展，东部发生挤压

图 7-19 这类与挤压相伴随的张性构造，是属于应力转换的结果，主要作用力与次生作用力的力源相同，都是挤压力，挤压与引张形成的构造在同一地点，这类在挤压期形成的张性构造，背景为挤压的，局部为张性的，挤压力为地球收缩期的大背景力，张性力为地球的潮汐力形成局部峰值所造成，两者为先后关系，形成的构造可以不在同一地点。

三、地球收缩中的地方性海侵

在地球收缩期间，收缩力持续增加，地壳周长将会迅速减小，板块相向位移改变的速度持续增加，如果这时在两个陆块之间形成封闭的海洋或开口很小的海洋，那么，在此两陆块间将出现海侵(或海平面上升)。

综上所述,地球的膨胀运动和收缩运动是地球脉动产生地质改变的两个交替进行的运动,是不可抗拒的运动,它会周期性发生。地球上的板块运动属于球面质点运动的一部分,是地球运动的一种表现形式,在各种计算因素中可清楚地看出这点。在矿产普查与勘探中,总是要涉及各种断裂和褶皱,地球膨胀阶段和地球收缩阶段的划分及其各种模式的建立,对油气勘探领域构造单元划分将产生帮助。

第八章　地球的膨胀运动

　　与地球收缩说相对，16世纪就有人提出了地球膨胀说。认为地球在以往很长一段时期，并且现在一直处在膨胀状态。其主要依据是大陆上随处可见张性构造和大裂谷。地球膨胀说代表人物有：培根（F. Bacon），曼托瓦尼（R.Mantovani），林迪曼（B.Lindeman），希尔根伯格（O.C.Hilgenberg）。但是，真正具有碾压性的地球膨胀说，是依赖古地磁学建立起来的海底扩张说，古地磁学实践证明了大西洋、太平洋和印度洋的海底都在扩展。

　　显然，无论是地球收缩说，还是地球膨胀说，由于各自依据的片面性，对地球地质的解说总存在着吻合与不吻合之处，两派之间数百年来一直存在学术之争。

　　针对地球在单一的膨胀说或单一的收缩说上都存在偏差之难点，1933年，地球在收缩与膨胀间交替运行着的地球脉动说被人提出，此时，只是简单地将地球收缩说和地球膨胀说结合起来。

　　由于地球脉动说并没有从根本上解决脉动机制——动力，人们对地球脉动说的认识，只是停留在中庸之道上。

　　在我们获得了影响地球脉动的动力方程——地球胀缩力后，正确解释地球膨胀运动，以及进一步解释地球受膨胀力影响的膨胀运动，便成为主题。

　　地球的膨胀运动与地球的收缩运动一样，是同一个力——地球胀缩力作用的结果，膨胀力产生于太阳系在银河系轨道的 102.41°处，结束于 257.58°处。当太阳系越过轨道 102.41°，向远银点进发时，银核开始对太阳系施以负作用力——膨胀力，地球将持续一段时期地发生膨胀运动。膨胀力在轨道的远银点达到最大。地球在外力作用下产生整体膨胀。图 8-1(a)示意膨胀运动开始时的地球最小，图 8-1(b)示意膨胀作用力最大时地球最大，图 8-1(c)示意膨胀运动期间地球大小改变增量。

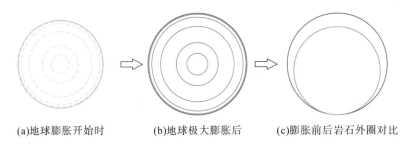

(a)地球膨胀开始时　　　(b)地球极大膨胀后　　　(c)膨胀前后岩石外圈对比

图 8-1　地球膨胀前后对比示意图

第一节　地球膨胀现象

按照物体受力变形和受力位移的难易程度分，地球发生显著膨胀现象，无疑应该是地球的大气圈，然而，大气不具备地壳"纸"的属性，不产生历史遗留，尽管现在人造地球卫星研究完全可以观察记录大气圈的发展变化，但以地球胀缩力为出发点的科学观察却是一直没有的。

如果以太阳系绕银核运行的周期为2.5亿年计、地球形成以46亿年计，那么地球大约跟着太阳绕银核转了18圈，即地球曾经记录了18次被压缩和膨胀的痕迹。每新一轮的胀缩运动，都将对前几次的运动结果进行改造或刷新，因此，最近一轮的地球胀缩运动无疑是我们分析地球胀缩运动的最好资料。

由于物体运动状态是可见的，而力是无形的，所以人们首先知道的是物体的运动。研究物体的运动规律，可以通过大量的观测资料归纳整理。地质运动的研究，凝聚了浩繁的地质工作者们辛勤的劳动。

地球发生膨胀运动主要体现在全球规模的海水泛滥和洋中脊扩张上。

地区性的裂谷和地堑，经过对比与鉴别，属于地球在银核潮汐力作用下的产物。

一、全球性的海水泛滥

地球的膨胀运动，受影响较大的除了大气，无疑就是液态体。地球的液态体包括地球外核（也有可能为等离子态）、水圈。

虽说水体本身不能作为媒介记录地球曾经发生过的膨胀与收缩事件，但作为介质，水体参与了岩石的侵蚀、搬运、沉积、成岩等地质作用过程，因而成为人们寻找地球膨胀运动证据的目标之一。图 8-2 为人们对世界各地白垩纪海平面或古水深情况所做研究的比较。

图 8-2 表明，在白垩纪，不同盆地的曲线，凡兰吟期除两条曲线外，均存在一个海进高峰；第二个重要的海进高峰出现在早阿普第期；第三个广泛分布的海进，出现在晚阿尔比期。这三次海平面变化，具有全球一致性，表明海水的上涨是全球同步的。

值得注意的，发生在美国西部内陆盆地的海进，伴随着强烈的火山活动，表明这一时期的海水活动与火山活动同步。

图 8-2 涉及层序地层学（地震地层学）分析问题的方法与结果。层序地层学是一种划分、对比和分析沉积岩的新方法，其全球海平面升降分析，为我们提供了地史时期中的海水泛滥和退却情况。

Vail 等（1977）在依据地震资料分析全球海平面变化后，反演得到了 6 亿年以来全球海平面变化曲线（图 8-3），从图中可清楚看出，在地史中的奥陶纪、志留纪、泥盆纪和侏罗纪、白垩纪时期，地球的海平面发生了相对上升运动。

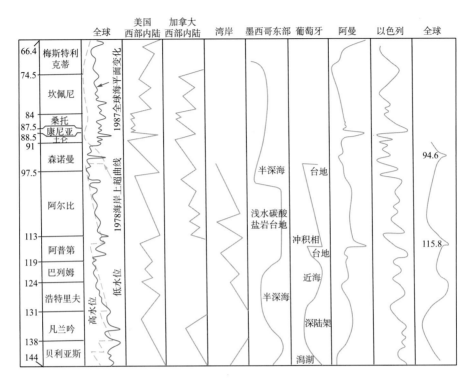

图 8-2　白垩纪海平面或古水深曲线比较（Scott，1991）

注：1978 年上超曲线与 1987 年全球海平面变化曲线有差别，曲线的对比是依据阶的对比，不是依据年龄

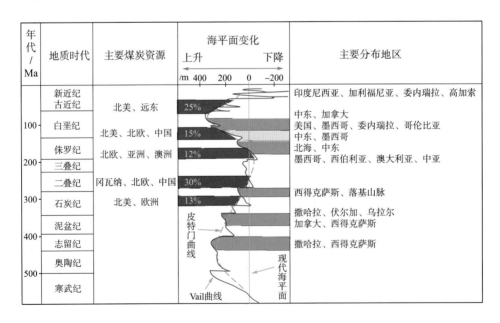

图 8-3　海平面变化曲线与煤、油成藏分布比较（Tissot，1979）

注：占显生宙 30%时期创造了全球 95%的煤储量；占显生宙 12%的侏罗纪与白垩纪创造了 70%的石油发现储量

很多作者依据 Vail 的工作原理与方法,指出 Vail 等(1977)的海平面升降曲线实际上展示的是地层的地震层序的相对海岸上超情况,而非全球海平面变化曲线(Pitman,1978)。他们根据自己的研究成果,认为海平面升降只是间接与海进、海退有关。

Tissot(1979)对海平面升降与煤和石油的形成关系进行了研究,认为大部分煤是海岸森林在被水淹没以后的还原环境中形成的,石油也多是浅海环境的产物。Tissot 指出,整个显生宙主要的煤和石油的堆积与聚集时期,和全球海平面曲线有关(图 8-3)。

图 8-3 中引用了两条曲线,一条是 Vail 在 1979 年所做的海平面变化曲线,一条是 pitman 在 1978 年所做的海平面变化曲线,两条曲线反映的地球自寒武纪以来的海平面升降情况具有高度的一致性,表明地球的海水升降史,至少获得了两位不同学者的高度认同。或者说,在地球运动的历史中,海平面出现过大规模的升降,而且显得具有周期性。

图 8-3 还揭示了世界上的油气资源成藏分布,绝大多数出现在地球的膨胀时期。

人们利用海平面变化分析,为研究地壳构造运动服务,最早可追溯到 17 世纪,只是到了 19 世纪初,才开始注意到海平面变化具有全球性。

曾经也有人研究了海平面变化与地球在银河系中位置之间的关系问题,比较了地球上自显生宙以来的两次大海退与两次大海进发生时期的地球位置,认为在远银点时出现全球性大海进,在近银点出现全球性大海退。

综合以往的研究成果,影响全球性海平面发生升降变化的主要原因较多,有冰川的消退与增生、板块构造运动的影响、海水密度的变化、全球气候的变化、海水潮汐的影响、局部构造异常活动等。

最有影响力的无疑是在膨胀状态下海水的整体膨胀上涨。广布地球的海水具有比地壳更加易于膨胀的特性,加上海水产生的沉积作用,忠实地记录其膨胀特性,因而全球性的海平面上升可反映全球性的海水膨胀,从而间接反映地球所发生的膨胀运动。

但是,严格意义上讲,受地球膨胀力作用形成的海平面上升情况不具有地质意义,也就是说,单纯的海平面变化曲线没有地质意义,只有与地层建立了联系的海平面变化曲线才具有地质意义。

如果我们将地候曲线与海平面升降曲线叠加分析,会发现还存在着诸多不一致之处,这是完全可以理解的,因为海平面变化分析建立在地震地层的接触关系上,地层的接触关系不仅受水体的容积空间影响,还要受区域构造运动影响;再者,后期发生的构造运动对前期形成的地层关系,会产生改造作用,因而会影响人们对其成因的正确判断。在没有地球胀缩力理论指导的海平面变化分析中,出现局部的不一致,实属正常现象。

二、全球性的洋中脊扩张

如果说海水的膨胀仅代表了地球水圈的膨胀运动,那么,大洋中脊的扩张则代表了地球的软流圈的膨胀运动。洋中脊遍布各大洋,是地球软流圈充分膨胀后的结果。在非洲大陆的东西两侧分别是大西洋中脊和印度洋中脊(图 2-2),其南则是大西洋-印度洋中脊,在北冰洋中,有罗蒙诺索夫和门捷列夫洋脊。几乎一致地表现出张性裂谷体系特征,没有发生可以导致岩石圈缩短的现象。有人计算后认为,在北美洲和非洲之间,软流圈物质的流出，使地球表面发生位移，直线扩张达 2000 多 km。无疑，洋中脊的不断扩张，是地球膨胀期间，地幔物质通过地壳张裂口不断外逸、变冷、凝结的结果。

与洋中脊相伴的往往是一系列大型的断裂，这些断裂一般可延伸 1000—2000km，如位于东太平洋的门多西诺断裂，水平错开距离达 1150km。

地球表面积恒定不变论者认为，洋中脊在大洋隆升分裂处不断增生，在板块边缘接合处不断消减，以使大洋岩石圈表面积保持不变。地球膨胀论者认为，地球陆地面积保持不变，地球膨胀所需的表面积由大洋中脊的增生面积维持。地球膨胀论者只是根据地球上某些膨胀现象，认为地球曾经膨胀过，并且，这些膨胀产生的增量已经被海底扩张所填充。地球膨胀论者中甚至有人还根据所收集到的古地理图，计算出大陆被浅海淹没的百分比随时间减少的量，进而估算出在地球膨胀期间，地球半径大约以 0.5mm/a 的速率增大。

大洋中脊的增生也被称为海底扩张，一些人认为，海底扩张带来的容量会引起海平面下降。对二叠纪超级大陆的复原研究结果(Santilli and Scotese，1979)无疑支持地球曾经更小过的说法。但是，Vail 等(1977)的全球海平面变化研究，却表明地史上海平面曾经长期处于高水位。

洋中脊的扩张与海平面的上升是否具有一致性？假如孤立地看问题，海底扩张所带来的容积扩大，应该导致的是海平面下降。如果科学地看问题，海平面上升与海底扩张都是地球膨胀运动的结果，是地球膨胀运动的不同物质表现。

无论是海底扩张说，还是大陆漂移说，抑或板块构造说，全球性洋中脊的增生，不可能成为它们各自依赖的证据源泉，因为，洋中脊增生是地球胀缩力不断作用的结果。

在膨胀力作用下，地球外核更易发生膨胀，直接将其所遭受膨胀力等压传送给地幔物质、再传递给地壳，人们虽不会直接见到地球外核物质膨胀的效果，但可以通过地壳的变形与变位，充分感受到它的膨胀之效。

在收缩力作用下，地球发生收缩，引起软流圈物质外溢的原因，我们已经在地球的收缩运动章节进行了分析。

所以，无论是膨胀力还是收缩力，洋中脊一直是增生的，只是增生速率不同。

比较起来看：因为地球的收缩力指向地心，呈汇聚状，按照帕斯卡定律分析，压强传递由地表及里，随各圈层的球面积越来越小，作用力将变得越来越小。反过来，地球的膨胀力指向轨道焦点，呈发散状，按照帕斯卡定律分析，压强传递由里及地表，随各圈层的球面积越来越大，作用力将变得越来越大。软流圈处于固体地球岩石圈之下，其所受的膨胀力，因叠加了地核所受膨胀力，发生膨胀运动时的膨胀效果远大于发生收缩运动时来自岩石圈的收缩力效果。

总之，随着地球的周期性轨道运动，仅凭胀缩力对软流圈物质的持续作用，就会使地球越来越大。再叠加宇宙大爆炸理论的宇宙持续膨胀理论，在地球的轨道运动中，固体地球会在脉动过程中不断增大。

全球性的洋中脊扩张一经形成，将不可磨灭地持续下去。收缩力不可以闭合它，因为地球体积的减小、半径的减小，都需要这么一个窗口；膨胀力更加需要它，因为地球体积的膨胀、表面积的增加,离不开这么一个窗口。

三、地壳膨胀运动表现

膨胀力作用于地球使地球发生膨胀有四种表现:表面积扩充,体积扩充,岩浆外逸量持续增大,岩浆外逸量持续减小直至为零。

(一)表面积扩充

地球的表面积扩充是指从地壳发生张裂开始到岩浆从裂谷中逸出前的表现。

当受到膨胀力作用后,地球的各个层圈都发生膨胀改变,这些改变量全部叠加在地壳上。由于膨胀作用所引起的体积增加,必将引起表面积的增加,作为刚性体的地壳只能发生张裂。

地壳张裂分为断槽(图 8-4)与拉张盆地(图 8-5)。形成过程在地球膨胀的最初阶段,随着地球体积的变大,张裂逐渐加深加宽,使地球的表面积得到充分扩张。图 8-6 展示了一个版块由裂缝—裂口—裂谷逐渐展开的理想状态。

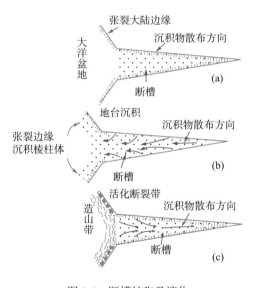

图 8-4 断槽扩张及演化

图 8-4 所表达的是地球上某一点在实现表面积扩充中的职责。图 8-5 所表达的是地球上某一线在实现表面积扩充中的职责。图 8-6 所表达的是地球上某一区域实现表面积扩充中的职责。

地堑与地垒不能作为实现地表面积扩张的表现形式,因为它们所反映的是地幔潮汐现象。

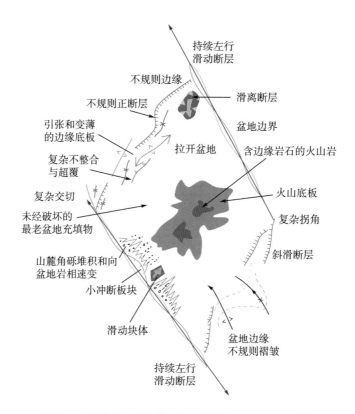

图 8-5　理想的扭张性拉开盆地简图(Crowell，1974)

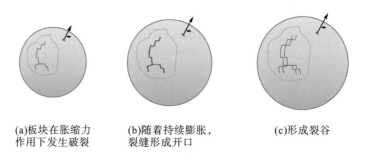

(a)板块在胀缩力　　　　(b)随着持续膨胀，　　　　(c)形成裂谷
作用下发生破裂　　　　裂缝形成开口

图 8-6　板块的破裂与拉张过程(Landon，2001)

(二)体积扩充

　　地球的体积扩充表现在岩浆从裂谷中逸出开始，到岩浆停止流出为止。将这一过程作为地球膨胀运动的具体表现，是因为地球的大气与海水无法记录历史。

　　洋中脊大规模生成是地球体积膨胀的最好证据，图 8-7 表达了地球体积扩充这一过程。

(a)地球膨胀使陆块分裂
而增加地球表面积

(c)地球继续膨胀使地幔外逸

(b)地球不断膨胀，表面积、
体积变大，岩浆大量外逸，
洋中脊越来越向外凸出

(d)地球仍在膨胀，但作用力逐渐变小，
岩浆外逸量逐渐减小，洋中脊向内凹进

图 8-7　地球体积扩充过程

　　尽管地球的体积膨胀从理论上讲是从地球受膨胀力作用的瞬间开始，但实际无法将这一起点划分出来。将地球的体积扩充阶段的起点定在岩浆开始从裂谷中大量外逸，具有一定的实际意义和理论意义。

(三)岩浆外逸量持续增大

　　岩浆外逸量持续增大是指从岩浆从裂谷中大量逸出，到岩浆外逸量突然急剧下降前为止，在洋中脊变化曲线上表现为一段持续上升趋势结束的曲线(图 8-8)，代表地幔持续膨胀的结果。

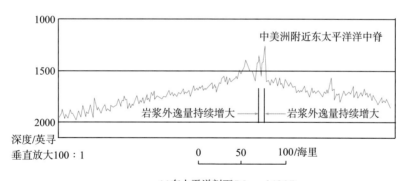

(a)东太平洋剖面(Menard,1964)

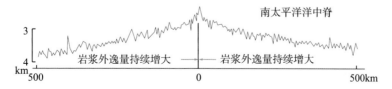

(b)南太平洋剖面(Menard,1964)

图 8-8　两条过洋中脊的地形剖面(1 英寻=1.828m,1 海里=1853.184m)

裂谷中开始出现岩浆大量外逸,表明地球内部物质的体积增大速度大于地壳膨胀速度。当膨胀力持续作用,内部物质体积膨胀量越来越大,岩浆的外逸量越来越大,形成了从最初的外逸岩浆之处向洋中脊方向越来越凸出的地形特征(图8-8)。

(四)岩浆外逸量持续减小

岩浆外逸量持续减小直至为零的现象(图8-9中B段),是指岩浆外逸量突然急剧下降,到岩浆停止流出为止。

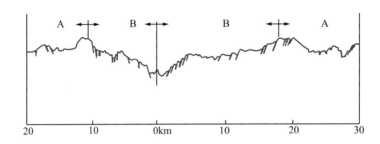

图8-9　大西洋洋中脊所表现的地球体积膨胀阶段(曲线依据MacDonald,1982)
A—岩浆外逸量持续增大阶段;B—岩浆外逸量持续减小阶段

显然,图8-9显示出这一现象,在洋脊变化曲线上与岩浆外逸量持续增大阶段为非对称。可以理解,岩浆的外逸由于膨胀的增量出现减小,岩浆外逸口径的大小等环境条件并没有发生改变,所以会出现各种对称与非对称的洋脊形态。

从时间长度讲,图8-9中的A、B两段是不相等的;从膨胀产生的改变量来讲,A、B两段也是不相同的。图中距离长短的差异,是因为B段为膨胀力作用的后期,此时地球整体膨胀高峰已过,地球尽管还在膨胀,但膨胀增量越来越小。经过了A段持续加大过程,岩浆的外逸量越来越少。

前已述及,当洋中脊一经形成,其沟通岩石圈的通道将不会轻易关闭,会成为岩浆外溢的出口,无论是在地球的膨胀期还是收缩期。膨胀期大量的岩浆膨胀疏导需要它,收缩期地球半径收缩体积减小深层物质上返也需要它。那么,如何判断B段是地球收缩期形成的还是膨胀后期形成的? 只有借助岩石时代分析技术了。

第二节　地球膨胀阶段性

与地球收缩运动具有阶段性一样,地球的膨胀运动也有阶段性。

当地球相对于银核运行,银核施加给地球的胀缩力表现为负时,地球便展开了膨胀运动。地球的膨胀运动开始于绕银核运行椭圆轨道的102.41°,结束于轨道的257.58°,鼎盛于轨道的180°处。地球随太阳绕银核运行周期为2.5亿年,发生膨胀运动的时间约为1.0776亿年,所以,在地球绕银核椭圆轨道运行一周之内,地球脉动时间分配上,发生膨胀运动的时间较发生收缩运动的时间短。

　　从地球发生膨胀运动开始到结束，地球的膨胀运动可以划分为几个阶段：膨胀中的中部隆升，大陆裂谷生成，大洋裂谷生成、螺旋式膨胀。

一、膨胀中的中部隆升

　　地球发生膨胀运动最先也是中部隆升，因为地幔物质聚敛了其本身和地核物质的膨胀力，是这些力共同作用的结果(图 8-10)。

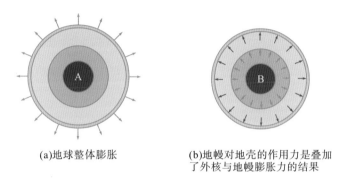

(a)地球整体膨胀　　　　　　(b)地幔对地壳的作用力是叠加
　　　　　　　　　　　　　　　 了外核与地幔膨胀力的结果

图 8-10　地球体积膨胀是各圈层物质膨胀叠加的结果

　　膨胀作用开始，外核与地球其他部分物质同时遭受地球胀缩力作用，由于其液态或气态更易膨胀的属性，势必优先掠夺周围物质的空间。因向地心方向是固态的内核，只能向外层地幔传递，地幔再将外核传来的力和自身的膨胀力叠加后传给地壳。

　　上地幔上部集中了外核与地幔的膨胀力，形成了软流圈物质对地壳的作用力。图 8-11 中，按照帕斯卡定律，a、b、c、d、e 各处膨胀力大小相等，方向一致，作用于地壳或岩石圈底部，显然，c 处是软流圈承受上部地壳压力最小的地方。

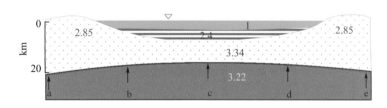

图 8-11　地球膨胀时地壳的重力不起作用

注：图中除坐标数字外，均表示平均密度

　　地壳结构分析让我们明白，这一深度的地壳物质具有流动性、塑性，在膨胀力作用下，地壳将产生向上弯曲变形，软流圈物质在 c 处形成聚集。

　　与地球发生收缩运动时 c 处隆升环境状态不一样的是，地球收缩时，地壳为表面积收缩状态，两侧岩体在做着不断靠近的过程，而此时，地壳做着表面积扩张运动。

　　膨胀力的持续作用，c 处不断隆升，形成如图 8-12 所示的结果，直至裂谷生成。

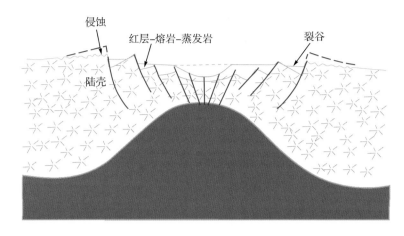

图 8-12　地壳底部不断隆升形成岩浆富集(Landon，2001)

膨胀中的中部隆升是因为地核圈、地幔圈、软流圈物质发生膨胀，形成了多层膨胀力的叠加，叠加结果抵消上覆岩石圈压力，而后还有多余，再形成侧向位移，直至岩浆富集，这时，膨胀高峰还没有到来。

二、大陆裂谷生成

原则上讲，占地球表面积 1/4 的大陆，在地球发生膨胀的运动中，其生产裂谷的机会只占 25%，不应该有机会列入地球膨胀阶段性的第二阶段。因为，当大洋的裂谷生成后，大陆即没有必要再产生破裂了，因为地球膨胀所需的半径增加、表面积增加、体积增加，都可以通过大洋裂谷来完成。但是，由于岩浆中含有大量的水分和气体、黏滞性较大，压力的传递性相比密闭性好的不可压缩液体要差，在一些上覆压力较小的地方容易产生地幔的聚集，从而形成地表的张裂及后续作用。

(一)地表张裂

严格地讲，地球发生膨胀运动形成的地表张裂分两种情况，一种是地壳因自身在膨胀运动中发生的张裂，显然这种情况属于地壳自身物性影响的，一种是因地幔物质的局部富聚形成对上覆地壳的隆升而引起的。

引起地表产生张裂的情况还有一种与地球膨胀或者收缩无关，这便是地球的潮汐运动。潮汐力产生于银核，与太阳系的椭圆轨道运动有关，形成所谓的伸展构造。这里，我们只讨论与地球膨胀运动有关的地表张裂。

地球膨胀的表现之一是地球表面积的增加，而表面积增量的完成肯定要通过地壳张裂的方式进行，前已述及地壳张裂有断槽(图 8-4)与拉张盆地(图 8-5)两种形式。断槽是裂缝张开后的形式，裂缝是地壳张裂的主要表现形式。

地表张裂一经形成，地壳的整体性和稳定性即遭受破坏，原来保持平衡的压力系统不复存在，裂缝与地槽将成为大气与深部地壳沟通的渠道，等效于密闭性的地壳厚度减薄。按照帕斯卡定律，其他较高压力处的地幔物质，即刻将压力传送至此，形成的压力差将会导致此地的地幔富聚，如果这种状态持续发生，最终将在这些地壳减薄的地方形成地幔物质突出。

地球的膨胀运动是一种缓慢而持续稳定的地壳运动，没有局部物质的爆发式增长等情况出现，不仅大陆地表会产生张裂，占75%的大洋地壳同样也会产生张裂，洋壳张裂一经产生，地幔压力的释放将会更加顺畅，这样，随着压力的释放，异地也已形成聚集的地幔物质将会下沉，那些地表张裂的地方即形成下沉，先期形成的大陆张裂，因为断块的下降而关闭（图8-13，图8-14）。

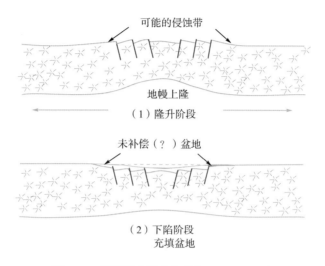

图8-13　膨胀导致地表张裂（Landon，2001）

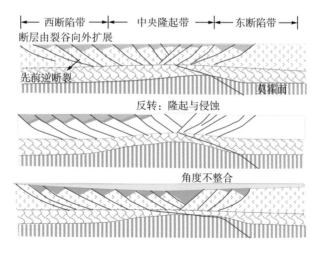

图8-14　二连盆地的形成（焦贵浩等，2003）

如果地球仅仅是受到膨胀力作用，地壳表面则仅仅是产生张裂就足够了，然而，地球还存在自转，在发生膨胀运动的同时，还受着强中纬力的作用。强中纬力使张裂的地块产生偏转力，地壳在被拉张的同时，还承受着被带向东北方向或东南方向的强中纬力，因此，地壳中还存在着扭张性盆地、凹陷等。

在我国大陆，形成于晚侏罗世、消亡于晚白垩世的宁芜盆地，是一个非常好的地球膨胀期形成的地表张裂的例证（图 8-15—图 8-17）。

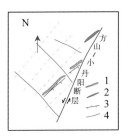

图 8-15　方山-小丹阳断层及伴生构造（姜波和徐嘉炜，1989）

注：1.地面褶皱；2.隐伏褶皱；3.逆断层；4.左行走滑断层

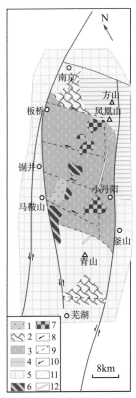

图 8-16　宁芜拉分盆地简图 1（姜波和徐嘉炜，1989）

注：1.上白垩统娘娘山组火山岩；2.下白垩统姑山组火山岩；3.上侏罗统—下白垩统火山岩；4.上侏罗统西横山组；5.基底；6.花岗岩；7.闪长岩；8.左行走滑；9.推测断裂；10.推测走滑断裂；11.地质界线；12.背斜

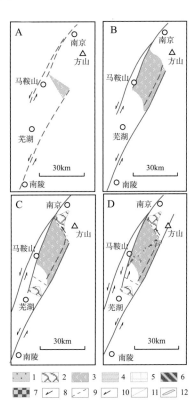

图 8-17　宁芜拉分盆地简图 2（姜波和徐嘉炜，1989）

注：图例同图 8-16

宁芜盆地是郯庐断裂带中沿方山-南陵左行剪切断裂发育的中生代拉分盆地，根据宁芜盆地的构造变动、沉积建造、火山及岩浆活动、成矿作用等特点，姜波等（1989）提出了宁芜盆地的拉分性质及演化模式，并将宁芜拉分盆地的发展分为：萌芽期——盆地核；年轻期——"S"形盆地；成熟期——菱形盆地；消亡期——最终发展四个演化阶段。

图 8-15 为方山-小丹阳断裂(方山-南陵断裂北段)及其伴生的构造关系,为一组左行雁列式构造与左行走滑断裂相配套的构造关系,表明了宁芜盆地属于左行左列张性环境性质。

图 8-16 中方山-南陵断裂切割了下三叠统黄马青组与中、下侏罗统象山群,控制了上侏罗统西横山组沉积,使西横山组仅分布于断裂东侧及拉分盆地北段,断裂的后期活动又切割了北段的西横山组。所以宁芜盆地的形成时期为晚侏罗世。

图 8-17 则展示了宁芜盆地的发展演化过程,为地球膨胀运动的地表发生张裂提供了过程分析依据,也为人们判断郯庐断裂带与渤海湾盆地的形成发展提供了依据。

(二)裂隙喷溢

裂隙是沟通不同压力圈的通道,使不同压力圈的物质具有相同的压力环境。当地壳破裂形成后,裂缝将会在膨胀力、地幔聚集形成的上升力共同作用下,持续拉张形成一纹到底,沟通大气与地幔,只要地幔所承受的压力大于 1 大气压,裂隙将成为地幔物质的运移通道。

图 8-18、图 8-19 分别展示了裂隙成为人类可见(直接与间接)岩浆通道的例子,那些深埋于地下的岩浆侵入活动,充满了裂隙诱喷情形,因为地球在其几十亿年的周期性轨道运动中,地壳早已被分割得零零碎碎。帕斯卡的水桶爆裂实验,给人们的另一个启示是:只需要一定的高度,水桶对水柱的压力即达到相等。也就是说,当岩浆向地壳侵入到一定高度,即达到压力平衡,岩浆不可能继续上升。

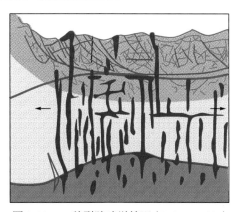

图 8-18　一种裂隙喷溢情况(Eatlon,1980)

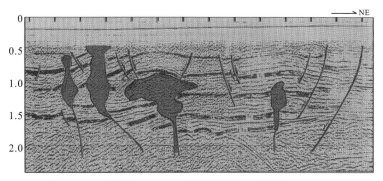

图 8-19　二连盆地 EHL-35 解释岩浆侵入(焦贵浩,2003)

所以，地壳下部总是会出现大量的岩墙、岩株、岩脉、岩基，它们都是岩浆侵入活动中，能量耗尽所形成的结果。

据前人研究，裂隙喷溢可分如下几个步骤进行，分别是：

(1)随着地球轨道运动进入膨胀阶段，伴随地震，裂隙张开，并随着持续作用而加宽；

(2)大量富含气体的岩浆喷发或外溢，倾泻于地表并固结为粗糙的玄武岩被；

(3)喷出的熔渣和熔岩凝块，建造成一排火山锥；

(4)在火山锥的火山口内形成熔岩湖；

(5)大量不挥发但高热的熔岩通过破火山口缓慢向外流出，固结成块状和绳状岩块；

(6)岩浆后撤，喷发变为微弱的喷气孔活动。

裂隙喷溢一般发生在裂隙沟通地幔和大气之后。膨胀期的岩浆喷发以含气体的比重相对较轻的岩浆为主。其他类型岩浆则大多数以溢流方式进行。

当裂隙充填岩浆之后，地球持续膨胀将进一步扩大裂隙，结果会形成拉分盆地（图8-17）。拉分盆地的基底一般都具有火成岩结晶基底。

(三)裂谷盆地

图8-20是图8-13的发展，这也是一种典型的地球膨胀运动成因的产物，其主要特点是盆地基底被张性断裂控制，但张性烈度不是很高。

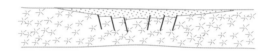

图8-20　一般裂谷盆地模式(Landon，2001)

盆地基底被张性断裂控制的裂谷盆地，可随处见到，如图8-21和图8-22，但是，它们却不都是地球膨胀运动的产物，有些是地幔潮汐作用结果。按照研究者所提供的材料分析，图8-21、图8-22应该是地球收缩期间形成的，是地幔在潮汐力作用下形成的产物，即所谓的伸展作用产物。

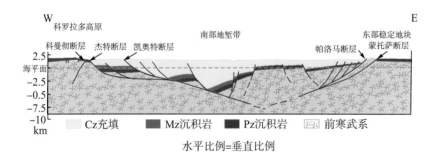

图8-21　南阿尔伯克基(Albuquerque)盆地南部地质剖面(Russell et al.，2001)

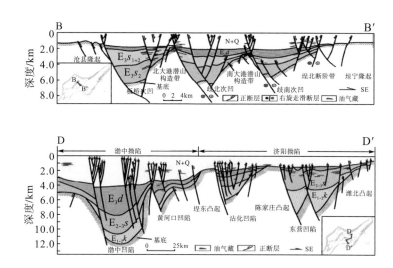

图 8-22　渤海湾盆地地质剖面(滕长宇等，2014)

也许有人会指着比比皆是的裂谷性盆地实例(图 8-21)问，这是怎么回事？

图 8-21 所呈现的是位于里奥格兰德(Rio Grande)裂谷中南阿尔伯克基(Albuquerque)盆地地质剖面，杰特(Jeter)断层和帕洛马(Paloma)断层是控制盆地的主要构造要素，年代较新的凯奥特(Coyote)断层截断了年代较老交角度杰特断层，表明盆地经历过两次较大型的拉张活动，显然，两次拉张活动都发生在新生代。与发生在中国大陆东部、近东、西欧、非洲的裂谷性盆地，具有同时性，而且都处在地球收缩期。

关于图 8-21 所示的地球收缩期形成的地堑、裂谷事件，我们归结为地幔的潮汐现象，将在地幔潮汐相关章节分析说明。

为什么在大陆上不容易找到地球膨胀运动留下的张性裂谷或地槽？这可能是因为离现在最近的一次构造运动是造山运动的原因，造山运动使地球表面积大量萎缩，一些前期形成的张性构造格局被打破、被重新改造，比起两侧均为陆块的地区都已经收缩成山来讲，那些往日的裂谷产生活化、控制边界断层变性、发生逆向改变、产生表面积收缩更加容易一些，所以，裂谷被造山运动关闭了。

也就是说，盆地的形成往往具有多层基底，近期形成的盆地最为明显。地表张裂之处也许既是地幔上隆之处，也是盆地形成之处。

(四)渤海湾盆地

地球膨胀时期形成的裂谷盆地，与图 8-5 类似的，在我国无疑是渤海湾盆地(图 8-23)，它是典型的膨胀运动产物，格局形成于晚侏罗世，发育于白垩纪，发展于新生代。因为盆地内浅层所表现出来的伸展作用特征，被大多数研究者归类为新生代伸展作用实例。以伸展作用相归结，不仅掩盖了其形成于地球脉动的膨胀期实质，还给人们判断地球构造运动的全球性造成了混乱。

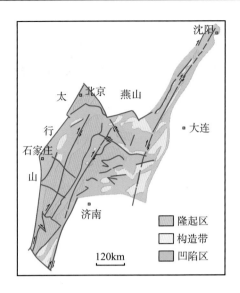

图 8-23　渤海湾盆地构造单元(漆家福等，1995)

1. 盆地属性

渤海湾盆地是一个典型的早期左列左行式盆地转后期左列右行式沉积盆地，即盆地边界在形成初期是由一组左行走滑断层控制，内部发育一组左行雁列构造；后期盆地边界断层转化为右行走滑断层控制，但盆地内部次一级构造仍具有左行雁列式特点，只是这时表现为挤压性质。为了说明这一特点，我们引用图 8-24 做辅助说明。

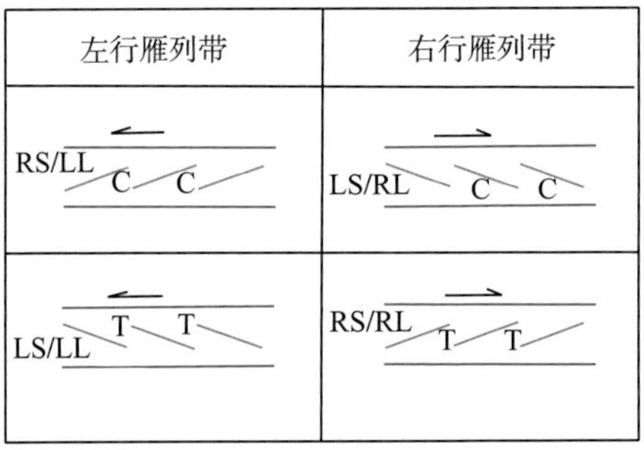

左行雁列带	右行雁列带
RS/LL　C　C	LS/RL　C　C
LS/LL　T　T	RS/RL　T　T

图 8-24　雁列式断裂和构造桥(庄培仁等，1996)

注：C.压性桥；T.张性桥；RS/LL.右列左行；LS/LL.左列左行；LS/RL.左列右行；RS/RL.右列右行

图 8-24 中所示的左行雁列带是指顺着构造走向线向前追索时，在构造倾没(或尖灭)后，相邻另一构造在其左侧出现，简称左列，或称左步。相反，在其右侧出现新的构造时，称为右列。

假如两列展布型式相反，并呈一定角度相交，则称为共轭雁列带。

按图 8-23 结果，渤海湾盆地左行左列特点明显是内含张性构造特征的左行走滑盆地，存在于大量地震剖面中的负花状断裂，充分说明了走滑断层的张性特征。而正花状断裂往往是压扭性断裂特征。之所以说渤海湾盆地是经过构造属性转换过的左行雁列式盆地，是因为控制盆地边界的郯庐断裂带的构造演化史是这样的。我们随后即专门描述有关郯庐断裂的前人研究成果。

显然，早期的渤海湾盆地是由郯庐断裂带和太行山剪切带联合控制的左行走滑拉张性盆地，据前人研究，徐嘉炜（1984 年）认为郯庐断裂带左行平移量为 700km 以上，陈宣华等（2000）认为郯庐断裂南段发生了 100—150km 的左行平移。控制盆地边界断裂如此大规模的左行平移活动，一定会对渤海湾盆地的形成产生影响。

由石油勘探部门进行的地震勘探活动，为我们揭示了渤海湾盆地覆盖区的地下地质构造情况，所得成果显示：盆地中的冀中拗陷发育一组左行雁列的凸起，如牛驼镇凸起等，沧县隆起为一组左行雁列的次高点，黄骅拗陷内有一系列左行雁列凹陷，埕宁隆起、沙垒田凸起等，又是一系列左行雁列凸起（翟光明等，2002），证明由太行山左行走滑带控制的渤海湾盆地一侧，的确产生了大量的左行左列地质构造。

综合前人研究成果，有一个重要现象被集体无意识而忽略了，这便是——渤海湾盆地具有 2 次被拉张的历史。图 8-23 中位于盆地东北的辽东湾拗陷与位于盆地西南的东濮拗陷，分明具有被独立拉张的特征。从现有渤海湾盆地构造纲要判断，盆地在完成第 1 次左行走滑，形成拉张盆地后不久，即进行了第 2 次左行走滑，形成了现今格局。按照地球膨胀运动结果导致地表面积增加的原理反推，这 2 次拉张运动应该都发生在晚侏罗世—白垩纪。理论上的推论是这样的：一次在侏罗纪末期，此时为地球膨胀力最大时期，地球膨胀导致地表面积急剧扩张，渤海湾地区产生了拉分盆地；一次在晚白垩世开始前，此时地球仍处在膨胀期，地球仍有表面积增加的需求。

图 8-15—图 8-17 所提供资料，为我们确定渤海湾盆地的第一次左行走滑发生在晚侏罗世提供了独立支撑，因为地壳运动具有全球性。

渤海湾盆地经历过 2 次左行走滑事件的这一认识，可否取得资料佐证？这需要地球物理工作者提高认识后再付诸实践，笔者深信，盆地中一定存在近东西向的走滑断层辅助完成，而在地面上，应该可以找到郯庐断裂带存在 2 次左行走滑的实证。

1998 年，欧林果等（1988）早已经为我们报道了郯庐断裂带存在 2 次左行平移事件。他们根据对庐江—桐城地区的野外地质调查结果，认为郯庐断裂带在庐江—桐城地区存在至少 2 次左行平移事件。他们根据一定方法，测得的时间，一次在 130Ma 前，一次在 110Ma 前。

渤海湾盆地的右行走滑运动发生在地球收缩期，所以是属于挤压性的，按照图 8-24 所归类别，渤海湾盆地的右行左列特征也应归为挤压性质。即使地震剖面解释的地层没有张性特征，但解释者心中要有。渤海湾盆地右行左列的挤压性，可以从控制盆地边界的郯庐断裂带地表找到证据。

大量的地面地质现象表明，渤海湾盆地的右行平移挤压期，发生在晚白垩世末期—古近纪，这一点，完全符合地球胀缩力理论，就是说，以 2.5 亿年为周期的由银核施与的地球胀缩力，在白垩纪结束进入古近纪，即进入地球的收缩运动阶段。这时，控制盆地东边界的郯庐断裂带北段及南段均为挤压兼右行平移，原来的拉张属性转变为挤压而遭锁紧。

地面地质调查成果表明，这时郯庐断裂带导致浅部形成了规模巨大的由白垩系组成的陡立挤压褶皱带，有些逆冲推覆于白垩系之上。调查成果还显示，郯庐断裂带的右行平移作用还形成了鲁西右旋旋扭构造（陈宣华，2000）。

对渤海湾盆地覆盖区浅层地震勘探研究成果表明：渤海湾盆地是由 6 个相对独立的古近纪裂陷盆地和一个统一的新近纪—第四纪拗陷盆地上下叠合而成。每一个古近纪裂陷盆地又包括若干个基底由正断层控制的凹陷和凸起。浅层渤海湾盆地是在白垩纪末至古新世初发育形成的(漆家福等，1995)，古近纪有较强烈的基性火山喷发岩。盆地的演化大致可以分为 3 个伸展期：孔店组和沙四段代表裂陷伸展 I 期的构造地层组合；沙三段代表裂陷伸展 II 期的构造地层组合；沙二段、沙一段和东营组代表裂陷伸展 III 期的构造地层组合。这 3 套地层组合之间呈微角度不整合或平行不整合接触，表明盆地区在裂陷伸展过程中有间歇性隆升。

也许有人会以渤海湾盆地、宁芜盆地实例发问：地球膨胀期形成的拉分盆地，为什么不在紧随其后到来的收缩期，因遭受挤压而关闭？我们将在后文讨论这点，即地球每经历一周膨胀—收缩运动，结果变得越来越大；另外，地球发生收缩运动，所需要的面积减量、半径减量(与增量相对)，可以由其他任意一处单独完成，而不需要全球分摊。

2. 郯庐断裂带

郯庐断裂带是 1957 年被原地质部航测大队 904 队进行"华北平原及其周围山区航空磁测"时发现，从山东郯城到安徽庐江间存在一条十分醒目的航磁正异常带，结合地质图和前人对这一带已存在断裂的认识，而正式冠以"郯-庐"命之，最初的名称为"郯城-庐江深大断裂"。经过后期不断地研究发展，现在，一支融合了黄汲清、马杏垣、任纪舜、徐嘉炜、国家地震局地质所等人和团体认识的、由主支加辅支组成的、位于欧亚大陆东缘的规模巨大的郯庐断裂带(图 8-25)，基本获得较为广泛的认可。

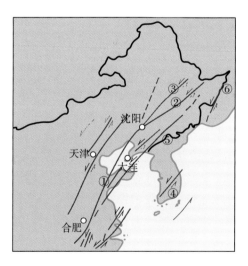

图 8-25　郯庐断裂带分布简图(王小凤，2000)

注：①郯庐断裂带；②敦化-密山断裂带；③依兰-伊通断裂带；
④汉南断裂带；⑤鸭绿江-牟平-青岛断裂带；⑥锡霍特-阿林断裂带

许志琴等(1982)、许志琴(1984)认为，郯庐断裂带明显具有先张后压两重构造特征，早期形成于白垩纪，生成由张性正断层控制的地堑、地垒构造，被晚期形成的褶皱、逆冲或逆掩断层所叠置，构成"反地堑"。1987 年，她又指出，郯庐断裂带的左行平移作用发生在晚侏罗世裂谷阶段之前。

为查明郯庐断裂带的空间展布、构造组合、活动方式、变形机制及应力场演变特征，由地质矿产部地质力学研究所牵头，6 个单位参与合作的，国家"八五"重要基础性研究项目——郯庐断裂带的形成演化及其对地质发展的控制作用，经过项目组成员四年艰苦的调查研究，所完成的研究成果通过了原地质矿产部科技司组织的，有多位院士参与的专家组评审和验收。为人们认识利用郯庐断裂带成果提供了依据。

关于郯庐断裂带，以该项成果做支撑所撰写出来的专著，有以下几点认识取得常印佛院士初步认可：

(1)郯庐断裂带发轫于南北地块拼合带向南突出部位的下地壳,逐步向浅部、北部扩展；

(2)下地壳物质的北北东向左行韧性剪切流动是其启动变形机制；

(3)断层具有自南向北分段递进的生长迁移机制和沿滑脱面上层对下层做 SE 向滑动的多层滑移的应力应变传递方式；

(4)郯庐断裂带中南段，累积最大位移量为 300km；

(5)郯庐断裂带不是一条简单的左行走滑断裂，其发育历史可划分为 4 个变形阶段，即：①T_3-J_{1-2} 的韧性挤压-韧性左行剪切平移；②J_2-K_1 的脆性左行剪切-拉张；③K_2-E 的拉张-右行剪切；④N 至今的脆性右行剪切。

现在看来，仍然存在争议的事项还有很多。即使一些结论性语言，也因为定义域过宽而显得依据不够充分，以第(5)点关于郯庐断裂带发育历史为例，姜波和徐嘉炜(1989)已经论述得很清楚了(图 8-15—图 8-17)，可项目组并未采纳。

其实，地球收缩期绝不可以形成拉分盆地，地球同一时期的构造活动绝对具有一致性，这两点具有普遍性。

宁芜拉分盆地的形成期一定是郯庐断裂带的左行走滑的开始期，也一定是渤海湾盆地的形成期，因为同一地区的地壳活动一定具有一致性，地球的构造运动具有全球性。

三、大洋裂谷生成

大洋裂谷生成往往会成为地球膨胀期的高峰，因为大洋裂谷的规模庞大，大洋裂谷对地幔物质的释放，无论是释放数量、还是释放速度，都具有显著效果。对于实现地球膨胀所要产生的体积、半径，大洋裂谷都会一步到位。

(一)洋中脊初生期

形成于晚侏罗世的宁芜拉分盆地，具有火成岩的结晶基底，在渤海湾盆地中央，也一定可以找到火成岩的结晶基底，这是处于膨胀期的地球膨胀运动所具有的一般现象。

当地球的膨胀运动持续在一个地方保持，盆地的结晶基底将会逐步扩大，而逐步向洋壳转变。人们把这种发端于大陆地壳，具有火成岩基底的盆地称为准大陆过渡型地壳盆地。这是洋中脊初生期的产物(图 8-26)。

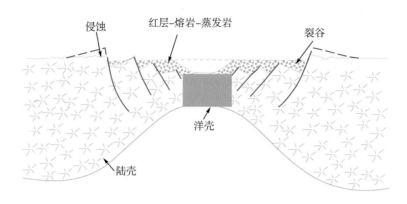

图 8-26　准大陆过渡型地壳(Landon，2001)

(二)洋中脊青壮年期

　　地球进入膨胀期，向轨道远焦点运行的过程，是膨胀力持续增大的过程。越来越大的膨胀力，除了使地表张裂、地表面积扩大，最为重要的是使地球体积增加。

　　地球体积增加最为显著的，是地幔体积的增加，地幔体积增加的结果是岩浆大量地外溢，岩浆外溢的最有利通道是先期形成的裂缝，充满了岩浆的裂缝在持续膨胀力作用下，一定会沿尚未固结成岩的裂缝中间张开，刚刚形成的结晶基底逐渐展开，盆地面积逐步扩大(图 8-27)。在大陆沉积物即将完全退出海水媒介沉积前，完全以火成岩基底的准大洋过渡型地壳盆地形成(图 8-28)。

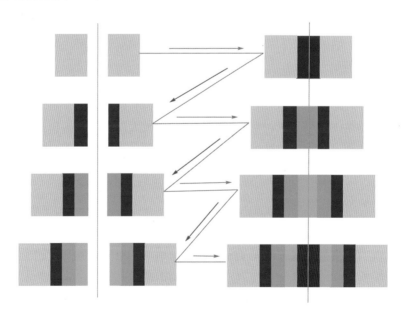

图 8-27　结晶基底逐渐展开示意图

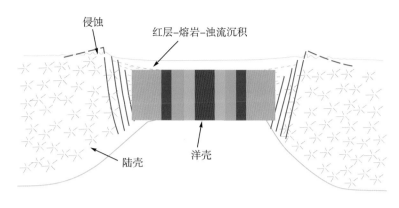

图 8-28　准大洋过渡型地壳(Landon，2001)

(三)洋中脊成熟期

洋中脊等高线逐渐增高的过程，是地球膨胀作用增强的过程。随着地球膨胀力的加大，帕斯卡原理中存在的放大作用，地核、地幔物质传导到地壳底部的压力会因为所处半径较大、表面积较大，而遭受到的膨胀力更大。所以，在膨胀期里，膨胀力持续增大的过程是洋中脊茁壮成长的过程。膨胀力最大时，洋中脊因为外溢的岩浆量最大而最高。

当地球在银河系中的位置抵达轨道远银点，膨胀力出现最大值，洋中脊高度出现峰值。随后，所处轨道位置开始离银心越来越近，膨胀力越来越小，但仍处在膨胀期，岩浆外溢量逐渐减少，洋中脊高度开始逐渐变矮。

洋中脊逐渐增高到逐渐变矮的时间，为洋中脊的成熟期。

四、螺旋式膨胀

在认识了地球曾经发生过膨胀后，人们探求地球膨胀的模式有单一膨胀式、非对称膨胀式、脉冲膨胀式等，由于均缺乏系统理论的维持，总存在局限性，有时不能自圆其说。

地球膨胀是由于地球受到了膨胀力作用，其作用力实质上是胀缩力。在地球轨道一周内，一段时期表现为膨胀力，而在另一段时期内则表现为压缩力。地球所受膨胀力既不是一概增大，也不是单调减小。就作用力曲线状态来讲，膨胀力表现在压缩力结束之后，也就是胀缩力等于零之后。膨胀力曲线单调减小的开始，是从压缩力的顶峰开始的，到曲线的极小值——膨胀力的最大值结束。胀缩力表现为负值时为膨胀力，胀缩力表现为正值时为收缩力。当达到极小值后，膨胀力曲线开始表现为单调增加。

地球膨胀体现在两方面，一方面是太阳作用引起的膨胀，主要是地球绕太阳运行引起的，体现在地球大气层的变化上；一方面是银核作用引起的膨胀，主要体现在地球的岩石圈的变化上。

因为膨胀力是一种周期性函数的作用力，地球的膨胀表现在地球半径的增量 ΔR 随时间呈一种幅度、跨度均为非对称的曲线形态，这种形态可用图 8-29 示意，由此可见，在地史长河中，地球的半径在"增加—减小—增加—减小"的循环往复中逐渐地增长。

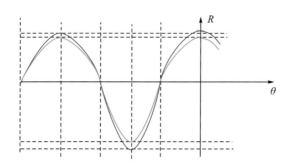

图 8-29   地球脉动过程中半径变化示意图

注：绿色曲线代表地球理想状态，红色曲线代表地球实际状态，一圈结束，地球半径增加了

图 8-29 中的理想状态是指按照胀缩力曲线中膨胀、收缩相对高度折算出地球半径曲线的相对高度，时间跨度相对不变。当下一周期运动开始时，无论是膨胀还是收缩，地球半径曲线的高度同比都有所增大，膨胀效果则更大一些。这是胀缩力作用后的结果。

第三节　膨胀参数算法

在论证了地球的胀缩运动以后，人们关心的是地球膨胀运动的计算及其算法。地球膨胀增量包括地球半径、表面积、体积。

一、膨胀参数的求取

地球膨胀的证据为我们提供了分析研究地球膨胀量的强有力资料。

在尚未论述洋中脊和海沟的特点与形成原因之前，首先假设以下条件成立：

(1)洋中脊是地球膨胀时期的产物，洋中脊的扩张范围就是地球的膨胀表面积之一；

(2)海沟是板块与板块结合地带，是一种向地幔层方向褶皱的"负向山脉"，它与洋中脊不是同期产物；

(3)假设地球膨胀时期的造山运动大约等于零，地球的表面积缩小量约为零；

(4)假设地球膨胀时期相邻陆块之间不被后期的洋中脊分开，不存在显著的分离。

于是，地球的膨胀参数可以按照如下方法获得。

(一)表面积改变量(ΔS)

设地球收缩后且膨胀前的表面积为 S_A，地球膨胀运动结束后且开始膨胀前的表面积为 S_B，则地球膨胀运动所产生的表面积改变量为

$$\Delta S = S_B - S_A \tag{8-1}$$

式中，各变量单位均为 km^2。

式(8-1)是一个理论方程，实际工作中是没法操作的。在实际工作中，地球表面积的改

变量可按下式求取：

$$\Delta S = \sum_{i=1}^{n} S_i + \delta \qquad (8\text{-}2)$$

或者：

$$\Delta S = S_1 + S_2 + S_3 + \cdots + S_n \qquad (8\text{-}3)$$

式中，S_1，S_2，S_3，$\cdots$，S_n 等在形成时期、单位等方面具有一致性。可以进行如下约定：

(1) S_1 为洋中脊扩张范围面积，单位：km^2。

(2) S_2 为板块之间裂谷范围面积，单位：km^2。

(3) S_3 为板块内部裂谷范围面积，单位：km^2。

(4) S_4 为板块内部地堑范围面积，单位：km^2。

(5) S_5 为板块内部所有正断裂平面张开范围面积，单位：km^2。

(6) S_n 为相当于式(8-2)中的 δ，其他可能遗漏的因地球膨胀产生的未单独列出的面积，单位：km^2。取 $n=6$，则 $S_n = S_6$，即地球膨胀的表面积增加包括 6 方面内容。

那么式(8-2)、式(8-3)可改为

$$\Delta S = \sum_{i=1}^{6} S_i \qquad (8\text{-}4)$$

依据假设条件，洋中脊的扩张范围就是地球的膨胀表面积，只要求得洋中脊的范围面积，即求得了 S_1。显然：

$$S_1 = \sum_{i=1}^{n} S_{1i} = S_{11} + S_{12} + S_{13} + \cdots + S_{1n} \qquad (8\text{-}5)$$

式中，S_{11}，S_{12}，S_{13}，$\cdots$，S_{1n} 等，分别代表不同洋脊的扩张范围面积，如：北太平洋洋中脊、南太平洋洋中脊、智利洋中脊、印度洋—太平洋洋中脊等。下面以北太平洋洋中脊为例，说明如何计算洋脊的扩张范围。

地球膨胀发展到一定程度，引起固态岩石圈的张开，洋中脊的产生与发展则建立在板块或板块间的破裂基础上，随着地球的膨胀，"液"态的地幔物质膨胀速度大于固态物质的膨胀速度，因而岩浆顺着板块间的裂口向"外"拓展空间，以平衡因膨胀而产生的体积增量，这种过程在地球膨胀期内将不断地进行，在进行过程中，外逸的岩浆不断地排开最初的板块裂口，使板块之间的距离越来越大，当地球膨胀停止时，在原来的状态下，出现了扩张后的大面积增量，即为所求增量。板块最初的裂纹无疑是岩浆填充时的背景，由于板块最初的裂纹不同，洋中脊具有不同的扩张形态，其中被人们称为转换断层的裂缝，即是最初的裂纹呈折线的结果。只要圈定板块最初裂纹，即求得了洋中脊的扩张范围，再用求积仪计算圈线所占面积。

完成全球各洋中脊的扩张范围面积计算，即求得了 S_1。

采用找最初弥合线—圈线—计算面积的办法，同样施于对 S_2、S_3、S_4、S_5、S_6 的求取，最后对所得各类面积用式(8-4)累加，即可获得地球膨胀后地球表面积的扩张增量。

(二)体积改变量(ΔV)

在获得了地球膨胀的表面积增量后，求取体积的增量显得简单一些。为了便于分析，先看几条剖面图(图 8-10)。

　　三条不同海域的过洋中脊的地形图,是各地洋中脊不断变化形成的缩影,显而易见,他们共同具有的特征就是从洋中脊中心向两侧逐渐变缓,形成了中间高、两侧低的势态,这是地幔物质因膨胀、体积变大、外逸卸载所造成。因此,在计算地球膨胀的体积改变量时,应按照如下算式计算(图 8-30):

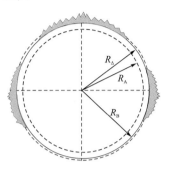

图 8-30　地球膨胀参数关系

$$\Delta V = \sum_{i=1}^{n} V_i + \zeta \tag{8-6}$$

式中,ζ 为调节数,单位与其他项一致,为遗漏量或计算误差,可正可负,其绝对值相比之下应为小;V_1 为由表面积改变量换算所得体积改变量,单位:km^3。换算式如下:

$$\Delta S = 4\pi(R_\Delta + R_A)(R_\Delta - R_A) \tag{8-7}$$

式中,R_A 为地球膨胀前的地球半径;R_Δ 为地球膨胀后地壳半径的伸长量。

$$V_1 = \frac{4}{3}\pi(R_\Delta^3 - R_A^3) \tag{8-8}$$

　　V_2 为洋中脊的多余外逸量,单位:km^3。算式如下:

$$V_2 = \sum_{i=1}^{n} V_{2i} \tag{8-9}$$

　　由于地壳的张裂,地幔膨胀一方面通过地壳的裂口外逸部分岩浆,另一方面直接将地壳向"外"推开而扩展自身空间,R_Δ 即为这种效应的改变量;R_B 为地球膨胀后最终量,与 R_Δ 之间的增量等于洋中脊在 R_B 之外的多余量,它是洋中脊的凸起体积部分碾平后覆盖地球表面所形成的厚度值(图 8-30)。

　　式(8-9)中,i 值的改变表示洋中脊的不同,不同的洋中脊有不同的分布范围和不同的高度、不同的体积,计算式如下:

$$V_{2i} = \int_0^L S \mathrm{d}l \tag{8-10}$$

式中,S 为洋中脊的横断面面积,$\mathrm{d}l$ 为微元的长度。

　　(三)半径改变量(ΔR)

　　由图 8-30 可知,地球膨胀运动所产生的地球半径的改变量计算式为

$$\Delta R = R_B - R_A \tag{8-11}$$

也可由下式计算：

$$\Delta R = \Delta R_1 + \Delta R_2 = (R_\Delta - R_A) + (R_B - R_\Delta) \tag{8-12}$$

式中的 R_A 或 R_B 可以通过现代地球物理探测方法获得，按照地球目前处于近银点附近的一般观点，地球正处于地球收缩期，地球现在的半径测值既不是 R_A，也不是 R_B，要想获得 R_A 或 R_B，还要计算地球在喜马拉雅造山运动时期的地球半径改变量。

地球半径的改变量也可以通过体积改变量和表面积改变量直接计算获得。

二、地球的膨胀造山问题

如果说膨胀时期的地球也能造山的话，这山无疑是指洋中脊(也称海隆)了。

地史上曾经出现过一种地球膨胀造山的说法，即马钦斯基(Matschinski，1954)所提出的观点。他是在地球单一膨胀说的氛围里提出的，其目的只是为了解释地球上遍布的推覆构造现象。他认为，地球膨胀时由于膨胀速率不同，会出现地幔膨胀后的曲率与地壳膨胀后的曲率不同，而形成地壳的悬空，在重力作用下，板块的中部会形成推覆造山现象。

尽管存在很多疑问，但这一观点却无疑给人一种新的路径。马钦斯基的膨胀造山模式给人的启发是：只要想得到，就有可能发生，地球在膨胀时有可能在局部地区发生造山作用。地球在潮汐力作用下，发生局部膨胀，当这种潮汐迅疾退却，即可形成马钦斯基所描述的情形。当然，由潮汐力引起的局部膨胀在地球发生收缩运动时也可以产生。

第九章 台风运动

如果说唐朝鉴真大和尚第五次东渡失败,归因于遭遇大风,那一定是遭遇了难得一见的北太平洋上的双台风或三台风的连环风,从《唐大和上东征传》的描述看,鉴真此行在风急波峻、水黑如墨的东海—南海上随大风飘行 11 天,更多可能是遇到了三台风,要不然,起始于浙江舟山群岛的鉴真一行,怎么可能经过近半个月海上一路向南、向西的九死一生劫难后,到了海南岛的振州(今三亚)?别说日本奈良时代文学家真人元开在撰写《唐大和上东征传》时,不知道海上台风诡异轨迹的产生原因是同时存在多台风,即使现代人,如果只是孤立地看待一个台风的运动,也不会辨别诡异台风的受力问题。有些研究人员,仅凭《唐大和上东征传》描述和自己的想象,编绘、模拟的鉴真第五次东渡路线,除了不受地球自然力影响的陆上部分可信,海上的路线图则完全无任何依据而不可信,因为不仅没有考虑大气的运动与受力关系问题,甚至连海水本身存在的洋流问题也视而不见(台湾东海岸存在川流不息的南北向洋流)。

台风是地球大气对流层中发生的一种在热带洋面上具有暖心结构的强烈的热带气旋。由于古代中国人认为这种热带气旋大都来自台湾方向,故统称为台风,它是大气受力运动产生的一种气象。人们规定最大风速大于 32.7m/s(风力大于 12 级)者为强台风,最大风速为 17.2—32.6m/s(风力为 8—11 级)者为台风,最大风速小于 17.lm/s(风力小于 8 级)者为弱台风(热带低压)。

由于所形成的地区不同,热带气旋具有不同的名称。在西北太平洋和南海形成的称为台风,在大西洋和东太平洋形成的被称为飓风,在印度洋形成的称为热带风暴,在南半球形成的称为热带气旋。

台风直径一般为 600—1000km,最大者达 2000km,最小者只有 100km 左右;垂直伸展高度有 10—16km。其中心气压值一般在 950hPa 左右,最低者仅为 877hPa。

全球每年发生的热带气旋大多数分布在北太平洋西部地区,约占 36%。其他地区分别为:北太平洋东部占 16%,南太平洋占 11%,孟加拉湾占 10%,南印度洋西部占 10%,南印度洋东部占 3%,阿拉伯海占 3%。在南大西洋,至今只发现有 3 个热带气旋形成,而南太平洋东部则尚未见报道。

台风发生最多的季节被称为台风季。一般在该地区太阳高度角达最大后的三四个月中台风发生最多,而其他月份显著较少。在北半球(孟加拉湾和阿拉伯海因特殊地理条件除外)台风集中发生在 7—10 月,尤以 8、9 月最多;南半球集中在 1—3 月。东亚一带,有 74%以上的台风出现在 7—10 月。袭击中国东南沿海地区的台风,多半出现在 5—10 月,以 8、9 月为最多。

　　台风往往带来狂风暴雨和惊涛骇浪，具有很大的破坏力，是一种灾害性天气，它带来充沛雨水，有利于解除旱象。因此，台风是热带地区最重要的天气系统。

　　台风内水汽充沛，气流上升强烈，一次台风往往带来大量降水，过程中常能降水200—300mm，最高曾达 1000mm 以上。台风携带的暖湿气流集中于台风眼周围的云墙和螺旋云内，并随台风中心的移动而移动，降水中心出现在台风路径的右方，在这里，台风环流与冷空气相遇造成暴雨；另外，在迎风坡上冷、暖湿空气被强迫交融在一起抬升形成暴雨。如中国浙闽山地在台风登陆前 1—2d，台风北部的偏东气流被迫抬升就能出现暴雨。

　　台风移动速度对其行进过程中降水量的影响很大。移速快时，总雨量不大；移速缓慢和停滞时，就会出现特大暴雨。

　　讨论台风的运动，正是为了更好地认识地球的运动，为揭秘地壳运动打基础。

第一节　早期云团的初始位移

　　由于地球的对流层为大气圈的最下部层次，受地球公转角动量守恒定律影响，厚度随纬度、季节变化，赤道处厚度为 17—18km，中纬度地区约为 12km，极地区约为 8km，平均厚度为 10km，一般夏季厚而冬季薄。具有温度随着高度的增加而显著递减的特点(递减率一般为 6.5℃/km)，所以，大气中的水汽大部分集中在此层，常发生龙卷风和台风等。

　　当空气和海水受到太阳的强烈照射时，海面温度升高而产生海水蒸发与空气膨胀，气压降低，空气密度减小，水汽上升。由于对流层的垂直降温效应，对流层中形成大量水蒸气的凝聚(图 9-1)。

图 9-1　从国际太空站拍摄的飓风艾米莉(Emily)初始云图(NASA，2005)

　　水分子从海面蒸发，运移到对流层 $h$km 高度处，受地球自转角动量守恒定律影响，要发生相对于原始地点的初始位移，其位移量可依据角动量守恒原理求得。

　　如图 9-2 所示，地球半径为 R_E，不同地点纬度为 φ，设转动半径为 r 的地表 A 处有质量为 m 的水蒸气在距离地表 h(与 r 单位一致)的 B 处凝结成云团，云团产生的初始位移量 ΔL 可通过如下过程求取：

$$mrv_1 - r^2m\omega_1 = (r+h\cos\varphi)^2m\omega_2 \tag{9-1}$$

式中，v_1 为水分子在 A 处的线速度；ω_1 为水分子在地表处的转动角速度；ω_2 为水分子在 h 高度处的转动角速度。

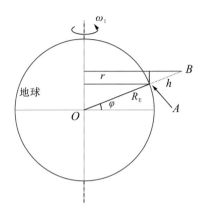

图 9-2　不同纬度的参数关系

由此可得

$$r^2\omega_1 = (r+h\cos\varphi)^2\omega_2 \tag{9-2}$$

也就是说，水分子从一个高度运移到另一个高度，位移量与质量无关。

这时，两点间的速度增量为

$$\Delta v = [r\omega_1 - (r+h\cos\varphi)\omega_2] \tag{9-3}$$

将式(9-2)代入式(9-3)，有

$$\Delta v = \left(1 - \frac{r}{r+h\cos\varphi}\right)r\omega_1 \tag{9-4}$$

式中，Δv 为水分子从地表运移到 h 高度产生滞后的速度差，由于运移时间 Δt 可测，所以，云团的初始位移量为

$$\Delta L = \Delta v \times \Delta t \tag{9-5}$$

R_E 为当地地球半径(图9-2)，所以有

$$r = R_E\cos\varphi \tag{9-6}$$

将式(9-6)代入式(9-4)，可得

$$\Delta v = \frac{h}{R_E+h}R_E\omega_1\cos\varphi \tag{9-7}$$

由式(9-7)可得，Δv 为正值，表明水分子上升后，向东运移的线速度小于在地表时的线速度，即在地球上的观察者看来，水分子在上升的过程中做向西的运移。

显然，早期云团的初始位移具有如下特性：

(1)不同纬度处云团具有不同的运移量，低纬度处云团具有较高的初始位移量，西向运移速度较大，纬度越低，西向运移速度越大；

(2)同纬度不同高度的云团具有不同的运移量，运移量随高度的增加而加大，西向运移

速度增大；

(3)低纬度水分子在被蒸发升腾到 h 高度处的同时，向高纬度地区运移了一定量的距离，运移量为

$$\Delta\varphi=h\sin\varphi \tag{9-8}$$

(4)早期云团的初始运动为平移运动。

第二节　初始转动的作用力

赤道及其两侧是太阳高度角最大的地带，受太阳辐射热最多，地面增温也高。相比于较高纬度带，这里水汽量较大，西向运移速度较大，因而具有较显著的运动状态改变。

早期云团在形成后的初始运动以平移运动为主，这是因为这里强中纬力作用不明显，云团表现为运动方向由东向西，由较低纬度向较高纬度运动。当云团运动到一定的较高纬度后，强中纬力得到加强，云团开始发生偏转运动，当偏转运动达到一定程度，云团发生旋转，如图 9-3 为 2003 年 4 月 26 日北京时间 2:00—23:00 的太平洋云图。

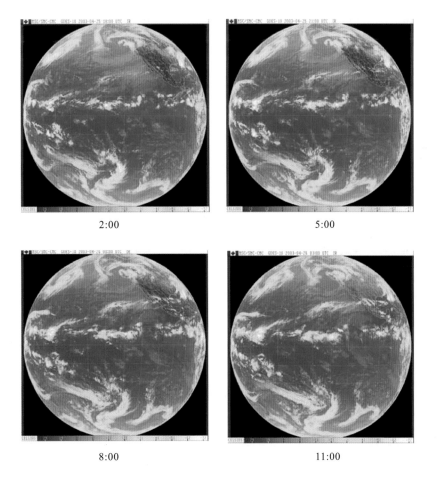

2:00

5:00

8:00

11:00

14:00   23:00

图 9-3   2003 年 4 月 26 日北京时间 2:00—23:00 太平洋云图

图 9-3 显示，低纬度带云团表现出向西流动，北半球较高纬度带云团向东北方向，南半球较高纬度带云团向东南方向运动，这是由强中纬力作用性质决定的（图 3-21，图 3-22），强中纬力在地球的低纬度带作用不明显，在中纬度带较强。

热带和亚热带云团形成后，一般横跨纬度带大，分布面积巨大，接受不同黄纬的强中纬力作用，形成多支大小不同的强中纬力对同一云团的作用，其作用效果如同抽动陀螺运动的力作用，如图 9-4 所示。

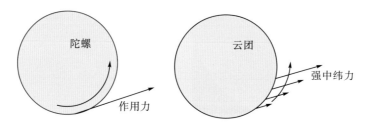

图 9-4   云团受到强中纬力的作用类似陀螺受到垂直径向力的作用

强中纬力在黄纬±45°处最大，其余地带沿黄纬 45°线两侧依次减小。从黄道面观察，强中纬力表现为相互平行于黄道面并且方向一致的作用力簇。这种作用力簇与地球所处的位置无关，无论地球处在春夏秋冬何处，在黄道面上的视觉效果是一样的。

由于地球的自转轴相对于黄道面倾斜，一支强中纬力的作用在地球上影响一个区域。以最大强中纬力为例，它对应黄纬±45°线，但在地球上具体表现则为地球南北纬 21°33′—68°27′带。

在北半球地球低纬度（21°33′以南）地区，一日之内各点受强中纬力作用的大小处在小于最大值且不断变化之中，以春分、夏至、秋分、冬至 4 个时节为例，分析各个节气日分别在子夜、早晨、中午、傍晚不同时刻遭受强中纬力的变化情况，见表 9-1。

表 9-1 北半球低纬度带不同位置不同时节不同时刻强中纬力大小关系

时空	春分				夏至				秋分				冬至			
	子夜	早晨	中午	傍晚	子夜	早晨	中午	傍晚	子夜	早晨	中午	傍晚	子夜	早晨	中午	傍晚
21°33′	中值	最大	中值	0	最大	中值	0	中值	中值	0	中值	最大	0	中值	最大	中值
赤道	0	中值	0	负	中值	0	负	0	0	负	0	中值	负	0	中值	0

考虑地球自转角动量守恒定律的作用,在绝大多数时间里,低纬度带形成的云团所处的运动状态以向西平移为主。

前已述及,水分子在受热上升的过程中,既作向西的运动,也作向更高纬度的运动,且运动量用式(9-8)可计算出。当更大量的水分子凝结成云团并运动到某一纬度φ_x时,强中纬力的作用将得以彰显(图 9-5),表现为南半球云团被东南向强中纬力解散或驱动,北半球云团被东北向强中纬力解散或驱动。如果云团结构紧密,质量巨大,强中纬力的连续作用在时间空间上满足了一定的条件,云团便得以旋转。

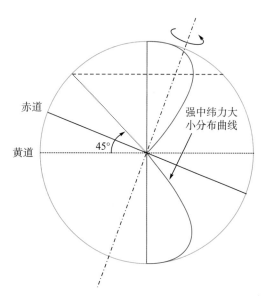

图 9-5 强中纬力大小分布曲线

第三节 台风路径

从太空俯视,台风就像一个旋转的陀螺,其尖顶在移动过程中的轨迹即是台风路径。台风路径多种多样,历史上还没出现过路径相同的台风。

陀螺尖端的移动轨迹与放置陀螺时的初始速度、放置的姿势、移动平面各处的光滑程度、抽打陀螺的作用力以及不同时段的作用力有关。

台风在大气中的运动,要比陀螺在平面上的运动复杂得多,它会受到更多、更复杂的条件影响，所以它的移动轨迹千奇百怪就不足为奇了，图 9-6 为西北太平洋几次台风的运移轨迹。

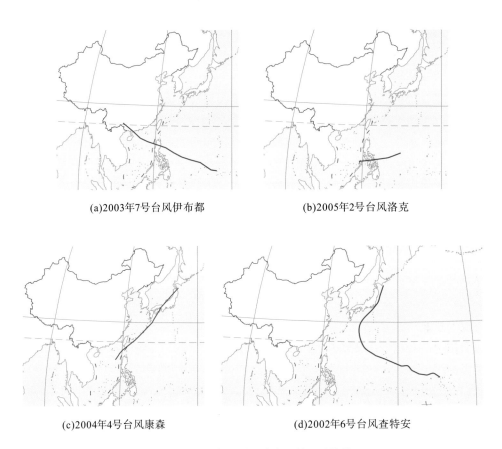

(a)2003年7号台风伊布都　　　　　　　　　　(b)2005年2号台风洛克

(c)2004年4号台风康森　　　　　　　　　　(d)2002年6号台风查特安

图 9-6　西北太平洋几次台风的运移轨迹

[据上海防汛信息网(已撤)，2005，下同，参见中国台风网]

一、西移路径

一般地，表现为西移路径的台风多发生在纬度低于 21°33′的区域，纬度越低，移动路径越发偏西。这是因为，台风形成规模较小，所携带的水汽质量较小，受自转角动量守恒定律作用强于受强中纬力作用，如 2015 年 3 号巴威台风、19 号环高台风，2013 年 21 号蝴蝶台风、30 号海燕台风，2005 年 2 号洛克台风、5 号灿都台风，2001 年 7 号玉兔台风、10 号天兔台风等。这类台风大多在中国南海海域和菲律宾以东洋面生成。

台风从菲律宾以东洋面生成后，其周围的基本气流很弱，这时候台风中心的移动主要是受地球自转角动量守恒定律作用，次为强中纬力作用，合力使台风运动方向保持在西北偏西方向移动。一直到广东西部沿海、海南岛或越南一带登陆。沿此路径移动的台风，对我国海南、广东、广西沿海地区影响最大，经常在春、秋季发生。

二、西北移路径

表现为西北移路径的台风多发生在纬度近于 21°33′的区域。台风形成规模适中，所携带的水汽质量适中，受自转角动量守恒定律作用与受强中纬力作用相当，合力作用使台风路径表现为西北移路径，如 2015 年 10 号莲花台风、22 号彩虹台风，2014 年 15 号海鸥台风，2005 年 13 号泰利台风、10 号珊瑚台风及 9 号麦莎台风等。这类台风大多在台湾东南海域生成。

台风在台湾东南海域生成后，在自转角动量守恒定律与强中纬力作用下，从中国台湾地区与菲律宾以东洋面逐渐向西北方向移动，经巴士海峡登陆台湾，再穿过台湾海峡向广东东部或者福建沿海靠近，在台湾、福建、广东等一带沿海登陆。如果台风的起点纬度较高，就会穿过琉球群岛，在我国浙江、上海、江苏一带沿海登陆，甚至到达山东、辽宁一带。沿此路径移动的台风对我国台湾地区、广东省东部和福建省影响最大。这类台风多见于 7 月下半月到 9 月的上半月。

三、东北移路径

表现为东北移路径的台风多发生在纬度近于或高于 21°33′的区域，形成初期恰遇最大强中纬力作用。台风形成规模较大，所携带的水汽质量较大，受自转角动量守恒定律作用低于受强中纬力作用，台风路径表现为东北移路径。如 2015 年天鹅台风，2003 年 5 号浪卡台风，2000 年 17 号青松台风，及 2000 年 1、2、3、4 号台风等。

台风生成后，由于纬度较高，自转角动量守恒定律与强中纬力作用相当或强中纬力影响较强，台风西向移动得不到明显表现。

四、转向路径

转向路径是指台风行进路径由西北方向转变成东北方向。台风在形成后，结构紧密，在自转角动量守恒定律和强中纬力作用下首先表现为西北移路径。随着台风行进中纬度不断增加、水汽不断聚集导致质量逐步增加，强中纬力作用越来越显著，最后形成受最大强中纬力作用，台风路径最终表现为北东方向，如 2014 年 20 号鹦鹉台风，2005 年 14 号彩蝶台风、4 号纳沙台风及 2004 年 7 号蒲公英台风等。

台风从菲律宾以东洋面或关岛附近海域生成后，在自转角动量守恒定律与强中纬力作用下向西北方向移动，最终转向东北，向朝鲜半岛或日本方向移去。这种转向台风在我国沿海地区登陆后，转向东北移去，路径呈抛物线状，是最常见的路径。沿此路径移动的台风对我国东部沿海地区影响最大。这类台风多发生于夏、秋季节，只是转向点的纬度因季节而异，盛夏在最北，春季在最南，都在 21°33′附近。

五、特殊路径

有些台风移动路径并非前述 4 种路径，而表现出特殊性，形成了"特殊路径"。所谓"特殊"，是指台风的形成与运移环境特殊，运移路径特殊，与一般情形不同、少见。

当台风所处的环境形势变化很快，或是海上有多个台风相互影响时，台风的移动路径会变得不同寻常，就像陀螺在旋转时受到外力影响一样，中心将做气旋式圆弧运动。当这种运动正好和原运动的方向相反时，就会导致台风的停滞和打转。如果所受到的外力作用不平衡，便会左右摇摆，像一条运动的蛇。

如 2002 年 11 号台风凤凰，其轨迹表现为绳套状（图 9-7）。这是用自转角动量守恒定律和强中纬力作用无法解释的。实际上，在凤凰台风形成并运移的相同时间和相邻海域，还有 9 号风神台风（图 9-8）与 10 号海鸥台风（表 9-2）存在，受风神与海鸥台风影响，凤凰台风产生停滞和打转。

图 9-7　2002 年 11 号台风凤凰运移轨迹　　　　图 9-8　2002 年 9 号台风风神运移轨迹

表 9-2　2002 年 10 号台风海鸥运移数据

时间	北纬/(°)	东经/(°)	中心气压/hPa	近中心风力/级	风速/(m/s)	移动速度/(km/h)	移动方向	24h北纬/(°)	24h东经/(°)	48h北纬/(°)	48h东经/(°)
2005 年 7 月 21 日 2:00	17.4	179	1000	8	18	23	NW	21.5	176	22.5	172.8
2005 年 7 月 21 日 8:00	17.9	178.5	1000	8	18	19	NW	20.6	175.2	22.6	171.3
2005 年 7 月 21 日 14:00	18.7	178.5	1000	8	18	20	NW	21.5	175	25	171

发生在 2001 年的 16 号台风百合（图 9-9），其移动路径也是一种特殊路径，其整体走向为西南方向，与正常路径不同。它生成以后就像一条蛇缓慢地在台湾的北部海面原地转了一圈半后，在台湾宜兰附近登陆，肆虐了 44h 后窜到台湾海峡，最后在潮阳、惠来再次登陆。百合台风历时 14d，3 次加强为台风，3 次减弱为热带风暴，其怪异路径给人们留下了深刻的印象。实际上，在百合台风形成并运移的相同时间和相邻海域，还有 17 号韦帕台风（图 9-10）存在。百合台风的怪异路径是受邻近台风影响的结果。

这样的移动路径很复杂，也更难以预测，所以更容易成灾。

图 9-9　2001 年 16 号台风百合运移轨迹　　　　图 9-10　2001 年 17 号台风韦帕运移轨迹

第四节　运行轨迹规律

如果说台风仅仅是空气的流动，则显然不能被广泛接受，台风实际上是空气与水汽的运动。如果没有大量水汽的加入，不能形成局部物质质量的富集，不能形成物质的侧向受力(强中纬力)，因而不能形成转动，就不能形成台风。所以，描述台风的运行轨迹规律，应该从水汽形成开始。

一、水汽自身的上升运动

水分子在太阳的热辐射作用下，脱离海水表面 A 地，上升到一定高度 h 后到达 B 处 (图 9-11)。以北半球台风为例，受自转角动量守恒定律的约束，水分子运动轨迹的投影如图 9-11 所示，其理论分析过程见"早期云团的初始位移"。因此，台风的最初位移路径表现为由下至上并发生向西北方向运移。

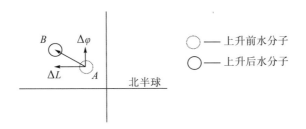

图 9-11　北半球水分子在受热上升时的运动轨迹

二、地球转动角动量守恒定律导致的位移

以赤道处为例，春分日正午形成的水汽，其角动量守恒定律要求其保留在原地 A，当下一刻到来时，A 地已处于黄道面之下，而角动量守恒定律促使水汽移动到了 B 地(投

影)(图 9-12),这种角动量守恒定律作用的大小与纬度有关,纬度越低,地球自转角动量守恒定律越大。由于地球自转连续不停,因而自转角动量守恒定律作用连续不断。

所以,自转角动量守恒定律导致水汽的位移为西向位移。

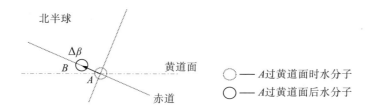

图 9-12　北半球水分子受自转角动量守恒定律作用运动轨迹

三、强中纬力作用形成的运动

强中纬力是一簇连续分布、大小呈规律变化、作用方向与黄道面保持平行、作用于地球各点的作用力。

强中纬力与地球公转有关,而与地球自转无关,因而,无论在地球的何地何时,强中纬力大小除与物质质量、物体离地心的高度、物质公转角速度呈正相关外,主要与物质离开黄道面的高度有关。一般地,在黄道面,强中纬力等于零;在黄道面两侧,强中纬力逐渐增大,至黄纬45°处达到最大,然后再呈规律地减小,直至黄极点为零。

(一)平面运动

尽管在作用力分析中已经对强中纬力的数学、物理特征做了说明,这里有必要做更具体的分析。

图 9-13 和图 9-14 分别表示了黄道面上、下,南、北半球部分强中纬力的分布特征,为图 9-5 的局部细化。在地球自转过程中,地球上穿切黄道面带的所有各点,都要在不同时刻到达黄道面,这时强中纬力等于零。黄道面以上部分,随着地球的自转,发生强中纬

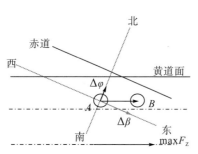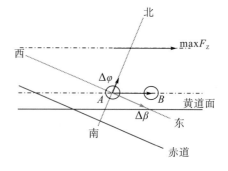

图 9-13　南半球较低纬度水分子受强中纬力作用时　　图 9-14　北半球较低纬度水分子受强中纬力作用时
　　　　　平面运动状态　　　　　　　　　　　　　　　　　　平面运动状态

力逐步减小直至为零的变化；黄道面以下部分，随着地球的自转，发生强中纬力由零逐步增大的变化。由于地球的球形特点及强中纬力与地心距离相关的特点，所有强中纬力保持在与黄道面平行的平面内使物体做圆周运动，从这种特性来讲，强中纬力是一簇以黄极轴为中心的向心力。从北黄极俯视，无论是北半球，还是南半球，强中纬力导致的物体运动方向均为逆时针方向，由于人们总是习惯于俯视，即从天上往地下看，形成了南半球强中纬力导致的运动为顺时针方向、与北半球相反的认识。

　　在黄道面以下，倾斜地球的自转总是将低纬度物质从较低强中纬力作用环境带至较高强中纬力作用环境，而在南半球，下一时刻地球自转半径越来越小，所以南半球较低纬度带内的物质随着地球的自转迅速往高纬度方向移动。

　　在黄道面以上，倾斜地球的自转总是将低纬度物质从较高强中纬力作用环境带至较低强中纬力作用环境，在北半球，下一时刻地球自转半径越来越大，所以北半球较低纬度带内的物质随着地球的自转较缓往高纬度方向移动。

(二)垂直运动

　　由于强中纬力与物质距离地心的高度有关，所以，在地球的不同高度，强中纬力的大小不同，高度越大，强中纬力越大(图9-15)。

　　南、北半球不同黄纬与不同高度处，受强中纬力作用的大小不同，其分布关系分别如图9-16和图9-17所示。

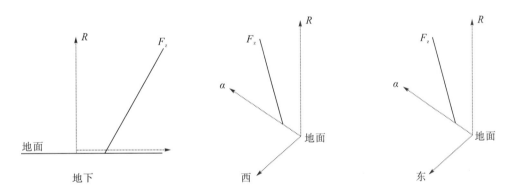

图9-15　水分子受强中纬力作用　　图9-16　北半球水分子受强中纬　　图9-17　南半球水分子受强中纬
　　　　的垂直分布状态　　　　　　　　力作用的垂直分布状态　　　　　　力作用的垂直分布状态

　　前已述及，水分子在升腾中，不仅高度发生了改变，纬度也相应发生了改变(图9-2)，即水分子在高度增加的同时，纬度也升高了，地球上纬度增加对应着一定量黄纬的增加。所以，水分子上升的过程中，除了体现因遵循角动量守恒规律形成的运动特征外，还要表现出受强中纬力的作用，并且受强中纬力的作用影响越来越大。

(三)立体运动

　　在低纬度地区，由于靠近黄道面，强中纬力较小表现为隐性作用力，地球自转角动量守恒定律作用形成显性作用力。北半球低纬度物质随着自转，强中纬力越来越小；南半球低纬度物质随着自转，强中纬力越来越大。所以，在赤道两侧一定区域，好像缺少强中纬力的作用，而在稍高纬度，由于强中纬力因黄纬的增加而呈显性时，强中纬力的作用使物质加快运移到更高纬度处。这样，好似在地球赤道处形成了一条强中纬力空白带，这一区带大小约为赤道南北各 5°，在该带内，地球的自转角动量守恒定律作用为主要作用力，由于此作用力的存在，形成了物质从东向西的运动。

地球自转角动量守恒定律作用力大小随着纬度的增加逐渐减小，所以，在一定区域内，强中纬力上升为显性作用力。强中纬力引导物质产生逆时针方向运动的性质特征与大小连续变化的特点(图 9-18)决定了物质在强中纬力作用下产生逆时针旋转。

当气旋形成后，随着气旋体移动到不同的区域，自转角动量守恒定律作用与强中纬力的相互间大小变化的共同作用，以及气旋体遵循的运动规律，导致气旋体产生各种不同的运移路径。

当气旋体从 A 地运行到 B 地时(图 9-19)，因地球自转半径减小，平面移动速度将加快，这是由角动量守恒定律决定的。

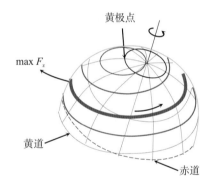

图 9-18　北半球强中纬力分布特征

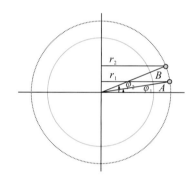

图 9-19　北半球水分子在受热上升时的运动轨迹

当气旋体处于黄纬 45°时，强中纬力将引导其整体发生由西向东的运动改变，或加速这种运动，或摧散气旋体。

当气旋体越过了黄纬 45°，进入高纬度地区后，自转角动量守恒定律作用与强中纬力两者都越来越小，加上缺乏水汽的补充，气旋体将自行消亡。这是台风不可以继续北上向更高纬度地区运移的原因。

第十章　地球的海流

　　唐朝鉴真大和尚的第五次东渡日本失败归因于遭遇了台风，风吹动着航船，使其改变方向，向着鉴真大和尚不曾设想的西南方向前行，一路颠沛流离到了海南岛。其所乘之船是漂浮在海水之上的，为什么海流没有起到作用？

　　现在看来，可以从三个方面解释：第一，当台风过境时，来自大气的作用力远大于海流的作用力，虽然大气与海水都是同时受到来自地球的动力，但此时大气的运动添加了太阳辐射能与转动定律形成动能，处于大气与海水介质之间的航船所接受的驱动动力，相对更大的是大气；第二，进入冬季后，地球的循环往复运动，使高空大气与海水在地球的北半球不断富集，在北半球浅表层海水形成了由东北向西南方向流动的寒流，同时大气也表现出相同流向；第三，在鉴真航船受台风影响的同一时间，北太平洋上肯定有 2 个或 3 个台风在运动，多台风的干扰，形成了台海台风的异动，促成了鉴真大和尚的路线偏离。

　　与台风或热带气旋在其前进路线上越过一定纬度线，进入中纬度带后会改变方向，朝东北方向或东南方向前行一样，地球中纬度带的海水也总是表现出"自发"向东北向或东南方向流动。1998 年，中国长江流域发生了特大洪水形成沿长江流域局部富集现象，主要原因在于大气中的降水云层，总是以北东方向聚集分布。地壳板块内部构造走向、断裂延伸方向也总是呈现 NE-SW、NW-SE 展布特征。

　　现在看来，无论是大气、海水、还是地壳岩块的运动，都是因为受到了地球强中纬力作用的缘故。

　　约占地球表面积 70%的海水，其物态介于大气和陆壳之间，属液态。地球动力学如果不能很好地解释海水的运动与动力，那一定不是具有普遍性的。因为分析研究背景建立在地球绕银核转动和绕太阳转动过程上，作为地球物质的海水应该符合理论的诠释，而且可以使之印证地下不可见流体的运动。地球上海水具有相互连通性和巨大规模（平均水深 3800m，体积约为 13.7 亿 km^3），也足以说明其运动形态具有代表性。

　　一般来讲，海水的运动形式分为三种，即波浪、潮汐和海流。波浪是海水表面质点受到地球运动各种动力综合作用后的一种自然现象，是海水运动的一种主要表现形式，因为影响因素复杂，甚至包含海面上临时出现的剪切气流作用，波浪表现得无序与随机；因而潮汐和海流成了人们研究海水运动的主要运动形式。

　　海流是除潮汐外的海水沿着一定途径的大规模运动。人类长期的生产实践和认识，认为控制海流的作用力首推风力，其次是地偏转力，然后是海水密度，再次是日月引力；而控制海流运动方向的主要因素则是海底地形和海岸以及海水本身的理化性质。然而，这种认识远不能条陈丰富多彩的海流形态。

我们已经知道了地球的螺旋轨道运动存在着潮汐力与强中纬力,海水潮汐明显是由地球潮汐力作用形成,海流则是地球强中纬力作用形成。

第一节　海　流　现　象

海流存在于大洋之中,也时常被称为洋流。世界上各大洋中有着许许多多由各种海流构成的复杂的大洋环流系统,有时人们会将大洋环流总称为洋流。

因为人们对大洋环流中各海流的起止点及其规模很难确定,以往各海流的分布区间经常被人为放大或缩小。现在利用卫星遥感技术可以轻松解决这个难题(图10-1)。

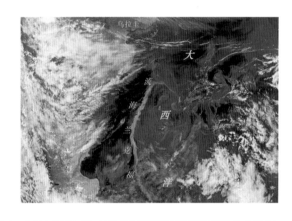

图 10-1　2004 年 12 月 6 日南大西洋西南部美丽景象(NASA,2004)

注:由于发源于南极地区的福克兰海流带来了大量的营养物质,大量的微生物和浮游植物追逐海流生长而使海流展现

海流是由什么因素引起的?过去人们认为主要是因为风的作用,其次是地偏转力、重力、潮汐力、密度、温度、含盐度的不同而引起,产生了所谓的漂流、地转流、潮流、补偿流、河川泄流、裂流、顺岸流等。风作用观点认为,由于信风的作用,海面风力对海水的搅拌、拖拽混合,使风的动量通过海面传给表面的海水后,因海水的黏滞性,依次传给下层的海水,使其流动起来——"风通过摩擦力带动海水流动"。地偏转力、重力、潮汐力、密度、温度、含盐度差异等观点认为,由于在垂直剖面上这些因素存在着差异,其差异流动引起了剖面上的海流。

海流一般分为表层海流和深层海流。深层海流影响因素复杂,与大气以及地球板块等运动的形成因素共性较少,这里不作讨论。

一、海流分类

尽管展现在全球海洋表层的海流数目不少(图10-2),但依据其成因分类只有3类:受强中纬力作用形成的海流;受转动角动量守恒定律作用形成的海流;辅助性海流。

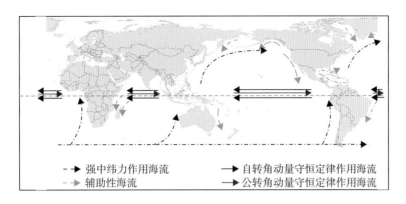

图 10-2　全球洋流分布图

与其他学科关于海流分类不一样的依据在于，海水运动状态发生改变的原因在于受到了外力的作用，我们只有通过分析作用力的成因，才能正确地找到海流运动状态改变的原因，那些与海水自身相关的影响因素（内因），一定不会是大规模海流的成因。

在分析物体的运动从属关系时，力导致物体产生状态改变的运动是主要的，物体因执行运动规律而产生的运动是伴生的，因一种运动而次生的运动，层次要低一级，所以，海流可以分为三类：一类是受强中纬力作用明显的中纬度带海流；一类是受转动定律作用明显的低纬度带海流；一类是辅助性海流。

(一) 中纬度带海流

这类海流主要分布在各大洋的中纬度带，规模巨大，包括湾流、黑潮、秘鲁海流、本格拉海流、西澳大利亚海流、西风漂流。

1. 湾流

湾流形成于北大西洋，是北大西洋海水在强中纬力作用下形成的巨大海流。

在缺乏动力认识的时候，人们根据表象认为湾流是由大西洋热带海域中的几条洋流汇合而成的，这种认识实质上将湾流的主动地位降格为从动地位，认为湾流的运动是其源头海流能量的继续，就像高速行驶的汽车关闭了发动机仍然保持运动一样，是一种无动力的运动。

在表象上，湾流来自赤道两侧的北赤道洋流和南赤道洋流 (图 10-3)。前者循小安德列斯群岛向北流去。后者在巴西北部海域分为两股：南股主流横穿加勒比海，北股分支为圭亚那暖流。圭亚那暖流在进入美国东部的墨西哥湾后便以每昼夜约 150km 的速度经佛罗里达海峡流入大西洋，在此被改称为佛罗里达暖流，与奔腾北上的北赤道洋流汇合，形成举世闻名的墨西哥湾暖流。在到达加拿大东侧海域后，这股强大的洋流又被改称为北大西洋暖流，浩浩荡荡地一直奔向巴伦支海。

湾流宽 60—80km，流层厚度约为 700m，总流量每秒达 (7400—9300)万 m^3，比第二条大洋流——黑潮要超出近 1 倍。

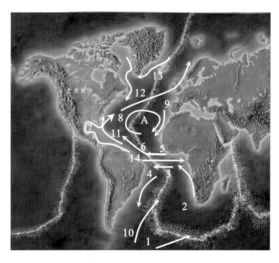

1. 西风漂流
2. 本格拉海流
3. 南赤道流
4. 巴西海流
5. 北赤道流
6. 圭亚那海流
7、11.湾流

8. 北大西洋海流
9. 加那利海流
10. 福克兰海流
12. 拉布拉多海流
13. 东格陵兰海流
14. 赤道逆流
A. 北大西洋环流

图 10-3 大西洋表层海流示意图

2. 黑潮

黑潮形成于太平洋西部，是北太平洋海水在强中纬力作用下形成的巨大海流。

在表象上，黑潮由太平洋北赤道流转变而来，具有水温高的特点，即使在冬季，表层水温也不低于 20℃。由于拥有大量的热能，黑潮的部分暖水直接或间接参与了陆架海区的环流。如黑潮流过东海在重返太平洋之前，于日本九州岛南部海面分出一个小分支北上，形成对马海流。在到达济州岛西南海域时又一分为二：一支折向东北，穿过朝鲜海峡后奔向日本海；另一支折向西北，沿黄海东侧北上，穿过渤海海峡后向渤海流去，称为黄海暖流。

黑潮给沿途的气候带来很大的影响。为此，可以通过对冬季黑潮水温的变化，预测来年的气候。例如，当进入秋末冬初时，只要测出吐噶喇海峡的水温比往年平均水温高，则我国北部平原地区来年春季的降水量就会比常年多。对中国、日本等国气候影响最大的是黑潮的"蛇形大弯曲"。黑潮的主干流有时会形如蛇行那样弯弯曲曲。如果这种"蛇形大弯曲"远离日本海岸，那么沿岸气温将降低，变得寒冷干燥；相反，则沿岸气温升高，空气温暖湿润。

3. 秘鲁海流

秘鲁海流为南太平洋海域海水在强中纬力作用下形成的海流，受秘鲁海岸影响，海流运动方向只能服从大陆边缘展布方向，但秘鲁海流是一支主动型海流。

表象上，秘鲁海流从南太平洋的西风漂流开始，经南美西岸到南纬 4°的比安科角，流程约 2500 海里（1 海里=1852m）。平均宽度在智利海岸附近约 100 海里，在秘鲁海岸约 250 海里，但流速不大，一昼夜约 6 海里。水温则在 15—19℃，比周围气温低 7—10℃。秘鲁沿岸强大的上升流为表层海水带来丰富的营养盐类。这里浮游植物和浮游动物很多，同时繁殖着冷水团的鱼类。

4. 本格拉海流

本格拉海流为南大西洋海域海水在强中纬力作用下形成的与秘鲁海流性质一致的海流。受非洲西海岸影响，海流运动方向只能服从大陆边缘展布方向。

5. 西澳大利亚海流

西澳大利亚海流为印度洋海域海水在强中纬力作用下形成的海流，由于西澳大利亚海岸较南美洲、非洲大陆海岸短且纬度低，其规模较小，但性质一致。

6. 西风漂流

环南大洋西风漂流也是一种海流。它的形成具有两个必备的条件：一是必须处于最大强中纬力作用带，二是必须具有形成环的广阔海洋。

在南极区，由于只有南极洲，没有海洋，又处于南半球强中纬力作用带外，所以，南极洲不可能产生西风漂流。

在北极区，虽然有北冰洋，但处于北半球最大强中纬力作用带外，所以，北冰洋也不可能产生西风漂流。

最大强中纬力是黄纬等于 45°的强中纬力。在任何时刻，地球上的南、北半球总有一条线处于黄纬 45°，所以，地球上总有一条带在经历最大强中纬力作用。

最大强中纬力作用带的最高纬度线是北纬 68°27′或南纬 68°27′，只有低于 68°27′的北极圈和南极圈内的部分海域，才可能产生西风漂流；高于 68°27′的海域，则不可能产生。

南大洋不仅具备上述条件，而且在最大强中纬力作用带内具备环球性的洋面，因而，在南大洋可以形成环南大洋西风漂流(图 10-4)。

北半球的西风漂流虽然也是由最大强中纬力作用形成的，但形成方式不一样。如图 10-5，与图 10-4 比较，即可发现，北半球西风漂流是由西北向东南驱动，而南半球西风漂流则是由西南向东北方向驱动。

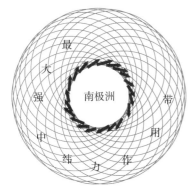 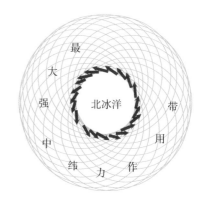

图 10-4　南半球西风漂流的驱动力示意图　　　图 10-5　北半球西风漂流的驱动力示意图

按照理论，南半球与北半球的西风漂流的位置应该呈镜像对称。由于陆地影响，北半球的西风漂流位置向低纬度区迁移，但主体仍在最大强中纬力作用带内。

构成南大西洋环流一部分的西风漂流，是南大洋西风漂流的一条分支。位于南设得兰群岛和合恩角之间的德雷克海峡，恰处于南半球最大强中纬力作用网的小包络圈附近，密集的最大强中纬力主作用力网格显示了此处强中纬力的快速转换。

(二)低纬度带海流

这类海流主要分布在地球低纬度地带，由于地球自转角动量守恒定律作用在赤道处最大，在极区最小，所以自转角动量守恒定律作用于大气和海水所形成的运动以低纬度带最为显著。

南赤道流和北赤道流为两支宽 1500km 向西流动的海流，与大气层中东北和东南信风类似，都是受自转角动量守恒定律作用的结果。

赤道逆流与赤道潜流是海水执行地球公转运动的角动量守恒运动的表现。

在地球公转过程中，由于出现公转半径的增量，因而存在着地球物质的角动量守恒运动。其理论分析可参照"地球守恒运动"相关章节。

以往人们将南、北赤道流与赤道逆流、赤道潜流统称为赤道流，是因为它们的分布位置都处在赤道附近，是以位置归类的结果(图 10-6)。现在以动力和运动规律因素考虑，它们不是同一类海流。

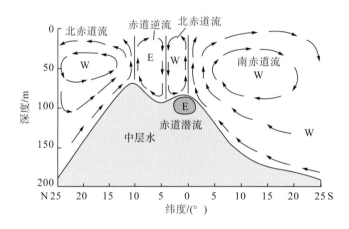

图 10-6   赤道附近海流分布图(据中国大百科全书编辑委员会，1987)

注：E.流动方向自西向东；W.流动方向自东向西

(三)辅助性海流

所谓辅助性海流，是由于它们的存在属于从动地位，因其他海流的存在而存在，其规模、流速等都与那些主动性海流相关。

由于主动性海流携带着大量的海水，在局部形成了海水的减少或堆积，海水的流动性和填平补齐作用引发的海流为辅助性海流，或称从动性海流，包括源自北冰洋的海流、南北赤道流的沿岸分流、西风漂流的沿岸分流、暖潮在抵达彼岸后的沿岸分流等(图 10-2)。

二、海流路径分析

在以往编制的全球海流图中，海流路径复杂多样，无规律可循。在牛顿世界，力是使物体运动状态改变的原因。所以，海流的运动状态改变所产生的路径变化，可以通过其所受作用力及其产生的运动来加以分析。

根据不同类型的海流所受作用力与运动，海流路径可分为如下几种。

（一）西移路径

西移路径表示海流的流动方向为由东向西。拥有这类路径的海流一般是受自转角动量守恒定律作用的海流，如南赤道流、北赤道流、极地东风流等。

自转角动量守恒定律的作用，其性质是促使物体保持原有状态。在地球自转过程中，自转角动量守恒定律促使地球表面物体具有保持在原地的趋势，其作用力的大小与物体到转轴的距离成正比，距离越大，作用力越大。所以，在地球自转过程中，地球赤道处作用力最大，极地处最小（等于零）。自转角动量守恒定律促使海水在地球由西向东转动时形成海水的西移现象。

（二）东北移路径

与地球自转角动量守恒定律作用力不同，强中纬力是由地球公转加自转形成的作用力。强中纬力是一簇连续的与黄道面相互平行的作用力。

北半球的海水在强中纬力作用下形成的海流所表现的路径为东北移路径，如黑潮、北太平洋海流、北大西洋海流。

南半球西风漂流的部分分流所表现的路径也为东北移路径，如本格拉海流、西澳大利亚海流、秘鲁海流。

（三）东南移路径

东南移路径与东北移路径海流的受力性质一致，为强中纬力在南半球作用于海水所形成的海流路径，如巴西海流、东澳大利亚海流、东马达加斯加海流、莫桑比克海流。

（四）雁行路径

雁行路径分东南雁行与东北雁行两种。由于强中纬力是一簇同方向、大小不同的作用力，各个分力的作用所形成的运动，可形成雁行路径（图10-7）。

东北雁行　　　　　　　　　　　　东南雁行

图10-7　海流的雁行路径

（五）蛇行路径

类似于陆地上的蛇曲河，蛇曲河主要形成于平原地带，沿途两岸地层成分相近，河流在强中纬力作用下形成总体走向呈一定方向的蛇行路径（刘全稳等，2001）。海流在广阔的海洋上穿行，周围的海水类似陆地上河流周围的堤岸，强中纬力的作用结果可导致海流形成蛇行路径。图 10-8、图 10-9 为黑潮在进入北太平洋后的蛇行路径示意图。

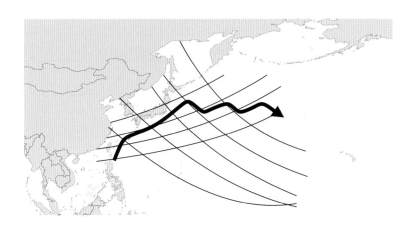

图 10-8　黑潮受强中纬力作用及其运行途径示意

图 10-9　海流的蛇行路径   图 10-10　海流的羽状路径

(六)羽状路径

这是一种具有主体路径叠加分流的海流(图 10-10),如南大洋环西风漂流带部分海域会出现此种路径海流。

(七)东移路径

受强中纬力作用的西风漂流的路径表现为东移路径。受公转角动量守恒定律作用的赤道潜流与赤道逆流的路径也是一种东移路径。

(八)沿岸路径

一般为辅助性海流所表现出来的路径。当主动性海流携带大量的海水在海岸处因遇到陆地阻挡形成堆积,或因为海流迁徙形成沿岸海水的减少,导致海水沿岸流动,从而形成沿岸海流,如拉布拉多海流、东格陵兰海流、湾流、加那利海流、福克兰海流、加利福尼亚海流、阿拉斯加海流、亲潮等。

(九)特殊路径

受海底山脉、海底地形、海岛影响,海流一般要发生转向,形成特殊路径。

三、海流规律运行

海流在强中纬力与转动角动量守恒定律作用下的主体运动，在"海流路径"分析中已做相应分析。

海流在沿岸处因海水的堆积和填平补齐作用所形成的沿岸流动规律也已做相应分析。

海流在强中纬力作用下，在春、夏、秋、冬不同的季节里，其运动方向要发生转向。海流为什么要发生转向以及发生转向的时间规律等理论分析如下。

(一)春分时节

春分时节的地球-太阳位置关系如图 10-11 所示。这时，太阳位于地球自转轴倾向的垂直方向的左侧。以北半球最大强中纬力作用线为分析对象，最大强中纬力作用线所能到达的地球最高纬度为 68°27′，最低纬度为 21°33′。海流在最大强中纬力作用下从较低纬度处运移到 68°27′后，紧接着要发生转向，向较低纬度的运移(见图中局部放大部分)，此时对应一天之中的白天与黑夜的分界处，即傍晚时刻；海流从较高纬度运移到 21°33′后发生转向情况则发生在早晨(图 10-11)。

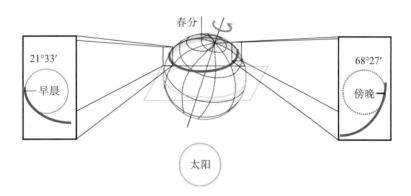

图 10-11　春分时节强中纬力导致海流发生转向的时刻

海流的转向可由气流的转向加以验证，当气流发生转向时，由于产生冷暖气流的交汇，往往形成下雨的气象。在春分时节，一天中的下雨多集中分布在早晨和傍晚时分，这是强中纬力导致气流在此刻转向的缘故。

(二)夏至时节

夏至时节的地球-太阳位置关系如图 10-12 所示。这时，太阳位于地球自转轴倾向的背面。北半球海流在最大强中纬力作用下从较低纬度处运移到 68°27′后，紧接着要发生转向，向较低纬度运移(见图中局部放大部分)的时刻对应于一天之中的正午时分。

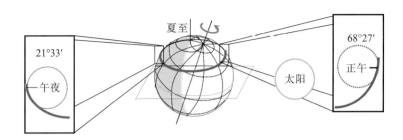

图 10-12   夏至时节强中纬力导致海流发生转向的时刻

夏至时海流在正午发生转向所对应的天气现象可用我国陕北地区的实例加以说明。在陕北榆林地区，由于地处中原，冷暖气流一般在此交汇，形成了夏季里的独特气象，每天中午过后就会出现电闪雷鸣，或乌云滚滚，或狂风大作，或大雨滂沱，或冰雹交加。

这是因为在夏季，强中纬力导致气流在正午与午夜转向的缘故，一天中的下雨多在正午和午夜时分进行。

地球从春分到夏至，每天发生气流、海流转向的时刻逐渐提前，每天的提前量为 3min。即春分天为 18:00，春分后的第一天为 17:57，直至夏至天为 12:00（此处的春分与秋分点为图 5-5 中的 F 点与 Q 点）。

（三）秋分时节

秋分时节的地球-太阳位置关系如图 10-13 所示。这时，太阳位于地球自转轴倾向的垂直方向的右侧。北半球海流在最大强中纬力作用下到达最高纬度为 68°27′后发生转向，向较低纬度运移的时刻为白天与黑夜分界处的早晨时刻。低纬 21°33′处发生向较高纬度运移的时刻为傍晚时刻。

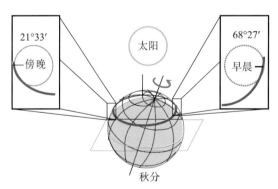

图 10-13   秋分时节强中纬力导致海流发生转向的时刻

秋分时海流的转向时刻在早晨和傍晚可由天气佐证，空中的气流在早晨发生冷暖气流的交汇，产生刮风与下雨，是因为强中纬力导致气流在此刻转向的缘故。

（四）冬至时节

冬至时节的地球-太阳位置关系如图 10-14 所示。这时，太阳位于地球自转轴倾向的正面。北半球海流在最大强中纬力作用下到达最高纬度为 68°27′后发生转向，向较低纬度运移的时刻为子夜时分。

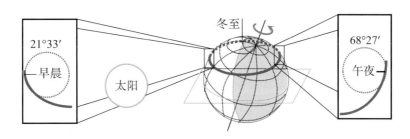

图 10-14　冬至时节强中纬力导致海流发生转向的时刻

　　冬季时海流的转向时刻在午夜和正午也可由天气佐证，在北半球，空中的气流在午夜和正午发生冷暖气流的交汇，产生刮风与下雪，是因为强中纬力导致气流在此刻转向的缘故。

　　海流在强中纬力作用下发生转向，与地球和太阳的相对位置有关，不同的位置，发生转向的时刻不同，春分时在傍晚与早晨，夏至时在正午与午夜，秋分时在早晨与傍晚，冬至时在午夜与正午，每天的提前量约为 3min。

四、海水的守恒运动

　　受角动量守恒定律作用形成的海流主要分布在地球低纬度地带，由于地球自转角动量守恒定律作用在赤道处最大，在极区最小，所以自转角动量守恒定律作用于大气和海水所形成的运动以低纬度带最为显著。在中纬度地带，由于存在强中纬力和最大强中纬力作用，自转角动量守恒定律作用被掩盖。在极区，由于强中纬力随着黄纬度的增加呈正弦倍角的平方关系减小，自转角动量守恒定律作用只是与地球自转转轴垂直距离呈正比例关系减小，所以，自转角动量守恒定律的作用重新得以显示，出现极区弱东风带，在南极高纬度海域存在极地东风流。

　　跨纬度移动的海流，因为自身隐藏着离转轴远近的变化，同样存在角动量守恒定律作用。

　　受自转角动量守恒定律作用形成的海流包括南赤道流、北赤道流、极地东风流。

　　南赤道流和北赤道流为两支宽 1500km 向西流动的海流，与大气层中东北和东南贸易风类似，都是受自转角动量守恒定律作用的结果。

　　赤道逆流与赤道潜流是海水执行地球公转运动的角动量守恒运动的表现之一。

　　在地球公转过程中，由于出现公转半径的增量，因而存在着地球物质的角动量守恒运动。其理论分析可参照"地球守恒运动"相关章节。

　　以往人们将南、北赤道流与赤道逆流、赤道潜流统称为赤道流，是因为它们的分布位置都处在赤道附近，是以位置归类的结果(图 10-6)。现在以动力和运动规律因素考虑，它们不是同一类海流。

五、海流数值模拟

美国宇航局戈达德宇航中心(NASA Goddard Space Flight Center)的一组科学家根据 2005 年 6 月到 2007 年 12 月间的全球大洋和海冰高分辨率洋流运动数据,用可视化技术将全球海洋表层洋流制作了一个计算模型,用来显示全世界海洋的洋流运动,使感觉抽象的洋流得以形象地展现。

这种用计算机技术模拟的海洋动画,表现出的洋流并不仅仅是以直线或曲线模式运动,还展现出大型旋涡和复杂的螺旋形状(图 10-15)。整个模型图看起来有点像荷兰后印象派画家凡·高 1889 年创作的画作《星夜》。

图 10-15　可视化技术展现的全球海流图局部(据 NASA,2012)

目前,这种可视化技术还只适合于表现海洋表层的流动情况。

六、厄尔尼诺暖流

厄尔尼诺通常分为厄尔尼诺现象和厄尔尼诺事件。厄尔尼诺现象是指热带太平洋东部海温发生了异常增暖现象;厄尔尼诺事件是指厄尔尼诺现象发生后,造成了全球气候变化的事实,并且维持这种状态 3 个月以上。

本来厄尔尼诺不属于地质学研究范畴,但因为产生自海流的异常活动,是一种海流温差引起的气候变化,称为厄尔尼诺暖流,故简介于此。

南半球的夏季与北半球相反，为每年的 11 月至次年的 3 月，太阳直射南半球，使南半球海域水温普遍升高，但因受南半球强中纬力作用影响，发端于南美洲西海岸自南向北流动的秘鲁海流，将南极圈内冰冷海水带入，正常情况下使海流通过地区的水温比周围水温要低 7—10℃，假如哪一年秘鲁海流的水温反常升高，使流经地区显得比往常年份格外温暖，或者秘鲁海流减弱，南赤道流海水沿海岸南下，使厄瓜多尔与秘鲁沿岸海水异常增温，则称这时的海流为厄尔尼诺暖流。

因此，厄尔尼诺暖流与黑潮、湾流以及南北赤道暖流不同，不是一种时空相对固定的暖流。

如果地球公转角动量守恒定律作用下形成的赤道潜流和赤道逆流的增强，促使赤道东太平洋地区发生海面上升或产生沿岸海水堆积，也可以形成厄尔尼诺暖流，也可以产生厄尔尼诺现象，这种状态维持 3 个月以上也一样可生成厄尔尼诺事件。

如果强中纬力作用减弱，致使南半球西风漂流减弱，秘鲁海流的海水大量地改由南太平洋赤道暖流海水补充，同样可以产生厄尔尼诺现象，进而可生成厄尔尼诺事件。

与发生在热带太平洋东部厄尔尼诺现象相对，发生在热带太平洋中、西部的海温异常增暖现象被称为拉尼娜现象。

第二节　典型海流

强中纬力是一个大小与地球公转角速度、物体质量、物体所处位置与地心距离成正比，与所处黄纬度的倍角正弦平方成正比的力。它是存在于地球上的簇状作用力，有两支，对称分布在黄道面上、下两部分地球上。

最小作用力等于零，位于地球上黄纬度 0°和±90°处，即两个黄极点和与黄道面交线处；最大作用力位于黄纬±45°处，以黄道面为对称面。

因为地球倾斜，两支最大强中纬力分别映射在地球的南、北纬 21°33′—68°27′带。最大强中纬力使该带内物质产生偏转运动。

强中纬力是由椭圆轨道的焦点(太阳)和动点(地球)共同施加的，对于地球上运动的物体来讲，属于外力。

地球上不同黄纬度处的物体，所受到的力的大小不同。地球上任何位置的物体，无论是大气圈、水圈、岩石圈、地幔圈物质，还是地核圈物质，都要受到强中纬力作用。

因为强中纬力具有簇状特征，在很多地方表现出隐性，只在局部地区具有显性。

因为地球处在不断旋转状态，强中纬力所含的周期性因子，总是使它产生的物质运动效果显得扑朔迷离。

NASA 位于地球南极洲高空的卫星，连续 3 个月拍摄的南半球大气照片的合成影像表明，云朵在强中纬力作用下，发生偏向运行，所呈现出的叠加现象，像一朵盛开的荷花，与最大强中纬力作用理论网格体系高度吻合。

自新西兰释放的探空气球，在约 12km 的高空环行了 102d 的轨迹(Mason，1971)也像一朵盛开的荷花表明，气球的运动显然是受到了强中纬力作用的结果。

　　我国不同大小沉积盆地内的断裂分布、火山口分布、油气运聚与分布、热液型矿床分布等，都与强中纬力作用具有相关性。

　　发生在北太平洋西部的个体台风运行轨迹表明，一经越过北纬 21°33′，台风将完全受强中纬力控制，向东北方向移动。

　　在获得了强中纬力之后，海水的运动显得如此简单和合乎规律。

一、大洋环流

　　大洋环流表现为首尾相接、具有独立性的海洋环流系统，分为水平的和垂直的两种，水平的大洋环流是环流主要表现形式，垂直的大洋环流即升降流。

　　(一)北太平洋环流

　　宽广的北太平洋海域，蕴藏了巨大的海水质量 m，因而其形成的最大强中纬力要比其他海域的大，在北东向强中纬力作用下的海水除了一部分因强中纬力的转向(转成东南向)而随之发生转向形成向东南方向运移的海流外，另一部分海水将受到海岸的影响产生不同方向的运移。

　　北太平洋环流是由北赤道流、黑潮、北太平洋海流、加利福尼亚海流组成，其环流形态呈顺时针展布(图 10-16)。

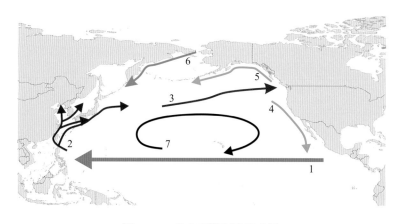

图 10-16　北太平洋环流示意图

注：1.北赤道流；2.黑潮；3.北太平洋海流；4.加利福尼亚海流；5.阿拉斯加海流；6.亲潮；7.北太平洋环流

　　构成北太平洋环流的主体海流——黑潮、北太平洋海流——是位于北半球最大强中纬力作用带内海水在最大强中纬力作用下产生运动状态改变的结果。

　　北太平洋洋底地形如图 10-17 所示，整体呈东高西低态势，由东部的 2500m 水深到西部的近 6000m 水深。

　　海岸、海底地形对海流的影响也是形成北太平洋环流的重要因素之一，但若无最大强中纬力的作用，这些因素将得不到体现。

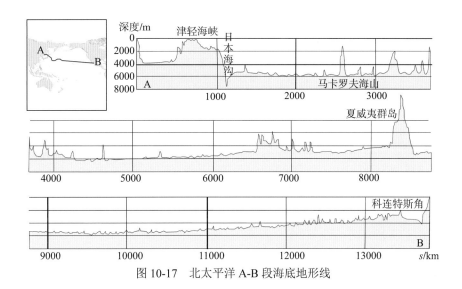

图 10-17 北太平洋 A-B 段海底地形线

(二)南太平洋环流

南太平洋环流是由南赤道流、东澳大利亚海流、南太平洋西风漂流、秘鲁海流组成，其环流形态呈逆时针展布(图 10-18)。

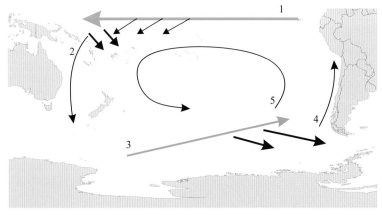

图 10-18 南太平洋环流示意图

1.南赤道流；2.东澳大利亚海流；3.南太平洋西风漂流；4.秘鲁海流；5.南太平洋环流

与北太平洋环流相对应，构成环流的主体——西风漂流和秘鲁海流——是位于南半球最大强中纬力作用带内海水，在最大强中纬力作用下产生运动状态改变的结果。

当然，海岸、海底地形对海流的影响也是形成南太平洋环流的重要因素之一，但若无最大强中纬力的作用，这些因素也将得不到体现。

同样地，宽广的南太平洋海域提供了巨大的海水质量 m，当在北东向强中纬力作用下的海水除了一部分因强中纬力的转向(转成东南向)而随之发生转向形成向东南方向运移的海流外，另一部分海水将受到海岸的影响产生北上的运动。

（三）大西洋环流

大西洋环流包括北大西洋海流和南大西洋环流（除特别指出外，本书所述海流均指表层海流）。如图 10-3 所示，北大西洋环流由北赤道流、圭亚那海流、湾流、北大西洋海流、加那利海流组成；南大西洋环流由西风漂流、本格拉海流、南赤道流、巴西海流组成。

处于最大强中纬力作用带的大西洋海域是形成南北大西洋环流的海域，其各自的主体海流——西风漂流和本格拉海流、湾流和北大西洋环流——是最大强中纬力作用的结果。

一般地，南北相对应的两个大洋环流的主体海流相互平行，而且，主流的走向与经线具有黄赤交角关系，这是最大强中纬力作用所具有的特征。

（四）印度洋环流

与太平洋和大西洋相比，印度洋除了阿曼湾处在北半球强中纬力作用带外，都处于南半球强中纬力作用带，所以，印度洋环流不像太平洋环流和大西洋环流分别拥有南北半球各两个环流系统，而只有一个位于南半球强中纬力作用带的环流系统。阿曼湾的海水，由于规模和演绎海域远不及太平洋和大西洋，所以，在北半球强中纬力作用下所形成的环流很小（参见图 10-19 中 B）。

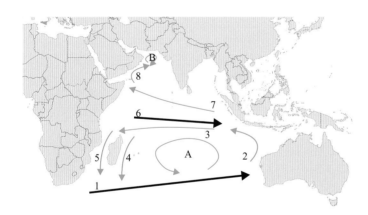

1.西风漂流
2.西澳大利亚海流
3.南赤道流
4.东马达加斯加海流
5.莫桑比克海流
6.赤道逆流
7.北赤道流
8.索马里海流
A.印度洋环流
B.阿曼湾环流

图 10-19　印度洋环流示意图

印度洋东西向的海底地形图如图 10-20 所示，总体表现为西高东低，水深 4000—5000m，马达加斯加岛对南向海流形成了分割作用。

印度洋环流的西风漂流和西澳大利亚海流与南太平洋环流和南大西洋环流的主体海流的受力与运动具有相似性，可参照进行分析。

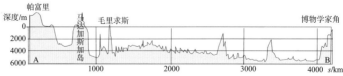

图 10-20　印度洋东西向洋底地形剖面

二、西风漂流

在前面几次谈到了西风漂流。由于西风漂流分布海域广泛，对人民的生产、生活影响巨大，解决了西风漂流的形成动力问题，其应用前景极大，所以，有必要在此就南北西风漂流加以比较。

北半球的西风漂流虽然也是由最大强中纬力作用而形成，但形成的方式是不一样的。如图 10-5 所示，它是北半球的强中纬力作用系统网格，将它与图 10-4 比较，即可发现，北半球西风漂流是由西北向东南驱动，而南半球西风漂流则是由西南向东北方向驱动。

按照理论，南半球与北半球的西风漂流的位置应该呈镜像对称。由于陆地影响，北半球的西风漂流位置向低纬度区迁移，但主体仍在最大强中纬力作用带内。所以，秘鲁海流与加利福尼亚海流具有相同的受力原理，都是最大强中纬力作用的结果，只不过是一条形成在南太平洋，一条形成在北太平洋。同理，分别位于南大西洋和北大西洋的本格拉海流和加那利海流也都是强中纬力作用的结果。海岸的反射作用不是主要的。

构成南大西洋环流一部分的西风漂流，是南大洋西风漂流的一条分支。位于南设得兰群岛和合恩角之间的德雷克海峡，恰处于南半球最大强中纬力作用网的小包络圈附近，密集的最大强中纬力主作用力网格显示了强中纬力的快速转换，海峡两岸的外形轮廓也表明这种力的作用之强大。

西风漂流的受力形式参阅图 10-21。在流过德雷克海峡后的西风漂流，从南大西洋西南海域在最大强中纬力作用下向东北方向长驱直入，为南大西洋环流提供了物质基础。

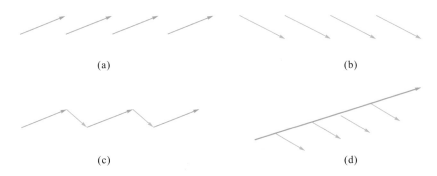

图 10-21　强中纬力作用下西风漂流的几种受力形式

事实上，强中纬力是一个变化丰富的作用力，其丰富的组合变化，导致了南大洋西风漂流的形式多样（图 10-21）。

在图 10-21（a）形式的最大强中纬力作用下，西风漂流表现为一组近于平行（在地球球面上强中纬力作用线实际上是一组新月形的相交线）的北东流向的海流。

在图 10-21（b）形式的最大强中纬力作用下，西风漂流表现为一组近于平行的东南流向的海流，这些海流将流向南极洲。

　　在图 10-21(c)形式的最大强中纬力作用下，西风漂流表现为一股由东向西"之"字形流动的海流，这些海流的流向，在整体上是环行的，当遇到阻隔时，将分离出一部分海水。

　　在图 10-21(d)形式的最大强中纬力作用下，西风漂流表现为一股主体向东北方向流动，分支向东南方向流动的海流，当遇到阻隔时，形成另一种海流。

三、暖流

　　暖流是指将温暖海域的海水带入寒冷海域的海流，通常是指分布在北太平洋和北大西洋的黑潮和湾流。由于海水受力的配套关系，在南半球不能形成与北半球规模相当的暖流。

1. 黑潮

　　黑潮是位于北太平洋西海域由北半球最大强中纬力作用形成的，发源于我国台湾地区东南巴士海峡以东约北纬 21°33′的部分海域(图 10-22)。受强中纬力影响，北赤道流携带的大量海水由穿切黄道面带进入与北半球最大强中纬力作用带的重叠区，为最大强中纬力的作用提供了强大的物质基础。

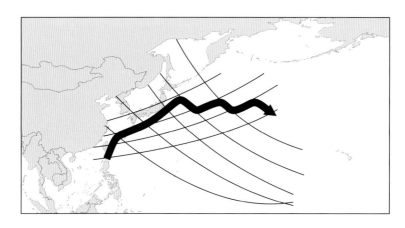

图 10-22　黑潮的强中纬力作用系统及其运行途径示意

2. 湾流

　　湾流通常又被称为墨西哥湾(暖)流(图 10-23)。它是由形成于赤道附近的南北赤道流，在巴西-圭亚那海岸引导与强中纬力共同作用下，流入墨西哥湾形成的。海水的不断涌入，使墨西哥湾的水位高于附近的大西洋海面，而从佛罗里达海峡流出，流出的海水与部分北赤道流构成了北大西洋海域最大强中纬力作用带的水流，是形成北大西洋海流的物质基础。

　　湾流与黑潮比较，在规模上：湾流流速强、流量大、流幅狭窄、流路蜿蜒；在地域上：主体的湾流仅限于墨西哥湾，而主体的黑潮则几乎跨越中国台湾和日本；在受力体系上：湾流有一部分受最大强中纬力作用不明显，这是因为该部分处于北半球最大强中纬力作用带外的缘故；都属暖流。

图 10-23　湾流的形成与流向

第三节　其他流体流动

一、河流

　　地面流水的不断汇集形成经常性的流水——河流，在滋养两岸流域内一切生命的同时，本身还按照一定的规律发挥着地质作用。

　　河水顺着地面的最大倾斜方向，由地势高的地方向地势低的地方流动，这是人们早已习以为常的自然现象，河水的冲刷、水滴石穿功能也早已被人类总结。此外，人们不但研究了河水所具有的搬运、沉积、化学作用，还研究了河流水质点的层流、紊流、环流、涡流，以及河流的科里奥里效应。

　　在介绍河流的科里奥里效应时，一般人总要以黄河的壶口瀑布所在的那段由北向南的河流冲刷西岸作为例子，很少有人将黄河由西向东流动，其科里奥里效应应该表现出黄河冲刷右岸，使黄河逐渐向南流动作为例证，这是因为黄河没有种现象，而且是呈现出恰恰相反的特征（图 10-24）。

　　不仅黄河的走向难于用科里奥里力的作用来解释，而且，长江、黑龙江、珠江等我国几条主要河流的走向都很难用科里奥里力作用来解释，特别是当河流进入平原，地势的影响降为次要矛盾之后，这时，河流的受力与运动更加明显地得到反映，所以说，地球的最大强中纬力是我国四条主要河流的整体走向的主要作用力（图 10-24）。

　　按照强中纬力的受力与分带，我国陆地正好整体位于地球的北半球最大强中纬力作用带内，河水质点的受力与运动，完全满足地球的最大强中纬力作用条件。

　　按照从北向南的秩序，分别讨论我国几条主要河流受最大强中纬力作用。

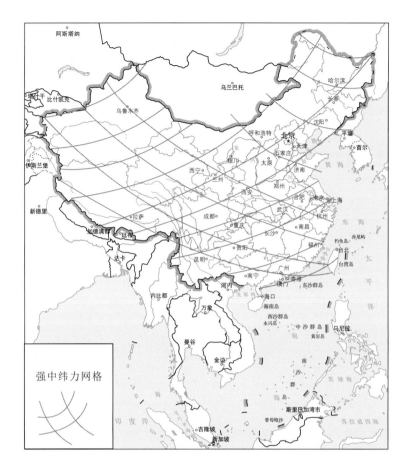

图 10-24　我国主要河流走向图

（一）黑龙江

整体走向呈北东向，由北东向和东南向两组流线构成，由图 10-24 可见，黑龙江流线基本与强中纬力作用网格一致，反映出河流在运行过程中，当受强中纬力作用达到动态平衡时，早半球（强中纬力作用方向为北东向）与晚半球（强中纬力作用方向为东南向）强中纬力作用特点。

（二）黄河

除上游一段由东南向西北的流线和沿陕西、山西分界的由北向南的流线不符合强中纬力作用网格特征外，其余大部分均符合。

（三）长江

除金沙江流域不符合外，长江的其他段几乎完全符合强中纬力的作用特征，尤其是中下游平原的长江段，明显表现出河流受最大强中纬力作用达到动态平衡后的蛇行特征。

（四）珠江

通过强中纬力的分析，已经知道，北半球强中纬力网格，在北纬 21°33′附近，其网格线越来越接近平行于纬线，处在北纬 21°33′附近的河流在强中纬力作用下所表现出的特点是单位距离内跨越的纬度较小，甚至与纬线平行。由图 10-24 可见，珠江整体基本上完全符合最大强中纬力作用特征。郁江则在另一方向符合最大强中纬力作用特征。

二、地下油流

与海流和河流相比，地下油流的流线具有不可见性，因而，石油从生油凹陷流向油藏的流线是不可实测和一一对应地描绘的。

我们研究地下油流受最大强中纬力作用后的流线，并不否认以往前人关于油气运移的研究成果。一切液体总是首先满足由高势能向低势能处运移的条件，当满足这一条件的油藏被勘探开发殆尽后，满足最大强中纬力作用的地下油流将成为油气勘探开发部门的重要对象。

符合最大强中纬力作用特征的地下油流的聚集方位如图 10-25 所示。

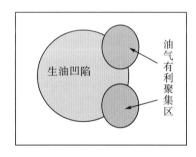

图 10-25　地下油流受最大强中纬力作用后理论有利聚集区示意

三、热液型矿体

20 世纪找矿学实践所取得的进步皆可归因于理论的介入。到了 21 世纪，找矿学前进的动力来自哪里呢？应该来源于研究方法的突破，这其中最主要的是新理论的介入和科技手段的运用。

河南省有色金属地矿局应用强中纬力理论，定性分析了壳幔气化流体运动方向，研究了壳幔深部成矿规律，总结了该类流体由深而浅所成矿床的分布方向有 70% 的概率与强中纬力有关，认为地质动力基础理论创新，为探索深源金属气成流体(热液)脉状矿某些深部找矿问题提供了理论依据。

针对这些规律性现象，姚公一(2012)认为：成矿流体主要分布在北纬 21°33′与赤道之间，其方向是由东向西；新发现地球最大强中纬力分布于北纬 21°33′—68°27′，其方向为北东兼具南东。惯性力及强中纬力在其纬度范围内，很可能对深源岩浆热液(成矿流体)的主流流向产生重大导向，尤其是对深源岩浆热液型脉状矿有关成矿流体的主流方向判断，很可能(70%概率)提供了新的地质力学依据。

四、煤矿瓦斯

我国陆地部分全部处在北纬21°33′—68°27′，属于地球中纬度地带，所以煤矿瓦斯的受力与运移适合强中纬力原理的应用。

煤层瓦斯在强中纬力的作用下发生运动变化。主要运动方向为东北方向和东南方向，即瓦斯将向这两个方向运移，如果遇到遮挡就可形成聚集。

依据强中纬力作用原理，正确选择采区巷道布置方式，能够做到杜绝或减少瓦斯事故。

(一)理想安全巷道模式

根据强中纬力原理，理想的安全巷道应具备下面两个条件：即主巷道的展布方向为东北和东南方向；安全巷道的排风口应在东北端和东南端。满足上面两个条件，巷道才是安全的，图10-26即为这种巷道的平面投影图，一个理想的煤矿，应该在即将开采的煤矿中同时建立两个排风口，一个处于煤田的东南角，一个处于煤田的东北角。建议新煤矿采用这种巷道设计。

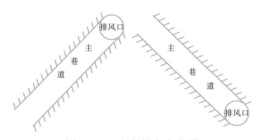

图10-26　理想的安全巷道

(二)安全巷道和掘进方向设计

力是促使物体运动状态改变的原因。煤层瓦斯从煤层到采煤工作面或巷道的运移与聚集是由于受到力作用的结果。强中纬力作用于大气，使大气产生了有规律的运动；强中纬力作用于海水，使海水形成环流；强中纬力作用于球面板块，使板块在各个分带内产生各种运动姿态(刘全稳等，2000a，2000b，2001)。强中纬力作用于煤层中的瓦斯，也使瓦斯具有规律性地运移和聚集。

掘进工作面单位面积瓦斯涌出量比采煤面多，如果掘进工作面的前进方向和瓦斯的运移方向相同，如图10-27(a)所示，那么，瓦斯在自然动力作用下一直朝工作面的方向积聚，即使通风可以驱赶瓦斯，也容易在采煤工作面的上隅角、煤壁炮窝、掘进工作面的迎头处等产生瓦斯积聚。相反，如果掘进工作面的前进方向和瓦斯的自然运移方向相反，如图10-27(b)所示，这样瓦斯就可以远离工作面，向出口运移，这样不仅瓦斯不能富集，且矿工工作面的瓦斯浓度低。

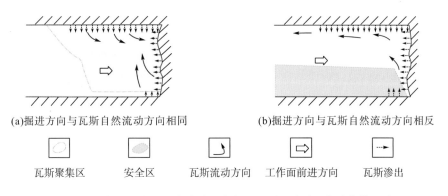

(a)掘进方向与瓦斯自然流动方向相同　　　　(b)掘进方向与瓦斯自然流动方向相反

瓦斯聚集区　　安全区　　瓦斯流动方向　　工作面前进方向　　瓦斯渗出

图 10-27　掘进方向和瓦斯流动方向相同、不同时对瓦斯聚集的影响

因此，煤层开采中，能够防止瓦斯聚集的安全巷道，应该是掘进方向与瓦斯受自然力作用的流动和运移方向相反的巷道，因此，一旦主巷道确定以后，在设计掘进方向时，应该选择掘进方向与瓦斯的自然流动方向相反的方向。

由于瓦斯的自然流动方向不可改变，加强排风措施也不可能确保每时每刻落实到每个角落，并且实际工作中瓦斯爆炸事故屡见不鲜，因此，只有改变掘进方向来使二者方向相反。人们虽然不能改变瓦斯的自然流动方向，但可以依据其流动方向来决定掘进工作面的前进方向。

(三)老煤矿巷道的改进及工作调整方案

主要考虑了主巷道南北方向、东西方向、东北方向以及东南方向四种主要情况，进行掘进方向的设计和巷道的改进布置(图 10-28)。同时，把不能开采的地方称为盲区。不同煤矿所在的位置不同，主巷道的设计需要根据该煤矿所在的经纬度来决定。

1. 主巷道南北方向

根据强中纬力理论，巷道中瓦斯将向东南和东北两个方向运移和聚集，当主巷道为南北方向时，煤层只能向西南和西北两个方向掘进，如图 10-28(a)所示。

可以看出，这种情况下，只能在主巷道的西侧向西南或是向西北掘进，图中是向西北掘进，然后以开采后得到的巷道为主巷道，再向西南掘进开采。这样反复地改变方向，直到把所有的煤采出为止。所有的掘进开采方向都和瓦斯的自然运移方向相反，掘进开采巷道出口方向和瓦斯受力运移方向相一致，这样瓦斯在受到强中纬力的作用下直接运移到主巷道中，通过出口或是回风巷排出。

主巷道以东地区属于盲区，理论上是不能开采的。如果在盲区中开采煤炭，不论掘进方向如何，也不论通风措施如何，总会有瓦斯无法自然排出，无异于为日后瓦斯爆炸安装炸药。盲区煤炭只能作为新的煤田来开采。

2. 主巷道东西方向

主巷道为东西方向的煤田开采，应选主巷道东端作为排风口，如果西端为排风口，则出现瓦斯爆炸理所当然。所有排风口以东地区的煤田都属于盲区，不应该开采。

主巷道为东西方向的煤田掘进方向选择如图 10-28(b)所示。

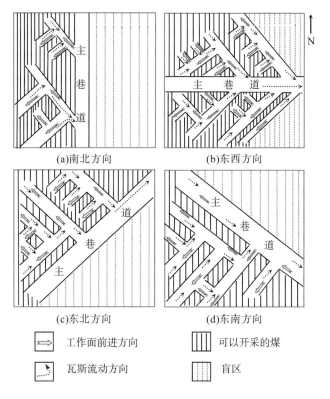

图 10-28　不同主巷道方向时掘进方向和巷道布置

可以看出，与主巷道南北方向不同的是，主巷道的左右两侧都可以进行掘进采煤。掘进开采方向仍然是西北和西南两个方向，图中，主巷道的南侧煤层向西南掘进开采，然后以采后形成的巷道为主巷道，向西北方向继续开采；主巷道的北侧煤层向西北方向掘进开采，再以此巷道为主巷道以相同原理开采剩下的煤。

无论主巷道的北侧、南侧，掘进开采的方向都与瓦斯的自然运移方向相反，掘进方向背向瓦斯自然流动方向前进。保持瓦斯自然向主巷道流动的通道畅通，从而不会发生瓦斯富集。

本条件盲区已在图中标出。

3. 主巷道东北方向

主巷道为东北方向时，主巷道与瓦斯的运移方向平行，选择主巷道东北端作为排风口，主巷道东南侧为盲区，主巷道西北侧为开采区，如图 10-28(c)所示。可以看出，掘进方向是西南和西北两个方向。

这样，由于巷道的出口方向为瓦斯自然流动方向，没有巷道的迂回阻碍，在强中纬力作用下，加之浓度差的扩散作用，瓦斯流动顺畅，因而可始终保持巷道内瓦斯浓度低，不会产生富集，从而避免瓦斯爆炸。

4. 主巷道东南方向

东南方向的主巷道布置本身符合强中纬力的作用要求，但排风口一定要处于主巷道的东南端，使主巷道的方向与瓦斯的自然运移方向一致，如图 10-28(d)所示。可以看出，可采区域在主巷道的西南侧，掘进方向是西南和西北两个方向。

图中虚线覆盖的部分，是不能开采的盲区，因为开采此区域必然导致瓦斯形成局部聚集，埋下隐患。

5. 小结

本理论设计是在主巷道水平条件下，如果主巷道为斜坡，应该让排风口处于"上山"方向，以保持瓦斯因比重轻于空气所具有的重力分异条件而自然逃逸。

按照本理论设计的巷道，在采空后不需要封闭，以保持剩余煤层渗出瓦斯的自然通道畅通。封闭采空区无异于让自然界制造爆破筒，留下安全隐患。

综合上述四种情况，根据强中纬力理论设计的掘进开采方向和布置的巷道，开采形成的巷道成为瓦斯的自然流出通道，保持通道出口的方向与瓦斯的流动方向相同，瓦斯在这些通道中运移更通畅，消除了瓦斯聚集的场所和条件，因此瓦斯不会产生聚集。

按照此理论设计巷道，一般高含瓦斯的煤层不需要做先期抽放，因为巷道就像宽阔的河道一样使瓦斯绵绵不绝地向浓度低的出口流动。由于巷道中瓦斯的浓度始终保持很低，达不到爆炸所需要的极限，即使在此巷道中有火花，也不会发生瓦斯爆炸。因此说，根据强中纬力理论进行掘进方向设计，布置的巷道是安全的。

6. 几点认识

(1)绝大多数的瓦斯爆炸，本质的原因是采煤区和巷道内形成了瓦斯的富集，本书方法解决了瓦斯富集问题，就基本上解决了煤矿瓦斯爆炸的问题。

(2)煤田瓦斯具有自然运动规律，按照瓦斯自然运动方向开采的煤矿理论上不存在瓦斯的富集，因此，符合自然运动规律的方向的巷道布置和掘进方向是正确的，错误方向的巷道布置是瓦斯爆炸的基础，建立在错误基础上的一切安全措施，不可能彻底消除安全隐患。

(3)根据强中纬力理论设计主巷道的方向，所得出的掘进方向和巷道布置具有多种情况，可以消除瓦斯爆炸隐患，但不能排除瓦斯突出灾难。

(4)不同纬度的煤矿具有不同角度的煤矿巷道展布。全国各地各煤矿应根据煤矿所处的位置的经纬度来确定掘进方向和巷道布置，以减少安全隐患。

(5)盲区不能开采，只有被作为新煤田重新设计主巷道，才能进行开采。

(6)根据强中纬力设计掘进方向，只是在基础工作方面消除了错误前提，煤矿的一般安全措施仍然需要贯彻落实。

第十一章　地球盆山演化

　　处于地壳不同板块中的任一地块，在地球的宇宙生命期间，是如何受力与运动的呢？它除了要接受银核施加给太阳系一的胀缩力，接受银核施加的强中纬力、潮汐力、摆动力外，还要接受太阳施加给地球的胀缩力、强中纬力、潮汐力、摆动力等。所以，一个地块的运动，可能是发生径向的运动，也可能是发生切向的运动，也可能发生复合运动。

第一节　不同参照系作用力比较

　　类比法是所有学科门类中最先采用也行之有效的研究方法之一，因而具有较为普遍的应用基础，人们根据所掌握的一些信息，通过类比分析，就可以获得未知事物应该具有的特性和本质，指导所进行的研究工作继续下去。

　　人类所处的银河系究竟是一个什么样的形态？由于人类发明的探测器至今尚未飞出太阳系，人们不可能通过自身的能力获得对银河系的整体认知，2μm 巡天计划所获得的银河系全景图，也仅仅是一张剖面结构图，所以，人们通过类比银河系外的 M83 星系，认为我们的银河系是一个拥有 2000 多亿颗星体的具有多条旋臂宏大结构，包括银盘、银心和银晕 3 个部分的螺旋状恒星系。

　　科学技术总是受时代限制，类比法绝大多数情况下只能获得定性认识。天文学研究成果告诉我们，所有的天体，除了都在做相互远离的运动，就是在做着绕某一定点的椭圆轨道运动。太阳所处位置的银盘厚度约为 1kpc，太阳系位于银道面北 8pc 处[1pc（1 秒差距）=3.2616 光年=206265 天文单位=308568 亿 km]，太阳到银心的平均距离约为 10kpc，即 3.086×10^{14} km，地心到日心的距离为 1.496×10^{8} km，银道面与赤道面交角的大小为 62°36′。

　　如果太阳系一直以来都是位于银道面北 8pc 处的平面上绕银心做椭圆运动，那太阳系所受之力是来自银心？还是银心之上 8pc 处的镜像之心？如果是受实实在在的银心控制，那么 50 亿年来，太阳系应该回到了银盘中心平面上？或者，太阳系一直以来沿着银盘面一时上、一时下地做着弹跳式运动？可见，至少在天文学领域，通过类比法，还不能获得真实的认知。

　　就让我们采信"所有行星都在做椭圆轨道运动"这一条吧。

一、关于胀缩力

通过椭圆轨道极坐标方程，我们获得了影响运动体发生胀缩效应的胀缩力方程。

地球所受到的胀缩力是以地球为质点，通过极坐标系，分析其在绕椭圆轨道焦点旋转的受力状态时得到的。由于其具有使地球绕行一周分别发生一次膨胀、一次收缩的效应，所以将它称为胀缩力。地球绕太阳的轨道与绕银核的轨道具有相似性，都是椭圆，只不过后者为螺旋式椭圆，是一系列点的椭圆。所以，地球获得的胀缩力分别来自太阳和银核。为便于区分，用"太阳"和"银核"前一字汉语拼音声母作下标，计算地球质点受到来自太阳和银核的胀缩力，分别为

$$F_{T} = m\frac{p_{T}e_{T}\omega_{T}^{2}(\cos\theta - e_{T}\cos^{2}\theta + 2e_{T})}{(1+e_{T}\cos\theta)^{3}} \tag{11-1}$$

$$F_{Y} = m\frac{P_{Y}e_{Y}\omega_{Y}^{2}(\cos\theta - e_{Y}\cos^{2}\theta + 2e_{Y})}{(1+e_{Y}\cos\theta)^{3}} \tag{11-2}$$

式中，m 为地球质量；θ 为所处轨道极角；p 为轨道焦点参数[$p=a(1-e^2)$]；e 为轨道离心率；ω 代表质点绕焦点的转动角速度(弧度/s)。

表 11-1 比较了这两个胀缩力的异同点。

表 11-1　不同参照系胀缩力的比较

异同点	$F_{T} = m\dfrac{p_{T}e_{T}\omega_{T}^{2}(\cos\theta - e_{T}\cos^{2}\theta + 2e_{T})}{(1+e_{T}\cos\theta)^{3}}$	$F_{Y} = m\dfrac{P_{Y}e_{Y}\omega_{Y}^{2}(\cos\theta - e_{Y}\cos^{2}\theta + 2e_{Y})}{(1+e_{Y}\cos\theta)^{3}}$
相同点	都是以地球作为运动质点 都具有相同的周期函数因子 都是椭圆轨道	
相异点	施力体为太阳 作用力较大，将各种常数值代入后，公式变为 $F_{T}=3.5\times10^{28}\dfrac{1000\cos\theta - 17\cos^{2}\theta + 34}{(1000+17\cos\theta)^{3}}$ 周期较短，与地球公转周期一致 作用力等于零时极角主值为：91°55′和268°05′	施力体为银核 作用力较小，将各种常数值代入后，公式变为 $F_{Y}=1.272\times10^{16}\dfrac{100\cos\theta - 11\cos^{2}\theta + 22}{(100+11\cos\theta)^{3}}$ 周期较长，与太阳绕银核旋转周期一致 作用力等于零时极角主值为：102°25′和257°35′

由表 11-1 可以看出，太阳给地球的胀缩力明显要比银核给地球的胀缩力大，约有 10^{10} 倍，这是否说明地球的膨胀与收缩是太阳作用的结果？回答当然是"否定"，因为地球发生脉动的周期以"亿年"为单位，等于银河年，说明地壳构造运动主要是银核作用结果。

太阳对地球所施胀缩力较大，却不是使地壳发生膨胀和收缩的原动力，而银核对地球所施胀缩力较小，却是致使地壳发生膨胀和收缩的原动力(看似矛盾、悖论，实则必然)，这是胀缩力长时间的累加结果。太阳施加的胀缩力都产生什么效应？它使地球的大气与海水发生着膨胀和收缩的作用。

　　以银河系为参照对象，研究地球整体为质点的动力特征，即获得随太阳绕银核旋转发生变化的胀缩力。当地球处于银河系椭圆轨道的远银点一端时，作用力性质为负值，即作用力的方向为地球到银核的方向，作用力使地球发生膨胀；当地球处于银河系椭圆轨道的近银点一端时，作用力性质为正值，即作用力的方向为银核到地球的方向，作用力使地球发生收缩。

　　负胀缩力使地球发生膨胀，正胀缩力使地球发生收缩。地球绕银核一圈，要相继发生一次膨胀运动和一次收缩运动。由于地球发生膨胀和收缩的时间不同、作用力绝对值不同，所以地球发生膨胀和收缩的幅度不同，总的说来，地球发生膨胀的幅度较大。

二、参照系与动力

　　假如不考虑银心、日心、地心与银道面共面问题，可建立起以银河系为参照系的图 11-1 这样的平面受力分析系统。

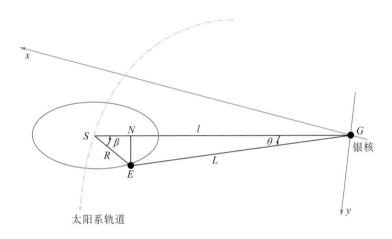

图 11-1　地球的平面受力分析

　　图 11-1 中，银心 G、日心 S、地心 E 三点共面，在共面系统中，太阳系的黄道面与银道面存在一定夹角，并且黄道面倾向时刻存在着改变，但总可以找到 E 绕 S 转动的投影(实际情形 G 表示银核中心之上 8pc 地方，并非银心)。

　　科学分析是一种化纷繁为简约的过程。如果约去黄道面与银道面之间夹角，建立地球、太阳、银核共面并且与银道面一致的轨道模型，来观察地球在绕银核运行时的受力情况会是怎样的呢？

　　在图 11-1 中的 $\triangle GSE$ 中，有

$$R^2 = L^2 + l^2 - 2Ll\cos\theta \tag{11-3}$$

并且

$$\frac{\mathrm{d}R}{\mathrm{d}t} = \frac{1}{R}\left[(l - L\cos\theta)\dot{l} + (L - l\cos\theta)\dot{L} + lL\frac{\mathrm{d}\theta}{\mathrm{d}t}\sin\theta\right] \tag{11-4}$$

在 $\triangle SEN$ 和 $\triangle GEN$ 中，有

$$R\cos\beta + L\cos\theta = l \tag{11-5}$$

$$R\sin\beta = L\sin\theta \tag{11-6}$$

图 11-2 是图 11-1 不同角度位置的受力分析图，在△SEN 和△GSN 中，存在如下关系：

$$L = l\cos\theta - R\sin(\beta+\theta) \tag{11-7}$$

$$l\sin\theta = -R\sin(\beta+\theta) \tag{11-8}$$

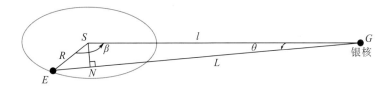

图 11-2　地球的平面受力分析

将式(11-5)—式(11-8)代入式(11-4)化简，得

$$\frac{\mathrm{d}^2R}{\mathrm{d}t^2} = \cos\beta\ddot{l} - \sin(\beta+\theta)\ddot{L} - 2L\omega\sin(\beta+\theta)\frac{\mathrm{d}\theta}{\mathrm{d}t} + \frac{Ll}{R}\left(\frac{\mathrm{d}\theta}{\mathrm{d}t}\right)^2 \tag{11-9}$$

式中，l 代表日心到银心的距离(m)；L 代表地心到银心的距离(m)；R 代表日心到地心的距离(m)；θ 为日心-银心-地心夹角(°)；ω 代表太阳系绕银核的转动角速度(弧度/s)；β 为地心-日心-银心夹角(°)；$\ddot{l}$ 表示太阳离开银核的径向变化加速度(m·s^{-2})；$\ddot{L}$ 表示地心离开银核的径向变化加速度(m·s^{-2})。

式(11-9)中，$\dfrac{\mathrm{d}\theta}{\mathrm{d}t}$ 代表系统中存在的一种摆动角速度，即以地球为摆锤，以地心到银心距离 GE 为摆长，摆动角速度等于 $\dfrac{\mathrm{d}\theta}{\mathrm{d}t}$。

$$\theta = 0 \tag{11-10}$$

$$L = l - R\cos\beta \tag{11-11}$$

因为银道面与赤道交角的大小为 62°36′，而黄赤交角为 23°27′，说明太阳系在距银道面 8pc 的平行平面中以近 40°的倾斜角绕银核转动。

如果把地球作为太阳系中的一个质点，建立与图 3-11 一样的轨道分析体系，是否就可以获得来自银核施加给太阳系以及地球的强中纬力、潮汐力，显然，这一作用力比第三章简约后的、直接将地球中心看作太阳中心的作用力，更加逼近真实。

如果忽略地球的公转，直接建立地球绕银核的转动关系，可建立图 3-12 的分析体系。参照第三章内容可以直接写出银河系中地球的运动关系：

$$\frac{\mathrm{d}^2R}{\mathrm{d}t^2} = 2\cos\alpha\cos\beta\ddot{l} + \frac{1}{4}R\omega^2\sin^2 2\alpha + \frac{Ll}{R}\cos\theta\left(\frac{\mathrm{d}\theta}{\mathrm{d}t}\right)^2 \tag{11-12}$$

式中，α 为地球整体偏离银道面的纬度(姑且称之为银纬，相应的 β 为银经)。式(11-12)右端第一项为地球在银河年中发生潮汐现象的潮汐力；第二项为地球在银河年中发生以银纬 45°处为最大动力的银河系中偏转现象；第三项即为地球在银河系中的摆动动力。

第二项原名为强中纬力，是地球绕太阳公转时，由太阳施予的，在地球中纬度带内发生，物质偏转现象的作用力。在银河系内，这种偏转力最大时处于银纬 45°。

　　比较式(11-9)右端和式(11-12)右端，最大的不同在于参照系的变化。式(11-9)轨道参数没有化简到地球自转，式(11-12)则化简到了地球自转。

三、动力分论

　　强中纬力、潮汐力是以太阳系为分析对象，研究地球球面质点在地球公转加自转状态下的受力情况时获得的作用力，包括作用力F_1、F_2、F_3、F_4、F_s。这些基础内容参见第三章。

　　作用力F_1和作用力F_2在一定条件下，可以合二为一，研究结果显示，它们表现为一种潮汐力特征，这种潮汐力随着地球离开黄道面的距离增加而减小，而且还与地球所处公转轨道的位置有关，其总的表现是一簇曲线。

　　作用力F_3和作用力F_s也可以合二为一，这时，它们表现出一种使地球中纬度地带受力最大的作用力，被称为强中纬力，在黄纬等于$\pm45°$处最大，由于地球的倾斜和自转，强中纬力在地球上总的表现是一组呈东北方向和东南方向展开的作用力网格线，并且南北半球对称分布，这种力在黄道面切割的地球处和黄极投影点为零。以太阳系为参照系的地球的强中纬力网格和以银河系为参照系的强中纬力网格的交角可能不一样，但在现有条件下，分析板块的受最大强中纬力作用只能近似等于太阳系的作用力网格系统。

　　(一)关于强中纬力

　　地球的强中纬力是影响地球范围最广的作用力之一，因而也是最重要的作用力之一。

　　在太阳系内，它不仅是形成大洋环流的重要作用力，而且也是形成大气环流的重要作用力，黄纬$\pm45°$的映射结果，表现在地球$21°33'—68°27'$的中纬度地带，使其间的物质产生偏转运动。当台风进入中纬度带后，将受到最大强中纬力的明显作用，并最终保持沿强中纬力作用运动方向。

　　以太阳系为参照系时，强中纬力表达式为

$$F_{zT} = \frac{1}{4}mR_T\omega_T^2\sin^2 2\alpha \tag{11-13}$$

式中，α为离开黄道面的纬度，简称黄纬；ω_T为地球绕太阳旋转的公转角速度；R_T为地球半径；m为地球质量。

　　在以银核为参照系时，强中纬力的表达式为

$$F_{zY} = \frac{1}{4}mR_Y\omega_Y^2\sin^2 2\alpha \tag{11-14}$$

式中，α为离开银道面的纬度；ω_Y为太阳绕银心旋转的角速度；R_Y为地球到太阳的距离；m为地球质量。

　　这样，可以很方便地比较得出太阳所施给球面板块的强中纬力和银核所施给球面板块的强中纬力：

$$\frac{F_{zT}}{F_{zY}} = \frac{R_T}{R_Y}\left(\frac{\omega_T}{\omega_Y}\right)^2 = \frac{6371}{1.496\times10^8}\left(\frac{1.99\times10^{-7}}{7.965\times10^{-16}}\right)^2 = 2.66\times10^{12} \tag{11-15}$$

　　就是说，太阳对地球施加的强中纬力是银核施加给地球强中纬力的2.66×10^{12}倍。这是由于地球绕银核旋转的角速度远小于绕太阳旋转的角速度。从力的大小讲，发生板块运动的动力应该是太阳的强中纬力。

试想，如果不是这样，当受银核驱动的板块与受太阳驱动的大气和海水以同样方式运动起来，其景象和后果会混乱不堪。

地球的轨道运动是一种多层次的运动，一层是地球绕太阳公转的椭圆轨道运动，二层是地球随太阳系绕银核旋转的椭圆轨道运动。至于更高一层次——银河系是否存在绕什么天体的椭圆轨道运动——尚无从谈起；地球受运动定律约束的规律性运动，因为可以派生出动力，所生成的动力一样引起了地球上物体运动状态的改变，所以被归结为地壳运动动力来源之一。至于地球椭圆轨道运动和运动定律约束运动是由谁设置的、由谁维持的，迄今为止，不仅是科技界的难题，也同样是宗教界、艺术界的难题。

由于地球自转轴倾斜，强中纬力还对极地带等地带内的物质产生一定的作用。

由银核作用产生的强中纬力，会使太阳系中的星体产生一定量的轨道偏转，这里不做延伸。

(二)关于潮汐力

潮汐力是分析球面质点绕太阳公转时获得的。在分析各力特性和潮汐作用时已经指出，潮汐力是与地球所处轨道位置和质点所处地球黄经、黄纬有关的作用力。

$$F_{CT} = 2m\cos\alpha\cos\beta\ddot{l}_T \tag{11-16}$$

式中，F_{CT} 是由太阳施加的；m 为运动体质量；α 为黄纬；β 为黄经；$\ddot{l}_T$ 为物体离开轨道焦点太阳的径向加速度。

由分析过程可知，在太阳系中，潮汐力是由两部分组成，一部分是由地球离开轨道焦点的加速度控制，一部分是受运动质点离开轨道焦点的加速度控制。所不同在于前者是与地心运动的径向加速度有关，后者是与球面质点和太阳连线方向的径向加速度有关。如果将两者加速度取一致合并，合并后两者性质不变。

在银河系中，如果以地球整体作为质点，把地球的公转视为太阳的自转，以银心作为椭圆轨道焦点，潮汐力的表达式变为

$$F_{CY} = 2m\cos\alpha_Y\cos\beta_Y\ddot{l}_Y \tag{11-17}$$

式中，F_{CY} 是由银核施加的；m 为运动体地球质量；α_Y 为银纬；β_Y 为银经；$\ddot{l}_Y$ 为物体离开轨道焦点银核的径向加速度。银核致潮的高峰在太阳、地球、银核形成一线，此时，地球作为运动质点处在向银核更加靠近的状态，银核致潮的高峰或在地球、太阳、银核形成一线，此时，地球作为运动质点处在更加远离银核的状态。

假如将式(11-17)看作是地球球面质点-地心-银心系统，由银核致潮的高峰发生在太阳、地球、银核形成一线时，或地球、太阳、银核形成一线时。

由于地球绕银核旋转的角速度远小于绕太阳旋转的角速度，太阳对地球致潮的潮汐力远大于银核对地球致潮的潮汐力。所以，在地球上，海水发生潮汐的现象主要由太阳产生，银核的潮汐作用幅度远小于太阳的潮汐作用，总是被忽略。

深入研究会发现，轨道焦点发出的潮汐指令分别作用于动点与动点的自旋点，大小与各自质量正相关。

（三）关于月球引潮

由第三章潮汐力定义可知，对发生潮汐现象的物体来讲，潮汐力是一种外力。潮汐力来自轨道焦点的物体，潮汐现象则发生在运动体上，并且总是在经度 0°、180°处产生高潮。参照图 11-3（对比图 3-15）可知，在地-月轨道运行中，能够产生潮汐力的是处于轨道焦点位置的地球，即地球是施力体，月球是受力体，月球上来自地球的潮汐作用（简称地月潮），高潮总是产生在正对地球一面与背对地球一面。

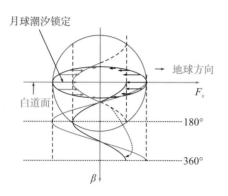

图 11-3　地球潮汐力的作用原理

根据潮汐力作用原理，处于轨道焦点的太阳除了对地球产生潮汐（简称日地潮）作用，还对地-月系中的月球产生潮汐（简称日月潮）作用，月-地-日的轨道关系如图 11-4 所示，月球每时每刻总有一面正对太阳和正对地球，也总有一面背对太阳和背对地球，即月球每时每刻总有 4 个侧面在分别产生日月潮和地月潮。

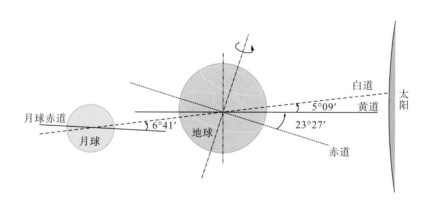

图 11-4　月-地-日轨道关系示意

也就是说，不论何时何处，月球总有正反两个面在产生日月潮。而月球接受太阳潮汐的高峰值发生在月球正对太阳的连成直线时正反两个垂直面的附近。

由于月球总是以固定位置面对地球，所以在月球上形成了地球所致潮汐高峰位置不变的现象，表现出了月球对地球的潮汐锁定现象。

当月球既正对太阳又正对地球时，叠加了太阳对月球潮汐作用的地球潮汐就显得格外大(图11-5中月球 A、月球 C、月球 D 位置)。这是地月潮叠加了日月潮的结果，每月 2 次。如何理解这种叠加关系？

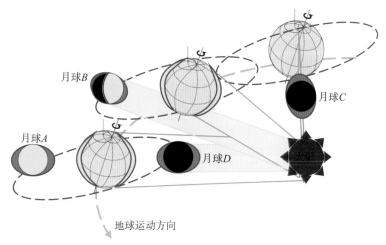

图 11-5　轨道位置与潮汐比较

根据牛顿第三定律，地球对月球的潮汐力作用，月球都会以大小相等、方向相反的方式反作用于地球上。地球对月球的潮汐力大小按照式(11-18)函数关系分布在月球上：

$$F_{dy} = 2m\cos\alpha_b\cos\beta_b\ddot{l}_{dy} \tag{11-18}$$

式中，F_{dy} 为地球施加给月球的潮汐力；α_b 为月球上离开白道面的纬度；β_b 为月球上以白道面为参照的经度；$\ddot{l}_{dy}$ 为月球绕地球旋转离开地球的角加速度。

相应的，月球接受太阳的潮汐力，也存在一个类似方程[式(11-19)]，只是参数应该以黄道面为准、角加速度是月球相对太阳转动的：

$$F_{ry} = 2m\cos\alpha_h\cos\beta_h\ddot{l}_{ry} \tag{11-19}$$

式中，F_{ry} 为太阳施加给月球的潮汐力；α_h 为月球在黄道面的黄纬度；β_h 为月球上以黄道面为参照的黄经度(α、β下角标 h 可略去，此处添加以示与下标 b 的显著区别)；$\ddot{l}_{ry}$ 为月球绕离开太阳的角加速度。

由于月球绕地球的公转，月球反作用于地球的潮汐力，最大处被锁定在月球正对地球的地方，这一特性不因朔望月时间改变，所以，地月潮显得一成不变。一般的，月球、地球、太阳连成直线的情形每月有 2 次，反映到地面潮汐增幅现象也就有 2 次，月圆夜、月黑夜潮幅所增加的量，为日月潮反作用到地球上所形成。

但为什么只有中秋朔望月产生大潮？

其实，只要查查历史就可以知晓，并不是所有的中秋望月都会产生高潮，仅仅是在中秋遭遇秋分时，才会产生大潮。

为什么叠加了秋分的中秋会产生大潮？同样是因为轨道位置决定的。根据第二章相关内容，我们可以很方便地知道，轨道位置的θ_3、θ_4，是地球上物体径向离开太阳运动速度最大处，即此时物体具有最人动能，θ_4正好处于秋分附近，因而具有最大动能。具有最大动能的潮汐与一般动能的潮汐相比，当然是能量大的潮汐显得气势威武。即使月球没有达到望月位置，秋分时节具有最大动能的潮汐依然会如约而来；即使秋分潮叠加中秋潮，所叠加的幅度是太阳对月球的潮汐作用结果。秋分潮为地月潮，中秋潮为日月潮。

春分期的潮汐与秋分期的潮汐同理，分别处于轨道位置的θ_3、θ_4，本身动能较大，都是太阳对地球潮汐作用结果，都会显得动能较平时大，如果能同时叠加太阳对月球的潮汐作用，则会出现同样效果。

总之，地球上的潮汐以太阳潮为主、月球反作用潮为辅，月球反作用潮是地球对月球潮汐作用的结果的反作用结果。假如中秋偏离秋分，中秋月的潮汐与平时朔望月的潮汐没有区别，不存在增幅现象。如果中秋在秋分后 1—2d，就会出现周密所述的"浙江之潮，天下之伟观也"现象。如果中秋在秋分前 1—2d，则"天下伟观潮"就会出现在当年秋分节前。

若以地球对月球的万有引力致潮解释，"以距离的平方成反比"的引力断然不可能形成地球上深夜的大潮。引力中不存在正对、背对、朔望问题，引力潮不存在时间上的差别。引力方程中不存在经度关系，因而引力潮幅大小分布只与月球划过的地面强相关。

是时候否定"引力潮"了。

(四)小结

银核胀缩力漫长时间的作用，使地球发生持续的膨胀和收缩，为强中纬力、潮汐力作用于地球板块提供了活动的背景空间。

胀缩力是一种体力，使地球整体发生径向方向(垂直方向)的运动变化；强中纬力、潮汐力是一种局力，使地球球面板块发生切向(水平方向)的运动变化。

如果没有胀缩力作用，则地球较少或不会有球面板块的挤压出现，只有板块的规则移动，有如平流层里的气球一样；如果没有强中纬力、潮汐力作用，则地球只有膨胀和收缩所表现出来的"开"与"合"，不会有规则方向的断裂系统、潮汐现象出现。

第二节　强中纬力全球分带

在第三章，我们已经讨论了地球的强中纬力，以及它的定义、特性、分布域、适用性等，知晓了它在黄纬角度上的分布的连续性(图 3-21)，与黄纬面上的离散性(图 3-22)。在本章，我们比较了由银核施加和由太阳施加的强中纬力，就地壳内部物质而言，流动性相对较好的液态石油的受力与运动，受太阳强中纬力作用远大于受银核强中纬力作用。

地下油气因为受到了环境压力的差异作用，而产生流动，所考虑的作用力是压力，包括静压力、动压力，从来没有考虑轨道运动和定律运动所产生的作用力。事实上，地下油气受力大小分异，具有全球分带特点。

鉴于地球油气的流动性特点，考虑强中纬力的响应现象，可以归纳出全球油气受力与运动具有分带性的特点。

以北半球为例分析强中纬力(F_z)与黄道面的关系，如图 11-6 所示。显然，F_z 的最大值为黄纬 45°，即以最强线作图，则 F_z 最强线在北半球上的分布如图 11-6 中粗紫色线。对称地，在南半球相应部位也具有相同一条。

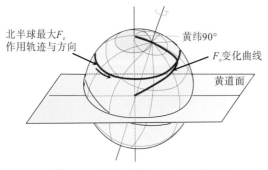 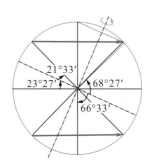

图 11-6　北半球最大 F_z 作用线示意　　　　图 11-7　地球受力分带依据图

由于地球是倾斜的，并且绕轴自转，所以，黄纬的一条线映射到地球上是一条带，F_z 最强线在地球上对应着中纬度带。

强中纬力的角度换算见图 11-7。

强中纬力的地球响应是明显的。受它的影响，台风或飓风都要改变原有路线，当台风或飓风跨过北纬 21°33′，即进入了北半球最大强中纬力作用范围，这种改变就变得更加显著。

与台风、飓风相似，无论是低纬度带的火山灰、还是中纬度带内的沙尘暴、云朵，其运行轨迹都要受到强中纬力的作用，现代遥感技术与大量的卫星照片证实了这点。

地球上油气的运移无疑也要受到强中纬力的作用。

随着全球化时代的到来，人们应以全球观认识世界。特别是我国的油气生产管理部门，为了解决国内生产总值连续多年高速度发展带来的油气安全问题，走出国门到异国他乡进行油气勘探与开发是一条必由之路，因此，全球油气具有分带性特征的提出，显得尤为必要。

以最大强中纬力的分布特征描述全球油气运移受力的分带性，具有坚实的理论基础和实际意义。如此，地球上油气受强中纬力作用可以分 5 个区带(表 11-2)。科研人员和生产管理人员据此可以分析招投标区块是否属于有利油气运移聚集部位，从而为优选所投标区块、尽早收回投资、获取更大经济效益，提供理论依据。

表 11-2　受力分区及依据

带名	范围	作用力依据	说明
北极极地带	北纬：68°27′—90°00′	油气无特别力作用	该分带主要依据强中纬力作用明显地区而加以区分，其分带具有明显的对称性，其对称面则为黄道面。带与带之间没有重叠区
北半球最大强中纬力作用带	北纬：21°33′—68°27′	油气受强中纬力作用明显	
穿切黄道面带	南纬 23°27′—北纬 23°27′	油气受地球自转惯性力作用明显	
南半球最大强中纬力作用带	南纬：21°33′—68°27′	油气受强中纬力作用明显	
南极极地带	南纬：68°27′—90°00′	油气无特别力作用	

各带具体特征描述如下所述。

一、两极极地带

两极极地带位于南、北极区，分布范围在南、北纬 68°27′—南、北纬 90°。显然，与两极极地带地理分法(66°33′—90°)有差异。最大强中纬力作用线可以延伸到地理两极极地带内。如果以最大强中纬力作用线为主，划分出地球的最大强中纬力作用带，再叠合以地球的倾斜角划分出的地球的低纬和高纬带，地球的受力分带将出现小部分重合，重合区域为 66°33′—68°27′。

在此带内，地下油气受强中纬力作用不明显。

二、南、北半球最大强中纬力作用带

分布范围在南北纬 21°33′—南北纬 68°27′。

在此带内，地下油气受强中纬力作用明显。由于本带跨越南北回归线 1°55′，所以，穿切黄道面带内的物质在进入最大强中纬力的作用范围后，由于遭受的主作用力性质和方向发生改变，物质的运行轨迹随之产生明显的不同。

最大强中纬力作用系统是由一系列同样大小的圆按照一定规律组成，其大包络圈形成的圆所在纬度为南北纬 21°33′，小包络圈纬度为南北纬 68°27′。这样，在任意一个地方，都有一对东北向力和东南向力存在。南半球最大强中纬力作用系统与北半球最大强中纬力作用系统相对应。

东北向力为最大强中纬力在由北纬 21°33′向北纬 68°27′或者由南纬 68°27′向南纬 21°33′作用时的作用力，东南向力则为最大强中纬力在由北纬 68°27′向北纬 21°33′或者由南纬 21°33′向南纬 68°27′作用时的作用力，两者构成一个循环的整体，属于同一个力在不同时间的作用。任一地方只要具备流速小于地球自转速度的条件，则该地就具有一对不同时间的最大强中纬力作用。

三、穿切黄道面带

位于赤道两侧，分布范围在南纬 23°27′—北纬 23°27′。

在地球作绕太阳运行的过程中，该带持续地做着穿切黄道面的运动。在此带内，强中纬力作用不显著。

由于本带与南北半球最大强中纬力作用带各有 1°55′的重叠区域，所以，在地球的运行中，本带就像传送带一样，将本位于黄道面上下的南北半球物质进行交换。

四、应用

(1)在极地区带，由于油气无特别力作用，地下油气运移分析按常规压降指向进行。

(2)在最大强中纬力作用带，油气受强中纬力作用明显，油气运移的有利指向为生油凹陷的东北方向与东南方向。

准噶尔盆地位于北半球最大强中纬力作用带内，其侏罗系生油中心位于盆地南部的昌吉凹陷，在昌吉凹陷东北方向的白家海凸起上，找到了中国的第一个沙漠油田——彩南油田，在彩南油田的东北方向，是著名的五彩湾，在五彩湾出露着侏罗系油砂。而在昌吉凹陷的东南部位，是大片的古牧地油苗区，至今仍在活动。

(3)在穿切黄道面带，油气受地球自转惯性力作用明显。处在本带内的生油凹陷产生的油气，优先运移指向为凹陷的西部。

(4)在穿切黄道面带与最大强中纬力作用带交叠区间，生油凹陷产生的油气优先指向，南半球由北往南依次为：西—西南—南—东南；北半球由南往北依次为：西—西北—北—东北。

综上所述，地球公转自转所产生的强中纬力是地球的一种重要的原动力，除地球上的黄极投影点和黄道面切割处强中纬力等于零外，地球的其他部位均存在大于零的强中纬力作用，作用力的大小与黄纬呈正弦倍角平方关系。不同大小的强中纬力作用线相互与黄道面平行，作用力方向由西向东。

地球的中纬度带是一个充满活力的地带，不仅该带内大气、海水的运动变化显示着一定的规律性，而且其地面、地下的一般表现特征也显示出了一定的规律性。

受强中纬力影响，全球油气受力大小具有区带性。全球油气的受力作用可以分为 5 个区带。据此可以分析招投标区块是否属于有利油气运移聚集部位、优选所投标区块。

第三节 地块的强中纬力作用

早期研究地壳运动的方法以较具体的形态构造分析为主，后来逐步发展成为与岩石建造相结合的地质历史分析法。采用力学和地球物理分析法进行地壳变形机制分析、对地球深部物质物理性质进行测定与模拟计算，以及用古地磁测量方法研究地质体的空间位置相对关系，等，是目前较为新兴而有效的方法。

板块构造学说是在大陆漂移说和海底扩张说的基础上发展起来的，认为岩石圈被一些构造带，如海岭、海沟等，分割成许多称为板块的单元。地震和火山作用多集中在板块边界上，但在大陆板块内部也常有发生。

地壳运动的驱动力问题一直是人们争论的话题，以往大多数观点认为动力来自地球内部，是地球的内部能量驱动了板块的运移。现在看来，驱动力一定来自地球以外。

地壳运动状态的改变离不开动力的作用，地球的胀缩力可以形成地壳运动，地球的强中纬力、潮汐力也是地壳运动的动力。讨论地壳在强中纬力、潮汐力、胀缩力作用下的地壳运动是本章的主要任务。

一、地质响应

通过讨论强中纬力作用的海水运动、大气运动，获得了强中纬力是形成地球上环流的重要作用力组成部分的认识。

　　强中纬力除对地球中纬度地带物质有强烈作用外，还对相对低纬度地带的物质有作用，只是随着纬度的增高或降低，作用影响越来越小，直至为零。强中纬力作用下，较低纬度的物体还有一个重要的特性——可以跨越赤道。

　　(一)对地块的作用

　　地块分为活动型和相对稳定型两种，强中纬力对活动地块的作用表现在较大位移上。对于活动型地块，强中纬力可以使它们呈弧形分布；对相对稳定地块，强中纬力作用的表现，在使地块的错断和褶皱上，大型的断层以走滑、旋扭构造为主，大型的地层褶皱以山脉出现。

　　我国绝大部分陆地和部分海域位于北半球最大强中纬力作用带，众多盆地不仅从宏观表现上，而且从构造格局上，都呈现出了强中纬力的运动特征。从小到大诸如海拉尔盆地、四川盆地、塔里木盆地，其控制盆地边界的断裂走向、隆拗格局基底和控制凸起与凹陷的局部断裂，都主要为北东走向和北西向两组，具有相同的受力特征——北半球强中纬力作用。强中纬力作用带的作用力机制，可以被用来解释盆地基底构造格局、断裂组合、构造分区，甚至进行构造评价等。图11-8是我国主要活动断裂简化图，图11-9是所做的相应匹配工作。对比发现，除滇、川、藏交接区部分断裂因为板块拼合不具有强中纬力作用特征外，其余绝大多数的断裂走向一般都具有强中纬力的作用特点。

图11-8　中国主要活动断裂简化图(高庆华等，1996)

注：引用资料时去掉了推测断裂、断裂性质

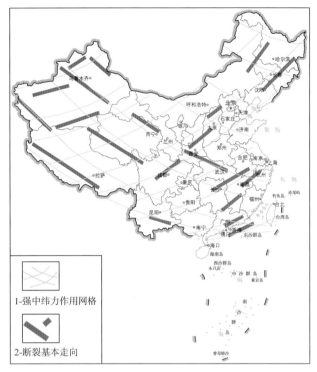

图 11-9　中国断裂基本走向与强中纬力作用网格匹配关系

　　图 11-10 是反映我国及与周边国家受强中纬力作用网格控制的情况。由于图面上纬线被拉直，所以强中纬力网络线并非对称。图中示意性地加进了几个中国含油气盆地和几组断裂，以配合显示与朝鲜半岛、日本列岛、库页岛、堪察加半岛、千岛群岛、阿留申群岛和普里比洛夫群岛等分布情况。

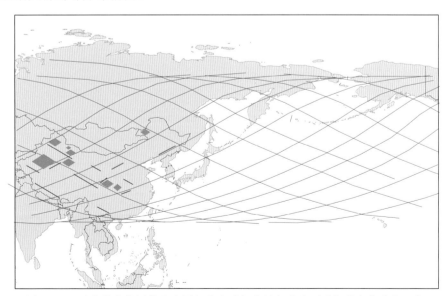

图 11-10　强中纬力作用带内中国部分含油气盆地与北太平洋部分岛屿分布形态

(二)对山脉走向的控制

强中纬力作用于地壳，可以表现在山脉的基本走向上。中国不同类型山脊及其走向分布与强中纬力作用网格匹配情况。

尽管山脊的形态和走向受控因素较多，与构成山脊的岩石成分、当地气候、地表植被、温差大小、河流、冰川、波浪以及人为因素等相关，但山脉的形成动力始终是第一位的，它是控制山脉走向的主体因素，其他均为次要因素，次要因素可以局部改变山脊的形态和类型，但无法改变山脊的走向，人为行动可以消灭一座山，但无法消灭一条山脉。

无论这些山脉的成因是由于岩浆的垂直上升，还是因为地块受周围压力作用，它们已经明确地表现出了走向的规律性。

(三)对火山分布格局约束

强中纬力作用于地壳，可以表现在火山的分布上。图 11-11 记录了发生在我国东北地区的火山群、火山，火山活动与强中纬力作用具有很大程度的匹配性。

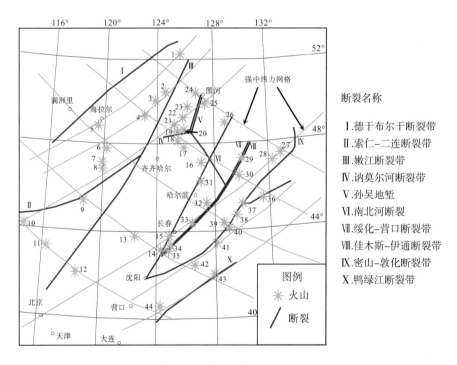

图 11-11　东北地区火山分布图(据刘明光，1998)

注：1.察哈彦火山；2.古罗亚火山群；3.干河火山群；4.诺敏河火山群；5.辉河火山群；6.伊敏河—莫克河火山群；7.阿尔山火山群；8.五义沟火山群；9.阿尔善保力格火山群；10.阿巴嘎火山群；11.达来诺尔火山群；12.赤峰火山群；13.七星山火山群；14.石岭火山群；15.富峰山火山群；16.阁山火山群；17.二克山火山群；18.南尖山火山群；19.莲花山火山；20.五大连池火山群；21.北尖山火山；22.科洛火山群；23.门鲁河火山群；24.嘎丛火山群；25.四季屯火山；26.库尔滨火山群；27.津街口南山火山；28.二龙山火山；29.小孤山火山；30.佳木斯火山群；31.疙瘩山火山；32.高丽山火山群；33.缸窑火山群；34.伊通火山；35.辽源火山群；36.鸡冠山火山群；37.马鞍山火山；38.团山子火山群；39.镜泊湖火山群；40.三家子火山群；41.敦化火山群；42.龙岗火山群；43.长白山火山群；44.宽甸火山群

据统计研究，世界上的主要火山活动与板块边界有着密切的关系，15%发生在板块分离的引张带，80%发生在板块会聚的挤压带，只有少数发生在板块内部。图 11-11 所示的火山活动显然应归为板内火山，对于板内火山所表现出的这一规律性，同样应适用于解释处于太平洋板块的皇帝海山-夏威夷火山岛链的形成。

与火山活动相近的岩浆侵入活动，同样要受到强中纬力的作用。

(四)对地震震中的影响

强中纬力作用于地壳，还表现在地震震中的分布上。

针对地震震中分布所表现出来的规律性，马宗晋等(1981，1992)归结为地球自转的原因，这实际上是受地质力学思想的影响。地质力学是以地球自转为核心，以纬向构造和经向构造为基础纵论全球地质，无法解释地球的北东向和北西向构造体系真正原因。只有建立了地球的自转与公转这样一个复合的运动系统，才能得以正确解释。

(五)对风沙分选沉积的作用

强中纬力作用于地壳，还可以表现在对组成地壳的风沙沉积物的分选上(图 11-12)。

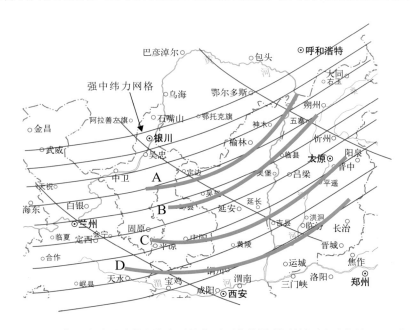

图 11-12 黄河中游马兰黄土粒度平均值平面变化图(资料转引自李叔达，1983)

注：A.粒度>0.045mm；B.粒度为 0.035—0.045mm；C.粒度为 0.025—0.035mm；D.粒度为 0.015—0.025mm

也许有人会说，火山、断裂、岩浆、山脉走向等存在着严重的相关性，不是独立的事件，因而不能说明问题的实质。其实它们的相关性，在于它们都受强中纬力作用。如果没有地球的倾斜，只有地球公转和自转轴垂直于黄道面的自转，那么，地球上将不会出现北西向和北东向的地质现象，只有人们现在常说的纬向和经向地质现象了。

二、其他地质应用

(一)地下油气运移研究

根据地质工作中的类比法和由已知推未知的逻辑思维,在研究了海水、大气等可见的物质在强中纬力作用下的运动特征后,即可进行相应的地下油气受强中纬力作用后产生运移的研究,从而为丰富和发展现代油气运移理论提供依据。

按照海水与大气受最大强中纬力作用所表现出来的变化周期来看,地下油气所受的最大强中纬力作用应该主要来自太阳,这样,以往人们认为的地下油气运移的时间一概与地壳的构造运动时间级别相对应的观点将面临严重的冲击,因为太阳施加的最大强中纬力作用于中纬度地带内各点的(除包络线外)是按照每天两次的频率进行,所以,地下油气运移受最大强中纬力作用时间是以天为单位进行的。

(二)地震构造分区研究

利用地球的强中纬力,可以指导地震构造分区的研究,如塔里木盆地及其周边构造特征图,四川盆地构造略图,海拉尔盆地构造略图等。我国陆地的绝大部分位于北半球最大强中纬力作用带内,几乎所有的含油气盆地的构造特征都表现出强中纬力的作用特点。

(三)油气聚集区带分析

人们根据油气运移与封堵,可以预测油气聚集区带。根据油气在最大强中纬力作用下发生运移的理论轨迹,即可推测油气的最终走向,结合地下地质构造格局,分析油气的聚集区带,无疑是一种全新的思路,进而为油气勘探开辟新区、增储上产提供理论保障。

(四)地球球面板块运移分析

分析球面板块在微弱强中纬力作用下跨越地球赤道的受力运动后,即可建立起全球强中纬力作用于板块及其使板块发生运动的系统。图 11-13 是位置稍作夸张后,分析板块 A 在南半球开始受力,在固定的力作用下沿着力作用轨迹前进,地球同时在自转,经过 1 点,

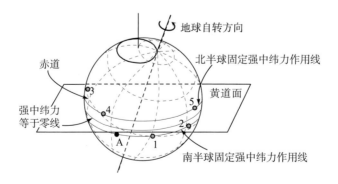

图 11-13　板块 A 受强中纬力作用跨越赤道运动分析

板块 A 抵达赤道，然后在固定力作用下继续前进，经过 2 点，这时，虽然板块 A 仍在黄道面下，但此时却已经进入北半球，地球自转携带板块 A 转到 3 点，这时虽然板块在南半球强中纬力作用下运抵北半球的纬度没变，但却已经穿切黄道面到达了黄道面上；在自转状态下，板块 A 到达 4 点，进入了北半球的固定强中纬力作用线，在固定力作用下，板块 A 沿着固定轨迹前进到达 5 点，此时，板块 A 已完全离开了南半球进入北半球并受北半球的作用力系统的控制。

第四节　一个地块的理论运动轨迹

板块运动伴随着纬度的变化。在已经获得的各种地质动力中，强中纬力的主要控制因素即地球的黄纬，板块在强中纬力的作用下发生黄纬的改变，即可映射成地球纬度的改变。

地球运转的胀缩力公式的获得，使我们认识到地球绕行银核一周要分别发生膨胀和收缩的运动过程。而地球公转所产生的强中纬力、潮汐力等的获得，使我们已完全具备了分析球面板块在各种作用力的作用下运移的条件。

无论是在地球的膨胀期，还是在地球的收缩期，只要地球球面上存在分离的板块，这一板块将受到地质动力的作用，就会产生运移，板块间即出现相对运动，甚至接触、碰撞。

相邻两板块的主体关系有如下几种。

(1) 分别位于不同的地质动力作用带，受不同的地质动力的作用。由于所受作用力不同，或者主作用力不同，或者作用力相同而参数不同，加上两个板块的质量差异，两板块的相对运移速度不同，从而产生板块间的距离缩短、碰撞、挤压、褶皱、推叠与成山，或者出现距离增加而逐渐远离。

(2) 位于同一地质动力作用带，受相同作用力作用，因板块质量不同，产生的运动速率不同。这样，相邻两板块间也会出现远离或靠近直至成山的两种现象。

(3) 位于同一地质动力作用带，受相同作用力作用，因板块质量相近，产生的运动速率相近。这样，相邻两板块间将保持较长时间的毗邻关系不变。

大陆和大陆间的关系也可分为两种。

(1) 分别位于不同的动力作用带。即使分处于南北两个半球，理论上也有相会的可能。

(2) 位于相同的动力作用带。与上述第二种和第三种情况相似。

每种情形都可导致地球在膨胀期里出现板块碰撞，在收缩期里出现板块远离这样"不和谐"的地质现象。

不管是陆块和陆块间的相对运移关系，还是陆块与洋壳间的相对关系，都包含了一个块体的运动问题，分析研究一个块体的理论运行轨迹，是解决问题的前提。

设定问题的初始条件：地球表面存在着一个质量为 m 的块体，它不管是处于地球膨胀还是收缩期，都不受其他块体的影响(不考虑板块相撞后的各种变化)，它总是处于地球的表面运动，也不存在着自身的张裂问题，它是一个完全游离的块体。

一、地块在高纬度带的运移

高纬度带是个相对概念，一般是指地球纬度相对较高的地区，如无特别说明，本书中的高纬度都是按地质动力中的最大强中纬力分带结果，即地球纬度的68°27′—90°00′地区。

按照所设条件，地球球面板块在高纬度带(即极地带)的运移，应该具有大气质点的特征。

理论上的极地带板块受强中纬力作用与运移和大气质点在极地带受力后的运行轨迹一致，分为过极点和不过极点两种类型。

过极点的作用力方式、板块受该形式力作用后的运移轨迹等，在大气的强中纬力作用中已经阐述，即两种：一种是过极点后沿着弧线向左(北半球)或向右(南半球)继续运移；一种是沿着弧线经过极点后再沿着对称的弧线方式返回。

对于不过极点的作用力方式，板块受该形式力作用后的运移轨迹共有8种理论模式。

无论是过极点还是不过极点，站在地球上的人们会发现，板块在相对较弱的强中纬力作用下，发生由68°27′向90°00′方向运移，和由90°00′向68°27′运移都是可能的。如果板块为较均匀的块体，其重心等于质心，板块则沿着理论轨迹线平行移动，否则，板块将沿着理论轨迹线转动。

板块在极地带的运动特点，受板块在极地外时的运动特征影响，也就是说，板块在强中纬力作用带的运动可能影响板块在极地带的运动，如果地球倾角保持不变的话，强中纬力作用带43°06′及其以后范围内的板块的运动对极地带内时的运动产生影响。

由于强中纬力是与纬度呈正弦倍角平方关系变化的，所以在地球纬度大于68°27′后，表现为作用力随纬度增大而加倍减小，在板块上表现的运动特征为，随着纬度增加，板块运动的加速度越来越小。

由于地球的自转轴是倾斜的，板块受强中纬力作用后的运行方向和地球自转方向的关系如图11-14(a)所示。极地带板块在一天之内所受强中纬力的大小是变化的，以一个质心在地球纬度66°33′的板块为例，其一天之内的强中纬力随时间的变化关系曲线如图11-14(b)所示。

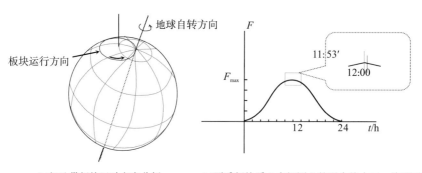

(a)极地带板块运动方向分析   (b)夏季板块质心在极圈上的强中纬力F—t关系图

图11-14 高纬度带球面板块的运动方向及作用力关系图

图 11-14(b)所表现出的非对称曲线形态，是极圈上的质点在早半球(从 0:00 到 12:00，夏季)，质点与黄道面的 α 角度，经过了从 90°00′到 43°06′的变化，其中，约在 11:53′(夏季)时 $\alpha = 45°$ 的原因。

地球倾斜所形成的地球南北极关系，总是使地球在轨道的半径增大时南极在更大的地方(轨道外侧)，北极在较小的地方(轨道内侧)，这种特殊的构造关系，是形成北极相对活跃、南极相对稳定的原因(角动量守恒)。如果地球倾斜方式改成相反方向，地球的南北极的地理地质特征也将随之改变。

二、地块在中纬度带的运移

与高纬度带一样，中纬度带也是个相对概念，一般是指地球纬度为 21°33′—68°27′的地带，即强中纬力作用带。

板块在中纬度带的受力包括强中纬力、潮汐力，这里只研究板块受强中纬力的作用情况。

根据所设条件，假如目标板块遇到其他板块，目标板块总是将它压在底下，目标板块就像一条在海上的船(因为只有存在的板块能向我们提供证据，消失的板块则不可以)，也不考虑板块遇到其他板块后的反射及运行速度改变等情况，那么，板块在本带内的运移则完全类似于强中纬力作用带内的大气或海水的运动，只是运动体的质量不同，所产生的运动速度不同。

强中纬力作用带内强中纬力的作用运行轨迹和方向的表示如图 11-15(a)所示。从图 11-15(a)的视角，看到的地球上强中纬力作用带内最大强中纬力作用线是一条圆形轨迹线，这条轨迹线处在黄道面上下地球的中部(图中只绘出了北半球的一条)，呈一个封闭的圆环，这个圆环使黄道面上的观察者看起来是一条平行于黄道面的直线，而黄道面上 90°视角的观察者看起来是一条完整的圆圈。地球的自转，使中纬度带内的每一点，在 24h 内，两次经过该圆圈。

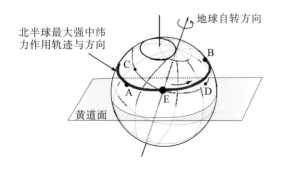 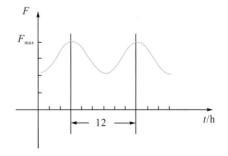

(a)北半球强中纬力作用带板块运动方向分析　　　(b)某地强中纬力的 F-t 关系示意图

图 11-15　中纬度带板块的受力与运动

　　地球的纬线与强中纬力作用线呈 X 状斜交，如果固定纬线，则质点从 A 点出发沿着强中纬力作用线由南往北经过纬线（E 点）抵达 68°27′（B 点）后，发生由北往南的运移，在地球背面再次经过该纬线，然后回到 A 点，周期为 24h。如果固定最大强中纬力作用线，质点由 C 点出发，几小时后经过交点 E（即最大强中纬力作用点），在经过 D 点（相当于夏季中午 12:00）后，再过几小时，又一次经过最大强中纬力作用点（前后两次相差大约 12h），然后于次日相同出发时间回到 C 点。

　　处于强中纬力分界线上的点，一天之内只有一次受到最大强中纬力作用。

　　由于强中纬力除在黄道面和南北半球的 $\alpha = 90°$ 处等于零无作用外，在地球的其他地方都有作用，所以，强中纬力作用带内一点的强中纬力与时间的关系曲线如图 11-15（b）所示，图中的时间轴没有一日中具体小时的意义，只有时间间隔的作用，纵轴上最大强中纬力是固定的，最小值则视板块质心所处纬度经过换算成 α 后算出。

　　扣除所有阻碍板块运移的因素后，板块在强中纬力作用带的运移轨迹如图 11-16 所示。

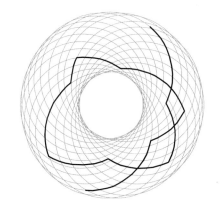

图 11-16　板块在中纬度带内的运移轨迹示意

　　板块不断地作图 11-16 所示运动，总有到达带边（与其他作用带交叠区）的时候，这时，板块将受到双重作用力的作用，运移轨迹将超出图 11-16 的形态。

三、地块在低纬度带的运移

　　低纬度带是指南纬 21°33′到北纬 21°33′之间的地带，或者是指南纬 23°27′到北纬 23°27′之间的地带，又称穿切黄道面带。

　　强中纬力在低纬度带的影响是不可忽略的。

　　图 11-17（a）选择了地球赤道南北各一点在地球转动时受强中纬力的作用情形，图 11-17（b）是此两点的 $F\text{-}t$ 关系曲线。

　　由图可见赤道南北两板块的 $F\text{-}t$ 曲线表现为非对称，即赤道北的板块穿切黄道面前在黄道面之上的幅度大于穿切黄道面后的幅度，而赤道以南的板块则正好相反。这是站在板块不受固定强中纬力作用的角度情况。

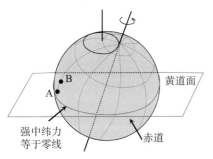
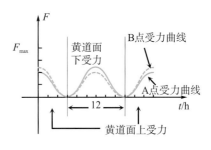

(a)低纬度带板块受强中纬力作用与运动方向分析

(b)赤道两侧板块A、B的强中纬力作用F-t关系示意图

图11-17 低纬度带板块受强中纬力作用与运动关系图

如果板块A(或B)受到一定的强中纬力作用,那么,随着地球的自转,强中纬力将带着板块A(或B)作跨越赤道的运动。

假如在黄道面上和黄道面下各有一固定值的强中纬力作用线(图11-17),板块A在南半球开始受力,在固定的力作用下沿着力作用轨迹前进,地球同时在自转,经过1点,板块A抵达赤道,然后在固定力作用下继续前进,经过2点,这时,虽然板块A仍在黄道面下,但此时却已经进入北半球,地球自转携带板块A转到3点,这时虽然板块在南半球强中纬力作用下运抵北半球的纬度没变,但却已经穿切黄道面到达了黄道面上,在自转状态下,板块A到达4点,进入了北半球的固定强中纬力作用线,在固定力作用下,板块A沿着固定轨迹前进到达5点,此时,板块A已完全离开了南半球进入北半球并受北半球的作用力系统的控制。这种交换是可逆的,逆向运动分析略。

四、其他

研究、探讨板块运动的课题一直以来都属于热门。从部分新发现的地球动力角度探讨板块的运移轨迹,立意原在对强中纬力的应用。至于潮汐力和胀缩力对板块的垂向作用等,都属于以后继续探讨的内容。

综上所述可得以下结论:

(1)强中纬力使地球中纬度地带(21°33′—68°27′)物质产生偏转运动。

(2)最大强中纬力不仅是形成大洋环流、大气环流的重要作用力,而且也是形成地下油气、球面板块运移的重要作用力,运动轨迹丰富多样。

(3)强中纬力是影响地球范围最广的作用力之一,因而是最重要的作用力之一。

(4)强中纬力还对极地带等地带内的物质产生一定的作用。

第十二章　地球的潮汐

王充在《论衡》卷四"书虚篇"第十六节中指出"涛之起也，随月盛衰，小大满损不齐同"，形成了人类对地球上潮汐"随月"现象研究的最早研究成果之一。于是，人们开始将地球上的潮汐涨落现象与月球的盈、衰、望、朔挂上钩，逐步形成了一些历史名篇，如苏轼(1037—1101年)的"定知玉兔十分圆……夜潮留向月中看"。周密(1232—1298年或1308年)的"浙江之潮，天下之伟观也。自既望以至十八日为盛……"

千百年来，人们观察海洋潮汐，不仅发现了它与月球相关，更发现了它与太阳相关。并且，随着地域的不同，海潮不仅表现出不同的类型，还表现出不同的潮差，相同地点不同时间，还会表现出不同振幅的潮汐现象，年复一年的结果也有所不同。也有些地方表现出潮汐的大小与出现的时间与地方时无关。现在看来，海水的潮汐与地球的公转和海水的定轴转动相关，它是海水螺旋转动的时空反映。

第一节　潮汐现象

随着科技进步、社会发展，人们发现大气圈中同样存在着潮汐现象，并且显得比海水潮汐更具规律性、更加稳定，岩石圈、地幔圈中存在的潮汐运动也逐步为人类认识。

关于潮汐力，我们已经论述了它的分析体系与受力特征曲线，知晓了潮汐力的大小与轨道运动中矢径随时间的变化关系、与夹角 θ 的关系、与受力体上的分布情况等。应该如何利用这些理论解释自然界中存在的潮汐现象？如何认识不同级别轨道运动产生的潮汐问题，以及如何解释银河系椭圆轨道产生的潮汐现象？

以地球为例，在太阳系中，β 的起始点总是以轨道上正对太阳的那一刻为端点，一年变化的周期为365天，地球每天正对太阳的位置都在发生变化，即地球随日潮汐每天发生高潮的时刻都在改变，如何解释这种改变？在银河系中，地球轨道位置的变化周期为2.5亿年，地球与银核的距离随时间加速度的变化之低，人类是完全不能觉察的。

一、海水潮汐

有谁想过在月圆大潮发生的同时，为什么在远离月球的地球另一面也同时产生了大潮？为什么总是在接近中午和午夜这个时刻产生大潮？为什么一轮圆月整夜都挂在天上，正面对着地球，地球上的大潮却只有一波？为什么总是在早晨和傍晚发生落潮？

　　根据潮汐展开的时间长短，全球海洋潮汐基本分为 3 类，即半日潮、全日潮、混合潮。半日潮一般出现在具有宽广水域的海洋上，在大洋中部总是表现出规则的半日潮。周围有海岛隔断的海域，往往表现出全日潮和混合潮。图 12-1 展示了同一时间相近经度不同纬度几个港口的潮汐波动现象。综合资料表明，地球面向或背向太阳的位置，潮汐波涛最强，总是出现涨潮或高潮，而在这两个位置最中间的地带，则往往出现落潮或低潮。

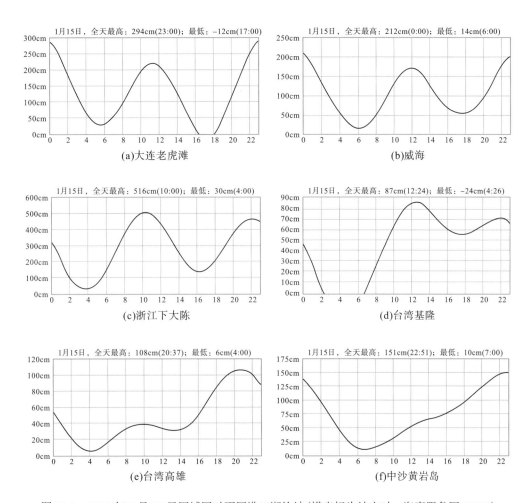

图 12-1　2021 年 1 月 15 日同域同时不同港口潮汐波(横坐标为地方时，海事服务网 CNSS)

　　图 12-1 所选是中国国家海洋信息中心根据一定算法并考虑我国各地潮汐发生的现实，在综合经年实测验潮资料数据基础上模拟绘制的各港口潮汐涨落曲线。从北往南，这些港口基本处于同一经线上，按理，在 2021 年 1 月 15 日这一天，各个港口与月球关联所对应的潮汐波形特征应该基本一致，并且发生高潮的时间也应该相同和基本一致，然而，实际情况却千差万别，所显示的曲线形态没有引力作用特征。

　　陈宗镛等(1992)依据"引力引潮"观点，计算并比较了月球、太阳对地球上任一单位质量的质点引潮力，得到月球对地球的水平引潮力为 $0.84 \times 10^{-7}g$，垂直引潮力为 $1.12 \times 10^{-7}g$；

太阳对地球的水平引潮力为 $0.39 \times 10^{-7}g$，垂直引潮力为 $0.52 \times 10^{-7}g$；认为引潮力的最大值也不过是重力的千万分之一量级，月球的引潮力等于太阳的 2.2 倍。并且还通过三者之间距离、质量，比较了其间的万有引力大小，所得结果是月球为太阳的 2.17 倍，研究认为，就地球的潮汐现象而言，月球影响居主要地位。

方国洪等(1984)依据中国农历中的日期和公历中的月份，参考地球与月球、地球与太阳之间的相对位置变化，以及我国沿海 50 个港口和航道的海潮数据，采用调和法编制了《农历潮汐表》，指导了我国沿海地区的生产和实践，反映了我国人民对海洋潮汐的认知水平，在其归纳分析过程中，完全没有引力的元素。

1993 年，中国科学院地学部发布了"海平面上升对我国沿海地区经济发展的影响与对策"，提出了海平面升降问题，引起了一系列海平面变化趋势分析文章的面世。陈奇礼和许时耕(1995)分析了粤西沿海海平面上升后潮汐变化特性，指出海平面上升后潮汐特性将发生显著变化，最高潮位上升，上升幅度将比海平面上升的幅度明显增大，而且强潮频率将明显增多，高潮潮时延后等。高家镛和何昭星(1993)则讨论了海面变化和沿岸地壳升降的关系。

我们已经知道，地史上发生全球性海平面升降变化与地球环境温度变化有关，所导致的结果最直接的是海水质量的增减，间接结果是潮汐力的增减和潮波振幅的增减。如何理解海平面变化与潮波频率变化、高潮潮时延后、地壳升降关系？

二、大气潮汐

关于大气潮汐的致潮理论林林总总，有太阳引力潮、月球引力论、太阳热辐射说、共振理论、电离层中的电流驱动力(加藤进，1988)等，但都不能圆满地解释大气潮汐现象。

学界对地球大气潮汐的研究表明，在对流层、平流层、中层和电离层中，都有大气潮汐现象，并且在地球面向或背向太阳的大气圈内，总是出现涨潮，而中间地带则总是出现落潮现象。大气潮汐的振幅在赤道带最大，向极区减小。在大气潮汐现象中，几乎觉察不到月球的影响，也没有除半日潮以外的其他衍射现象发生。

地球发生潮汐，幅度最大的是大气。在自然科学的发展史上，大气潮汐很早就被人们讨论过。从牛顿 1687 年提出大气潮汐到现在，越来越多的观测资料和研究认识，都指出了大气发生着周期性潮汐涨落的事实。

在认识大气的潮汐现象以前，人们认为大气的压力与温度、密度、高度相关，希望能用一定的函数关系表达出来，观测结果表明，大气温度及密度随高度的分布关系非常复杂，难以采用函数式进行展现。

图 12-2 展示了高、中、低纬度地区气压的日变化特征，可以看出，一天之内，气压的变化存在两个峰值和两个低值，高纬度地区的变化幅度较小。研究表明，气压日变化还受地形的影响，不同的地形条件，对气压变化幅度的影响大小不同，如青藏高原东部边缘地带的山谷中，其变化幅度大于低纬度带的变化幅度(盛裴轩等，2006)。

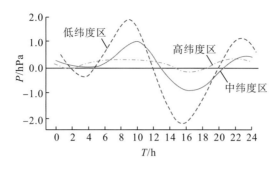

图 12-2　气压日变化（盛裴轩等，2006）

图 12-3 展示了我国北京、上海、广州、东沙岛地区气压的年变化特征，可以看出，气压的变化具有冬季夏季明显不同的变化特点，冬季出现最高值，夏季出现最低值。

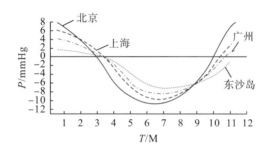

图 12-3　气压年变化（康强等，2007）

现在看来，大气压强的变化与大气的潮汐现象、地球的胀缩运动具有关联性。气压的日变化特征与地球的潮汐力作用特征具有高度的相似性，气压的年变化特征与太阳施加给地球的胀缩力作用特征具有高度的相似性。所以，大气的潮汐现象无疑是地球潮汐力作用的最有力依据。

由于大气等流体的质点受力后易于发生位移，潮汐力作用于大气分子，引起大气分子产生位移而形成大气潮动。

地球的岩石圈物态不同于大气和海水，为固态，质点在受力后不易于发生位移，所以，板块受到潮汐力作用后不易于发生潮动。但是，由于岩石圈板块紧邻软流圈，而软流圈物质具有大气、海水易于潮动的特性，在潮汐力作用下容易形成地幔潮，其潮动的波峰、波谷直接影响岩石圈板块，就像是板块受力后形成潮动，因而有人称为固体潮。显然，大气潮汐能比较完美地映射本书潮汐力的作用。

地壳内部质点受潮汐力作用后位移是微量的，它不可能像海水与大气一样会产生宏观潮动，因而，地壳受潮汐力的作用与运动是微观或不可测的。

三、地壳潮汐

潮汐力对地壳的作用体现在地壳的潮动上。地壳的潮动实质上是地壳受到地幔潮汐波动影响的结果。地幔潮汐波动主要表现在侵入岩的产出上。侵入岩是地球上分布广泛的岩石之一，理论上讲，岩浆的侵入活动时时刻刻都在进行着，但是，大规模的岩浆侵入活动一定是岩浆受到了作用力的驱动。现在看来，地幔的潮汐作用就是岩浆侵入活动的动力。

由岩浆侵入活动漫长的周期，可以判断出地球板块发生固体潮主要是因为银核的潮汐作用，而受太阳影响的潮动次之。

与地球膨胀运动所导致的地球整体发生径向增长不同，地幔的潮汐作用所导致的只是地球局部质点发生上下垂直位移，产生地壳伸展作用。地壳伸展作用与地球膨胀、挤压作用与地球收缩，是否存在着辩证统一？目前还没人研究。但讨论地球膨胀运动的绝大多数证据目前还无法分辨出伸展作用结果。

地区性的地堑和裂谷常常作为伸展作用研究对象，成为伸展作用全球性证据链的一部分，是除规模宏伟的洋中脊展示出大洋带伸展作用外，陆地同样受到伸展作用影响的补充。

伸展作用产生的构造现象为地堑、半地堑、地垒、断陷、凹陷、裂谷等。地堑是指由两条收敛的顺着倾斜方向滑动组成的地质体，被作为地壳发生张性构造运动的一般产物。

当人们发现，绝大多数地堑总是伴随着热事件，这些沉降的楔形岩块，总是位于热谷轴线水平扩张的侧方空间，地壳的活动总是因为地幔的隆升作用时，原来水平方向扩张的思路被来自垂直方向作用的认识所改变，进而得出水平伸展是岩浆垂直隆升所导致的。

地幔物质的局部堆积形成由下至上对地壳的垂直挤压，导致地表破裂、表面积增加、楔形岩块的下滑充填，地堑与半地堑形成。

著名的莱茵地堑(图12-4)实际上是一个轴部发生了塌陷的巨大隆起，地堑内主要充填了渐新世的沉积物，地堑两侧岩体上则没有，沉积物仅限于地堑内，两侧是由活动断层控制的凹陷边界，凹陷边缘通常分布着砾岩。除构成地堑边界的大断层外，地堑内还存在着一系列小断距断层，这些小断层往往是一些共轭断层。

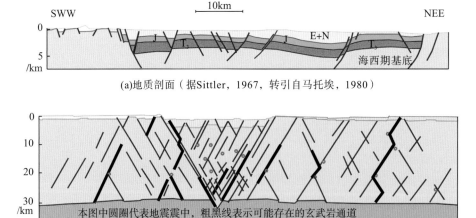

(a)地质剖面（据Sittler，1967，转引自马托埃，1980）

(b)总体剖面（据Illies，1967，转引自马托埃，1980）

图12-4　莱茵地堑剖面图

　　由图 12-4 还可见，莱茵地堑最早形成于三叠纪，按照目前的置信水平，该地堑最先形成于地球的上一次收缩运动期间，渐新世又一次活化，目前仍有活动，它是一个屡次活动的地堑。三叠纪开始，地球尚处在收缩运动高峰，按理说，收缩运动是以形成大规模的造山运动为主，那些张开的断层应该被彻底关闭，然而，莱茵地堑却是持续地张性扩张，其形成机理只有用地幔受到了潮汐力作用，涨潮使地幔产生局部富集形成了莱茵地堑来解释。

　　人们对非洲裂谷、红海、西欧地堑展开研究后，得到了这样一些认识：非洲大陆裂谷与红海裂谷存在很大区别，非洲裂谷的延伸长度始终很小，只有 10 余千米，而红海裂谷延伸数百千米，非洲裂谷带内到处是陆壳，红海裂谷的轴部，则完全是洋壳性质壳体，后者是前者进一步伸展的结果；西欧的这些地堑、地壳和上地幔都受到了张性构造的干扰；自西奈半岛到黎巴嫩的南北向断裂，是一个由左旋平移断层控制的地堑谷地，位于断层两侧的褶曲证明本地区确实曾经发生过挤压作用。所以，地堑的形成与环境无关。

　　如果说地堑只是伸展作用的产物，那么，只需单一方向的水平拉伸应力就可以形成地堑。也就是说，在地堑附近，不应该存在其他方向的地应力系统。与地堑相伴随的，应该出现的是地壳、张性环境等，而不应该有岩浆、挤压等。如此说来，伸展作用对于地堑，还存在着一些未知因素。

　　对裂谷区进行重力异常探测结果表明(图 12-5)，负重力异常是因地壳变薄引起的，地壳表面的破裂完全只是深部物质作用的结果。

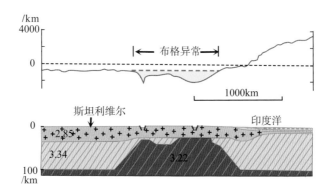

图 12-5　地堑及其重力异常(据 Girdler 等，1969，转引自马托埃，1980)

　　据研究，图 12-5 所示的非洲裂谷带的形成时期在中新世、上新世、更新世，比发生在渐新世的西欧地堑要早一些，但是在地球最近一次的收缩运动期间形成的。

　　所以，图 12-5 揭示了地壳上的地堑、裂谷等伸展构造，都是因为在垂直方向上，收到了地幔物质的上隆作用，因为不是膨胀期，只能是潮汐力作用。

　　类似非洲、西欧地堑现象，图 12-6 表明处于亚洲远东渤海盆地，自孔店期—沙河街末期发生了强烈扩张断陷，沙河街早期，盆地进入断陷之后的断拗阶段，东营期处于较强烈断拗期，馆陶期盆地整体处于拗陷期的热沉降阶段，明化镇期—第四纪，断裂继续活动，盆地仍处于拗陷期。

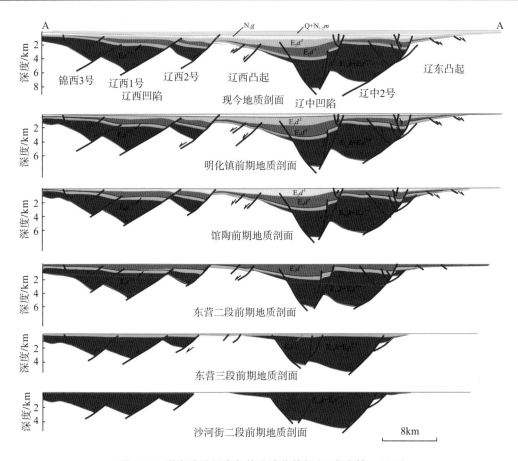

图 12-6   渤海盆地新生代构造演化特征(汤良杰等，2008)

　　伸展作用研究者们认为，地球的伸展作用造就了地球上的洋中脊，也造就了大陆上的巨型凹陷；火山活动与伸展作用之间存在着直接关系，地壳在受到拉张并发生断裂时，岩浆才容易到达地表，反之，挤压导致断裂封闭阻止岩浆上升；伸展作用与挤压作用具有排他性。

　　渤海湾盆地基底被许多相向和同向正断层切割形成的系列地堑和半地堑，其形成期与非洲、中东、西欧相同。无疑，这一时期并非地球的膨胀运动时期。在地球整体遭受收缩力作用时期，发生伸展作用现象，只能说明地球此时遭受了地幔潮汐作用。

　　由于潮汐力产生于轨道焦点，即地球所绕行的太阳、银核。太阳致潮的周期为12h，以大气、海水表现显著。所以，地壳在潮汐力作用下所发生的板块张裂或岩浆侵入，应该是银核作用结果。

　　与一日两潮原理一样，地壳受地幔潮汐作用，可以出现在地球膨胀时期，也可出现在地球的收缩时期。因地球膨胀时，其膨胀效果主要通过洋中脊完成，板块中央的张裂将成为次要表现，所以，一般地，板块中央发生的裂谷与地堑，大多数为地球潮汐作用的产物。渤海盆地新生代构造演化，其张裂过程，可以归结为这一现象(图 12-5，图 12-6)。

　　几个古老的伸展作用实例为我们揭示了伸展作用其实是有周期性的。

图 12-7 为法国南部洛代夫二叠纪半地堑在现代和三叠纪以前显示的形态，表明在海西造山期末，存在一次伸展作用。

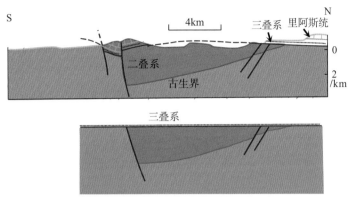

图 12-7　洛代夫(法国南部)二叠纪半地堑(据马托埃，1980)

资料显示，北美板块的东部，在三叠纪(225—180Ma)曾发生过一次范围很广的伸展作用，形成了伴随大规模火山活动的真正裂谷。此外，还发现有不少前寒武纪晚期的裂谷。

一些伸展构造研究结果，已经为我们澄清了这样一个事实：有些地堑与山脉的形成完全无关，也就是说，形成山脉时也有地堑形成。这就为我们提供了研究依据，即在地球发生收缩运动期间，地球的潮汐作用形成局部的伸展运动。

在地球胀缩力没有被发现之前，人们囿于地球上遍布的伸展构造与挤压构造，认为伸展作用无论如何离不开挤压作用，两种作用是互补的关系，是地幔变形同一作用的两个方面。

在大量伸展构造伴随挤压构造事实被发现的同时，一些伸展构造与拉张构造伴随的例子被无意识忽略了。

地球在一方面发生着整体性的膨胀运动同时，其地幔物质和地壳在另一方面还遭受到潮汐力的作用。叠加了潮汐力作用的地球膨胀运动，更容易产生地区性的裂谷和地堑。

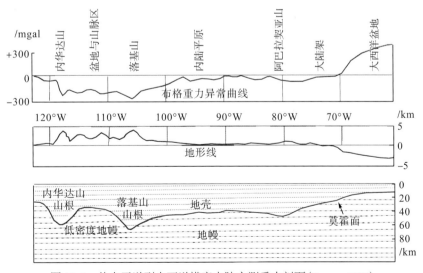

图 12-8　从太平洋到大西洋横穿大陆实测重力剖面(Press，1974)

潮汐力不仅可作用于地幔，也可作用于地壳，根据重力均衡原理，地面上山体越高，插入地幔的山根越深，图12-8是反映地壳呈"倒山状"插入地幔的实测资料之一，按照潮汐波的衍射、干涉原理，我们有理由相信，在地幔潮汐波动中，这些"山根"对地幔潮汐产生衍射作用，当地幔潮汐发生干涉加强时，地壳将产生岩浆侵入、火山喷发。

由于地球存在公转与自转，地幔潮汐也是传播的，在传播的过程中，潮汐的波峰先后经过不同的地方，在潮汐波峰经过的地方，地壳就会产生隆起，地表形成地堑，地下形成岩浆侵入；当潮汐波峰遇到地壳厚度减薄，地壳没有足够的厚度平抑波峰压力，上覆地壳因重力不能平衡岩浆潮的压力，岩浆将突破地壳形成岩浆外溢(图12-9)。

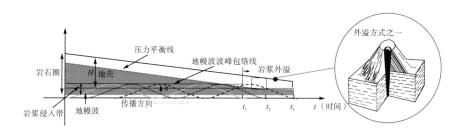

图 12-9 地幔波的传播与岩浆侵入和外溢示意图

注：t_1 时刻形成的地幔潮汐波经过 t_2-t_1 时间传播到 t_2 时刻，由于上覆地壳压力足以平衡地幔潮汐压力，不能产生岩浆外溢，但在地壳的底部有岩浆侵入层的存在。当地幔潮汐波传播到 t_3 时刻，由于地壳厚度减薄，上覆地壳压力小于地幔潮汐压力，岩浆外溢不可避免。

由于流体具有不可压缩性，当地幔潮汐形成波峰和波谷时，覆盖在其上的岩石圈不能凭其重量压平这种波峰和波谷，发生地幔物质向岩石圈的侵入。地幔的波动是成片的，所以岩浆的侵入表现是区域性的。因地幔潮汐波的波峰是有限的，所以，岩浆的侵入程度也是有限的。岩浆突破地壳，可以是因为地壳裂隙减压形成。如果地幔潮动伴随着化学过程，产生了大量气体，在岩浆侵入过程中，就会出现火山喷发。

所以，岩浆侵入、火山喷发，可以看作是地幔、地壳发生潮汐的一种表象。

为什么有些既成的火山口不能成为地幔物质长期的通道？原因在于地幔潮波的干涉高峰不能长期保持在一地。有些地方，特别是地球的较低纬度区，是地幔潮波高峰多发地，因为振幅不够，形成岩浆上涌高度有限，即使出现上涌的岩浆，也不会形成喷溢。著名的基拉韦厄火山充分说明了地幔潮汐的这种特点，只是以往没有被认识。

位于夏威夷群岛的基拉韦厄火山是世界上研究得最详细的一座火山，为了提供基拉韦厄火山内部结构及其活动性资料，美国地质调查局在其破火山口上设置了一所火山监测站，安置了一组先进地震仪台网和一组地倾角仪(测量地面倾斜变形的仪器)，建了一座化学实验室，用以观测因地下岩浆活动和能量积累所引起的火山膨胀与收缩，研究熔岩和岩石化学成分与火山喷出的气体化学成分的系统变化。这些先进的仪器和技术装备，不仅解决了当时的技术问题和预测了火山活动，也为今天认识地幔潮汐波提供了实际资料。以下是关于基拉韦厄火山活动的实测资料(据普雷斯，1982)为我们刻画了地球的潮汐运动与收缩运动中，地幔物质的运动变化情形。

1959 年 8 月 14 日到 19 日，地幔潮汐来临，基拉韦厄破火山口下 55km 处小震群活动。5—15km 深处发生弱震扰动，岩浆向上运移。这一时期地球受太阳膨胀力作用不断减小，而潮汐力作用开始增强。

8 月至 10 月间，地倾角仪指示火山开始膨胀，地球运动速度不断增加，能量增强，地幔潮汐高峰来临。第一个爆发信号发生在 9 月份，应该在 9 月 22 日前后，地球运动能量最大。

"11 月前，小地震活动的频度每天超过 1000 次……比前几个月加快了 3 倍"表明：地壳在 9 月 22 日后进入太阳系的收缩运动阶段，地壳开始以挤压运动回应地幔的潮汐运动。

11 月 14 日—12 月 21 日，地球处于太阳系的收缩力不断增加阶段，地壳不断收缩，挤压熔岩流溢出，地震停止，地倾角仪指示收缩。冬至前后为收缩力极大值时间，覆盖在地幔潮汐波峰上的地壳，迫使地幔物质进入各种空隙，形成反复的膨胀和喷发，随后基拉韦厄-伊基火山转入休眠。

从 9 月 22 日至次年 3 月 21 日，为地球的收缩运动阶段，12 月 21 日以后为收缩力持续减小阶段，但地壳仍然处在收缩运动状态，而地幔潮汐波峰并没有退却，反而地球又进入新一轮的能量不断增加阶段，所以，会出现火山比 11 月份更显得肿胀。卡波霍村以北几百米处发生一条 10km 左右的破裂。

1960 年 1 月 13 日火山喷发（图 12-10）。地幔潮汐能量释放完成。

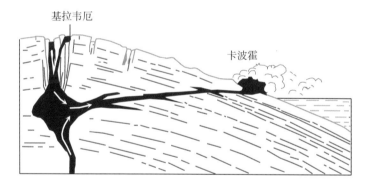

图 12-10　1960 年基拉韦厄火山侧翼喷发示意图（据普雷斯，1982）

注：早期阶段，熔岩充满了山顶的基拉韦厄-伊基火山口，形成了 125m 深的熔岩湖，但一半以上的熔岩又流入火山喷口。继基拉韦厄-伊基火山喷发停止之后，在东坡相距 45km 的卡波霍村又发生喷发，熔岩流覆盖了 10km²

岩浆侵入是岩浆外溢的前奏，把岩浆外溢当成火山喷发的一种，则岩浆侵入是火山喷发的前奏，基拉韦厄火山喷发的事实已经说明。岩浆侵入还是火山活动的半成品，当火山通道足够高时，或者地层厚度较大时，岩浆是不能喷发出来的，因为，地幔潮波峰过后，岩浆的高度就消退了。

地球上的潮汐现象中最隐蔽的是发生在地幔圈中的潮汐。与海洋潮汐和大气潮汐不同，地幔潮汐在周期上存在着巨大的差别，以半个银河年计，它存在能量的不断积累过程，表现出地幔受银核作用的特征。

四、井潮

物体所拥有的径向加速度的大小变化，使地球表现出了胀缩性，一般地，地球在夏季里表现为膨胀，在冬季里表现为收缩。所以，地下油气将与大气和地下水一样，表现出潮差随季节变化的特点(图 12-11)。

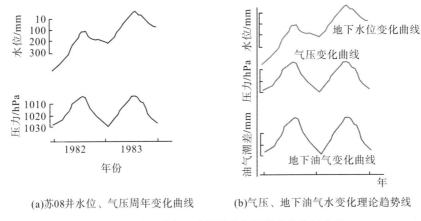

(a)苏08井水位、气压周年变化曲线　　(b)气压、地下油气水变化理论趋势线

图 12-11　地下油气、水潮差的年周期变化特征曲线

地下油气的潮汐现象一旦被证实，将会变革人们的一些传统认识，如油气藏的开采时间安排、采油制度和试油制度的编制、底水油气藏的注水、堵水问题等。

第二节　轨　道　关　系

如果我们将椭圆轨道运动设定为三级，一级椭圆轨道为焦点与绕焦点运行的动点的椭圆轨道，二级椭圆轨道为螺旋椭圆运动轨道，三级椭圆轨道为螺旋复螺旋椭圆运动轨道。

从焦点视角，太阳绕银核的运动轨道为一级轨道，地球绕银核的运动轨道为二级轨道，月球绕银核的运动轨道为三级轨道。

从动点视角，月球绕地球运动的轨道为一级轨道，月球绕太阳运动的轨道为二级轨道，月球绕银核运动的轨道为三级轨道。

没有椭圆轨道关系的天体间，不存在潮汐力作用。

只有椭圆轨道运动中处于焦点的物体，才能对处于动点的物体施加潮汐力。处于动点的物体对处于焦点的物体不能施加潮汐力，但可以对所受到的潮汐力施以反作用。潮汐力的大小与所受潮汐力作用物体的质量成正比，反作用潮汐力的大小由所受潮汐力作用的物体质量确定。

由银核施与地球的潮汐力起潮振幅在地球穿切银道面带附近大，由太阳施与地球的潮汐力起潮振幅在地球穿切黄道面带附近最大，在高纬度地区较小。起潮后的潮汐波形表达式、周期、相位、振幅等特征变化请参见相关内容，在此不再重复。

地球的潮汐运动以地球海水的潮汐运动最明显，其实质是海水的运动状态变化呈现出潮汐特征。搞清楚地球海水的潮汐运动，其他形式的潮汐运动可以迎刃而解。

一、二级轨道运动

在第三章运动动力方程分析时，我们所建立的坐标分析体系，实质上就是一种二级轨道运动分析体系。它是以束缚于地球并随地球自转的物体为动点，进行数理推导而获得的地球物体系列运动状态变化规律。根据"任何物体运动状态发生变化都是因为受到了力作用的结果"，我们获得了地球的潮汐力、强中纬力、摆力等。

在这一分析体系中，有一个重要的参考点，就是所分析的物质都禁锢在地球上并随地球的自转转动。如果将地球物质改成月球，那么，分析体系如图 12-12 所示，数理推导过程可以进一步简化，其简化结果为

$$\frac{\mathrm{d}^2 R}{\mathrm{d}t^2} = \cos\alpha\cos\beta\ddot{l} + \cos\alpha\cos\beta\ddot{L} + \frac{Ll}{R}\cos\theta\left(\frac{\mathrm{d}\theta}{\mathrm{d}t}\right)^2 \tag{12-1}$$

与式(3-34)相比，少了强中纬力，这是因为月球具有自己的公转轨道，月球上不存在太阳和地球施加的强中纬力。

式(12-1)中，$\dfrac{\mathrm{d}\theta}{\mathrm{d}t}$ 表示的是月球-太阳连线在黄道面上的偏转角速度，可以看作是月球在黄道面上的摆动角速度，即月球围绕地球的转动，实质上是一种月球以太阳为非接触悬挂点，以地球和太阳连线为平衡位置的摆动。

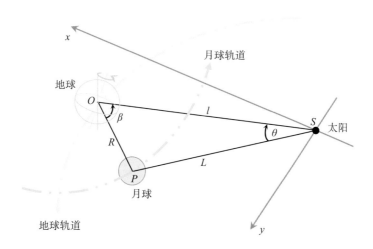

图 12-12　日-地-月平面受力分析

式(12-1)物理意义：月球与地球之间距离随时间变化的二阶导数(加速度)，等于地球与太阳之间距离随时间变化的加权二阶导数，加上月球与太阳之间距离随时间变化的加权二阶导数，再加上月球摆动加速度，这是完全的运动学关系。

很明显，加速度与运动物体质量之积，就等于作用力，这是牛顿第二定律。

物理上，如果用月球质量乘以式(12-1)左端部分，所得就是月球受到的轨道运行作用力，这个作用力由 3 部分组成，依据以往研究成果，右端第一项乘地球质量为太阳施加给地球的潮汐力、右端第二项乘月球质量为太阳施加给月球的潮汐力。右端第三项非本书研究内容。

对比作者以往研究成果，式(12-1)保留了 $\ddot{I}$、$\ddot{L}$ 项。

式(12-1)右端有三项内容，用公式可以表示为

$$F = \sum_{i=1}^{3} F_i \tag{12-2}$$

$i = 1$ 时，

$$F_1 = m \cos\alpha \cos\beta \ddot{I} \tag{12-3}$$

$i = 2$ 时，

$$F_2 = m \cos\alpha \cos\beta \ddot{L} \tag{12-4}$$

$i = 3$ 时，

$$F_3 = m \frac{Ll}{R} \cos\theta \left(\frac{\mathrm{d}\theta}{\mathrm{d}t}\right)^2 \tag{12-5}$$

物理上，因 $\ddot{I}$ 为地球相对于太阳的加速度因子，式(12-3)为月-地绕太阳旋转时，由太阳施与，由地球承受的潮汐力。m 为地球质量。若选海水总质量，则作用力为地球海潮力。

式(12-4)为月球随地球绕太阳旋转时，由太阳施与，月球承受的潮汐力，m 为月球质量。式(12-5)为月球随地球绕太阳旋转，由太阳、地球施加，月球承受的摆力，即月球围绕日-地连线往复摆动动力。

二、月球轨道运动

月球围绕地球的公转平面为白道面，白道面与黄道面交角平均约 5°9′，月球运行一周与黄道面相交于两点。月球从黄道面以南运行到黄道面以北的那个交点被称为升交点，与之对应的另一交点称为降交点。当升交点与春分点重合时，黄道面位于白道面和赤道面之间(图 12-13)，当降交点与春分点重合时，白道面位于黄道面和赤道面之间。

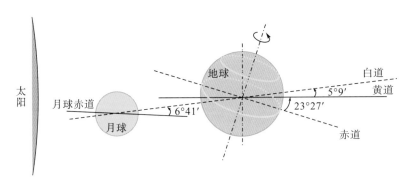

图 12-13　月-地-日轨道关系示意

由于月球在绝大多数时间不在黄道面内，即 R、L、l 与黄道面在大多数时间不共面（图 12-14）。参照第三章相关内容，作月球质点 P 在黄道面内投影 P'，连相关辅助线，有：$\angle POP'(=\alpha)$ 为黄纬角，$\angle P'ON(=\beta)$ 为黄经角，$\angle PSP'(=\gamma)$ 因月球与太阳距离太远，且白黄交角很小，γ 值趋于零，所以在运算时取 $\gamma=0$；$\angle P'SN=\theta$，当取 $OP'=R'$，$SP'=L'$时：

$$R'=R\cos\alpha$$
$$L'=L\cos\gamma\approx L$$

不难得出：

$$\left|R\cos\alpha\cos\beta\right|=\left|l-L\cos\gamma\cos\theta\right|=\left|l-L\cos\theta\right|$$
$$\left|R\cos\alpha\sin\beta\right|=\left|L\cos\gamma\sin\theta\right|=\left|L\sin\theta\right|$$

亦即

$$R\cos\alpha\cos\beta=l-L\cos\theta$$
$$R\cos\alpha\sin\beta=L\sin\theta$$

轨道关系建立受力分析的基础上，轨道关系所蕴含的主从关系，以及分析过程中得以维持的数理逻辑关系，决定了潮汐力的施力体和受力体地位、秩序均很鲜明，不可替代。

根据以往研究成果，如果将主动点与从动点紧密联合起来，即将月球当作是地球整体的一部分，如海水质点，式(12-1)可以进一步约简为

$$\frac{\mathrm{d}^2R}{\mathrm{d}t^2}=2\cos\alpha\cos\beta\ddot{l}+\frac{Ll}{R}\cos\theta\left(\frac{\mathrm{d}\theta}{\mathrm{d}t}\right)^2$$

即，禁锢在地球上的海水，所受太阳潮汐力为

$$F_\mathrm{c}=2m\cos\alpha\cos\beta\ddot{l} \tag{12-6}$$

式中，F_c 为太阳对地球上海水的潮汐力；m 为海水质量；α 为黄纬；β 为黄经；$\ddot{l}$ 为地球离开太阳的加速度。

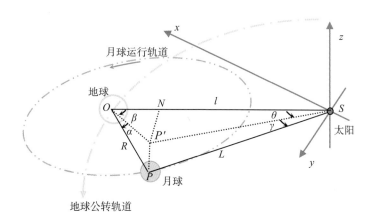

图 12-14　月球空间受力分析

α 为黄纬变量，$\cos\alpha$ 可以看作权系数，不同黄纬决定潮汐背景值不同。β 为黄经变量，$\alpha=0°$处正对位于轨道焦点的天体。

地球对月球的潮汐力方程也为式(12-6)，m 为月球质量，α、β 相应地变为白纬、白经，式中 $\ddot{I}$ 变为 $\ddot{R}$。

对于地–月潮汐力，式(12-6)所含数学物理关系可用图 12-15 说明。图 12-15(a)展示：白道面上，$\alpha=0°$，$\cos\alpha=1$ 地球对月球的潮汐力振幅最大[图 12-15(b)黄色曲线]；白道面两侧，随 α 增加，$\cos\alpha$ 不断变小，潮汐的振幅值不断变小，逐渐趋于 0[图 12-15(b)中蓝色虚线表示任一点潮汐力曲线，蓝色实曲线是将虚线沿 β 轴纵向平移的结果]，即月球白极处无潮汐。月球自转与公转周期相同，表明月球正对地球的一面长期固定，即月球不同白纬处发生潮汐的振幅受地球影响长期不变，形成了潮汐锁定。

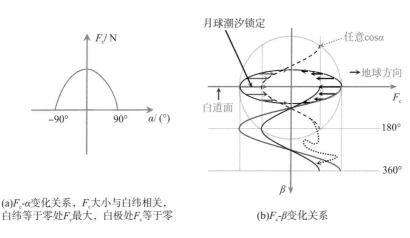

(a)F_c-α变化关系，F_c大小与白纬相关，白纬等于零处F_c最大，白极处F_c等于零

(b)F_c-β变化关系

图 12-15　地–月潮汐力的作用原理

同样的，太阳对月球的潮汐力也可以参照简化表示为式(12-6)，m 为月球质量，α 为黄纬，β 为黄经，但轨道关系存在一定差别。

图 12-16 投影平面中，正对轨道焦点天体的地方，总是 $\beta=0°$，这时 $\cos\beta=1$，潮汐力最大。

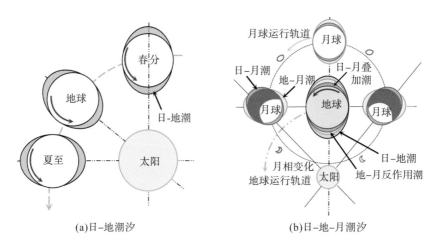

(a)日–地潮汐

(b)日–地–月潮汐

图 12-16　日–地–月潮汐传播原理示意

以太阳(焦点部位天体)-地球为例，$\beta=0°$处，永远是地球的正午。图 12-16(a)表明，无论是春分日、夏至日还是其他日子，自转的地球总是正对太阳的地方($\beta=0°$)和背对太阳的地方($\beta=180°$)潮汐力最大。即产生最大潮汐的世界时不变。

以地球(焦点部位天体)-月球为例，$\beta=0°$处月球的潮汐力最大。由于月球自转速度完全等于公转速度，月球的地方时长期不变，因而地球对月球的潮汐力被锁定在一种状态，没有传播。

图 12-16(b)将太阳、地球、月球联合起来考虑。其中，日-月间的潮汐力施力原理同图 12-16(a)，只是简单将图 12-16(a)中的地球改为月球。月球相对太阳，以复螺旋轨道运行，除了要做随地球绕日的公转，还要做一定量的"自转"转动。显然，无论月球在何处，都要同时接受来自太阳的潮汐力作用和来自地球的潮汐力作用(图中以不同色块充填的凸起加以区别)。可见，地球上的潮汐是由日-地潮、日-月叠加潮、地-月反作用潮共同叠加生成的。

轨道运动，决定了地球、月球同时受到了太阳的潮汐作用，因力与运动物体质量成正比、地球质量大于月球质量，所以，地球受到太阳的潮汐力大于月球受到太阳的潮汐力。

因力与加速度成正比，月球绕地球公转的加速度大于月球绕太阳运转的加速度，所以，月球受到地球的潮汐力大于月球受到太阳的潮汐力。

总之：轨道关系决定了施力体与受力体之间的关系，轨道依存关系不可逆，受力体不可以反过来成为施力体；没有轨道依存关系的天体间，不存在这种潮汐力关系；太阳系的几大行星之间，因为不存在绕行轨道关系，即相互之间不存在轨道-焦点位置关系，因而不存在潮汐力作用。所有天体之间均可以此类推。

第三节　反作用潮汐

牛顿第三定律指出：物体之间存在着作用力与反作用力，两者之间大小相等、方向相反。物体运动状态发生改变的原因，在于受到了外力的作用，物体受到外力作用的同时，也对施力物体产生了大小相等、方向相反的反作用力。

对于月球而言，月球受到了地球的潮汐力作用，就一定会对地球产生大小相等、方向相反的反作用力。

同理，太阳对月球产生了潮汐力作用，就一定会在太阳上相应生成月球对太阳潮汐力的反作用。

显然，月球对太阳潮汐力的反作用，只能反作用于太阳，而不能反作用于地球。同理，月球对地球的潮汐力反作用，只能反作用于地球，而不能旁应于太阳。否则，如果月球对太阳的潮汐反作用力施加给地球，将成为地球的一个来自月球的外力，如此，地球将再对月球形成反作用，生生不息，无限循环，宇宙将不复存在。简而言之，反作用力只能反作用于施力体，而不能反作用于其他非施力体。

一、地月潮

潮汐力表达式是根据牛顿第二定律推理出来的，严格来讲，是一种派生力，并不是原生力。从运动学角度讲，地球对月球的潮汐作用，地球对月球施与的是一簇运动状态改变指令，这组指令大小、方向与月球上不同 α、β 的余弦相关，与月球离开地球的加速度成正比。它的作用力大小是这组指令与月球质量的乘积。

月球怎样对地球施以反作用？质量上，地球是月球的 81.3 倍，地球受到的反作用力不可能放大 81.3 倍；正对面积上，地球是月球的 13.4 倍，反作用力不可能放大 13.4 倍；月面上的一条 0.273 单位长度线，对应地球上单位长度为 1，反作用潮汐如何对应到地球上？

按照牛顿第三定律，月球施予地球的反作用潮汐力，只能按照月球承受到的潮汐力大小反作用回去，而不能按照所承受的运动指令反作用回去。一是没有"反作用指令"这样的物理定律。二是地球相比月亮各项指标都太大，只能取月球质量乘积结果作为原力大小。三是如何分布在地球上？

已有研究成果和观测资料表明，潮汐力是由两个分力组成的，由分力导致的潮汐波的振幅极值具有对称性，在不同地点和不同的时间具有不同的振幅，这是基于万有引力理论的引潮力无法解释的。

由三角函数积化和差公式，式(12-6)可做如下转化：

$$F_c = m\left[\cos(\alpha+\beta)+\cos(\alpha-\beta)\right]\ddot{l} \tag{12-7}$$

说明潮汐力可以拆解为两个分力，即

$$F_c = m\cos(\alpha+\beta)\ddot{l} + m\cos(\alpha-\beta)\ddot{l} \tag{12-8}$$

对式(12-8)拆分后，数理分析的结果绘于图 12-17。

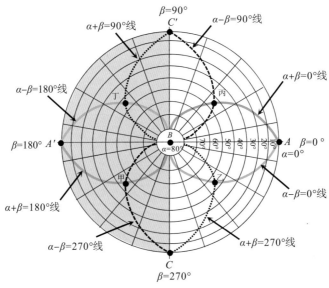

图 12-17　地球潮汐分力连续分布线

注：为便于作图，图中黄纬线以等间距分布，暗色区域表夜晚

　　图 12-17 表明，太阳对地球的潮汐作用关系是全球性的，并且分布格局被永恒地固定，即：从黄极顶看，处于涨潮状态的 *A-B-A′* 一线，与处于落潮状态的 *C-B-C′* 一线，位置关系永远不变，无论地球自转速度如何变化，也无论地球自转轴怎么倾斜。

　　拓展开去，将图 12-17 所示的潮汐力对应于月球，月球如何反作用回地球上？是全球性的？还是按面积均分？还是按 α、β 对应位置分配？不管怎么分配，都会出现"方向不完全相反"的结论，极有可能导致新的物理定律出现。

　　在现有阶段，本书仅定性将月球在地球上的潮汐反作用力按图 12-17 模式反作用回去，并全球性地消除于地球上不同 α、β 位置。

二、涌浪

　　地球对月球的潮汐作用，因为月球的运动状态（公转周期等于自转周期）相对固定，久而久之，月球会形成一个椭圆型球体。

　　月球对地球的潮汐反作用按照图 12-17 模式镜像映射到地球上，形成的结果示意图为图 12-18。月球上的 *A* 点，正对地球相当于 *A′* 点，月球上的 $\alpha+\beta=0°$ 线相对于 $\alpha-\beta=180°$ 线，以此类推。

　　因为轨道关系决定了潮汐力分布的位置关系不变，所以，月球对地球潮汐力的反作用力，其位置分布关系也是镜像固定的，即：如果把图 12-18 中各种极值分布线看作是一张罩在地球上的网，无论地球怎么自转，这张网是固定不变的；如果地球上没有水圈和大气圈，这张网对地球的作用就会显得平静许多。

　　但是，固体地球的外部圈层恰恰是由分子易于移动的大气圈物质和水圈物质构成的，地球的自转使不同部位的易动分子依次穿过这张网，这张网对分子的作用依次产生振幅大小不一的潮汐反作用运动，形成了大气、海水的涨-落及其传递，生成波浪。

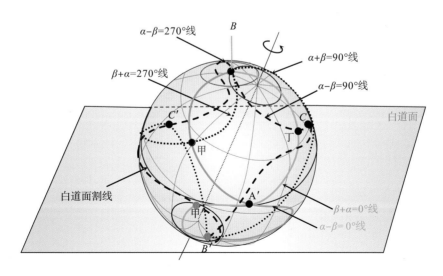

图 12-18　月球反作用潮汐力极值在地球上分布示意

注：为便于阅读，图中省略了 $\alpha+\beta=180°$ 线和 $\alpha-\beta=180°$ 线

地球上的涌浪，本质上是月球对地球潮汐力的反作用力作用结果，经过地球的白转，形成的一种自然现象。所谓吹动海浪的风也属于这种现象。

三、日月地潮

月球围绕地球的公转只有两点处于黄道面，即升交点和降交点，其他时间，黄道面上、下各有一半时间。

月球围绕地球运行一周的平均公转周期为27.55455d，运行1周后并不返回到原来的相对位置，存在着交点线西移现象，即交点线每年向西移动约19°21′，约18.6年完成1周。

轨道关系决定了月球在运动过程中，同时受到太阳和地球分别施加的潮汐力作用。来自太阳的潮汐力是通过黄道面施加并分布到月球上的，来自地球的潮汐力则是通过白道面施加并分布到月球上的。处于月球上的某一质点，可能会产生地球与太阳潮汐力的叠加，但月球不可以将这种叠加后的效果反作用于地球或者太阳。只有一种情况可以发生反作用叠加效应，这就是三者连成一线时。

式(12-1)决定了，当月球、地球、太阳处于一线时，三者之间的连线 L、l、R 形成了重合状态(参见图12-14)，这时：

$$l = L + R \qquad (12\text{-}9)$$

或

$$L = l + R \qquad (12\text{-}10)$$

很明显，式(12-9)属于月球处于地球公转轨道内侧位置，式(12-10)属于月球处于地球公转轨道外侧位置。一般地，月球处于降交点位置时，月相表现为满月(即望月)，月球处于升交点位置时，月相表现为朔月。

月球处于升交点或降交点位置时，并不一定与地球、太阳连成一线，但基本可以视作连成一线(图12-19)。在图12-19中，月球在黄道面上的最远距离为 BC，约为32610km，在黄道面下的最远距离为 AD，约为36400km。

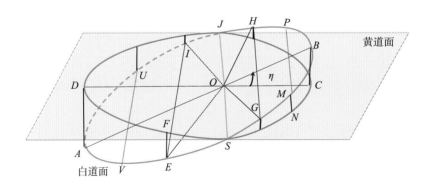

图 12-19　月球穿切黄道面分析图

注：O.地心；J.降交点；S.升交点；墨绿线为月球公转轨迹在黄道面上投影

　　月球从黄道面下逐步上升，开始穿切黄道面的位置为 E，月球在黄道面上整体升离黄道面的位置为 G。月球半径 EF 为 1738km，可以求得 ES 弧长约 29580km，SG 弧长约 31260km。月球轨道穿越黄道面的升交段 EG 和降交段 HI 长度，各约为 60840km。可以化简认为，月球在升交段 EG 和降交段 HI 发生的朔、望月，都可视为与太阳、地球连成一线情况。如果以地球直径高度考虑黄道面的厚度，图 12-19 中 UV 线与 MP 线，分别位于这一厚层黄道面的顶、底面，则除 MBP 段和 UAV 段，月球绕地球运行的绝大多数时间都在黄道面内。地球与太阳之间距离从约 1.47 亿 km（147099586km）到约 1.49 亿 km（149597870km）变化，月球升、降交点与地球、太阳连线间的变化非常微小，均可视为在黄道面内。

　　式(12-9)、式(12-10)与式(12-1)关系表明，月球相对于地球位置的任何改变，都与太阳产生着密切联系，尤其是连成一线时，太阳对月球的潮汐力可直接转化为太阳对地球的潮汐力。所以，在月相表现为朔、望月时，地球上的潮汐现象表现得更加强壮。

　　地球公转一年，月球将围绕地球公转 13.26 次，即升-降交点连线出现 13 次以上，也就是朔、望月各 13 次以上，潮汐的叠加现象就要出现 26 次以上。

第四节　潮　汐　分　布

　　潮汐运动是因为潮汐力作用结果。潮汐力产生于运动关系稳定的轨道运动。在轨道运动中，总是处于轨道焦点的物体向处于轨道运动的物体提供潮汐力。接受了潮汐力作用的物体向提供潮汐力的物体进行潮汐反作用。潮汐分布在受力体上，施力体上也分布有反作用潮汐。

一、空间分布

　　以日-地潮为例，太阳施加给地球的潮汐信息是一组与地球上各点所处 α、β 余弦相关，与地球、太阳间距离随时间变化的二阶导数成正比，与地球质量成正比的作用力。它是一个非接触力，生于太阳、受于地球；它是一个体力，作用于整个地球。

　　严格地讲，由太阳施与地球的是一组关于地球物质按一定模式产生运动变化的信息，这种运动变化表现出潮汐特性。将这种变化信息与物质的质量相乘后，它才具有力的性质。

　　地球的潮汐运动信息的分布具有整体性与对称性。整体性表现在全球上，对称性表现在以黄道面为对称面，以 A-A'、C-C' 为对称轴。图 12-17 是黄道面上部分地球的潮汐运动对称分布情况，与地球的地方时无关。为了认清它的分布，我们将图 12-17 深化成图 12-20。

　　先以黄极 B 点上空视角考察地球的自转，C-C' 线右侧为白天。从地球背对太阳的子夜 A' 点开始，随着地球由西向东转动，潮汐分力 $\alpha+\beta=180°$ 的极值线逐步向东北方向移动，β 的减少量由 α 补充，当地球转过 90°，极值线来到黄极点 B，此时，A' 点转到了 C 点早晨位置。这时，单从涨潮状态看，要么潮汐分力 $\cos(\alpha+\beta)$ 从 B 点开始跃迁到 $\alpha+\beta=0°$ 的"未来"状态，要么从 B 点开始潮汐分力跃迁到 $\cos(\alpha-\beta)=1$ 状态。如果潮汐分力极值线跳转到 $\alpha+\beta=0°$ 状态，随着地球自转由西向东的继续，这一极值线将沿着 B-丙-A 弧线从地球的东北面过来，并相会于 A 点。如果潮汐分力跳转到 $\cos(\alpha-\beta)=1$ 状态，随着地球自转由西向东的继续，这一极值线将沿着 B-乙-A 弧线从地球的西北面过来，并相会于 A 点。

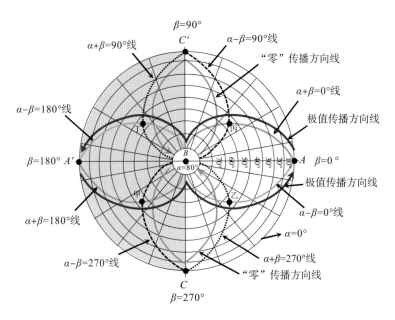

图 12-20　黄道面上地球潮汐分力特征值分布(暗色表夜晚)

以上只是分析了 $\alpha+\beta$ 为 0°、180°的例子，图 12-20 中还提供了 $\alpha+\beta$ 为 90°、270°的例子，其他任意角度可以通过内插法获得相应结果。含 $\cos(\alpha+\beta)$ 因子的潮汐分力作用所导致的地球上物体运动变化情况如此，含 $\cos(\alpha+\beta)$ 因子的潮汐分力情况可以参照获得。

这是以黄经、黄纬为参照的运动分析。地球自转轴相对于黄极轴倾斜 23°27′，地球自转形成的潮汐现象宜作相应调整。此刻地球上处于 A' 点的地方，下一刻就处在了黄道面之下，接受的是黄道面下部分地球潮汐运动状态。

无论地球是否倾斜，也不管地轴倾斜角多大，地球的潮汐分力极值状态分布格局固定不变，它不随地表形态、物体密度、温度等变化。地球自转不能改变这一分布格局，只有依次通过这种分布格局。

再从 A 点上空视角考察地球的自转，A 点是处于黄道面上正午时刻的地球某点 [图 12-21(a)和图 12-21(b)]，夏季对应地球北半球某点，冬季对应地球南半球某点。对于潮汐分力 $\cos(\alpha+\beta)$ 因子，离开正午的下一时刻，分力极值线就转移到了黄道面下，成为南半球潮汐运动变化原因。而 A 点的潮汐分力 $\cos(\alpha-\beta)$ 因子，地球自转 10°，即 β 增加 10°，$\alpha-\beta=0$°的点在 $\alpha=10$°线上，其他情况以此类推。

前面讨论了潮汐分力与潮汐振幅变化特征，由潮汐力方程式(12-4)，可以很清楚地看出，黄经 $\beta=0$°线与任何黄纬线的交点都是该纬线上潮汐力最大点，各纬线交点值呈现余弦特征变化，即黄纬由 0°→±90°，潮汐振幅由 1→0。这样，以 A 点振幅为 1，以 B 点、B' 点为 0，内插绘出潮汐力的等振幅线图如图 12-21(c)，图 12-21(c)中上、下边为 B、B' 点展开线。

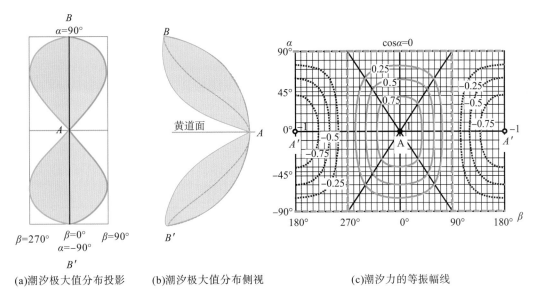

(a)潮汐极大值分布投影　(b)潮汐极大值分布侧视　(c)潮汐力的等振幅线

图 12-21　潮汐力的等振幅线图

注：(c)中绿色虚线为潮汐 0 线，上、下边框为 B、B'点展开线

图 12-21(c)所示地球海水潮汐振幅分布是平面投影，全球潮汐振幅分布立体状态如图 12-22 所示。

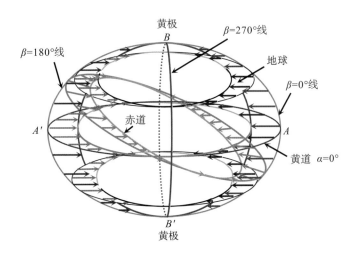

图 12-22　地球潮汐分布原理

二、时移分布

潮汐的空间分布讨论的是地球轨道运动形成的地球潮汐振幅与施力体之间存在的空间位置关系，结果表明，地球某点潮汐振幅与其在黄道面的 α、β 有关，与地方时无关，即：地球上各地方当下所处位置对应的 α、β 决定了其坐标位置，也就决定了其发生潮汐的幅度。

　　地球是自转的并且还是倾斜的，因此，在一天 24h 中，地球上的一些点，要分别穿过潮汐分布的格局体系，形成地球的潮汐现象；在一年之中不同的季节，地球要分别以不同的侧方位正对地球，以地球自转轴和黄极轴构成的平面作参考，以地球公转前进方向为正方向，春分时，地球以其左侧正对太阳($\beta=0°$，图 12-23)，秋分时则以右侧正对太阳，夏至、冬至时以轴面正对太阳。

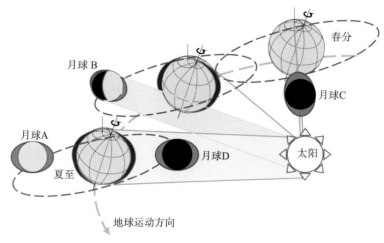

图 12-23　轨道位置与潮汐比较

　　这种结构的轨道运动，决定了地球北半球上某点(南北回归线之间除外)正对太阳($\beta=0°$)的位置，发生潮汐振幅增大逐步提前的时节为春分—夏至—秋分；相反，发生潮汐振幅逐步减小的时节，为秋分—冬至—春分。显然，这是因为不同时节，地球分别做着靠近、远离黄道面的运动，在黄道面上$\alpha=0°$，潮汐振幅最大。地球南半球情况正好相对。

　　从春分到夏至，月球绕行地球 3 周，6 次穿越黄道面，其中 3 次满月总是处在地球公转轨道外侧(图 12-23)降交点附近位置，而 3 次朔月则总是处在地球公转轨道内侧升交点附近。无论是望月还是朔月，对应地球上都是 12h，如果三者连线不是发生在黄道面上，则地球上发生潮汐叠加效应不明显，地球上出现潮汐高峰的时刻都是三点共同处在黄道面的那一瞬间，只有这一刻才是三者连线并正对太阳的时刻，才产生了日–月–地潮汐最大叠加。其他时间则形成较小叠加。

第五节　潮　汐　叠　加

　　将图 12-17 用直角坐标系展开，不同的α 值分别对应着振幅不同、但F_c-β关系曲线相同，组合起来是一簇节点、频率、周期一致，振幅随α、β 变化的曲线(图 12-24)。潮汐力正值表示质点受力方向由轨道焦点指向运动质点，负值表示质点受力方向由运动质点指向轨道焦点。潮汐力振幅大小由所处位置的α 确定，$\ddot{L}$对运动体各处差别不大。显然这是一个潮汐力大小与所处经度 β 相关的余弦函数。

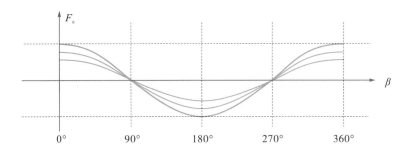

图 12-24　潮汐力 F_c-β 关系图

　　处于 β = 90°、270° 的点，潮汐波的振幅为零，此时潮汐显"落"，为波形节点；而处于 β = 0°、β=180° 的点，潮汐波的振幅为极大，潮汐显"涨"，即为波腹。

　　由节点、波腹、图 12-17、图 12-24，建立位移 ζ–经度 β 关系曲线，可得质点潮汐振动图形(图 12-25)，显然这种振动的周期为 12h。以太阳-地球为例，地球海水潮汐表现为一日两次涨落。

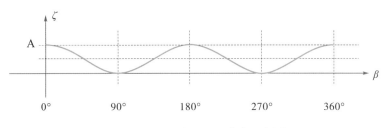

图 12-25　潮汐位移 ζ-β 曲线示意图

　　驻波的特点是波的轮廓反复扩张和收缩，既不向前进也不向后退，只在原地"涨"和"落"，图 12-17 即展示了海水潮汐波在原理上表现出驻波特征。但地壳是固态的，海水是液态的，海水的流动性使潮汐波上涨形成的水体空间由下落区海水填补，因而，海潮波不完全呈驻波特点。

　　按照力与运动的关系，从黄道面看地球上的潮汐波，总是以一种形态面对观察者，即"涨"的地方一直是"涨""落"的区域则一直是"落"，这种涨落关系与一天的时间变化无关，只与太阳正对地球的方位有关。

　　图 12-25 所示天体上不同纬度位置对应的潮汐波形态曲线，以经度角 β 计算时，各个纬度对应的波形曲线形态完全一致。如果将图 12-25 中横坐标改成距离，则不同 α 值所对应的潮汐波波长是所处 α 角的纬线圆周长，各纬线圆周长都不相同。

一、天体潮叠加

　　图 12-17 显示，天体上的质点受力状态分布是一个固定不变的体系，即"涨"的地方一直在"涨""落"的地方一直在"落"。天体的自转使不同的地方分别正对施力体，即

让不同位置依秩序经过这一体系，使"体系"依秩序振动，于是形成了潮汐振动。既然潮汐振动是一种波动，当然应该具有干涉特性。

地球上的海水首先受到了太阳的潮汐力作用，再受到了来自月球的潮汐反作用力。当两支或两支以上的潮汐波，在一定的条件下相遇时，就会出现不规则的潮汐波波强分布，这种现象即为潮汐波的干涉。干涉现象是所有波动均具有的普遍特征，如光的干涉，地震波的干涉等。

与光的相干叠加性一样，潮汐波产生相干叠加也要满足条件：一是频率相同，二是在叠加点存在相互平行的振动分量，三是两波振动在叠加点具有固定不变的位相差。

图 12-26 展示了两列不同波长的潮汐波在同一点相会时，产生叠加的结果。由于地球倾斜自转、黄道面与白道面具有一定交角，来自太阳的潮汐波动与来自月球反作用潮汐波动，具有相干叠加条件。

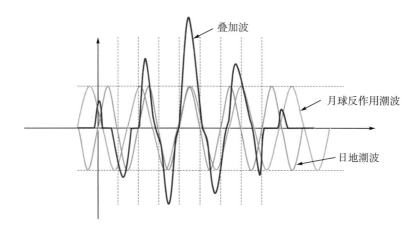

图 12-26　两列不同波长潮汐波的叠加示意

二、杨氏叠加

潮汐波不仅会沿直线传播，也会产生折射、反射和绕射，还能够通过衍射的形式传播，形成各种类型的潮汐。

衍射与干涉一样，也是所有波动的共有特性之一。当潮汐波遇到障碍物时，要发生偏离直线传播的现象，这种现象即为潮汐波的衍射。根据光的衍射原理和地震波绕射原理，潮汐波的衍射种类可分为：障碍物衍射、单孔衍射、双孔衍射、衍射波栅等。潮汐波遇到障碍物或其他种类绕射点发生衍射后，将对潮汐振幅和相位产生影响，从而形成频率等因子改变后的子波。当不同的子波相遇后，干涉形成相长或相消(图 12-27)。

一般地，潮汐波产生衍射要具有以下条件：一是潮汐波通过处要有较小的宽度，使潮汐波的衍射得以加强；二是潮汐波波长和障碍物与孔径的总宽比值越大越好，这样，潮汐波的衍射越明显。

光波、地震波在遇到障碍物、绕射点后的衍射、绕射路线，说明在遇到障碍物后，波并不完全按照直线传播。潮汐波在遇到障碍物后，同样会发生衍射、绕射现象。

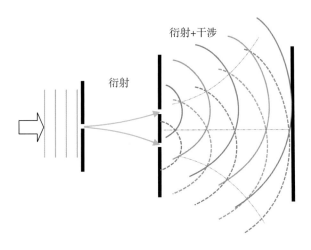

图 12-27　杨氏衍射、干涉示意图

在大洋中，存在着比比皆是的类似障碍物，海岛、岛链，潮汐波的障碍物衍射与单孔衍射现象是一种广泛的自然现象。例如，我国的海南岛与琼州海峡，就是一个典型的障碍物与单孔衍射结构。按照波长和孔径的比值要求，巴士海峡属于一个条件极好的单孔，这样，由巴士海峡分离出的潮汐子波，再经过琼州海峡与海南岛衍射，构成了一个完美的杨氏实验所需结构。北部湾成了潮汐波衍射、干涉成像场所。

由岛链、群岛组成的潮汐波障碍物，衍射、干涉的结果会形成各种不规则的潮汐。

第六节　潮汐书虚

关于潮汐，也曾出过"海鳅出入""龙王发水"等殊异之见，现在看来，大有惊目骇世之效。

"海鳅出入"说认为：地球潮汐之所以表现出规律性涨落，是因为世上有一条大鱼——海鳅——定时出入其巢穴而引起的。传说这条海鳅有数千里长，穴居于海底，入穴时，洞中海水排出形成海水涨潮，出穴时则形成大海退潮。海鳅有节奏地出入巢穴，形成了海水潮汐的节奏性涨落。这一潮汐说在我国古地理学名著《山海经》中有过记载。

龙王、海龙王是中国古人智慧编造的神话故事主人公，"龙王发水"说认为地球潮汐是"天神"或"潮神"的意志所在，"海龙王"依据"潮神"的指令，按时发水与收水形成了海水的上涨与下落。在佛教的《华严经》里有"一切海水，皆从龙王心愿所起……，涌出有时……"。

明朝郎瑛（1487—1566 年）在其《七修类稿（卷一·天地类）》中罗列了前人关于潮汐的各种传说。相较而言，唐朝末年丘光庭（约公元 900 年）所著《兼明书》之《海潮论》中，提出了关于潮汐生成的理论。

宇宙自诞生以来，被人类认识总是一点点地逼近真实，谁也无法穷尽真谛，因此，谁也不能确信所得即为经典。

一、三个疑问

1. 疑问 1：关于数学物理关系

式(12-1)表达了太阳、地球、月球三者之间位置关系发生运动变化时存在的一种物理依存关系，这种依存关系中，包含了太阳对地球的潮汐作用、太阳对月球的潮汐作用、太阳对月球绕地球运行的摆动作用，但总体呈现的是月球离开地球距离的加速度特征。

式(12-1)是基于牛顿关于力与运动的数学物理关系所求得，其数学表达式中包含的函数关系展现了潮汐运动物理特征。

物理上，我们得到认识为：地球上的潮汐现象只是式(12-1)中的一个分力作用形成的。因此，我们可以将这一分力分离出来，用以讨论不同个体产生潮汐现象的作用力方程。

数学上，式(12-1)等号两侧同时乘上同一个数时，等式仍然成立。是否说明，式(12-1)等号左侧乘以月球质量，等号右端所包含的太阳对地球的潮汐力，大小等于月球质量与 $\cos\alpha\cos\beta\ddot{l}$ 的乘积，而不是匹配地球的质量？换句话说，式(12-1)等号左侧乘以地球质量，等号右端所包含的太阳对月球的潮汐力，大小等于地球质量与 $\cos\alpha\cos\beta\ddot{L}$ 的乘积，而不是匹配月球的质量？参见图 12-12，就地球的潮汐而言，式(12-1)是否存在数学与物理的悖论？

2. 疑问 2：关于轨道约束关系

只有存在轨道绕行关系的天体间，才存在式(12-1)的约束关系，这是由建立运动分析体系的基础决定的。那么，没有轨道依存关系的天体间，则不应该存在这一依存关系。是否说明，金星和地球间，或者地球与木卫间，不存在这一运动关系？即使运动关系相对稳定的行星之间，也是不可以产生潮汐力作用的？也就是说，在人造地球卫星上可以存在着来自地球、太阳的潮汐力作用，但不可能有月球的潮汐力作用。延拓开来，在地球上存在着来自太阳、银核的潮汐力作用，但不可能有金星或其他行星的潮汐力作用。

3. 疑问 3：关于非接触反作用力

位于轨道焦点的天体对处于轨道上运动的天体，所形成的潮汐力，属于非接触力。牛顿的作用力与反作用力原理是基于接触力提出的，对于非接触力是否适用？对于非接触性的反作用力，大小相等可以理解，但作用方向一定相反吗？怎么确认？由于接受反作用的物体形状明显大于实施反作用的物体，并且两者质量大小显著不等，如地球明显大于月球，反作用方向肯定要发生偏离，又怎么确定？

对于非接触性来自施力体的潮汐力，反作用潮汐力是否镜像分布在施力体上？如何分布在施力体上？这些目前还都无法说明，所以，文中提出了按运动状态反作用的观念。

根据反作用力理论，A 对 B 的反作用力，一定不可以作用到 C 上，太阳对月球的潮汐力，月球产生的反作用力只能反作用到太阳上，不可以作用到地球上。

太阳会受到的来自 8 大行星的反作用潮汐力，当 8 大行星连成一线或近于一线时，反作用叠加效应一定很壮观，不可想象。

二、三个说明

1. 说明 1：关于潮汐分力

潮汐分力是由三角函数积化和差原理分解潮汐力得出的，太阳对地球的潮汐力包含两个潮汐分力，太阳对月球的潮汐力也包含两个潮汐分力，同理，地球对月球的潮汐力也包含两个潮汐分力。即日-地潮、日-月潮和地-月潮都分别具有各自的潮汐分力。这种潮汐分力，不是以往人们所说的潮汐分力。

2. 说明 2：关于轨道正对

式(12-6)中，$\beta = 0°$ 为天体的正对轨道焦点处，$\beta = 180°$ 为天体的背对轨道焦点处，这两个时刻 $\cos\beta = 1$ 潮汐最大。这一特性表明：无论是春分日、夏至日、还是其他日子，无论地球自转到了何处，总是在正对太阳的地方（$\beta = 0°$）和背对太阳的地方（$\beta = 180°$）潮汐力最大。潮汐力等于 0 的特征值发生在 $\beta = 90°$、$\beta = 270°$ 的地方，也就是正午与午夜的中间地带。这种分布格局保持不变，即产生潮汐的世界时不变，与地方时无关，完美地解释了地球的潮汐现象，尤其是大气潮汐。

图 12-1 所示的各地海水潮汐形态不一，是地球自转加海岛、海底、海岸影响，形成潮波衍射、干涉的叠加效应。

3. 说明 3：关于加速度因子

在椭圆轨道运行中，径向距离变化加速度 $\ddot{L}$ 是一个整体变化因子，地球上各点都一样。可以通过极坐标方程求取，前文已有专门研究，可以直接引用：

$$\ddot{L} = \frac{pe\omega^2(\cos\theta - e\cos^2\theta + 2e)}{(1 + e\cos\theta)^3} \tag{12-11}$$

这样，式(12-3)的完整表达式为

$$F_1 = m\frac{pe\omega^2(\cos\theta - e\cos^2\theta + 2e)}{(1 + e\cos\theta)^3}\cos\alpha\cos\beta \tag{12-12}$$

式中，m 为发生潮汐物体质量；θ 为图 12-12 位置；p 为椭圆轨道焦点参数；e 为轨道离心率，且 $p = a(1 - e^2)$；ω 为地球公转角速度，其他符号与前述一致。

当太阳、地球、月球连成一线时，$\theta = 0°$，这时，地球上的潮汐力可由下式求出：

$$F_1 = 2m\frac{pe\omega^2}{(1 + e)^2}\cos\alpha\cos\beta \tag{12-13}$$

式中，F_1 为地球上海水总潮汐力(月球退化为海水质点)；m 为海水质量。

所以，潮汐力也是一种体力，不属于点力、面力。

三、两个解释

1. 问题 1：为什么"望月"时，潮汐要显得大些

式(12-9)、式(12-10)、式(12-1)表明，当太阳、地球、月球处于一线时，即月相表现为"朔"或"望"时，太阳对月球的潮汐力与太阳对地球的潮汐力，发生紧密联系；或者

说，太阳对月球的潮汐作用，所形成的月球的反作用，可以视为作用在地球上；再或者说，这时月球成了地球的一部分，地球上的潮汐，是太阳对地球的潮汐作用与太阳对月球潮汐作用的叠加结果。

所以，不仅在月相表现为"望月"时，而且在月相表现为"朔月"时，地球上的潮汐都表现得更加强盛。

2. 问题 2：为什么"中秋"潮汐幅度大

根据青岛 1955—1982 年连续 28 年观测资料，青岛大港站多年平均潮差为 2.80m，一年中出现两高两低，以 3 月和 9 月最高，6 月和 12 月最低。这一观测结果除了验证浙江潮以秋潮为最壮观之说，还告诉了人们，春潮也一样具有壮观性。对于这一现象，以往人们解释为：3 月和 9 月是太阳通过春分点和秋分点的时间，6 月和 12 月是太阳通过南北回归线的时间。但为什么二分点是这样？为什么回归线是这样？则没有说明。

这种简单的依据节气与轨道几何关系的解释，显然缺乏数理逻辑。

真正的理由在于，3 月和 9 月，地球公转运动速度（$\dot{L}$）最大，运动能量最大。$\dot{L}$ 由下式求取：

$$\dot{L} = \frac{p \cdot e \cdot \omega \cdot \sin\theta}{(1 + e \cdot \cos\theta)^2} \tag{12-14}$$

式中符号含义同式(12-12)。

四、关于引潮力

关于潮汐是以引力为原动力启动的观点，始创于牛顿《自然哲学的数学原理》，后经伯努利等加以研究发展，再经拉普拉斯用流体动力学理论修改补充，逐步形成了现代潮汐学理论。该理论虽然数百年来一直被人们称为解释潮汐的理论经典，但一直存在着争议。

有人认为，潮汐的致潮力包含静力致潮和动力致潮，以万有引力为理论依据的引潮力属于静力理论。静力理论认为引潮力的作用在于平衡重力加速度，既可以使某地的重力加速度增加，也可以使其减小，增加的地方出现落潮，减小的部分出现涨潮；动力理论认为，潮汐是在水平引潮力周期性变化的作用下，产生的一种潮汐波浪。

然而，实际出现的情况往往是，叠加重力是增加的地方(或时候)却出现了潮涨现象，叠加重力是减小的地方(或时候)却出现潮落现象，叠加重力总是减小的时候潮汐却只是昙花一现。 由此，人们不得不思考引潮力存在的正确性问题。

拉普拉斯研究后认为，垂直引潮力只能非常微小地改变重力加速度，只有水平引潮力才具有一定作用，这基本等于是否定了地球潮汐现象是引力作用的认识。

而且，2009 年 7 月 22 日，由中国科学院多家研究机构共同参与、采用最好的观测仪器、选择最好的观测条件，观测数据质量最高的一次追踪日全食、探测重力异常的结果认为，日全食期间不存在引力异常，从根本上否定了万有引力的存在，说明引力致潮子虚乌有。

第十三章　地球磁场起源

　　物质的磁性有别于光影，不同智力层次的人都会着迷于物质的磁现象。物质的磁性看不到摸不着，早先人们无法通过五官感知磁性，现在人们已经认识到，不论把磁铁分割得多么小，它总是有 N 极和 S 极，总是成对出现。迄今为止，自然界中人们还没有找到一块具有非偶极子特性的磁体。

　　地球磁现象逐渐被人们科学地利用和作起源探索。例如，早在战国时期(公元前 476 或 403 年—公元前 221 年)，我国就出现了利用地磁的指南针的文字说明。《管子》的数篇中最早记载了这些发现，"山上有磁石者，其下有金铜"；《山海经》中也有类似的记载；沈括(1031—1095 年)晚年在总结自己一生的经历和科学活动时，在《梦溪笔谈》中描述了地球磁场的存在现象；再如人类发明了罗盘、电话、无线电、发电机、电动机等。如今，磁技术已经渗透到了我们的日常生活和工农业技术的各个方面，我们已经越来越离不开磁性材料的广泛应用。

　　磁石的吸铁特性很早就被人们发现。《吕氏春秋》就有："慈①招铁，或引之也"。《晋书·马隆传》记载马隆率兵西进甘、陕一带，在敌人必经的狭窄道路两旁，堆放磁石，使穿着铁甲的敌兵路过时，被牢牢吸住，不能动弹，而马隆的士兵穿犀甲，磁石对他们没有什么作用，可自由行动。敌人以为是遇到神兵，不战而退。东汉《异物志》记载了在南海诸岛周围有一些暗礁浅滩含有磁石，磁石经常把"以铁叶锢之"的船吸住，使其难以脱身。当指南针传入欧洲后，人们开始利用它进行远航，极大地拓展了人类的活动空间和视野。地球极光、太阳系其他行星极光以及地球磁层的发现，使人类的认知视野进一步扩大。

　　地球磁场成因问题数百年来一直吸引着地学工作者和其他学科的众多研究者，由于它与电一样影响各个领域人们的生活，所以，长期以来，人们提出了各种各样的解说，从最初的永久磁体说到双圆盘耦合发电机模型假说。都因为各自存在致命缺陷而不能被广泛接受，所缺乏的是严密的数理逻辑或实验验证，因而不可能成为具有普遍性的理论。

　　要论述地球磁场起源，就要证明固体地球内部有电流存在，而证明固体地球内部存在着规律性运动的电荷，正是长期困扰研究者们的关键。现在问题已经解决，固体地球内部存在着规律性运动的电荷，这是因为地球存在着致使物质产生定向运动的动力和运动定律的作用，存在着运动的粒子以致产生电荷的大自然规律。带电粒子的电荷极性改变是形成地球磁场倒转的根本原因。

---

① 古人称磁石为"慈石"。

第一节　粒子的规律性运动

粒子的规律性运动理论包括两部分，一是由驱动力导致的粒子规律性运动，二是由运动定律导致的粒子规律性运动。

一、规律性运动的驱动力

虽然自然界存在着各种各样的可以作用于粒子的驱动力，如宇宙间各个天体的引力、热力、分子间力、地球自转向心力、胀缩力、强中纬力、潮汐力等，这些力按所产生的运动方向基本可以分为三类，即：绕定轴、垂直于定轴、无规则。基于地球的偶极性磁场，能够对地球磁场形成产生贡献的驱动力，一定是导致地球粒子产生绕定轴运动的力，而一定不是运动方向垂直于轴向的力和无规则方向的力。所以，地球上能够对地球磁场形成起贡献的驱动力只有两种，一种是地球自转向心力，另一种是强中纬力。

(一)地球自转向心力

历史上人们曾经思考过用地球自转向心力来讨论地磁场的形成问题，但由于不知道还有其他的影响因素，无法解释磁轴与自转轴之间的夹角问题，导致了地球磁场起源与地球自转向心力无关的错误认识。

地球自转向心力是形成地球磁场的重要原因之一。

在地球的自转运动中，地球物体随地球自转做圆周运动，其所受向心力($F_{向}$)为

$$F_{向}=mr\omega^2=mv^2/R=4\pi^2mr/T^2=4\pi^2mT^{-2}R\cos\psi \tag{13-1}$$

式中，m 为运动物体质量；r 为运动物体距自转轴的垂直距离；ω 为地球的自转角速度；v 为地球自转速度，T 为地球的自转周期；R 为地球半径；ψ 为运动物体所处纬度。

物体随地球自转的向心力是地球对物体的引力和球面支持力的合力，而环绕地球运行的卫星所需的向心力完全由地球对其的引力提供，两个向心力的数值相差很多。

物体随地球自转的向心加速度(a_1)为

$$a_1=4\pi^2r/T^2$$

卫星或大气圈中的部分气流绕地球运行的向心加速度(a_2)为

$$a_2=gm/l^2$$

式中，g 为万有引力常数；m 为地球质量，kg；l 为卫星与地心的距离，km。

显然，随地球自转的物体，所受向心力大小随所处地球纬度高低不同而不同，所处纬度越低，所受向心力越大，反之，越小(图13-1)；而绕地球运行的物体，向心力则与物体距地心的距离成反比，距离越大，向心力越小。

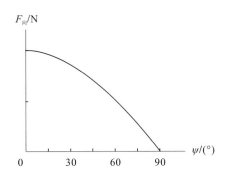

图 13-1　随地球自转物体所受向心力大小与所处位置关系

地球的地幔、地核物质主要受到地球自转向心力作用，是产生地球磁场的主要物质。

(二)强中纬力

强中纬力(F_{zi})是地球在执行公转椭圆轨道运动中所形成的一种作用力，这种作用力为一簇平行于黄道面的向心力组成(图 13-2)，作用于地球可使物质产生球面运动，其大小随地球物质所处黄纬位置不同而发生正弦倍角平方变化，最大值在黄纬 45°处，因此南北半球各有一支，在地球上的分布如图所示(刘全稳 等，2001a，2001b)。

$$F_{zi} = 4^{-1} m_i R_i \omega^2 \sin^2(2\alpha) \tag{13-2}$$

式中，F_{zi} 为强中纬力，N；i 代表不同的球面质点(如云朵)；m 为物体质量，kg；α 为黄纬，(°)；ω 为地球公转角速度，rad/s；R 为球面物体与球心的距离，m；作用力 F_{zi} 与黄纬 α 的关系如图 13-3 所示。

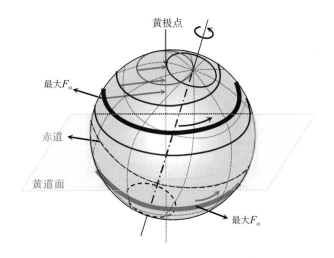

图 13-2　F_{zi} 在地球上的分布示意

注：线条越粗表示作用力越大，$\alpha = 45°$处最粗表示该处作用力最大，此情形对称分布在黄道面两侧，所以 F_{zi} 作用结果在黄道面上下对称出现。地球上的黄极点及与黄道面的割线处，作用力大小等于 0

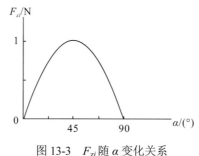

图 13-3　F_{zi} 随 α 变化关系

注：由于黄纬的定义域为-90°—90°，所以图中只是半个地球的受力分析，另一半通过黄道面对称分布

由于地轴倾斜且地球自转，地球上南北半球中纬度带内的物质将依次穿越黄纬45°线，依次受到该最大力的作用，所以，黄纬的一条线映射到地球上是一条带，故称 F_{zi} 为强中纬力。

强中纬力只与物体所在黄纬度有关，而与黄经度无关。强中纬力属于向心力，作用力方向指向黄极的连线。强中纬力导致的物体运动方向为以黄极轴为中心的地球上不同黄纬线的切线方向，并且由西向东。强中纬力动力方程产生的结果平行于黄道面并且沿黄道面对称分布。

二、规律性运动的运动定律

地球上能够致使粒子产生规律性运动的除了驱动力，就是运动定律。物质运动定律有多种，如物体的惯性定律、能量守恒定律等，以对地球磁场的形成能产生贡献作为条件，考察地球上粒子在运动定律约束下的运动，符合条件的运动定律有两种，一种是地球自转角动量守恒运动规律，另一种是地球公转角动量守恒运动规律。

(一)地球自转角动量守恒运动规律

分析地球自转角动量守恒运动规律属于质点对自转轴的角动量分析。设地球在 t 时刻的角加速度为 β，物体的转动惯量 K 与转动合外力矩 M 的表达式[参见式(4-7)]为

$$M = K \cdot \beta \tag{13-3}$$

从式(13-3)可以看出：当合外力矩 M 一定时，K 与 β 成反比，即转动惯量越大，转动角加速度 β 越小，其角速度 ω 的变化率越小，物体保持原状的可能性越大，转动角加速度 β 往复改变时，物体的运动总是趋于使自身保持平衡。

遵循角动量守恒定律，转动半径的增加会导致自转速度变小，从而形成了大量上升的水汽相对于地球自转速度较慢的现象，即：大量上升的水汽(云层)会出现相对原地点向西运动的现象。北半球寒流由于沿前进方向转动半径逐渐增加，因而会偏向西边，而暖流则由于顺前进方向转动半径逐渐减小则逐渐偏向东边。由此可以得到：当地球物质的自转半径加大时，物质将表现出滞后现象，即表现出相对原地点由东向西移动现象，反之，当地球物质的自转半径变小，物质将表现出超前现象，即表现出相对由西向东移动现象。

自然界，上升气流大多表现出运动速度变缓，出现相对西移现象，下降气流大多表现出运动速度加快，出现相对东移现象。台风或飓风在形成后的运动中，随着所处洋面的纬度值增加，其运动的速度却越来越快；洋流随着运移所到达地点的纬度值越小，运动速度

越来越低。火山喷发时，火山灰尘的上升运动段表现出自东向西的偏离，当上升至一定高度后则表现为自西向东(包含向东北和向东南)的运移(这里包含同一高度层中云朵受强中纬力作用而运移的问题)。井喷时的效果与火山喷发类似。海底气泡的上升也一样。就像花样滑冰运动员一样，张开双臂则运动速度变慢，而收回双臂(转动半径变小)，减小转动惯量，运动速度越快。这是自转角动量守恒运动定律决定的。

由自转角动量守恒运动定律决定的物质的运动，是地球磁场形成原因之一，主要体现在地球的低纬度带。

(二)地球公转角动量守恒运动规律

分析地球公转角动量守恒运动规律属于质点对点的角动量分析。

根据质点运动的动量定理可知：

$$\overline{M} = \sum_i \vec{r} \times \vec{F_i} = \frac{\mathrm{d}\bar{L}}{\mathrm{d}t} \tag{13-4}$$

式中，r 为转动半径；L 为角动量；M 为力矩[参见式(4-16)]。

地球公转运动是合外力矩 M 恒为常数的运动，即角动量守恒运动，也是一种 r 往复改变、角加速度往复改变的运动。

当地球由近日点向远日点运行时，转动 r 变大，公转惯量 K 随之增大，而角加速度 β 变小；当地球由远日点向近日点运行时，r 变小，公转惯量 K 逐渐减小，而 β 变大。

地球绕太阳运行一周要分别经历 r 变大的过程与变小的过程。为了使自身运行平稳，地球的公转惯量(K)势必要趋于某一定值，设此时 $r = 1$。当 r 不等于 1 时，地球球面物质做调整质心的运移，以降低公转惯量的增量。用下式表示：

$$\begin{cases} K = my^2 \\ y = r \pm x \text{(春分—夏至—秋分用减，秋分—冬至—春分用加)} \end{cases} \tag{13-5}$$

式中，K 为公转惯量；m 为地球质量；r 为地球到太阳的距离，轨道半径；x 为质心调整偏移量；y 为地球的有效公转半径。

r、x、y 三者之间的关系如图 13-4 所示，图中虚线表示转动惯量守恒线，实线表示地球实际运动线。

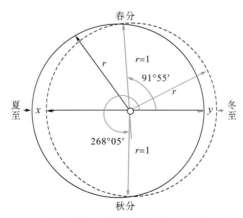

图 13-4　质心调整偏移量与地球公转半径的关系示意图

令地球公转轨道春分点与秋分点的 $r=1$。那么，地球从春分点经夏至点向秋分点的运动，为 $r>1$ 的运动（简称 A 过程）。为调整因公转半径变大而引起的地球公转惯量的变大，地球质心要做向靠近太阳的迁移，即 $y=r-x$；而地球从秋分点经冬至点向春分点的运动，为 $r<1$ 的运动（简称 B 过程）。为调整因轨道半径变小而引起的地球转动惯量的减小，地球质心要做远离太阳的迁移，即 $y=r+x$。地球质心的移动，通过地球内部物质的移动来进行，由于占地球体积最大的大气质量仅占全球质量的 0.00009%，因此，调整质心的任务主要落在地幔（67.1%）与地外核（30.8%）上。

可以计算得到最大增量值：

$$x_{max}=1692627km$$
$$y_{max}=2544815km$$

固体地球的赤道半径约为 6378km，极半径约为 6357km，平均半径约为 6371km。可见，在地球公转的 A 过程中，公转半径的最大增量可达 133 个固体地球直径之巨，而 B 过程的最大增量更大，约 200 个固体地球直径。A 过程与 B 过程公转半径增量不同，前者为转动半径增加，后者为转动半径减少。在质量不变的条件下，随着 r 的增加，地球将做加速度减小的运动。

地球执行角动量守恒定律的运动不仅体现在参数"加速度"的调整上，也体现在地球物质自身运动的调整以尽量减小公转半径的增量变化上。

地球的公转运动不间断地进行，角动量守恒运动也就不间断地作用，地幔与地外核物质就不间断地做由西向东的运动，再加上地球的自转不间断地进行，所以，地核与地幔物质总是无休止地进行着由西向东的转动。

由公转角动量守恒运动定律决定的物质的运动，也是地球磁场形成原因之一，主要体现在地球的中低纬度带。

第二节　粒子起电理论

无论是地球外核的流体粒子还是大气圈的运动粒子，在驱动力或运动定律作用下，就会产生规律性的运动。生产实践中，人们早就发现，凡是运动的粒子就可以起电。

粒子的起电理论形成于科学实验，属于实验科学性认识，虽然逻辑性没有数理分析严密，认识上还存在很多不足，但其应用领域的广泛性足以说明其存在的真实性。

一、二相流界面的双电层理论

自然界中的流体一般表现为多相流，最常见的多相流类型仅由某些物质的二相流组成。二相流是指具有两种相态物质关系的特殊流动。地球上物质可以分为五相或五态，即：固相、液晶相（具结晶性的液体）、液相、气相、等离子相（电离气体）。一般地，除固体外，其他相态的物质可以流动。当流体中具有大量的固体小粒子时，如果流动速度足够大，这些固体粒子的流动特性可与普通流体相似，但常称为伪流体。

根据物质的流动状态，二相流可分为二相混合物流动与二相物质之间通过相交界面的流动等两组问题，前者表现为物质五相中的任意二相混合，其混合可以是均匀的，也可以是非均匀的；后者的每一相物质必定是均匀的。

自然界中的二相流可分成：液体-气体的流动，如油气的生产、火山喷发等；液体-固体的流动，如火山喷发、液体管流、相对于海岸或海底的海流等；气体-固体流动，如大气相对地面的流动，沙尘暴等；等离子-固体流动，如等离子电视；气体-液晶流动；气体-等离子体流动；液晶-固体流动；液晶-等离子体流动；等离子-液晶流动；液体-液晶流动；液体-等离子体流动。

自然界中二相流的起电是一种普遍的现象，如发生在大气中的电闪雷鸣，沙尘暴发时产生强烈的电火花，在海流流过的地方人们在夜晚可以发现有电火花产生，油品在罐装和运输途中易产生放电而导致事故，由地震引起的液化体流动(如四川汶川县映秀镇莲花芯沟的"干石流")也会产生放电或闪电等。

起电问题一般分为起电和电离两种方式。在通常情况下，固体或液体在电学上是中性的，即原子核的正电荷与绕原子核运行的电子总电荷数呈大小相等、正负相反、总量平衡状态。物质的电离或起电取决于它的分子结构。当有电子脱离原子核的影响时，这个原子或分子就产生了电离，形成带正电荷的原子或分子，同样，当一个额外的电子或电荷附着于一个固体粒子时，这个固体粒子就发生了起电，形成了带电荷的固体粒子。

物质产生电离或起电的条件可以是：原子与电子的碰撞、原子与正离子的碰撞、高温情况下原子或中性原子之间的碰撞、电极化、电感应等。有时，为了让物质起电并不需要高温，如摩擦生电。

现在，人们在探索流动起电问题时总是要依据相界面的双电层结构模型理论，这一模型理论一般认为起源于 19 世纪早期列斯(Reuss)所进行的实验，经过不断地发展研究，形成了各种研究条件下的双电层模型，具有代表性的是液/液界面双电层模型(图 13-5)和液/固界面双电层模型(图 13-6)。

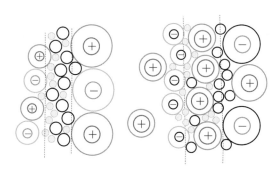

(a)极化的水相/有机相界面　　(b)非极化的水相/有机相界面

图 13-5　液/液界面-GS 模型

注：GS 模型为 Girault 和 Schifrin 于 1983 年提出的一种新的双电层界面结构模型

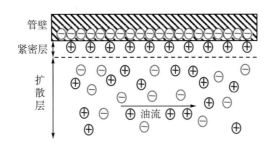

图 13-6 油流带电的双电层示意

(径向夸大)(蒲家宁和王菊芬，2006)

液/液界面双电层模型是由一个由混合溶剂层分开的两个扩散层(图 13-5)，大部分电荷分布在这两个背靠背的扩散层中，其电势分布符合 Gouy-Chapman 理论，在零电势附近，混合溶剂层的电势降可以忽略不计。

液/固界面双电层模型认为：在液/固界面间存在着扩散层与紧密层双电层(图 13-6)，这种双电层的形成导致电荷易被液体流带走。

二、流动起电电流

地下流体的流动起电问题可以参照油品的管道流动起电问题的研究结果。

Gibbson 和 Lloyd(1970)、Tanaka 等(1985)、涂愈明等(1998a)、王菊芬等(2006)，分别研究了管道中的油流带电问题。

蒲家宁和王菊芬(2006)研究认为油品流动时的带电与油流的力特性有关，成品油管输基本上在紊流状态下进行，由此将流动分为 3 个区域(图 13-7)。

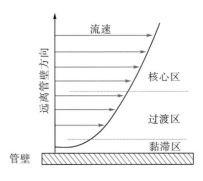

图 13-7 流动状态分区

黏滞区(viscous zone)，即黏滞底层(viscous sublayer)，遵从牛顿黏性定律，总体上保持顺壁流动的态势。

过渡区(transition zone)，存在径向和旋涡流动。

核心区(turbulent zone)，存在剧烈的径向和旋涡流动。油流截面上的流速分布随各区而异。

黏滞底层的油流总体上没有径向流动，与层流相像。有些文献称之为层流底层(laminar sublayer)。黏滞底层有助于减少电离子的径向扩散，厚度由下式确定：

$$\delta_v = 14.14 \eta / (v\lambda^{0.5}) \tag{13-6}$$

式中，δ_v 为黏滞底层厚度，在一般情况下，δ_v 大约为几十微米；η 为油品运动黏度；v 为油流平均速度；λ 为达西水力摩阻因数。

由于紊流黏滞底层厚度一般小于扩散层厚度，扩散层内的大量电荷被径向和旋涡流动带到过渡区和核心区内，被油流冲着流动，形成起电电流。因此，油流中电荷分离程度取决于黏滞底层和扩散层的厚度。

起电电流的计算十分复杂。分析时可参考紊流水力光滑区起电电流的估算公式：

$$I = \varepsilon\sigma^{-1}\phi\eta^{1.75}(1-e^{-\sigma L/\delta\eta}) \tag{13-7}$$

式中，I 为流动电流；ϕ 为反映管径、管子内壁状况影响的常数；L 为管道的长度。

王菊芬等(2006)同时还提供了一个起电电流 I 的计算公式：

$$I = \int_0^L 2\pi q\varphi u_x \mathrm{d}l \tag{13-8}$$

只要知道了管内的电荷分布，就可根据上式求取起电电流。

起电电流的大小与油品物性、管道结构、油流速度等因素有关。

第三节　电生磁理论

从 1820 年丹麦哥本哈根大学奥斯特(Hans Christian Oersted)教授的电生磁演示开始，人们就已经认识到电与磁是经常联系在一起并可以相互转化的。与此同时，法国科学家毕奥(Biot)和萨伐尔(Savart)等研究和分析了大量实验资料，总结出一条电流产生磁场的基本规律，称为毕奥-萨伐尔定律。而 1821 年，法国物理学家安培(André-Marie Ampère)总结认为，一切磁现象起源于运动电荷，物质的磁性是由于物质中存在运动的电荷而产生的，所有的磁现象都可以归结为电流与电流之间的相互作用，并提出了计算磁场强度的安培环路定律。毕奥-萨伐尔定律和安培环路定律都可以用来计算磁感应强度，各种教科书中都可以查到其原理与计算方法。这里仅引毕奥-萨伐尔定律作为地球磁场起源探讨的系统理论之一。

毕奥-萨伐尔定律指出：磁场的源是电流元，磁场随场点到电流元的距离平方而衰减，磁场遵从叠加原理，由任意形状通电导线所激发的总磁感应强度 B 是由电流元所激发的磁感应强度 $\mathrm{d}B$ 的矢量积分，任意形状的载流导线都可以看成由许多电流元 $I\mathrm{d}l$ 组成，只要知道了电流元激发磁场的规律，再用叠加原理就可以求得任意载流导线激发的磁场分布。这为分析计算地球磁场起源提供了理论方法。

载流导线的任一电流元 $I\mathrm{d}l$ 在给定点 P 所产生的磁感应强度 $\mathrm{d}B$ 的大小与电流元的大小成正比，与电流元和由电流元到 P 点的矢径 r 之间的夹角的正弦成正比，并与电流元到 P 点的距离的平方成反比；$\mathrm{d}B$ 的方向垂直于 $\mathrm{d}l$ 与 r 所决定的平面，指向由右手螺旋法则决定，即当右手螺旋由 $I\mathrm{d}l$ 经小于 $180°$ 的角转向 r 时螺旋前进的方向。其数学表达式为

$$dB = k\frac{Idl\sin(dl,r)}{r^2} \tag{13-9}$$

式中，k 为比例系数，在真空中 $k = 10^7\text{T·m·A}^{-1}$，不同的磁介质 k 值不同。

为了使 dB 的公式有理化，取 $k = \mu/4\pi$，μ 为介质的磁导率，真空中 $\mu = 4\pi \times 10^7\text{T·m·A}^{-1}$，这样，上式改为

$$dB = \frac{\mu}{4\pi}\frac{Idl\sin(dl,r)}{r^2}$$

毕奥-萨伐尔定律的矢量表达式为

$$d\boldsymbol{B} = \frac{\mu}{4\pi}\frac{Id\boldsymbol{l} \times \boldsymbol{r}}{r^3} \tag{13-10}$$

一、运动电荷产生的磁场

设电流元 Idl 的横截面为 S，导体的单位体积内有 n 个带电粒子，每个带电粒子的电荷量为 q，都以速度 v 沿方向做匀速直线运动而形成导体中的电流，则在单位时间内通过电流元横截面的电量为 $nqvS$。即导线中的电流强度 $I = nqvS$，代入式(13-10)得电流元 Idl 对空间一点 P 产生的磁感应强度为

$$d\boldsymbol{B} = \frac{\mu}{4\pi}\frac{nqvSd\boldsymbol{l} \times \boldsymbol{r}}{r^3} = N\frac{\mu}{4\pi}\frac{q\boldsymbol{v} \times \boldsymbol{r}}{r^3} \tag{13-11}$$

式中，r 为电流元到 P 点的矢径；$N = nSdl$ 为体积元 $dV = Sdl$ 中的带电粒子总数。

式(13-11)为电流元 Idl 中所有电荷对 P 点磁场强度的贡献，所以，单个电荷对 P 点磁场强度 B 的贡献大小为

$$B = \frac{\mu}{4\pi}\frac{q\boldsymbol{v} \cdot \boldsymbol{r}}{r^3} \tag{13-12}$$

单个电荷对 P 点所产生的磁场方向垂直于电荷运动的速度方向和矢径 r 决定的平面，并与电荷的电性有关。当电荷为正时，方向可由右手螺旋定则确定，当电荷为负时，方向为由右手螺旋定则确定方向的反方向。

二、直线电流的磁感应

设在真空中有一条长为 L 的载流直导线，导线中的电流强度为 I。现计算与该直线电流距离为 r 的任意一点 P 的磁感应强度 B。为此，过 P 点作 L 的垂线与 L 的延长线相交于 O 点，则 $OP = a$，并在直导线上任取一电流元 Idl，电流元 Idl 离坐标原点 O 的距离为 l。则电流元在给定点 P 处所产生的磁感应强度 dB 的大小为

$$dB = \frac{\mu}{4\pi}\frac{Idl\sin(dl,r)}{r^2}$$

当载流电线长度远大于 a 值时，可将电线视为无限长，这时，直线电流激发的磁感应强度为

$$B = \frac{\mu I}{2\pi a} \qquad\qquad (13\text{-}13)$$

即无限长载流导线周围磁感应强度大小与距离 a 成反比。

三、圆电流的磁感应

设圆电流半径为 R、圆心为 O、电流强度为 I、P 点为其轴线上一点，令 $OP=x$，将圆电流分成无限个电流元，任意选取一个电流元 $I\mathrm{d}l$，设它到 P 点的矢径为 r，则 P 点的磁感应强度为

$$\mathrm{d}B = \frac{\mu}{4\pi}\frac{I\mathrm{d}l \cdot r}{r^3}$$

处于圆电流圆心和无限远处磁感应强度大小分别为

$$B = \frac{\mu I}{2R} \qquad\qquad x=0，圆电流圆心处 \qquad\qquad (13\text{-}14)$$

$$B = \frac{\mu I R^2}{2x^3} \qquad\qquad x \gg R，圆电流无限远处 \qquad\qquad (13\text{-}15)$$

圆电流线圈轴线上各点磁场方向都沿轴线按右手螺旋定则分布。

四、螺旋线载流的磁感应

设螺线管的半径为 R，单位长度内线圈匝数为 n，通过的电流强度为 I，在螺线管上取一小段圆电流 $n I\mathrm{d}l$，P 点离开圆电流所在平面的垂直距离为 l，则圆电流 $n I\mathrm{d}l$ 对 P 点的磁感应强度为

$$\mathrm{d}B = \frac{\mu I R^2 n\mathrm{d}l}{2(R^2 + l^2)^{3/2}}$$

当 $L \gg R$，即螺线管可以看作无限长时，P 点到两端的夹角趋于零，螺线管内磁感应强度为

$$B = \mu n I \qquad\qquad (13\text{-}16)$$

说明密绕细长的螺线管内部的磁场是均匀的。

在半无限长的螺线管一端时，P 点到一端的夹角等于 $90°$，到另一端的夹角趋于零，端点处磁感应强度为

$$B = \frac{1}{2}\mu n I \qquad\qquad (13\text{-}17)$$

上述各式中 μ 为介质的磁导率，当介质为真空时，μ 取真空的磁导率。

第四节　地球磁场的叠加

显然，地球磁场是由两部分磁场叠加形成的，一部分是由运动动力驱动地球内部粒子

产生定向运动生成电流形成的磁场,简称为动力成因磁场;另一部分是由角动量守恒定律作用地球内部粒子产生定向运动生成电流形成的磁场,简称为定律成因磁场。

一、动力成因磁场

由动力作用于地球物质所引起的定向流动形成电流,生成的地球磁场为动力成因磁场。真正对地球主磁场形成贡献巨大的动力是地球的强中纬力与地球自转向心力。

现有观测资料表明,地球磁场主要起源于固体地球内部,因为大气中的磁场方向测量结果与地下矿井巷道中测量的结果一致。

为什么地壳部分不能为地球磁场做出贡献?因为地壳的运动相对缓慢,不能形成地壳板块间的固-固二相或其他二相流动,因而起电不足或不能起电,不足以形成磁场;地壳与大气间虽可以形成气-固二相流动,可以起电,也可以产生电磁感应,但由于所生成的电量有限,不足以克服地球内部物质形成的磁场强度而被掩盖。

地壳运动不能产生磁场的分析同样可以被用来解释地球内核运动不能产生地球磁场的原因。因为它们都是"固态"的,其运动在一定时间与空间尺度上具有"一致性"而缺乏"相对性",它们受强中纬力作用的效果不能在短时间和小范围内得以表现。

地球磁场起源原因之一在于那些受强中纬力作用更加明显的"易动"的地球物质——地球的外核物质和地球的大气、海水等物质的定向运动。

(一)强中纬力形成的叠套纺锤圆

强中纬力 F_z 的数学特性和在地球上的分布特征如图 13-8 所示,以不同黄纬不同大小强中纬力作用形成的物质的运动速度强弱变化的轨迹画圆,可以得到地球上的强中纬力大小(以圆圈的大小表示)形态特征如图 13-9(a)所示,这是一组由系列大小不同的单力圆相互叠加形成的以黄道面为对称面整体形态似纺锤的运行轨迹图。将强中纬力纺锤体叠放在地球上,可考察其与地球的极轴、黄赤关系如图 13-9(b)所示。

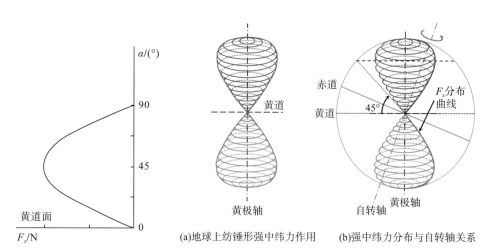

图 13-8 F_z 随 α 变化关系

(a)地球上纺锤形强中纬力作用   (b)强中纬力分布与自转轴关系

图 13-9 强中纬力形成的叠套纺锤圆

由图 13-9 可知，如果地球没有自转只有公转，那么，由圆电流的磁感应理论可得，地球的磁场轴将与黄极轴重合。

设在地球 P 黄纬处强中纬力作用形成的单个圆电流的电流为 I，根据圆电流磁感应强度计算式，可得单个圆电流对无限远处某点 X 贡献的磁感应强度大小为

$$B=\frac{\mu IR^2}{2x^3}$$

式中，B 为磁感应强度，T（特拉斯 $1T=10^4 Gs$ 高斯）或 $N\cdot A^{-1}\cdot m^{-1}$；$\mu$ 为磁导率，$T\cdot m\cdot A^{-1}$；R 为圆电流的半径，m；x 为 P 点与圆电流中心的距离，m；I 为电流，A，$I=nqvS$；n 为单位体积内带电粒子个数；q 为电荷电量，C；v 为电荷运行速度，m/s；S 为圆电流的横截面面积，m^2。

将电流转化为运动电荷，磁感应强度表达式改为

$$B=\frac{\mu IR^2}{2x^3}=\frac{\mu}{2}\frac{nqvSR^2}{x^3} \tag{13-18}$$

各不同黄纬的强中纬力所引起的外核物质（运动起电后称为带电粒子）运动为匀速圆周运动，建立以强中纬力（F_z）为向心力的带电粒子匀速度方程为

$$F_z=m\frac{v^2}{R} \tag{13-19}$$

式中，m 为带电粒子质量，kg。

由式（13-19）分离出 v 代入式（13-18），得到 X 点处获得的来自 P 处（图 13-10）圆电流的磁感应强度为

$$B=\frac{\mu}{2}\frac{nqSR^2}{x^3}\sqrt{\frac{RF_z}{m}} \tag{13-20}$$

为使式（13-20）具有普适意义，将其改为

$$B_\alpha=\frac{\mu}{2}\frac{nqSR_\alpha^2}{x^3}\sqrt{\frac{R_\alpha F_{z\alpha}}{m}} \quad （\alpha 为不同黄纬） \tag{13-21}$$

式（13-21）表示的是地球上不同黄纬处在遭受不同大小的强中纬力作用形成不同半径 R 的圆电流，对无限远处 X 所产生的不同大小的磁感应强度贡献量。

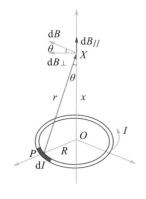

图 13-10　圆电流磁场

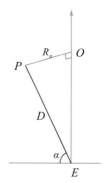

图 13-11　黄纬几何关系

图 13-11 为 P 点的黄纬相对关系示意，D 为外核物质距地心 E 的距离，α 为黄纬，R_α $=D\cos\alpha$，将 F_z 代入式(13-21)

$$B_\alpha = \frac{\mu}{4} \frac{nqSD^3\omega\sin2\alpha\cos^2\alpha}{x^3}\sqrt{\cos\alpha} \tag{13-22}$$

式中，ω 为地球公转角速度，rad/s；为了简化，可将各个黄纬处的 x 视为相等，这样，由磁场叠加原理得地球强中纬力对地球磁场的贡献量为

$$B_z = \frac{\mu nq\omega SD^3}{2x^3}\sum_0^{90}\sin2\alpha\cos^2\alpha\sqrt{\cos\alpha} \tag{13-23}$$

上式考虑了黄道面上下对称分布的强中纬力系统，由式(13-22)计算的结果翻倍。

如果以所有的带电粒子的电荷为正电荷考虑,则由圆电流的磁感应强度计算理论可知，地球强中纬力形成的地球磁场方向垂直于各圆电流指向北半球的黄极方向。

式(13-23)只是提供了一种认识与思路，表达了强中纬力是形成地球磁场的重要作用力之一，并且其所形成的磁场大小可求，要真实地求出其值还有一些参数需要约定，如：介质的磁导率、单位圆电流内带电粒子个数、单个电荷电量、横截面面积、球半径 D、x 的值等，而且，随着参与运动的外核物质的多少不同，所形成的磁感应强度也不相同，就像空中流动的大气一样，有时出现强气流，有时很平静，因此，地球外核的流动是不恒定的，地球磁场也是随时变化的。

有一点可以肯定，由强中纬力作用形成的磁场方向始终沿黄极轴指向北黄极，这是由于黄道面上下两个强中纬力系统作用于物质后具有相同的运动方向的缘故，假如黄道面上下两个强中纬力系统作用于物质后产生的电荷电性不同，那么地球的磁场强度将减少，甚至为零；从这一点上讲，地球磁场的磁极并不是固定的，任何人在相同的时刻不同的地点以及任何人在不同的时间同一地点，所测得的地球磁极位置都是不一样的，这是因为地球自转但黄极不变。

(二)自转向心力形成的叠套蛹状圆

自转向心力的大小与物质所处地球的纬度相关，不同地点的自转向心力大小不同，地球自转时，从低纬到高纬自转向心力大小呈余弦关系变化[图 13-12(b)中的 $F_{向}$ 分布曲线]，向心力最大点无疑在地球的赤道面上。如果从地球的北极上空俯视，从高纬到低纬各地的自转向心力表现为一簇一圈一圈从小到大的圆圈叠套在一起[图 13-12(a)]，地球的自转向心力整体上似蚕蛹[图 13-12(b)]，将蛹状地球自转向心力叠放在标有黄赤交角的地球模式图考察自转向心力大小在地球上的分布情况得图 13-12(c)。

一个电荷即使不发生位置的相对变化，只要随着地球自转一起运行，就对其周围的磁感应强度做出了贡献，所以，地球的自转是地球磁场起源的重要动力之一。

由地球自转向心力作用于外核物质后形成的地球磁场，其计算方法的前一部分类似于强中纬力的计算。

设在地球 P 纬度处，自转向心力作用形成的单个圆电流的电流为 I，根据圆电流磁感应强度计算式，可得单个圆电流对无限远处某点 X(图 13-10)贡献的磁感应强度大小为

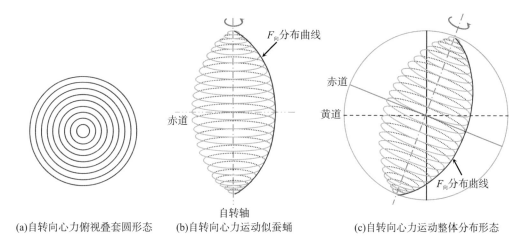

图 13-12　地球自转向心力（$F_{向}$）形态与分布

$$B=\frac{\mu}{2}\frac{nqvSR^2}{x^3}=\frac{\mu}{2}\frac{nqSR^2}{x^3}\sqrt{\frac{RF_{向}}{m}} \tag{13-24}$$

由于不同纬度处自转向心力大小不同，将与纬度（ψ）相关的自转向心力为

$$F_{向}=\frac{4\pi^2 m}{T^2}R_{\psi}\cos\psi$$

代入式（13-24），得不同纬度处磁感应强度计算式为

$$B_{\psi}=\frac{\pi\mu nqSR_{\psi}^3}{Tx^3}\sqrt{\cos\psi} \tag{13-25}$$

式中，T 为地球的自转周期；R_{ψ} 为外核圆电流半径；ψ 为所处纬度；其他符号意义承前。

地球是一个整体，地球自转使整个地球各个纬度处的物质都分别进行着转动，视 x 值很大，根据磁场叠加原理，得自转向心力产生的磁感应强度为

$$B_{向}=\frac{\pi\mu nqS}{Tx^3}\sum_{-90}^{90}R_{\psi}^3\sqrt{\cos\psi} \tag{13-26}$$

如果以所有的带电粒子的电荷为正电荷考虑，由于所有地点的转动方向一致，自转向心力叠加形成的地球磁场方向垂直于圆电流沿自转轴指向北极。

（三）合力运动分析

物质运动方向的改变是由于受到了力的作用，地球上任意一点总是同时受到强中纬力与自转向心力的作用，所以地球外核物质的运动是强中纬力与自转向心力的合力作用结果。

简单地将纺锤状强中纬力作用形态与自转向心力作用形态叠加在一起，如图 13-13 所示。

可以看出：在地球的低纬度带（或穿切黄道面带），对地球磁场贡献最大的是自转向心力作用，而强中纬力贡献很少甚至没有；在地球中纬度带，地球磁场的贡献由强中纬力和自转向心力共同作用完成；在高纬度带，强中纬力与地球自转向心力作用都较小。

以地球某点 P 为例，地球外核物质受强中纬力和自转向心力合作用情况如图 13-14 所示。

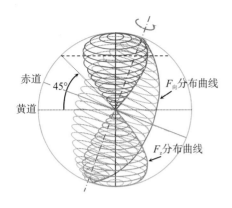
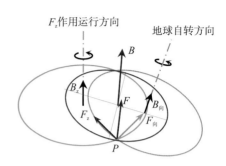

图 13-13　强中纬力与自转向心力叠加形态　　　图 13-14　地球某点物质受力分析

以绿色的圆圈和受力方向代表强中纬力(F_z)的作用，以蓝色的圆圈和受力($F_{向}$)方向代表自转向心力的作用，则红色受力方向为合力作用方向，红色圆圈为两者的合运动，红色的电磁感应方向为地球磁场的合方向。地球上大气运动方向或地质构造的主要展布方向看起来既不是自转效应的南北或东西向，也不是南北向与东西向的 23°27′方向，其实质就是因为地球的大气与地壳板块受到了强中纬力与地球自转向心力的作用。

二、定律成因磁场

前面已经讨论了地球转动的角动量守恒定律所包括的公转角动量守恒定律和自转角动量守恒定律。自转角动量守恒定律约束下的地球物质的运动以转动半径大小的改变为主要依据，整体表现为局域性，对地球磁场强度的变化也是局域性的；公转角动量守恒定律约束下的地球物质的运动则以公转半径的改变为主要依据，整体表现为全球性，对地球磁场强度的贡献也是全球性的。

(一)公转守恒定律约束下的地球磁场

地球的绕日公转使地球不论处在什么季节，物质总是始终不渝地坚持着从西到东的运移(图 13-15 中的红色箭头线)，这种运动也许是导致地球发生由西向东自转的主要原因。这种运动效果最为显著的物质必须具有三个特点：易动、搬运距离大、密度大。

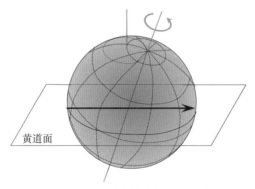

图 13-15　物质公转守恒运动方向

易动：等离子态、气态、液态、液晶态的物质易动，固态物质不易动，定律约束将使易动的物质产生显著位移，而固体物质则只有随地球自转做整体调整。

搬运距离大：地球的最外层、黄道面切割处是物质搬运距离最大的位置，因而是执行定律效果最显著的地方。

密度大：地球外核物质。由天文学知识可知，绝大部分由高温等离子态物质构成的稳定、平衡、发光的太阳，其平均密度为 $1.409g/cm^3$，而中心密度约为 $160g/cm^3$，所以，即使地球外核物质完全由等离子态物质构成，其密度也可能是易动类物质中最大的。

综合评价结果：处于低黄纬度带地球外核的非固态物质执行公转角动量守恒定律的效果最显著。

抛开物质的形态，单纯考虑公转角动量守恒定律在地球上的分布，按照效果大小得图 13-16，其中，图 13-16(a)为效果大小与黄纬的关系曲线，图 13-16(b)为物质运动状态效果。显然，这是一种类似自转向心力导致的运动形态，只是对称轴换成了黄极轴，赤道面改成了黄道面。

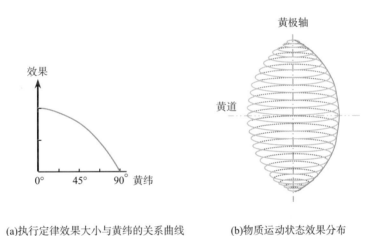

(a)执行定律效果大小与黄纬的关系曲线　　　(b)物质运动状态效果分布

图 13-16　公转守恒定律效果分析

公转角动量守恒定律约束的物质的运动所产生的圆电流及其磁感应强度的算法可以参照自转向心力作用效果，用公式表示为

$$B = \frac{\mu}{2} \frac{nqvSR^2}{x^3} \tag{13-27}$$

式中，v 为物质执行公转守恒定律的运行速度，其他符号含义参照前述相对调整。

地球整体执行公转守恒定律所产生的总的磁感应强度计算式为

$$B_{公} = \frac{\mu nqS}{2x^3} \sum_{-90}^{90} v_\alpha R_\alpha^2 \tag{13-28}$$

(二)自转守恒定律约束下的地球磁场

当地球物质从一个纬度移动到另一个纬度、从一个高度转移到另一个高度时，角动量守恒定律就要对物质的运动产生约束作用。例如：火山喷发时，大量的物质从地下深处喷向高空或地表、低纬度海水受到蒸发离开海面向天空蒸腾、气旋从低纬度带向较高纬度带移动、暖流和寒流的迁徙、飞机和炮弹的南北向飞行等，都要受到自转角动量守恒定律的作用。

以大气为例分析地球物质在自转守恒定律约束下运动对地球磁场的贡献。研究不包括受惯性定律约束的大气，这类大气具有地球自转的速度与加速度特征，其产生磁感应强度的算法应采用地球自转圆电流的单一算法；也不包括平移的气流，平移的气流产生磁感应强度的算法既要考虑强中纬力作用，又要考虑自转向心力作用。

1. 垂直升降的大气

如图 13-17 所示，从 A 地垂直上升到高空 B 的大气，虽没发生纬度的改变，但发生了高度的改变，大气处在不同的高度时具有不同自转半径的圆盘。设转动半径为 r 的地表 A 处有质量为 m 的水汽在距离地表 h（与 r 单位一致）的 B 处凝结成云团，有

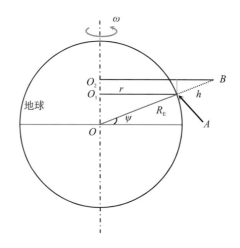

图 13-17　不同纬度的参数关系

$$r^2 m\omega = (r + h\cos\psi)^2 m\omega_1 \qquad (13\text{-}29)$$

式中，ω_1 为水汽在 h 高度处的转动角速度。

由式(13-29)可得

$$r^2 \omega = (r + h\cos\psi)^2 \omega_1 \qquad (13\text{-}30)$$

式(13-30)说明水汽从一个高度运移到另一个高度，位移量与质量无关。

这时，两点间的速度增量为

$$\Delta v = [r\omega_1 - (r + h\cos\psi)\omega_1] \qquad (13\text{-}31)$$

化简，有

$$\Delta v = \left(1 - \frac{r}{r + h\cos\psi}\right) r\omega \qquad (13\text{-}32)$$

在图 13-17 中，$r = R_E\cos\psi$，所以

$$\Delta v = \frac{R_{\mathrm{E}} h}{R_{\mathrm{E}} + h} \cdot \omega \cos \psi \tag{13-33}$$

Δv 为水汽从地表运移到 h 高度产生的速度差，是处于地面的观察者感受到的水汽相对西移的速度，是水汽中带电粒子的运行速度。

假如将这种运动化为作用力 (F_y)，可以作如下变化，由于运移时间 Δt 可测，所以，

$$\frac{\Delta v}{\Delta t} = \frac{R_{\mathrm{E}} h}{R_{\mathrm{E}} + h} \cdot \frac{\omega}{\Delta t} \cos \psi \tag{13-34}$$

式(13-34)即为水汽产生上下运移后的加速度变化值，则

$$F_y = m\frac{\Delta v}{\Delta t} = m\frac{R_{\mathrm{E}} h}{R_{\mathrm{E}} + h} \cdot \frac{\omega}{\Delta t} \cos \psi \tag{13-35}$$

式(13-35)符号意义同前，其作用力性质分析此处不做深究。

由圆电流磁感应强度计算公式和式(13-33)，可以求得这部分水汽对无限远处的磁感应强度 $(B_{\text{自1}})$ 为

$$B_{\text{自1}} = \frac{\omega \mu nqhSR_{\mathrm{E}}^{3}}{2x^{3}(R_{\mathrm{E}} + h)} \cos \psi \tag{13-36}$$

式中，各个符号含义同前。

2. 跨纬度运移的大气

如图 13-18 所示，假设跨纬度运移的大气没有垂直高度的变化，只有纬度的变化，从纬度 ψ_1 到 ψ_2，物质的运移速度变化为

$$\Delta v = \frac{r_1^2 - r_1 r_2}{r_2} \omega \tag{13-37}$$

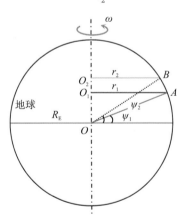

图 13-18　不同纬度的参数关系

将 $r_1 = R_{\mathrm{E}} \cos \psi_1$，$r_2 = R_{\mathrm{E}} \cos \psi_2$ 代入式(13-37)，有

$$\Delta v = R_{\mathrm{E}} \cos \psi_1 \omega \left(\frac{\cos \psi_1}{\cos \psi_2} - 1 \right) \tag{13-38}$$

由式(13-38)计算结果若为正，表示物质还要产生由西向东的运移，若为负，则要产生由东向西运移。

由圆电流磁感应强度计算公式和式(13-38)，可以求得这部分水汽对无限远处的磁感应强度($B_{自2}$)：

$$B_{自2} = \frac{\omega \mu n q S R_E^3}{2x^3} \cos\psi_1 \left(\frac{\cos\psi_1}{\cos\psi_2} - 1 \right) \tag{13-39}$$

式中，各个符号含义同前。

3. 综合形态

抛开物质的具体运动形态，单纯考虑气流上升(如火山喷发、低纬度水汽的运移)受自转角动量守恒定律约束的情况，按照效果大小得图 13-19，其中，图 13-19(a)为效果大小与纬度的关系曲线，图 13-19(b)为物质运动状态效果。显然它们就是自转向心力的运动形态，只是运动方向发生了改变，或者说电流方向发生了改变。

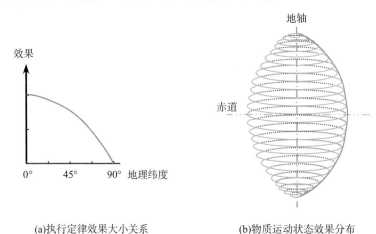

(a)执行定律效果大小关系   (b)物质运动状态效果分布

图 13-19   自转守恒定律效果分析

以大气为例，赤道附近的大气上升后总是由东向西运移，形成热带气旋后逐渐向高纬度带跨越，当越过纬度 21°33′后，最大强中纬力发挥显性作用，此时运动方向发生明显改变，如果这一云团所带电荷数与电性不变，其从生到亡所产生的磁感应强度发生了一次极性反转，这里暂不考虑极性反转后的情况，只将前一部分的情况列出以简化分析。

由自转守恒定律所产生的总的磁感应强度计算式为 $B_{自}$：

$$B_{自} = \frac{\mu}{2} \frac{n q v S R^2}{x^3} \tag{13-40}$$

三、磁场叠加

地球磁场是由地球上所有运动电荷的运动产生的磁场共同叠加形成的。地球磁场的叠加符合矢量叠加原理。

(一)整体叠加

由磁场叠加原理，地球磁场 B 为

$$B = \sum_1^n B_i \qquad (13\text{-}41)$$

用 i 的变化表示不同原因形成的磁场,如可用 $i=1$ 代表物质受到强中纬力作用后形成的磁场,用 $i=2$ 代表物质受到自转向心力作用后形成的磁场,用 $i=3$ 代表物质受到公转守恒定律作用后形成的磁场,用 $i=4$ 代表物质受到自转守恒定律作用后形成的磁场;也可以将地球物质划分出几个区带分别求;还可以将地球物质按具体的电性划分出 n 个电流元求取:

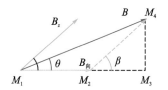

图 13-20 磁场矢量叠加

$$B = B_z + B_{向} + B_{公} + B_{自1} + B_{自2} \qquad (13\text{-}42)$$

将前述的各个参数代入式(13-42),即得地球磁场 B 大小的计算公式,B 的方向符合矢量计算法,先作两两计算,如图 13-20 所示。

图 13-20 为化简后的磁场矢量叠加图,地球的主磁场基本可以认定是自转轴方向与黄极轴方向两部分磁场叠加的结果。θ 为待求的地球磁轴与地球自转轴夹角,β 为黄赤交角,目前为 $23°27'$,由勾股定理有

$$\theta = \arcsin \frac{B_z \sin\beta}{B} \qquad (13\text{-}43)$$

可以肯定,θ 约为 $11.5°$,这是目前地球磁场磁轴与自转轴的交角值,说明由强中纬力作用形成的以黄极轴为磁轴的地球磁场大小与以地球自转轴为磁轴的由自转向心力作用和转动定律作用形成的地球磁场大小相差不大。

由转动定律约束的磁场只是在中低纬度带具有显性,中高纬度带所形成的磁场将被由强中纬力和自转向心力作用形成的磁场淹没。

为了考察地球总磁场大小在磁轴上的分布曲线,可先考察作用力的分布曲线,然后再叠加角动量守恒定律的。参考图 13-13 中 F_z 与 $F_{向}$ 曲线形态,可得地球磁场的磁感应强度大小与纬线的关系(图 13-21)。

假设在同一时期内物质的带电粒子电性一致,则自转守恒定律产生的电流方向与其他形态作用产生的电流方向相反[由式(13-38)产生的结果是变化的,这里只考虑了其中之一个特征],将各种磁场曲线投影到一张图中再叠加,得图 13-22,地球综合圆电流磁场效果示意图如图 13-23 所示。

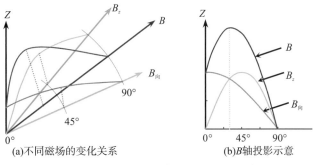

(a)不同磁场的变化关系　　　　(b)B 轴投影示意

图 13-21　磁感应强度 B 与纬线的关系

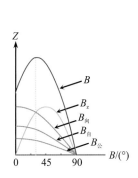

图 13-22　B 轴投影示意

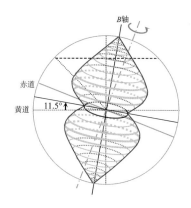

图 13-23　地球圆电流分布示意

（二）分带叠加

在论述物质的定向流动时，已经做了分带讨论，由于各个作用力和守恒定律约束的运动大小分布具有分带性，在一定的区带，部分作用力和定律约束运动变成隐性，所以，在进行磁场叠加时可以采用分带去隐性计显性方法，将磁场叠加简化。

1. 低纬度带地磁场叠加

地球的低纬度带是指分布范围在南纬 23°27′—北纬 23°27′的区域。低纬度带又称穿切黄道面带，即该带内地球物质一天之内有一半时间在黄道面上，一半时间在黄道面下，一天之内，该带上除地心外的每一点都有两次处于黄道面的机会，所以该带是执行公转角动量守恒定律运动效果最大的地带，尤其是赤道南北各 2.5°地带。

赤道两侧的 ±15°地带，是地球自转向心力相对较大地带，也是执行自转角动量守恒定律运动效果最大的地带，每年发生的热带气旋大都处于该带。

低纬度带中相对高纬度带（15°00′—23°27′）是强中纬力、地球自转向心力相对较大，转动守恒定律作用效果相对较小地带，而 21°33′—23°27′区域是一天中最大强中纬力作用地带。

所以，低纬度带地磁场的叠加执行下式：

$$B_{低} = B_{自} + B_{向} + B_{公} + B_z \tag{13-44}$$

2. 中纬度带地磁场叠加

地球的中纬度带是指分布范围在南北纬 21°33′—南北纬 68°27′的区域。这是最大强中纬力产生作用的区域。可见，该带与低纬度带有 1°55′的重合区域。

最大强中纬力是强中纬力中最大的一支，它是黄纬 45°处的强中纬力，地球的自转使该力作用区域体现在中纬度带。因此，本带中由最大强中纬力作用产生的磁场将是主要的。

该带是地球自转向心力作用偏中地带，所产生的磁场是不可忽视的，因为低纬度带中的公转与自转守恒定律运动将会抵消一部分自转向心力作用的磁场强度。

该带中的公转与自转守恒定律运动可能抵消，即使不完全抵消，也将会被淹没。

所以，中纬度带地磁场的叠加可简化执行下式：

$$B_{中} = B_z + B_{向} \tag{13-45}$$

3. 高纬度带地磁场叠加

地球的高纬度带是指分布范围在南北纬 66°33′—90°00′的区域。在该带，所有的作用力和守恒定律运动都变得很小了，地球的磁场叠加可以使用式(13-21)，也可以执行式(13-42)，偏重执行式(13-45)，式(13-45)简单而明晰。

4. 热带气旋的磁场问题

热带气旋是发生在地球低纬度带 5°—20°的一种大气气象，消亡于中纬度带。从热带气旋所属区带的动力与守恒定律作用分布特征来看，热带气旋主要是受热蒸腾的水汽依靠公转和自转转动守恒定律的作用生成，所以才有北半球为逆时针旋转，南半球按顺时针旋转的特征。据统计，一般气旋的直径约为 600—1000km，有时也很大，太平洋上就曾出现过 8 级以上的直径为 1600km 的超级台风。热带气旋的能量很大，如取一个直径约为 800km 的台风来计算，它所释放出的能量可达 7.35 万亿 kW。通常热带气旋只有约 3%的热能可转化为电能，即使这样，也是一个巨大的能量。

热带气旋的风速极强，特别是在中心附近，风速 60m/s 以上的并不少见。可见，热带气旋中存在很强流动速度的二相流动，因而在热带气旋中存在着大量的运动电荷(正是这些不同的运动电荷的相互作用，才有强烈的电闪雷鸣和暴雨)，所以，热带气旋本身是一个螺线管圆电流磁场发生器。

螺线管的磁感应强度计算由下式进行

$$B = \frac{\mu}{2} nI(\cos\beta_2 - \cos\beta_1) \qquad (13\text{-}46)$$

无论是北半球还是南半球，热带气旋产生的磁场的磁轴一定垂直于地球表明，方向符合右手螺旋定则。

对于一个具体的热带气旋，要将所分布范围内多个云墙的螺线管载流磁感应强度叠加起来，这样，气旋直径越大，风速越强，所产生的磁感应强度越大。当气旋强度大过地球主磁场强度时，气旋所经过之处，地壳中岩石和矿物的小磁针将被更改排列方向而记录气旋的磁感应方向。

地史上的最大规模的热带气旋，无疑会被地壳岩石与矿物记录，它们是地球"非偶极子磁场"的来源。不同电性、不同半球的大规模热带气旋，是产生不同极性的"非偶极子磁场"的来源，是"非偶极子磁场""极性倒转"的原因。

地球外核的低纬度是否存在类似大气圈中的热带气旋？我们可以通过比较已经研究得较为透彻的热带气旋的形成条件来加以判别。

综合分析热带气旋的形成条件，主要包括 3 点。①要处于低纬度带。中高纬度带不可以产生气旋。②要有上升或下沉的气流或液态流(热带气旋还另有附加条件)。流体的上升或下降是导致转动守恒定律产生作用的条件，是形成气旋的首要条件。③要有足够广阔的相同物质界面的场面，一般气旋的半径都在 600km 以上。对热带气旋讲，广阔洋面是形成气旋的基本条件，它不仅可以满足大量水汽的补充，重要的是远距离水汽向气旋中心靠拢时因满足角动量守恒导致平面上水汽运动速度的增加，陆地的存在会导致缺乏大量水汽的补充而不能形成气旋。

分析地球外核物质具备的条件：①存在低纬度带；②地球上较为广泛地存在着火山喷发，具有上升气流；③地球外核的整体可以是非常均一的形态界面。

对比条件分析表明，地球的外核的低纬度带可能存在能量巨大的气旋，因为它具备大气圈中产生热带气旋的条件。

地球的外核也许并不存在低纬度带气旋，因为：①火山喷发不一定是地壳下广阔地带物质的积聚结果；②地球上的火山喷发不像地表的热带气旋具有可连续追踪性；③没有直接和间接资料证实外核存在着物质的移动。

5. 关于赤道无风带

为什么在赤道附近(赤道南北 5°内)不会生成热带气旋？或者说，为什么赤道附近存在无风带？

本来这是属于气象学应该研究解决的问题，轮不到地磁学研究。地磁研究应该探讨低纬度带磁场形成问题，作为同属地球科学，顺便做个说明，也是对地磁问题的验证或作为对地下未知问题推理的依据。

让我们先看看气象学家们的解释。气象学家认为赤道无风带的形成是因为在赤道附近地球自转产生的偏向力很小几乎等于零的缘故。他们认为假如赤道上空有一个低气压存在，那么风将沿着垂直于等压线的方向，流进低气压，这个低气压就很快被四周流来的空气灌满而"填塞"，也就不可能再发展成热带气旋。

应该说赤道附近的大洋洋面是满足热带气旋形成条件最好的地带，它之所以不能形成热带气旋甚至轻风，海水面也很平静，陆地上也基本无风，完全是因为在该带同时存在着地球自转向心力、公转守恒定律、自转守恒定律的作用，三者共同作用的叠加结果使该带出现了"无作用"现象(赤道无风带)。

赤道无风带表明地球的此带没有磁场产生。

第五节　磁　场　倒　转

任何一套地球磁场起源理论，如果不能合理解释地球磁场的倒转，就不是合格的理论，是经不起时间检验的。本书论证的地球磁场起源理论是建立在地壳运动基础上的，可以简称为地球磁场起源的运动成因理论。按照地球磁场的运动成因，可以从以下几个方面来解释地球磁场反转的形成原因，即：①由于起电电荷的电性发生了变化，使原来的电流方向产生了变化，导致磁场方向改变；②由于构成地球磁场的各个圆电流磁场的强弱发生变化导致相互叠加结果出现地球总磁场方向的变化；③由于气旋磁场的出现，导致局域性磁场的扰动；④由于大气磁场的扰动，使地表岩石因所处位置的特殊性同时记录相同磁性但岩石中矿物磁针的方向却相反；⑤由于局部线电流产生的磁场的影响。

一、起电电荷电性与变化

实验表明，有的金属与某种绝缘体摩擦时，其所带电的符号会随着压力的变化而产生改变，当压力较轻时，电性为正，当压力较重时，电性为负。如不锈钢和人造纤维摩擦时的情况就属于这类（图 13-24）。一般认为，接触压力小时，电子从绝缘体的高能级向金属移动，因而绝缘体带正电；压力大时，金属与绝缘体间障壁减小，电子从金属移向绝缘体的低能级，因而绝缘体带负电，金属带正电。

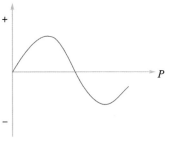

图 13-24　不锈钢与人造纤维摩擦
电性变化(据叶如格等，1983)

对于材质相同的材料，人们发现，当一根静止，另一根在其上做非对称摩擦时，产生了物质带电电性的变化。以两根橡胶棒摩擦为例，静止的一根在较大范围内受到摩擦，运动的一根只在一点上反复遭受摩擦，结果是：动的一根带正电，静止的一根带负电。这种过程持续几十次之后，动的一根出现了电性反转而带负电，说明物质运动的速度、温度与起电电性有关。

一般地，在纯净的流体中掺入杂质可以改变物质的带电程度，甚至改变带电极性，如在石油管道运输中，为了消除管道内因流动产生的正电荷，采用加入硅胶的办法。而要恢复带正电极性，则采用添加微量碱性物质(如乙二胺)的办法，若加入酸性物质(如油酸)则是负极性起电。实验表明，在一次槽车装油的过程中，起电电荷的极性有数次正、负极性的改变，而且变化幅度较大。

在 20 世纪 20 年代，人们就发现飞机在空中飞行时，在机翼、螺旋桨及天线等尖端部位有电晕放电现象，有时驾驶员还可以看到电火花在座舱窗面闪现，并伴有撕裂声。研究表明，云层中的各种固相颗粒与飞机表面发生运动接触时会产生撞击起电，起点电荷的电性随物质的不同而不同，当冰晶与飞机的铝表面接触后，冰晶带正电而飞机得到负电，当沙子与飞机的铝表面接触后，沙子带负电而飞机得到正电，当冰晶与飞机的座舱盖的有机玻璃表面接触后，冰晶带负电而有机玻璃带正电，说明运动中不同的材料接触可以产生不同电性的电荷。

地球的核幔物质存在着深度、温度、压力、物质成分的不同现象，以及因所处纬度带的不同，具有因受力和受守恒定律作用的不同而存在运动速度的差异，所以，在其中广泛存在着起点电荷电性的差异变化。当运动物质的电性产生改变时，物质流动形成的电流方向发生了改变，所形成的磁场方向相应发生改变，磁场倒转也就必然形成。但是，地球内部物质何时以何种情形发生电性改变，目前还不清楚。

二、圆电流磁场的此消彼长

地球圆电流的分布具有对称性，半个地球内部的起电电荷形成的圆电流分布形态如图 13-25(a)所示，如果将地球主磁场的对称面称为磁道面，不同纬度相应称为磁纬度，则形成地球主磁场的圆电流分布如图 13-25(b)所示。地球主磁场是由地球内部(包括核幔物质和大气物质)不同磁纬的各个圆电流形成的磁场共同叠加的总和。

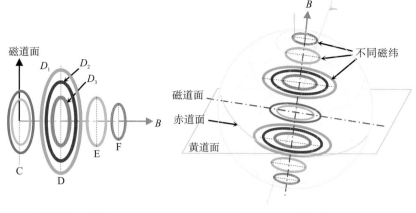

(a)部分圆电流叠加　　　　　　　　(b)地球内圆电流的分布示意

图 13-25　地球主磁场的形成

地球主磁场的计算可以简化为下式

$$B=\sum_{i,j=1}^{n}B_{ij} \qquad (13\text{-}47)$$

式中，j 为磁纬的变化；i 为圆电流的变化。

例如：当 $j=1$ 时，可以认为是求磁道面（C 磁纬圈）上的 C_1、C_2、C_3、$\cdots$、C_n 的累加磁场强度；当 $j=2$ 时，可以认为是求 D 磁纬圈上不同圆电流 D_1、D_2、D_3、$\cdots$、D_n 的磁场强度累加计算。以此类推。

由于物质的运动存在着速度、温度、压力以及杂质的加入等各种情况，这些条件可以发生在同一个磁纬圈，也可能发生在不同的磁纬圈，所以各个圆电流的磁场均存在着强弱的变化，甚至极性的变化，所有圆电流磁场的叠加结果自然就存在着总磁场方向的变化。

在低磁纬地带，还存在着这样一种状况，由于不同的圆电流分别为不同的作用力或守恒定律引起，在起电电荷电性一致的条件下，累加磁场可能等于零。

所以，地球内部不同圆电流磁场的此消彼长，可以导致地球磁场的倒转。

三、气旋磁场的出现

见热带气旋磁场内容。

四、大气磁场的扰动

理论分析认为，存在着这样一种可能，即同一时期大气磁场与核幔磁场具有同一方向，但却在地表岩石中记录到了相反方向的记录（图 13-26）。地壳岩石既可作为核幔磁场的感应体，又可作为大气磁场的磁体，因此，处于地表的同一块岩体，可以在上层测到大气磁场的方向，而在

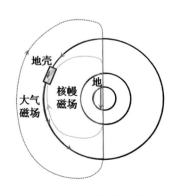

图 13-26　大气磁场扰动倒转现象示意

下层测到核幔磁场的方向。如果大气磁场与核幔磁场的方向相反，则岩体中测到的上下两磁场方向一致，反之，则相反。对于相反的磁场方向，人们首先想到的可能是磁场倒转。

　　判断是否是磁场反转的鉴别方法，就是依据上下两磁场的强度及磁倾角、磁偏角与地球总磁场的相近程度，如果相近且强度小，表明为同期磁场，不是磁场倒转；如果不相近且强度差别大，表明为不同期磁场，可判断为磁场倒转。

五、局部线电流磁场影响

　　图 13-27 显示，在大气中存在着大气急流，这些大气急流能量巨大而运行距离有限，形成的运动电荷可以产生磁场。

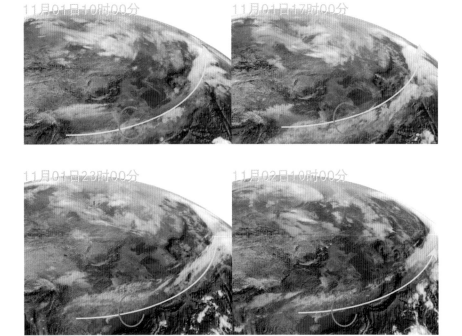

图 13-27　2007 年 11 月 1—2 日大气中线状流动(中国资源卫星图像)

　　假如图中的运动电荷为正电荷，气流运动方向为起动电流方向，则形成的磁场按为图中橙色箭头线方向(以右手定则确定)长期作用结果，定将使气流所经过的地区地表岩体产生磁感应甚至磁场方向发生改变。如果图中的运动电荷为负电荷，起动电流方向为运动方向的反方向，按"右手螺旋法则"，感应磁场方向为图中标示的反方向，长期感应的结果会使地表岩体产生方向的改变。

　　地球上普遍存在着局部线电流，所以，在地壳中总是可以找到这样的感应磁场，可能形成磁场倒转的假象。

六、关于地磁场倒转特性认识

　　对以上五种可以导致岩石矿物中磁性记录方向变化的原因进行分析表明，前两项因素所形成的磁场倒转是真实的地球磁场反转，后三种原因形成的磁场倒转不是真实的地球磁场反转。由后三种原因形成的非偶极子特性也不能代表地球磁场具有非偶极子特性，是地球物质运动产生的一种局域性现象。因此，不要试图统一各种磁性变化事件的全球性，要接受局域性的地磁异常认识。

　　地磁倒转与构造运动有无关系？有人将地磁倒转与地壳上发生的一些地球物理现象联系起来，认为只要在地核内有很小的变化，就可以引起偶极子磁场的极性发生倒转，而幔核边界的条件变化可能是由于地幔运动的变化引起，地壳运动的实质是地幔运动，所以，对于地壳中发生的每一次构造运动，一定会对应产生地磁场倒转变化。这种逻辑推理是不严密的，因而不能构成颠扑不破的理论。构造运动也称为地壳运动，地壳运动与核幔物质和大气物质运动一样，它们都是在作用力与转动角动量守恒定律作用下产生运动的表现，都是地球运动的一部分，只是地壳运动产生的起电现象不明显，对地球磁场的贡献小而已，地壳运动是一种微小位移量长期积聚、能量长期积累短期释放的运动，其运动周期是可以求取的（参见《地球动力与运动》），而地球磁场极性的改变周期是随机的，是不可求的，两者没有对称性与对应性，因而是没有引发关系或主从、次生、伴生关系的。

第十四章　齐古断褶带演化

　　2011 年，笔者在新疆油田公司开展了对齐古断褶带构造演化的专题研究，初步了解了喜马拉雅构造运动对北天山及准噶尔盆地南缘的构造影响。通过系列进山剖面上的地质遗存现象，分析了齐古断褶带构造演化问题，解剖了地球发生收缩运动时局部应当具有的构造程式。为正确认识准噶尔盆地南缘的特殊构造现象及地球收缩本质属性积累了具体资料。

　　齐古断褶带位于准噶尔盆地南缘北天山北麓盆-山结合部位(图 14-1)，该区域河谷深切、沟壑纵横、地形起伏大。构造上以天山多期侧向挤压形成的冲断推覆构造为主，掀斜、褶皱为辅，又兼具走滑扭动，变形强烈、复杂。由于地表地质条件复杂，所获地震资料反射品质较差，主体地震剖面质量为三类，导致了对该区构造样式解释上出现多解性。

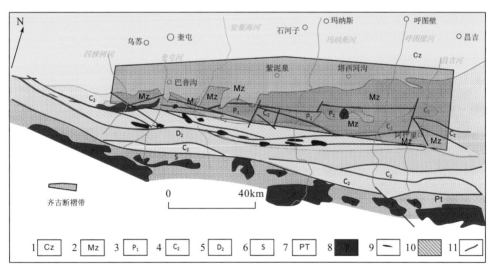

图 14-1　齐古断褶带分布及邻区地质简图

注：1.新生界；2.中生界；3.下二叠统；4.上石炭统；5.中泥盆统；6.志留系；7.元古宇；
8.花岗岩；9.超镁铁岩体；10.蛇绿岩建造；11.大型断层

　　在前述章节中，我们已经知晓：地球发生收缩时，半径变小的结果之一是地下深部古老的岩层暴露地表，准噶尔盆地南缘穿山地质剖面由北向南地层逐渐变老乃至出现火成岩(图 14-1)现象，充分表明了天山是地球收缩半径变小地区之一。

　　大面积的深部岩层的上返，可能带来深部变质岩、古侵入岩、喷发岩信息，使远古时期本属异地、经多次迁移而来的火山活动暴露出来，形成"原生"误解。因此，要想分析天山在喜马拉雅构造运动中的运动学特征，那么分析齐古断褶带最为有效。

第一节　地壳收缩与天山抬升

齐古断褶带东起乌鲁木齐河,西越托斯台,南以亚马特拜辛德达坂大断裂与伊林黑比尔根山山体相连,北与霍-玛-吐断褶带相连,齐古油田位于其中部,是新疆石油勘探工作者对盆地南缘中浅层地层中所具有的构造现象相近的一个构造集合的分区,其构造演化完全从属于天山的构造演化,主要表现为挤压模式,直接反映了准噶尔盆地南缘在中新世以来的地壳缩短,间接反映了天山发生的大幅度隆升过程。

齐古断褶带包含对既有构造的地理分区,为描述方便,行文中不再对该区发生构造运动前后属性不同加以区别。

分析研究认为,天山因地球收缩受到挤压而抬升,对齐古断褶带后期构造产生强烈影响,按照时间先后可分为掀斜阶段模式、断褶阶段模式、高山重力滑脱挤压阶段模式、侧向挤压嵌入阶段模式。各种模式的产生,均因为晚期天山的回返隆升,终源于地球整体收缩运动本质。

一、块端掀斜映射天山隆升

作为塔里木-中朝板块与哈萨克斯坦板块的结合部,天山在中新世以前较长时期处于接受沉积状态。当天山一带深部岩浆因地球体积收缩,发生帕斯卡效应,造成天山回返隆升时,天山抬升所形成的空间无疑会被跟进的岩浆迅速充填,齐古断褶带此时作为哈萨克斯坦板块的边缘或端部,因岩浆的会聚上拱而被拖拽掀斜(图14-2)。

图14-2　岩浆的会聚使地块的端部掀斜

早期的掀斜形成的产物以芨芨槽子区最具代表性(图14-3)。在齐古断褶带南沿,岩浆隆升结果,造成地块的掀斜现象,在天山后期的持续隆升中,大部分剖面得以保留下来,

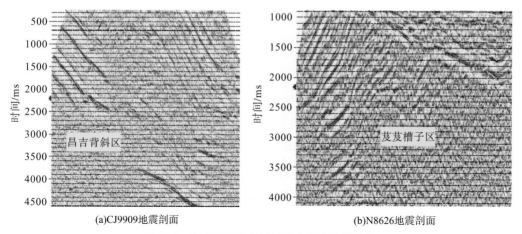

(a)CJ9909地震剖面　　　　　　　　　　　(b)N8626地震剖面

图14-3　齐古断褶带地层被天山隆升掀斜现象

在很多地震剖面上，都可以见到这种掀斜现象，因此，掀斜成为我们划分齐古断褶带单斜带的重要依据，是地壳发生线状缩短的明证之一。

二、岩体滑覆映射地球半径缩短

地球的持续收缩结果加上流体帕斯卡定律（密闭的液体，能够将压强大小不变地向各个方向传递）作用，使岩浆不断向压缩力较小的地方会聚，造成板块结合部处于高山状态，形成高山重力滑脱（图 14-4）。

在齐古断褶带西段的托斯台地区，重力滑脱现象较为明显（图 14-5），这些滑脱的地质体，原本比盆地内相同地层具有更低势的层位，地球半径的缩短，使深部岩层回返，导致构造变动，成为高势体。

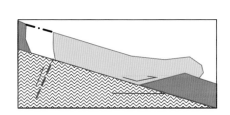

图 14-4　高山岩块重力滑脱

（据况军和朱新亭，1990）

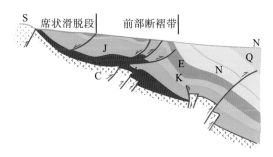

图 14-5　托斯台滑褶构造剖面图（据况军和朱新亭，1990）

除了托斯台地区，位于天山北缘典型的霍玛吐滑脱体（图 7-15、图 7-16）与天山南缘典型的拜城滑脱体（图 6-10、图 6-11），充分说明了天山地槽的回返。这一回返，使原本低势的地层处于高部位，使地球径向上原本深部位的岩层，抬升到了地表或地表之上，揭示了地球半径的缩短。

三、深渊返升映射地球体积减小

进入中新世，地球已进入收缩阶段，在胀缩力的作用下，地球整体开始收缩，不同相态的物质以不同幅度收缩的累加结果体现在地壳上，使地壳产生各种收缩效应。

岩浆在接受地球整体收缩力的同时还要遭受地壳的挤压。受压缩力的影响，岩浆的流动性促使其总是流向上覆压缩力相对较小的地方，所以，在地槽处、沉积岩相对较厚的地方，往往是水体较深之处，而水体较深的地方正是对岩浆形成上覆压力最小的地方，是岩浆发生侵入、会聚的地方，岩浆的会聚与侵入，既完成了地球的体积变小，也在客观形成了地壳的隆升，天山的隆升即是源于此（图 14-6），这一过程用公式可以表示为

$$W = G + F \tag{14-1}$$

式中，W 为岩浆遭受的压缩力，N；G 为上覆地壳和水体的重力，N；F 为地球胀缩力，N。

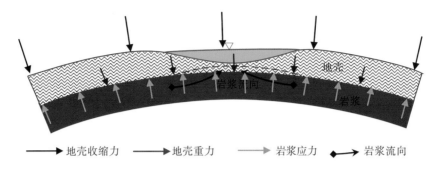

图 14-6　岩浆总是等压传送至各个地方

在地壳的薄弱处，由于 G 偏小，而 F 和 W 不变，所以岩浆总是流向地壳薄弱处。

图 14-7 为准噶尔盆地南北向地震大剖面解释剖面，由图揭示，自石炭纪以来，盆地基本保持南低北高倾斜状态，最深部位在盆地南部，尤其在中新世。

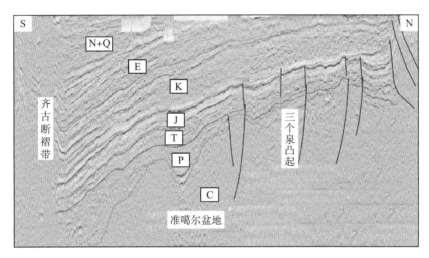

图 14-7　准噶尔盆地南北向压缩地震大剖面 99SN4

所以，在中新世发生地球收缩运动时，在准噶尔盆地南部齐古断褶带以南，水体最深，水体与岩层形成的静水压力 G 相对其他地方最小，对地幔圈物质 W 难以平衡，是深部岩浆获得突破的最有利地区。

岩浆的突破使地幔物质大量上涌，形成腔体的缩减，球体变小。

四、邻块断褶映射地球周长缩短

地球发生收缩，总体表现为体积变小，具体表现为周长的变短。

地壳周长的缩短，除了掀斜，就是弯曲、挠褶、逆断、推覆。

图 14-8 是齐古断褶带大量类似剖面中的一条地震解释剖面。剖面显示，这里发生了较大范围的弯曲和断裂，但由表及里，随着周长变小，地层发生缩短的现象愈发变小。这是球体收缩时的固有现象。

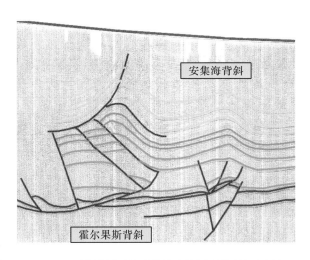

图 14-8 AN8536 地震剖面显示的地壳缩短现象(彭天令等，2008)

发生在最表层的霍玛吐滑脱体，也可以理解成是因为所处周长最长的表圈，发生收缩效应相对最强烈，而产生的局部收缩现象。

五、侧向挤压嵌入映射收缩持续

在齐古断褶带，还可以看到一种侧向挤压嵌入现象，从所切割的地层判断，这种现象发生在天山隆起的晚期，此时，地球收缩的高峰期已过，岩浆已不再向板块结合部会聚，板块不再被抬升，但地球仍处在收缩阶段，强度已大不如前，发生了较大范围的地壳侧向挤压嵌入，如图 14-9 和图 14-10 所示。

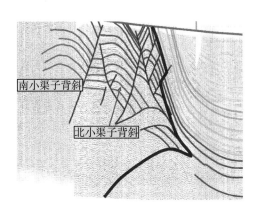

图 14-9 小渠子先期褶皱体成为后期楔状体
(彭天令等，2008)

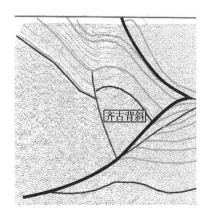

图 14-10 齐古背斜成为后期楔状体
(彭天令等，2008)

　　图 14-9 与图 14-10 的共同点在于，楔状体中含有前期形成的断裂与褶皱，如齐古背斜、南小渠子背斜、北小渠子背斜，及其伴随断层。假如这种楔状体中存在早期油气藏，那么，在其被挤压嵌入到邻区地层中时，破坏作用明显大于保存作用和后期成藏作用。

第二节　天山抬升具有阶段性

　　结合研究区诸多地震剖面上广泛存在的地层接触关系，尤其是头屯河—郝家沟地表露头揭示的地层接触关系[图 14-11(a)和图 14-11(b)]，再综合区内地表河流阶地、霍玛吐断裂带岩石测年分析资料，齐古断褶带的构造应变映射出近代天山的抬升具有四个阶段，即：初步隆升阶段、侧向挤压褶皱阶段、大型断褶滑覆阶段、侧向楔入阶段。

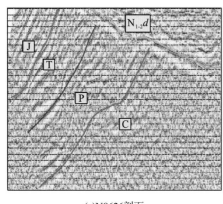
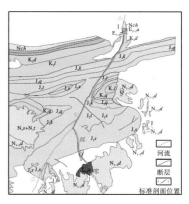

(a)N8626剖面　　　　　　　　　　　(b)头屯河地质图

图 14-11　近代天山隆起始于中新世后期

一、天山初步隆升

　　图 14-11 向我们揭示了独山子组($N_{1-2}d$)表现出的两个状态两种不同的接触关系，为我们认识齐古断褶带的构造演化阶段性与天山隆升状态提供了依据。表 14-1 提供了准噶尔盆地南缘的新生界地层表。

　　图 14-11(a)揭示了近代天山开始隆升的时间为中新世中后期。独山子组角度不整合在其下的石炭系以上地层，而图 14-11(b)反映的是昌吉河群(Nch)与上下地层及其间地层为整合接触状态，也就是在独山子组开始沉积前。独山子组在四棵树凹陷、茇茇槽子地区为一套磨拉石建造，显然是接受了邻近天山隆起后再遭受剥蚀的产物结果。

　　郝家沟-头屯河标准剖面为我们提供了自三叠纪以来的完整的地层接触关系，表明发生在中新世后期的天山隆起并没有影响到头屯河区地层的连续沉积，也表明天山隆升开始后曾经沉寂了一段时间，或者说天山的隆起没有形成毗邻区大面积的地壳上升，仅仅是对紧邻区地块造成局部掀斜。

表 14-1　准噶尔盆地南缘的新生界地层表

界	系	统	群	组	年龄/Ma	构造运动
新生界	第四系	全新统			0.012	喜马拉雅运动 II—III 幕
		上更新统	新疆群(Qxj)		0.126	
		中更新统	乌苏群(Qws)		0.781	
		下更新统		西域组(Qx)	1.806	
	新近系	上新统	昌吉河群 (Nch)	独山子组 (N₁₋₂d)	2.588 3.600 5.332 7.246 11.608 13.820	
		中新统		塔西河组(N₁t)		
				沙湾组(N₁s)	15.970 20.430 23.030	
	古近系	渐新统		安集海河组 (E₂₋₃a)	28.400 33.900	喜马拉雅运动 I 幕
		始新统			37.200 40.400 48.600	
		古新统		紫泥泉子组 (E₁₋₂z)	55.800 58.700 61.100	燕山运动IV幕

　　整个独山子期均属于第一阶段，即天山初步隆升阶段。这段时间主要沿狭长地带承受天山隆升的影响。

二、侧向挤压褶皱阶段

　　从头屯河地质图[图 14-11(b)]可以看出，昌吉河群(Nch)整合接触在安集海河组(E₂₋₃a)之上，并且与其下伏地层发生了产状一致的褶曲，说明在第四纪开始前，准噶尔盆地南缘发生了一次侧向挤压运动。这次构造运动形成的西域组(Qx)砾岩广泛分布在天山南北，横向上也可与川西 Q 时代的砾岩分布相对应，表明这是一次规模较大的具区域性特征的地壳缩短运动。

　　本次挤压运动是齐古断褶带开始大规模遭受褶皱断裂的前奏。昌吉河东、西两岸不同的地质构造现象揭示了这一阶段的存在。南小渠子背斜、北小渠子背斜、齐古背斜应当是该次构造运动幕形成的产物。

三、大型断褶滑覆阶段

　　在轨道接近近银点期间，是地球强烈收缩时期，在收缩力越来越大情况下，地球半径剧烈缩小、地球周长严重减短。

　　天山进一步隆升，地块间的挤压作用更加强烈。伴随着地块的挤压和天山的大幅度隆升，齐古断褶带开始大规模褶皱和断裂。沿乌奎公路以南地段，侏罗系以上地层开始发生收缩，收缩总量约为 46km。

天山隆升使其上覆地层从地下深处上升约 10km 而位于高悬状态，处于表层的古近系和新近系在重力作用下(抑或兼有压扭性作用力)，随着地块升降产生的振动，沿着安集海河组(可能已液化)滑脱面向盆地中心方向滑覆。

这一阶段的明显特征是主要地段的地层具有断褶与滑覆的双层结构(图 14-12)。

本阶段应该属于早更新世。

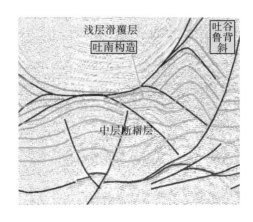

图 14-12　齐古断褶带大型断褶滑覆结构

(TG9615 剖面，据彭天令等，2008)

四、侧向楔入阶段

随着太阳系越过近银点，地球强烈收缩结束，但因地球仍然处于收缩期，齐古断褶带仍然处在地球收缩大背景之中，一些先期发生过断褶的紧邻天山块体，因余缩(相比余震)地震，产生了地层的侧向楔入。本阶段应该属于中更新世，其地质构造现象参见图 14-9、图 14-10。

2008 年 5 月 12 日，发生在四川汶川的特大地震使人们明白了一些构造地质道理。其一是：地震的破坏作用仅在断裂带附近 20m 以内；其二是：最大脉冲的破坏幅度超 12m，而最终一般在 3m 以内；其三是：所有的破坏作用都在 2min 内(不计次生作用后果)完成。

据此推论：①齐古断褶带的形成不可能是印度板块冲撞波及的结果；②齐古断褶带由于靠近天山，地史上遭受过更加严重的破坏，早期形成的油气聚集遭受破坏严重；③紧邻齐古断褶带北边的东湾背斜及其上覆结构的形成，在地史中可能持续时间只有几分钟。

第三节　齐古断褶带特征

多年的勘探成果和实际资料表明：齐古断褶带在剖面上具有分层结构，具体表现在以滑脱面断层为界，可划分为上、中、下三层，即：以安集海河组底为界分出上、中层，或称浅、中层；以侏罗系西山窑煤层底为界分出中、下层，或称中、深层(图 14-13)。

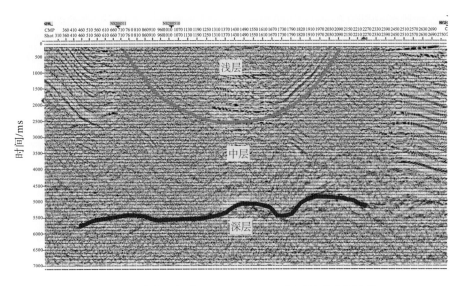

图 14-13　齐古断褶带 QS9909-TG9615 剖面构造分层结构

　　以侏罗系西山窑煤层为分界面的滑脱层,在整个齐古断褶带乃至四棵树凹陷均有体现。

　　而以安集海河组为分界面的滑脱层则主要表现在霍-玛-吐地带,所形成的滑脱断裂被命名为霍玛吐断层。由霍玛吐断层控制的中浅层构造带通常称为霍玛吐构造带,即霍玛吐构造带纵向上分三层,浅层为沿着古近系安集海河组底部泥岩滑脱层上的屉状地质体,中层为滑脱层下被断层复杂化了的"东湾"型地质体,深层为侏罗系西山窑煤层滑脱面控制的扰动较轻的地质体。

　　对于中层地质体,目前较为精细的地震研究成果指出,尚存在着下白垩统泥岩滑脱面,将中层一分为二,形成局部地段的四层结构,所称的第二、三层在霍尔果斯背斜区为一断层转折-复合楔状叠加褶皱,在玛纳斯背斜区为一断层转折-断层传播叠加褶皱,在吐谷鲁背斜区则为一断层传播-断层传播叠加褶皱。

　　研究表明,存在于一些地震剖面中的霍玛吐滑脱面仅仅是指浅层安集海河组底部的滑脱。在齐古断褶带东段,还存在一个深层滑脱面,它是侏罗系底部的八道湾、西山窑煤系地层(图 14-14)。按照地球发生收缩运动背景,浅层构造可以与中深层形成分层收缩。东湾背斜和齐古北断块的钻探结果,可以证实这种判断,并成为依据。

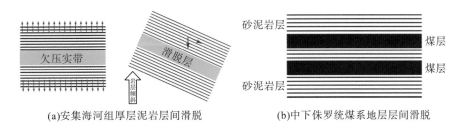

(a)安集海河组厚层泥岩层间滑脱　　　　　(b)中下侏罗统煤系地层层间滑脱

图 14-14　齐古断褶带滑脱机理

一、平面上分区特征

齐古断褶带构造特征在平面上具有分区性，认识其分区性为我们形成构造演化认识打下了非常理想的基础。

从东到西，齐古断褶带可以被划分为三个区，姑且简称为东区、中区、西区，东区与中区的分界线在地表昌吉河一线，西区与中区的分界线为地下红车断裂南延线一线。

如此划分的依据主要在于研究区所表现出的地壳缩短现象与方式具有较好的匹配结果，即东区主要表现为地壳被掀斜而缩短，以单斜地质体为主；中区主要表现为地壳以褶皱、断裂而缩短，以滑脱、逆冲、推覆断裂构造，高陡褶皱展现；西区以强烈抬升遭受剥蚀与重力滑覆为主。

东区的西界定在昌吉河，在本质上是因为昌吉河本身就是一个具有左旋性质的压扭性断裂切穿带，河的东西两岸地层及其构造展现出了形态迥异的现象(图 14-15)。在昌吉河以东的地震剖面所揭示的构造主要以单斜为主(图 14-16)，昌吉河以西的地震剖面所揭示的构造主要以褶皱和断裂为主(图 14-17)。

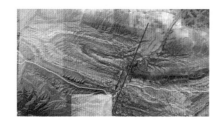

图 14-15　齐古断褶带东中段地表构造卫片

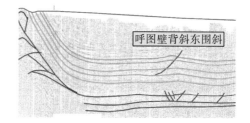

图 14-16　齐古断褶带东段地下构造形态以单斜为主
（据彭天令，2011）

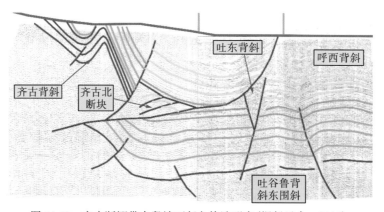

图 14-17　齐古断褶带中段地下复杂构造形态(据彭天令，2011)

西区的东界定在地下红车断裂的南延线，本质上是因为红车断裂为准噶尔盆地西北缘冲断带的南延部分，平面上呈近南北向展布，形成于石炭纪末期，继续向南延伸后隐伏于北天山逆冲推覆构造带之下。

　　红车断裂在断裂活动期强烈向东冲断,形成二叠系和三叠系主要发育于断裂以东地区,而西侧缺失的现象,中段和西段的分段特征明显;但在侏罗纪至新近纪,断裂活动趋于停止,巨厚的侏罗系至新近系覆于其上,中段和西段的差异性活动消失,构造分段特征亦趋于消失。因此,红车断裂从强烈活动到活动停止,直至被深埋于巨厚的侏罗系至新近系之下,揭示了南缘冲断带中段和西段从侏罗纪之前明显的构造差异到侏罗纪之后渐趋统一和构造分段特征消失的演化过程。

二、构造上分带特征

　　由于研究区位置所限、掌握资料程度有限,详细辨别和归类划分齐古断褶带存在构造形式与类别显得重要而充要。由南到北、由西向东,研究区构造分为三类:第一类为楔状体,第二类为滑覆断褶叠合体,第三类为掀斜体,分别记为Ⅰ、Ⅱ、Ⅲ。

　　(一)楔状体(Ⅰ)

　　北以齐古北断裂为界,南到老山边界,小渠子地区则南到茇茇槽子,齐古断褶带由西到东,普遍存在着“楔状体”现象。我们解剖了这一楔状体,并将它分为四段,分别是托斯台段(I_1)、南安集海段(I_2)、玛齐段(I_3)、小渠子段(I_4)。各段再进一步划分为单斜带(记为I_1^1、I_2^1、I_3^1、I_4^1),断褶带(记为I_1^2、I_2^2、I_3^2、I_4^2),平面如图14-18,剖面如图14-19所示。

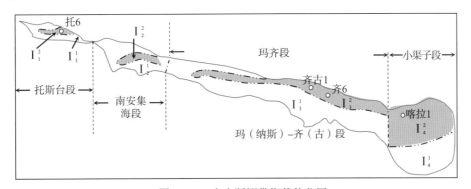

图 14-18　齐古断褶带楔状体分区

　　(二)滑覆断褶叠合体(Ⅱ)

　　滑覆叠合体从上到下可分为三层,即:浅层滑覆体(II_1)、中层断褶体(II_2)、深层微扰体(II_3)。

　　由于本带超出研究区,没有进一步深究。各种情况可参见前面所述。

　　(三)掀斜体(Ⅲ)

　　齐古断褶带的所有单斜体均为掀斜体,只是I_1^1—I_3^1经历了多期掀斜。

　　典型的早期掀斜体,由于具有形成时间早的特点,加上后期保存条件好,有必要在此着重提出,就是分布在小渠子以南地区的茇茇槽子地区,为地震测线N8902到N8626分布区。

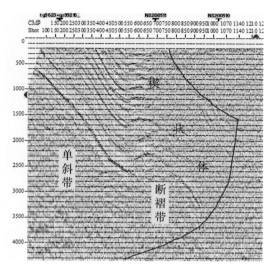

图 14-19   QS9909 显示楔状体结构

三、构造演化阶段

喜马拉雅期的齐古断褶带，由于紧邻的天山地槽地壳相对较薄，地球收缩引起的地幔物质在此汇聚上拱导致天山隆升。天山隆升使北邻的齐古断褶带所属地块被掀斜，继而弯曲变形产生褶皱、断裂，以及重力滑脱，侧向嵌入等过程。

依据齐古断褶带资料，这一过程可以分为四个构造演化阶段。

(一)掀斜阶段

掀斜阶段始于 5.332Ma 前的中新世后期，到独山子组开始沉积前。N8626、N8628 等地震剖面均揭示齐古断褶带原本已固结的老地层即被掀斜。在四棵树凹陷、茇茇槽子地区，独山子组为一套磨拉石建造，是邻区天山隆起后遭受剥蚀的有力证据。

该阶段，地壳在地球收缩力作用下整体处于收缩状态，准噶尔盆地及其紧邻的天山南北所处，为一片广阔的水域，因地壳较薄、上覆压力较小而导致地幔物质在此会聚，形成上拱，致使本地地层上翘而被掀斜。

此阶段由于地球收缩力转换所形成的天山挤压力，没有形成大范围的构造改变，仅以板块边缘地块的抬升为主要表现，头屯河地层剖面中昌吉河群与下伏地层的整合接触关系，揭示了这次构造活动影响范围有限。

(二)断褶阶段

该阶段发生在 2.590－0.781Ma 前，是在第四纪内发生的，开始于早更新世早期。

在头屯河剖面，昌吉群等上新统发生了褶皱，表明早更新世早期就有一次挤压运动。而在霍玛吐地带，背斜的核部出露有始新统、渐新统，翼部出露的地层有中新统、上新统、下更新统，表明褶皱形成于早更新世末期，也记录到了下更新统与上新统之间的轻微角度不整合。

此阶段，地球进一步收缩，在天山狭长地带，深部岩浆挤压上拱造成原先处于较深部位的高密度岩石上升，并与齐古断褶带较新地层接触，使其边缘进一步遭受抬升的同时给予侧向挤压，致使区域内地壳发生较大范围的弯曲和断裂，形成地壳缩短。此阶段是齐古断褶带背斜构造形成的主要阶段，其显著特征是边缘前端继续抬升，邻区发生断褶。

（三）滑脱阶段

该阶段发生在 0.126Ma 前，为中更新世末期。

这一时期天山山体大幅度隆升，使紧邻的齐古断褶带与霍玛吐构造带发生大幅度的水平方向的褶皱变形与垂直方向上不均衡倾斜，而产生重力滑脱。

（四）楔入阶段

该阶段开始于晚更新世末期，约 0.0117Ma 前。

这一时期地壳虽然仍处于收缩的大背景下，但收缩的强度较上一阶段已经有了明显降低，产生了地层的侧向楔入。

从构造演化的时间次序上看，该阶段为齐古断褶带构造演化的后期，在经历上一阶段滑脱之后，地层受天山侧向挤压作用楔入到浅层滑脱体之下，形成了齐古断褶带常见的楔状体构造。

从油气成藏的角度看，楔状体中若存在早期形成的油气藏，则在其被挤压楔入到浅层滑脱体之下时内部的油气藏会被破坏。

图 14-20 展示了齐古断褶带掀斜、断褶、滑脱、楔入四个构造演化阶段。

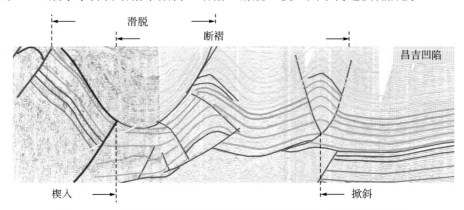

图 14-20　一条剖面示意地壳缩短各个阶段（据新疆油田公司内部资料）

第四节　构造演化简史

一、区域地质简况

综合前人资料，中寒武世，新疆古陆裂解形成三大地块，并于中奥陶世后形成天山洋，齐古断褶带处于大洋中，在准噶尔陆块与洋壳过渡的地带，发育中寒武到中石炭的巨厚的沉积，该沉积以陆源碎屑岩、浅海相碳酸盐岩为主，局部有火山碎屑。

古生代晚期，准噶尔同塔里木陆块的碰撞缝合使天山洋消失，海西晚期(C_3-T_1)在褶皱造山作用下，形成当时的古天山，使原本在古生代围绕同一海盆的塔里木和准噶尔分隔开来，从此两个盆地的沉积由海相沉积逐渐转入河湖相沉积。

侏罗纪—白垩纪，地球进入膨胀阶段，本区表现为被拉张成湖状态，沉积了一套巨厚的中生界陆相地层。在此期间，古天山曾一度遭受夷平，塔里木盆地北缘、古天山、准噶尔盆地南缘在侏罗纪可能又再次连为一体，形成了侏罗系煤系地层在塔里木盆地、天山之巅、准噶尔盆地内都广泛存在且可进行对比的现象。

根据粒度分析资料和地表河流的分析资料，判断中新世以前的齐古断褶带属于准噶尔盆地南部的主要沉积中心，现在的齐古断褶带构造形态主要是喜马拉雅构造运动改造后的产物。

从中新世晚期以来，齐古断褶带主要与天山的挤压隆升相关联，伴随着天山隆升不同的演化阶段，齐古断褶带的构造模式发生了由简单到复杂的逐步演化。

进入收缩阶段后，在压缩力的作用下，地球开始发生整体收缩，是上覆地层压力和地球收缩力共同作用的结果，使天山水域因地壳较薄而发生地幔物质会聚，形成上拱，使边缘地块产生上翘或倾斜。

此阶段由于地球收缩力转换形成的天山挤压力不强，一般不会形成大范围的构造改变，仅以板块边缘的抬升为主要表现，没有大范围的地壳缩短，头屯河地层剖面中昌吉河群与下伏地层的整合接触关系，揭示了这次构造活动影响范围有限。

随着地球进一步收缩，天山进一步隆升，天山深部时代较老的高密度地层上升与齐古断褶带相接触，在板块边缘进一步遭受抬升的同时发生侧向挤压，处于中浅层的地层收缩效应更加明显，在侧向挤压力与上覆地层的压力和振动共同作用下，侏罗系西山窑组煤层产生揉皱，使齐古断褶带及其紧邻区产生了褶皱和断裂。此阶段，托斯台背斜、齐古背斜、昌吉背斜、南玛纳斯南背斜、南安集海背斜、喀拉扎背斜等可能为本期产物。

天山隆升的鼎盛时期，是地球体积显著缩小时期，体积改变只有通过地球表面积的缩小来完成，地球表面积的缩小在一定方向表现出地壳长度的收缩而形成地层大规模的褶皱与错断，在垂直方向则可能是地幔物质的大量上涌，使上覆地层更进一步地抬升，导致板块边缘落差加大而产生重力滑脱。

二、地质发展简史

判断齐古断褶带构造演化的关键点，在于把握齐古断褶带是一个楔状体，是在重力滑脱体产生之后，受天山侧向挤压嵌入到浅层滑覆体之下这三点（很容易误认为是处于浅层的重力滑脱体在齐古北断裂形成之后）。

进入古近纪，地球转入收缩阶段，自中新世晚期，地球强烈收缩致使地幔物质在紧邻齐古断褶带的南边地壳较薄的水域会聚上拱，亚马特拜辛德达坂大断裂成为天山隆升的边界断层复活，使天山再次开始隆升，齐古断褶带被掀斜，齐古断褶带东西两端接受了大套的独山子组磨拉石建造，齐古北断裂出现。

进入第四纪，地球收缩加剧，高山隆升得更高，齐古断褶带在遭受进一步掀斜以至抬升形成单斜地层产状，并与南天山南缘、龙门山东缘一样，普遍接受了典型的下更新统砾岩（Q_1x、Q_1d）沉积。

进入中更新世，开始发生天山隆升带来深部坚硬岩石与齐古断褶带中—新生界地层之间的侧向挤压，齐古断褶带及其以北发生地层褶皱与断裂，齐古断褶带单斜背景的下倾部位也产生了弯曲，由东到西形成了喀拉扎背斜、昌吉背斜、齐古背斜、南玛纳斯北背斜、南安集海背斜、托斯台背斜。

中更新世晚期，在齐古北断裂与亚马特拜辛德达坂大断裂的共同协作下，地球进行强烈收缩，齐古断褶带在地幔物质的推举下，浅部地层产生南高北低的不平衡状态，安集海河组砂泥岩产生地震液化现象，而无力阻挡其上覆地层的重力的下滑作用，沿安集海河组产生了滑脱。重力滑脱像推土机一样，将前期形成的中浅层褶皱推铲改造，齐古北断裂也遭受了削顶。

进入晚更新世，地球进入调整收缩阶段，通过亚马特拜辛德达坂大断裂面，齐古断褶带南侧与更坚硬的岩层接触，发生侧向挤压，北侧以齐古北断裂面和新形成的安集海河组与侏罗系滑脱断面作为楔状体的楔入面向北嵌入。

进入全新世，齐古断褶带表层遭受风化剥蚀，处于齐古北断裂之上的浅层滑脱体有的被剥蚀殆尽（如托斯台地区），有的地区残留部分浅层滑脱层，形成了今天的齐古断褶带。

地球收缩总是通过两个过程来进行，首先是容易变形的软流圈物质在收缩力的作用下而在上覆压力较小的地方会聚形成山体的隆升，其次是地壳刚性地块的挤压断褶与滑覆。齐古断褶带就是在经过喜马拉雅期地球收缩阶段后，受天山的隆升挤压作用，分阶段完成，再经过全新世以来的风化剥蚀作用，形成了现今状态。

综上所述，①齐古断褶带构造演化受喜马拉雅构造运动强烈支配，可划分为 4 个阶段，即：中新世晚期开始的掀斜阶段、早更新世早期开始的断褶阶段、中更新世末期开始的滑脱阶段、晚更新世末期开始的楔入阶段；②齐古断褶带构造演化与天山山体演化紧密相关，无论是天山的隆升，还是地层的断褶与滑覆，都是地壳缩短的显著特征。齐古断褶带是新近纪以来地球收缩运动的形变反映显著地区之一，与准噶尔盆地南缘西段其他构造区带，共同构成了地壳缩短标准地质特征"公园"。

主要参考文献

阿莱格尔 C T, 1989. 陨石, 地球, 太阳系[M]. 鲍道崇, 译. 北京: 地质出版社.

艾伦·特纳, 毛利西奥·安东, 2015. 史前哺乳动物[M]. 邢立达, 译. 北京: 北京理工大学出版社.

爱因斯坦, 1976. 爱因斯坦文集(第一卷) [M]. 许良英, 李宝恒, 赵中立. 等, 译. 北京: 商务出版社.

安延恺, 1956. 评"中国区域地层表"(草案) [J]. 科学通报, 3(10): 319.

巴罗 J D, 1995. 宇宙的起源[M]. 卞毓麟, 译. 上海: 上海科学技术出版社.

布伦 K E, 1965. 地震学引论[M]. 朱传镇, 李钦祖, 译. 北京: 科学出版社.

蔡东升, 卢华复, 贾东, 等, 1996. 塔里木盆地西北缘柯坪造山带变形分析[M]//童晓光, 梁秋刚, 贾承造. 塔里木盆地石油地质研
    究新进展. 北京: 科学出版社.

仓孝和, 1988. 自然科学史简编[M]. 北京: 北京出版社.

晁洪太, 李家灵, 崔昭文, 等, 1995. 郯庐活断层与 1668 年郯城 8.5 级地震灾害[J]. 海洋地质与第四纪地质, 15(3): 69-80.

车自成, 姜洪川, 1987. 大地构造学概论[M]. 西安: 陕西科学技术出版社.

车自成, 刘洪福, 刘良, 1994. 中天山造山带的形成与演化[M]. 北京: 地质出版社.

车自成, 刘良, 刘洪福, 等, 1995. 中天山造山作用的同位素年代分期[J]. 地质论评, 41(3): 261-271.

陈发景, 汪新文, 陈昭年, 等, 2004. 伸展断陷盆地分析[M]. 北京: 地质出版社.

陈奇礼, 许时耕, 1995. 海平面上升后粤西沿海潮汐的变化[J]. 海洋通报, 14(1): 7-10.

陈强, 金庆焕, 2018. 费尔干纳盆地油气成藏特征及其主控因素分析[J]. 海洋地质前沿, 34(7): 9-14.

陈史坚, 陈特固, 徐锡桢, 等, 1985. 浩瀚的南海[M]. 北京: 科学出版社.

陈宣华, 王小凤, 张青, 等, 2000. 郯庐断裂带形成演化的年代学研究[J]. 长春科技大学学报, 30(3): 215-220.

陈永生, 李自安, 1998. 地球形成与演化的一种新说法[M]. 北京: 石油工业出版社.

陈颙, 1988. 地壳岩石的力学性能——理论基础与实验方法[M]. 北京: 地震出版社.

陈泽宇, 吕达仁, 2007. 东经 120°E 中间层和低热层大气潮汐及其季节变化特征[J]. 地球物理学报, 50(3): 691-700.

陈正乐, 万景林, 刘健, 等, 2006. 西天山山脉多期次隆升——剥露的裂变径迹证据[J]. 地球学报, 27(2): 97-106.

陈宗镛, 等, 1992. 海洋科学概论[M]. 青岛: 青岛海洋大学出版社.

陈宗镛, 周天华. 1979. 海洋学概论[M]. 济南: 山东科学技术出版社.

丹皮尔 W C, 1989. 科学史及其与哲学和宗教的关系(上册) [M]. 李珩, 译. 北京: 商务出版社.

邓成龙, 郝青振, 郭正堂, 等, 2019. 中国第四纪综合地层和时间框架[J]. 中国科学: 地球科学, 49(1): 330-352.

邓法金, 2004. 大学物理学(第二版) [M]. 北京: 科学出版社.

邓起东, 冯先岳, 张培震, 等, 1999. 乌鲁木齐山前坳陷逆断裂——褶皱带及其形成机制[J]. 地学前缘, 16(4): 191-201.

邓起东, 冯先岳, 张培震, 等, 2000. 天山活动构造[M]. 北京: 地震出版社.

邓涛, 侯素宽, 王世骐, 2019. 中国新近纪综合地层和时间框架[J]. 中国科学: 地球科学, 49(1): 315-329.

都城秋穗, 1991. 岩石学成因模式理论的转变——变质作用的化学反应是受什么控制的?[J]. 孙德有, 译. 地质科学译丛, 8(04):
    22-28.

窦立荣, 宋建国, 王瑜, 1996. 郯庐断裂带北段形成的年代学及其意义[J]. 地质论评, 42(6): 508-512.

恩斯特·马赫, 2014. 力学及其发展的批判历史概论[M]. 李醒民, 译. 北京: 商务出版社.

范光旭, 李臻, 杨迪生, 等, 2012. 齐古断褶带构造演化研究[J]. 西南石油大学学报(自然科学版), 34(3): 9-18 .

方国洪, 丁文兰, 于克俊, 等, 1984. 农历潮汐表[M]. 北京: 科学出版社.

冯学才, 1982. 我国大震前地下水异常特征及其物理机制[J]. 地震地质, 2: 37-51.

弗伦奇 A P, 1982. 牛顿力学(3)[M]. 郭敦仁, 何成均, 译. 北京: 人民教育出版社.

傅承义, 1976, 地球十讲[M]. 北京: 科学出版社.

傅容珊, 黄建华, 李力刚, 等, 1998. 地球在膨胀吗? 板块运动及地球几何尺度变化[M]//中国地球物理学会年刊. 西安: 西安地图出版社.

富永政英, 1984. 海洋波动——基础理论和观测结果[M]. 关孟儒, 译. 北京: 科学出版社.

盖保民, 1991. 地球演化(第一卷)[M]. 北京: 中国科学技术出版社.

甘克文, 李国玉, 张亮成, 等, 1982. 世界含油气盆地图集[M]. 北京: 石油工业出版社.

高家镛, 何昭星, 1993. 我国近代海平面变化与沿岸地壳升降的关系[J]. 台湾海峡, 12(3): 239-256.

高庆华, 1996. 地壳运动问题[M]. 北京: 地质出版社.

戈德斯坦 H, 1986. 经典力学(2 版)[M]. 陈为恂, 译. 北京: 科学出版社.

哥白尼, 2006. 天体运行论[M]. 叶式辉, 译. 北京: 北京大学出版社.

国家地震局《1976 年唐山地震》编写组, 1982. 一九七六年唐山地震[M]. 北京: 地震出版社.

国家地震局科技监测司, 1995. 地震地下水流体观测技术[M]. 北京: 地震出版社.

郝杰. 刘小汉, 1993. 南天山蛇绿混杂岩形成时代及大地构造意义[J]. 地质科学, 28(1): 93-95.

郝伟伟, 2011. 薄壁球壳压缩变形与失稳过程的实验研究[D]. 宁波: 宁波大学.

赫德伯格 H D, 1987. 国际地层指南地层划分术语和程序[M]. 张守信, 译. 北京: 科学出版社.

黑尔伍德 E A, 1991. 磁性地层学[M]. 舒孝敬, 译. 北京: 地质出版社.

胡霭琴, 张国新, 张前锋, 等, 1999. 天山造山带基底时代和地壳增生的 Nd 同位素制约[J]. 中国科学: 地球科学, 29(2): 104-112.

黄迪颖, 2019. 中国侏罗纪综合地层和时间框架[J]. 中国科学: 地球科学, 49(1): 227-256.

黄河源, 1986. 天山运动特征及区域地质意义[J]. 新疆地质, 4(3): 83-91.

黄汲清, 1983. 中国大地构造的几个问题[J]. 石油实验地质, 5(3): 165-169.

黄汲清, 尹赞勋, 1965. 中国地壳运动命名的几点意见(草案)[J]. 地质论评, (S1): 2-4.

黄思静, 吴素娟, 孙治雷, 等, 2005. 中新生代海水锶同位素演化和古海洋事件[J]. 地学前缘, 12(2): 133-141.

矶崎行雄, 1993. 日本板块造山理论研究历史和日本列岛新的地质构造体划分[J]. 沈耀龙, 译. 海洋地质译丛, 13(1): 1-43.

加藤进, 1988. 高层大气动力学[M]. 马淑英, 李钧, 译. 北京: 科学出版社.

贾承造, 1997. 中国塔里木盆地构造特征与油气[M]. 北京: 石油工业出版社.

贾承造, 1999. 塔里木盆地构造特征与油气聚集规律[J]. 新疆石油地质, 20(3): 177-183.

姜波, 1992. 煤田推覆构造地球化学特征初探[J]. 煤田地质与勘探, 20(1): 5.

姜波, 徐嘉炜, 1989. 一个中生代的拉分盆地——宁芜盆地的形成及演化[J]. 地质科学, 28(4): 314-322.

蒋志, 1995. 地质体运动理论及其应用[M]. 北京: 科学出版社.

焦贵浩, 王同和, 邢厚松, 2003. 二连裂谷构造演化与油气[M]. 北京: 石油工业出版社.

金玉玕, 王向东, 王玥, 2003. 国际地层表(2002 年修订)[J]. 地层学杂志, 27(2): 161-162.

卡尔·奥·邓巴, 约翰·罗杰斯, 1974. 地层学原理[M]. 杨遵仪, 徐桂荣, 译. 北京: 地质出版社.

康迪 K C. 1986. 板块构造与地壳演化[M]. 张雯华, 李继亮, 译. 北京: 科学出版社.

康强, 张宁慧, 戚凤梅, 等, 2007. 环境大气压的分布变化规律与差压式真空度测量的系统误差[C]//江苏省真空学会第十一届学术交流会论文集: 51-57.

康玉柱, 康志宏, 1994. 塔里木盆地构造演化与油气[J]. 地球学报, (3-4): 180-191.

科瓦列夫 A A, 1978, 板块与找矿[M]. 锁林, 译. 北京: 地质出版社.

肯尼特 J, 1982. 海洋地质学[M]. 成国栋, 等, 译. 北京: 海洋出版社.

况军, 朱新亭, 1990. 准噶尔盆地南缘托斯台地区构造特征及形成机制[J]. 新疆石油地质, 11(2): 95-101.

Landon S M, 2001. 内裂谷盆地[M]. 刘忠, 鲁兵, 李铁军, 译. 北京: 石油工业出版社.

李捷, 1929. 中国地质图说明书[M]. 北京: 商务印书馆.

李叔达, 1983. 动力地质学原理[M]. 北京: 地质出版社.

李四光, 1973. 地壳构造与地壳运动[J]. 中国科学, 4(4): 400-429.

李臻, 2012. 齐古断褶带构造演化及有利勘探目标评价[D]. 成都: 西南石油大学.

梁狄刚, 1998. 塔里木盆地九年油气勘探历程与回顾[J]. 勘探家: 石油与天然气, 3(4): 59-65.

梁狄刚, 1999. 塔里木盆地九年油气勘探历程与回顾续[J]. 勘探家: 石油与天然气, 4(1): 56-60.

梁光河, 2020. 印度大陆板块北漂的动力机制研究[J]. 地学前缘, 27(1): 211-220.

林伍德 A E, 1981. 地幔成分及岩石学[M]. 杨美娥, 何永年, 胥怀济, 等, 译. 北京: 地震出版社.

刘全稳, 2006. 理论地质学导论[M]. 北京: 地质出版社.

刘全稳, 陈景山, 沈守文, 2000a. 初论地质气候与地球胀缩[J]. 新疆石油地质, 21(5): 424-427.

刘全稳, 陈景山, 沈守文, 2000b. 大气海洋油气质点受力分析[J]. 成都理工学院学报, 27(3): 268-275.

刘全稳, 陈景山, 沈守文, 等, 2000c. 海流的形成演化与作用力定义[J]. 成都理工学院学报, 27(3): 352-358.

刘全稳, 陈景山, 赵金洲, 等, 2000d. 地球的强中纬力[J]. 新疆石油地质, 22(2): 167-171.

刘全稳, 陈景山, 赵金洲, 等, 2001a. 地球的潮汐力[J]. 西安石油学院学报(自然科学版), 16(3): 1-5.

刘全稳, 赵金洲, 陈景山, 2001b. 地球原动力[M]. 北京: 地质出版社.

刘全稳, 赵金洲, 陈景山, 2001c. 地球动力与运动[M]. 北京: 地质出版社.

陆仁寿, 1956. 二十四节气[M]. 北京: 农业出版社.

罗蒙诺索夫 M, 1958. 论地层[M]. 马万钧, 译. 北京: 科学出版社.

吕红华, 李有利, 南峰, 等, 2008. 天山北麓河流阶地序列及形成年代[J]. 地理学报, 63(1): 65-74.

马托埃 M, 1984. 地壳变形[M]. 孙坦、张道安, 译. 北京: 地质出版社.

马宗晋, 郑大林, 1981. 中蒙大陆中轴构造带及其地震活动[J]. 地震研究, (04): 74-89.

马宗晋, 高祥林, 任金卫, 1992. 现今全球构造特征及其动力学解释[J]. 第四纪研究, (4): 293-305.

Милановский E E, 1983. 地球膨胀及脉动问题的发展与现状[J]. 渠天详, 译. 海洋地质译丛, 25(6): 16-27.

米歇尔·沃尔德罗普, 1997. 复杂: 诞生于秩序与混沌边缘的科学[M]. 陈玲, 译. 北京: 三联书店.

宁波海洋学校, 1986. 海洋学[M]. 北京: 海洋出版社.

牛顿, 2006. 自然哲学之数学原理[M]. 王克迪, 译. 北京: 北京大学出版社.

牛顿, 2007. 牛顿光学[M]. 周岳明, 舒幼生, 邢冯, 等, 译. 北京: 北京大学出版社.

欧林果, 朱光, 宋传中, 1998. 郯庐断裂带庐江-桐城段的两次平移[J]. 安徽地质, 8(4): 34-36.

欧阳自远, 王世杰, 张福勤, 1997. 天体化学: 地球起源与演化的几个关键问题[J]. 地学前缘, 4(3-4): 175-183.

欧阳自远, 张福勤, 林文祝, 等, 1995. 行星地球的起源和演化模式——地球原始不均一性的起源及其对后期演化的制约[J]. 地质地球化学(5): 11-15.

Palmer, 2003. 中国生物地层[M]. 张文堂, 陈丕基, 译, 北京: 科学出版社.

彭善池, 2014. 全球标准层型剖面和点位("金钉子")和中国的"金钉子"研究[J]. 地学前缘, 21(2): 8-26.

彭天令, 阎桂华, 陈伟, 等, 2008. 准噶尔盆地南缘霍玛吐构造带特征[J]. 新疆石油地质, 29(2): 191-194.

普雷斯 F, 锡弗尔 R, 1986. 地球[M]. 高名修, 沈德富, 译. 北京: 科学出版社.

蒲家宁, 王菊芬, 2006. 油品管输带电问题[J]. 后勤工程学院学报 (2): 1-5.

漆家福, 张一伟, 陆克政, 等, 1995. 渤海湾新生代裂陷盆地的伸展模式及其动力学过程[J]. 石油实验地质(17): 4, 316-323.

漆家福, 雷刚林, 李明刚, 等, 2009. 库车拗陷—南天山盆山过渡带的收缩构造变形模式[J]. 地学前缘, 16(3): 120-128 .

钱辉, 姜枚, 肖文交, 等, 2011. 天山—准噶尔地区地震层析成像与壳幔结构[J]. 地震学报, 33(3): 327-341.

郄文昆, 马学平, 徐洪河, 等, 2019. 中国泥盆纪综合地层和时间框架[J]. 中国科学: 地球科学, 49(1): 115-138.

全国地层委员会, 2001. 中国地层指南及中国地层指南说明书(修订版)[M]. 北京: 地质出版社.

全国地层委员会, 2002. 中国区域年代地层(地质年代)表说明书[M]. 北京: 地质出版社.

全国地层委员会, 2003. 全国地层委员会"南华系候选层型剖面野外现场研讨会"会议纪要[J]. 地层学杂志, 27(2): 159-160.

任纽, 1965. 地层地质学[M]. 南京大学地质系过生物地史教研室, 译. 北京: 中国工业出版社.

任振球, 1990. 全球变化——地球四大圈层异常变化及其天文成因[M]. 北京: 科学出版社.

戎嘉余, 王怿, 詹仁斌, 等, 2019. 中国志留纪综合地层和时间框架[J]. 中国科学: 地球科学, 49(1): 93-114.

茹科夫斯基 ГР, 1962. 海洋学[M]. 邬正明, 等, 译. 北京: 人民交通出版社.

Sengor A M C, 1992. 板块构造学与造山运动: 特提斯例析梗概[J]. 周祖翼, 丁晓, 译. 海洋地质译丛, 12(1): 1-11.

Shiki T, Misawa Y, 1984. 日本列岛的弧前地质构造[J]. 张健生, 译. 海洋地质译丛, 4(1): 35-40.

萨尔瓦多 A, 2000. 国际地层指南——地层分类、术语和程序(2 版)[M]. 金玉玕, 戎嘉余, 陈旭, 等, 译. 北京: 地质出版社.

上海水产学院, 1983. 海洋学[M]. 北京: 农业出版社.

沈树忠, 张华, 张以春, 等, 2019. 中国二叠纪综合地层和时间框架[J]. 中国科学: 地球科学, 49(1): 160-193.

盛裴轩, 毛节泰, 李建国, 等, 2006. 大气物理学[M]. 北京: 北京大学出版社.

史蒂芬·霍金, 2001. 时间简史[M]. 许明贤, 吴忠超, 译. 长沙: 湖南科学技术出版社.

史蒂芬·霍金, 2002. 果壳中的宇宙[M]. 吴宗超, 译. 长沙: 湖南科学技术出版社.

史兴民, 杨景春, 李有利, 等, 2004. 天山北麓玛纳斯河河流阶地变形与新构造运动[J]. 北京大学学报(自然科学版), 40(6): 971-978.

寿嘉华, 2000. 第三届全国地层会议总结[J]. 中国区域地质, 19(3): 239-243.

舒良树, 马瑞士, 郭令智, 等, 1997. 天山东段推覆构造研究[J]. 地质科学, 32(3): 337-348.

孙吉明, 白建科, 朱小辉, 等, 2018. 东天山博格达造山带东段七角井组枕状玄武岩地球化学特征及构造背景探讨[J]. 地质学报, 92(3): 520-530.

孙文昌, 1987. 东北地区火山资源的特点及综合利用[J]. 自然资源学报, (2): 91-97.

索书田, 钟增球, 周汉文, 等, 2004. 中国中央造山带内两个超高压变质带关系[J]. 地质学报, 78(2): 156-165.

汤良杰, 万桂梅, 周心怀, 等, 2008. 渤海盆地新生代构造演化特征[J]. 高校地质学报, 1 4 (2): 191-198.

汤姆·比尔, 1989. 近海环境海洋[M]. 甘雨鸣, 卢如秀, 叶锦昭, 译. 广州: 中山大学出版社.

陶明华, 王惠正, 麻炳勋, 等. 2004. 中国东部石炭纪以来双气囊花粉富集规律与古气候演变[J]. 微体古生物学报, 21(1): 85-99.

陶世龙, 万天丰, 陈建, 1999. 地球科学概论[M]. 北京: 地质出版社.

滕吉文, 白武明, 张中杰, 等, 2009. 中国大陆动力学研究导向和思考[J]. 地球物理学进展, 24(6): 1913-1936.

滕长宇, 邹华耀, 郝芳, 2014. 渤海湾盆地构造差异演化与油气差异富集[J]. 中国科学: 地球科学(44): 4 , 579 - 590 .

童金南, 楚道亮, 梁蕾, 等, 2019. 中国三叠纪综合地层和时间框架[J]. 中国科学: 地球科学, 49(1):194-226.

涂愈明, 王赞基, 江绪光, 等, 1998(a). 变压器油流带电数学模型的研究及其应用: 第一部分: 数学模型的推导[J]. 中国机电工程学报, 18(1): 34-38.

涂愈明, 王赞基, 江绪光, 等, 1998(b). 变压器油流带电数学模型的研究及其应用: 第二部分 数学模型的应用[J]. 中国机电工程学报, 18(2);117-123.

万天丰, 1996. 郯庐断裂带的延伸与切割深度[J]. 现代地质, 10(4):518-525.

汪成民, 车用太, 万迪堃, 等, 1974. 地下水微动态研究[M]. 北京: 地震出版社.

王充, 1974. 论衡[M]. 上海: 上海人民出版社.

王鸿祯, 1989. 地层学的分类体系和分支学科[J]. 地质论评, 35(3):271-276.

王鸿祯, 1997. 地球的节律与大陆动力学的思考[J]. 地学前缘, 4(3): 1-12.

王鸿祯, 1999. 关于国际(年代)地层表与中国地层区划[J]. 现代地质, 13(2):190-193.

王鸿祯, 2006. 地层学的几个基本问题及中国地层学可能的发展趋势[J]. 地层学杂志, 30(2):97-102.

王菊芬, 蒲家宁, 孟浩龙, 2006. 输油管道油流带电的计算模型[J]. 石油学报, 27(3):133-137.

王克卓, 朱志新, 赵同阳, 2017. 天山造山带古生代侵入岩地质特征及构造意义[J]. 新疆地质, 35(4):355-364.

王向东, 胡科毅, 郄文昆, 等, 2019. 中国石炭纪综合地层和时间框架[J]. 中国科学: 地球科学, 49(1):139-159.

王燮培, 费琪, 张家骅, 1992. 石油勘探构造分析[M]. 武汉: 中国地质大学出版社.

王训练, 史晓颖, 2002. 从第31届国际地质大会看地层学研究进展[J]. 地质科技情报, 21(3):35-42.

王永, 王彦斌, 2000. 北天山山前安集海河阶地形成的时代及意义[J]. 地质论评, 46(6):584-587.

王元青, 李茜, 白滨, 等, 2019. 中国古近纪综合地层和时间框架[J]. 中国科学: 地球科学, 49(1):289-314.

王泽九, 黄枝高, 姚建新, 等, 2014. 中国地层表及说明书的特点与主要进展[J]. 地球学报, 35(3):271-276.

王作勋, 郎继易, 吕喜朝, 1990. 天山多旋回构造演化及成矿[M]. 北京: 科学出版社.

威特罗 G J, 1982. 时间的本质[M]. 文荆江, 邝桃生, 译. 北京: 科学出版社.

韦伟, 许建东, 于红梅, 等, 2015. 西昆仑阿什库勒火山的起源: 来自地震层析成像的证据[J]. 地学前缘, 22(06):227-232.

文武, 汤克云, 王谦身, 等, 2013. 利用2009年日全食的精细重力观测探寻"引力异常"[J]. 地球物理学报, 56(3):770-782.

席党鹏, 万晓樵, 李国彪, 等, 2019. 中国白垩纪综合地层和时间框架[J]. 中国科学: 地球科学, 49(1):257-288.

谢鸿森, 1997, 地球深部物质科学导论[M]. 北京: 科学出版社.

新疆维吾尔自治区地质矿产局, 1993. 新疆维吾尔自治区区域地质志[M]. 北京: 地质出版社.

徐道一, 杨正宗, 张勤文, 等, 1988. 天文地质学概论[M]. 北京: 地质出版社.

徐嘉炜, 1984. 郯城-庐江平移断裂系统[J]. 构造地质论丛(3):18-32.

许志琴, 1984. 郯庐裂谷系概述[J]. 构造地质论丛(3):39-46.

许志琴, 2004. 中国大陆科学钻探工程的科学目标及初步成果[J]. 岩石学报, 20:1-8.

许志琴, 2013. 青藏高原——造山的高原[J]. 地质学报, 87(S):1-2.

许志琴, 张良弼, 1994. 大陆科学钻探的现状及展望[J]. 地球物理学进展, 9(4):55-64.

许志琴, 张巧大, 赵民, 1982. 郯庐断裂中段古裂谷的基本特征[J]. 中国地质科学院院报(4):17-42.

许志琴, 耿瑞伦, 肖庆辉, 等, 1996. 中国大陆科学钻探先行研究[M]. 北京: 冶金工业出版社.

许志琴, 张泽明, 刘福来, 等, 2003. 苏鲁高压—超高压变质带的折返构造与折返机制[J]. 地质学报, 77(4):433-451.

许志琴, 李化启, 侯立炜, 等, 2007. 青藏高原东缘龙门—锦屏造山带的崛起: 大型拆离断层和挤出机制[J]. 地质通报, 26(10):

1262-1277.

亚历山大·柯瓦, 2016. 牛顿研究[M]. 张卜天, 译. 北京: 商务印书馆.

阎康年, 1989. 牛顿的科学发现与科学思想[M]. 长沙: 湖南教育出版社.

杨兵, 夏浩东, 尚磊, 等, 2019. 全球标准层型剖面和点位(GSSP)研究进展[J]. 地质科技情报, 38(1): 8-17.

杨殿荣, 1986. 海洋学[M]. 北京: 高等教育出版社.

杨经绥, 许志琴, 张建新, 等, 2009. 中国主要高压—超高压变质带的大地构造背景及俯冲—折返机制的探讨[J]. 岩石学报, 25(7): 1529-1560.

杨巍然, 姜春发, 张抗, 等, 2018. 新全球构造观中几个问题的探讨[J]. 地质科技情报, 37(1): 1-6.

杨学祥, 1999. 与地球膨胀有关的数值估计[J]. 地壳形变与地震, 19(4): 80-84.

姚公一, 2012. 区域深部成矿找矿主流规律(岩矿树)新概念模型探讨[J]. 资源导刊: 地球科技版, (3): 3-7.

叶如格, 1983. 石油静电[M]. 北京: 石油工业出版社.

殷鸿福, 2014. 关于中国地层表的编制和中国地层指南的修编说明[J]. 地层学杂志, 38(1): 123-125.

殷鸿福, 徐道一, 吴瑞棠, 1988. 地质演化突变观[M]. 武汉: 中国地质大学出版社.

尹赞勋, 1978. 地层规范存在问题[J]. 地层学杂志, 2(1): 1-6.

尤瓦尔·赫拉利, 2014. 人类简史: 从动物到上帝[M]. 林俊宏, 译. 北京: 中信出版社.

於崇文, 1998. 固体地球系统的复杂性与自组织临界性[J]. 地学前缘, 5(3, 4): 159-182, 347-368.

曾融生, 孙为国, 毛桐恩, 等, 1995. 中国大陆莫霍界面深度图[J]. 地震学报, 17(3): 322-327.

曾融生, 丁志峰, 吴庆, 1998. 喜马拉雅—祁连山地壳构造与大陆—大陆碰撞过程[J]. 地球物理学报, (01): 49-60.

詹姆斯·金斯, 2016. 自然科学史[M]. 韩阳, 译. 北京: 中国大地出版社.

张恺, 陆克政, 沈修志, 1989. 石油构造地质学[M]. 北京: 石油工业出版社.

张启锐, 2014. 关于南华系底界年龄780Ma数值的讨论[J]. 地层学杂志, 38(3): 336-339.

张绍臣, 2009. 海拉尔盆地构造特征研究[D]. 大庆: 大庆石油学院.

张守信. 1989. 理论地层学: 现代地层学概念[M]. 北京: 科学出版社.

张一勇, 李建国, 2000. 第三纪年代地层研究和中国第三纪年代地层表[J]. 地层学杂志, 24(2): 120-125.

张元动, 詹仁斌, 甄勇毅, 等, 2019. 中国奥陶纪综合地层和时间框架[J]. 中国科学: 地球科学, 49(1): 66-92.

张增奇, 刘书才, 张成基, 等, 2003. 《中国区域年代地层地质年代表》和《国际地层表》简介[J]. 山东国土资源, 19(3): 34-42.

章森桂, 张允白, 严惠君, 2015. 《中国地层表》(2014)正式使用[J]. 地层学杂志, 39(4): 359-366.

赵素涛, 金振民, 2008. 地球深部科学研究的新进展——记2007年美国地球物理联合会(AGU)[J]. 地学前缘, 15(5): 298-316.

真人元开, 1979. 唐大和上东征传[M]. 北京: 中华书局.

郑晔, 滕吉文, 1989. 随县—马鞍山地带地壳与上地幔结构及郯庐构造带南段的某些特征[J]. 地球物理学报, 32(6): 648-659.

中国大百科全书编辑委员会, 1985. 中国大百科全书(固体地球物理学、测绘学、空间科学)[M]. 北京: 中国大百科全书出版社.

中国大百科全书编辑委员会, 1987. 中国大百科全书(大气科学、海洋科学、水文科学)[M]. 北京: 中国大百科全书出版社.

中国科学院南京地质古生物研究所, 2013. 中国"金钉子"[M]. 杭州: 浙江大学出版社.

中国科学院南沙综合科学考察队, 1989. 南沙群岛及其邻近海区综合调查研究报告(一)[M]. 北京: 科学出版社.

钟广法, 2003. 海平面变化的原因及结果地球科学进展[J]. 18(5): 706-712。

周传明, 袁训来, 肖书海, 等, 2019. 中国埃迪卡拉纪综合地层和时间框架[J]. 中国科学: 地球科学, 49(1): 7-25.

周清杰, 郑建京, 1990. 塔里木构造分析[M]. 北京: 科学出版社.

周瑶琪, 吴智平, 章大港, 等, 1997. 对地质节律与地球动力学系统的思考[J]. 地学前缘, 4(3-4): 85-94.

朱光, 徐嘉炜, 孙世群, 1995. 郯庐断裂带平移时代的同位素年龄证据[J]. 地质论评, 41（5）: 452-456.

朱杰辰, 孙文鹏, 1984. 中天山变质岩系成岩的时代及其演化探讨[J]. 新疆地质（4）: 49-51.

朱茂炎, 杨爱华, 袁金良, 等, 2019. 中国寒武纪综合地层和时间框架[J]. 中国科学: 地球科学, 49（1）: 26-65.

朱志新, 李锦轶, 董莲慧, 等, 2009. 新疆南天山构造格架及构造演化[J]. 地质通报, 28（12）: 1863-1870.

柱伯辉, 王敬, 1958. 对"中国区域地层表（草案）"的一些意见[J]. 地质论评, 18（1）: 163-165.

庄洪春, 1985. 大气潮汐运动对大气电性能的影响[J]. 中国科学（A 辑）, 15（1）: 88-96.

庄培仁, 常志忠, 1996. 断裂构造研究[M]. 地震出版社.

Anderson D L, 1989. Chemical Composition of the Mantle[M]. Boston: Blackwell Scientific Publications.

Burke D K C A, 1973. Tibetan, Variscan, and Precambrian Basement Reactivation: Products of Continental Collision[J]. Journal of Geology, 81（6）: 683-692.

Condie K C, 1982. Plate Tectonics & Crustal Evolution[M]. Oxford: Pergamon Press.

Crowell J C, 1974. Origin of Late Cenozoic Basins in Southern California[J]. Modern & Ancient Geosynclinal Sedimentation, 57: 190-204.

Dewey J F, Bird J M, 1970. Plate tectonics and geosynclines[J]. Tectonophysics, 10（5-6）: 625-638.

Dewey J F, Cande S, Pitman W C, 1989. Tectonic evolution of the India-Eurasia collision zone[J]. Eclogae Geologicae Helvetiae, 82（3）: 717-734.

Douglas R G, Moullade M, 1972. Age of the Basal Sediments on the Shatsky Rise, Western North Pacific Ocean[J]. Geological Society of America Bulletin, 83（4）: 1163-1168.

Eaton G P, 1980. Geopiysical and geological characteristics of the crust of the Basin and Range Province[J]. National Academy of Sciences , 96-114.

Folger D W, 1971. Nearshore Tracking of Seabed Drifters[J]. Limnology and Oceanography, 16（3）: 588-589.

Gansser A, 1980 . The significance of the Himalayan suture zone[J]. Tectonophysics, 62（1-2）: 37, 43-40, 52.

Gibbson N, Lloyd F C, 1970. Electrification of toluene flowing in large-diameter metal pipes[J]. Journal of Physics D: Applied Physics, 3（4）: 563-573.

Glikson A Y, 1980. Precambrian sial-sima relations: evidence for earth expansion[J]. Tectonophysics, 63（1-4）: 193-234.

Gradstein F M, Agterberg F P, Ogg J G, et al. , 2004. Geochronology, Time Scales and Global Stratigraphic Correlation[M]. Cambridge : Cambridge University Press.

Haarmann E, 1930. Der Krustenverfall bei Hebung[J]. Zeitschrift der Deutschen Geologischen Gesellschaft, 82.

Hubbard M, Stronge W J, 2001. Bounce of hollow balls on flat surfaces[J]. Sports Engineering: 1-13.

Kasting J F, 1998. Origin of water on the earth[J].   Scientific American, 9（3）: 16-22.

Kitching R, Houlston R, Johnson W, 1975. A theoretical and experimental study of hemispherical shells subjected to axial loads between flat plates [J]. Mech Science, 17: 693-703

Landon M D, Koch J A, Alvarez S S, et al. , 2001. Design of the National Ignition Facility static X-ray imager[J]. Review of Scientific Instruments, 72（1）: 698-700.

Liu Q W, Yan L L, Chen G M, 2015. Discussion on geodynamics of three-body motion[J]. Acta Geologica Sinica（English Edition）, 89（6）: 1858-1864.

MacDonald K C, 1982. Mid-ocean ridges: fine-scale tectonics, volcanic and hydrothermal processes within plate boundary zones[J]. Earth planet Science, 10: 155.

Mason B J, 1971. Global atmospheric research programme[J]. Nature, 233, 382.

Mason B, 1971. The Lunar Rocks[J]. Physics Today, 24(6): 47-48.

Mason B, Moore C B, 1982. Principles of Geochemistry, Fourth Edition[M]. New York: John Wiley and Sons.

Matschinski M, 1954. Certitude des rsultats de la prospection gophysique*[J]. Geophysical Prospecting, 2(1): 38-51.

Mcelhinny M W, Cowley J A, Edwards D J, 1978. Palaeomagnetism of some rocks from Peninsular India and Kashmir[J]. Tectonophysics, 50(1): 41-54.

Menard H W, 1964. Marine Geology of the Pacific[M]. New York : McGraw-Hill Book Company.

Pitman W C, 1978. Relationship between eustasy and stratigraphic sequences of passive margins[J]. Geological Society of America Bulletin, 89(9): 1389-1403.

Rampino M R , Stothers R B, 1984. Terrestrial mass extinctions: Cometary impactsand Sun motion perpendicular to hegalacticplane[J]. Nature, 308: 709-712.

Rampino M R, Stothers R B, 1984. Geological rhythms and cometary impacts[J]. Science, 226: 1426-1431.

Reissner E, 1960. On the theory of thin, elastic shells//Contributions to Applied Mechanics[J]. Anniversary Volume. M I, USA: Ann Arbor: 231-247.

Hart P J , 1969. The Earth's Crust and Upper Mantle[M]. American Geophysical Union.

Santilli A A, Scotese A C, 1979 . Synthesis of 1, 2, 4-Oxadiazines and their rearrangement to pyrimidines[J]. Journal of Heterocyclic Chemistry, 16(2): 213-216.

Scott R W, 1991. Models and stratigraphy of mid-cretaceous reef communities, Gulf of Mexico[J]. Sedimentary Geology, 75(1-2): 168-169.

Tanaka T, Yamada N, Yasojima Y, 1985. Characteristics of streaming electrification in pressboard pipe and the influence of an external electric field[J]. Journal of Electrostatics, 17(3): 215-234.

Tissot B, 1979. Organic matter in Cretaceous sediments of the North Atlantic : Contribution to sedimentology and paleogeography[J]. Deep Drilling Results in the Atlantic Ocean: Continental margin and paleocenvironment.

Updike D P, Kalnins A, 1971. Axisymmetric post-buckling and non-symmetric buckling of a spherical shell compressed between rigid plates[J]. Journal of Applied Mechanics, 39(1): 172-178.

Vail P R, Mitchum R M Jr, Todd R G, et al. , 1977. Seismic stratigraphy and global changes of sea level. //Payton C E, et al. Seismic Stratigraphy-Applications to Hydrocarbon Exploration [C]. AAPG Memory, 26: 49-212.

Wan X Q, Chen P J, Wei M J, 2007. The Cretaceous System in China[J]. Acta Geologica Sinica (English Edition), (6): 957-983

Woodcock N H, 1986. Fischer M . Strike-slip duplex[J]. Journal of Structural Geology, 8(7): 725-735.

Zhang W T, Chen P J, Palmer A R et al. , 2003. Biostratigraphy of China[M]. Beijing: Science Press.